ERGEBNISSE DER EXAKTEN NATURWISSENSCHAFTEN

HERAUSGEGEBEN VON DER

SCHRIFTLEITUNG DER „NATURWISSENSCHAFTEN"

VIERTER BAND

MIT 62 ABBILDUNGEN
UND 1 TAFEL

SPRINGER-VERLAG BERLIN HEIDELBERG GMBH
1925

ISBN 978-3-642-93859-7 ISBN 978-3-642-94259-4 (eBook)
DOI 10.1007/978-3-642-94259-4

URSPRÜNGLICH ERSCHIENEN BEI VERLAG VON JULIUS SPRINGER, BERLIN 1925
SOFTCOVER REPRINT OF THE HARDCOVER 1ST EDITION 1925

Inhaltsverzeichnis.

Die Kleinen Planeten.

Von **G. Stracke**, Berlin-Dahlem.

Mit 6 Abbildungen.

Angesichts der großen mit der Sammlung von Material durch Beobachtung und Rechnung verbundenen Arbeit sind namentlich in früheren Jahren wiederholt pessimistische Stimmen laut geworden, die zum Abbau der Tätigkeit auf dem Gebiete der Kleinen Planeten rieten, da ihr Nutzen für die astronomische Wissenschaft im Vergleich zum Arbeitsaufwand nur gering sei. Die Entdeckungen der letzten drei Jahrzehnte, die nicht nur für die Himmelsmechanik von größter Bedeutung sind, haben diese Stimmen verstummen lassen. Das rege Interesse, das in jüngster Zeit namentlich amerikanische und russische Astronomen für die Kleinen Planeten bezeugen, zeigt, daß man die Hoffnung auf zukünftige wichtige Entdeckungen nicht aufgegeben hat und die bisherigen Erfolge wohl zu würdigen weiß.

Die nachfolgenden Ausführungen sollen nach einem kurzen historischen Überblick über die beobachtende und rechnerische Tätigkeit über die optischen und geometrischen Größenverhältnisse, die Verteilung der Planeten im Ring, die Verteilung der Bahnelemente, die Charakteristika der ungewöhnlichsten Bahnen, die Anwendung der Kleinen Planeten und die Hypothesen ihres Ursprungs berichten. Wegen des geringen zur Verfügung stehenden Raumes können nur die wichtigsten Ergebnisse Berücksichtigung finden.

I.

1. Entdeckung und Beobachtung. Schon J. KEPLER hatte wahrgenommen, daß im Sonnensystem in der Verteilung der Bahnen der damals bekannten sechs Großen Planeten eine ausgesprochene *Lücke zwischen Mars und Jupiter* bestand. Sie führte ihn 1596 in seinem *Mysterium cosmographicum* zu der Vermutung, daß sie durch einen noch unbekannten Planeten ausgefüllt sei. Als dann J. BODE 1772 zeigte, daß die Abstände dieser Planeten von der Sonne sich nahe aus der empirischen Formel $a_n = 0.4 + 0.3 \cdot 2^n$ ergaben und die Entfernung des 1781 entdeckten Uranus dieser Formel genügte, war man überzeugt, daß in der Entfernung $a = 2.8$ ($n = 3$) der Planet zu suchen sei. F. v. ZACH unternahm im Berliner Jahrbuch für 1789 bereits die Berechnung der Elemente dieses hypothetischen Körpers. Seine Bemühungen, bei Gelegenheit der 1787 begonnenen Revision von Zodiakalsternörtern auch den Planeten zu finden, waren erfolglos. In der Hoffnung, daß ein größerer Kreis von Beobachtern mehr Erfolg habe, stellte v. ZACH auf einer 1798 nach Gotha einberufenen Astronomenversammlung den Antrag, daß 24 Beobachter an der systematischen Suche in der Zodiakalzone teilnehmen möchten. Bevor noch die Ausführung des Planes begann, fand G. PIAZZI am Meridiankreis in Palermo ein bewegliches Objekt 7.—8. Größe, das er für einen Kometen hielt. Auf Grund der Diskussion seiner einen Zeitraum von 42 Tagen umfassenden Beobachtungen zeigten BODE und v. ZACH, daß das neue Objekt kein Komet, sondern wahrscheinlich der gesuchte Planet sei, zumal sich aus der Berechnung einer Kreisbahn ergab, daß der Sonnenabstand den von BODEs Formel geforderten Wert 2.8 hatte. Da die bis dahin bekannten Methoden der Bahnbestimmung nicht ausreichend waren, die Wiederauffindung in der nächsten Opposition zu sichern, so war der Verlust des neuen Himmelskörpers zu befürchten. Da gelang es C. F. GAUSS nach der später in seiner klassischen *Theoria motus* weiter entwickelten Methode elliptische Elemente aus den PIAZZIschen Beobachtungen abzuleiten und die Wiederauffindung am 1. Januar 1802 zu ermöglichen. Der Planet, den BODE als 8. Hauptplaneten bezeichnete, erhielt den Namen Ceres. Die Lücke im Sonnensystem erschien ausgefüllt.

Entgegen allen Erwartungen fand W. OLBERS in Bremen am 28. März 1802 noch einen zweiten Planeten, Pallas. Eine Bahnbestimmung ergab fast den gleichen mittleren Sonnenabstand wie bei Ceres. Da die beiden Körper im niedersteigenden Knoten der Pallasbahn sich einander sehr nahe kommen können, so nahm OLBERS an, daß sie Fragmente eines vor sehr langer Zeit durch Explosion zerstörten Hauptkörpers seien. Diese Hypothese hatte nicht nur Untersuchungen über die gegenseitige Lage und die Gestalt der Bahnen im Gefolge, sondern sie regte auch zu Nachforschungen nach weiteren Bruchstücken an. Die Entdeckung von Juno durch K. L. HARDING (1804) und von Vesta durch OLBERS (1807) war das Ergebnis. Weitere Bemühungen OLBERS' bis zum Jahre 1816 waren erfolglos, wahrscheinlich deshalb, weil lichtschwächere Vergleichsterne nicht registriert waren. Um die Aufsuchung schwächerer Planeten zu fördern, schlug F. W. BESSEL 1824 der Berliner Akademie der Wissenschaften vor, *Sternkarten* einer 30° breiten Zodiakalzone herzustellen, die alle Sterne bis zur 9. und 10. Größenklasse enthalten sollten. (Akademische Sternkarten.) Ehe noch die 1826 begonnene Arbeit vollendet war, fand 1845 der an der Bearbeitung der Karten ebenfalls beteiligte HENCKE in Driesen den 5. Planeten, Astraea. Damit wurde eine bis jetzt fast ununterbrochene Folge von Planetenentdeckungen eröffnet.

Mit fortschreitender Zahl der neuentdeckten *Kleinen Planeten*, auch *Planetoiden, Asteroiden* genannt, nahm die Helligkeit ab, und es machte sich bald das Bedürfnis nach Sternkarten geltend, die noch schwächere

Sterne als die bisherigen enthielten. An der Kontsruktion solcher Karten waren u. a. beteiligt: HIND, CHACORNAC, GEBR. HENRY, C. H. F. PETERS, J. PALISA. Zunächst begnügte man sich mit Sternen 11.—12. Größe, später wurden auch solche bis zur 13. Größe aufgenommen. Besonders große Hoffnung setzte man auf die über den ganzen Himmel ausgedehnte photographische Himmelskarte, die alle Sterne bis zur 14. Größe enthalten sollte. Sie hat jedoch nicht allen Erwartungen entsprochen, da sie sich einmal für den praktischen Gebrauch am Fernrohr als wenig geeignet erwies und andererseits auch nicht die erwartete Vollständigkeit besaß. Um schwächere Planeten finden zu können, sahen sich die Beobachter häufig gezwungen, sich zunächst kleine Hilfssternkarten für die abzusuchende Gegend anzufertigen und an Hand dieser die Suche nach bewegten Objekten aufzunehmen. Trotz dieses mühseligen Verfahrens nahm die Zahl der neuen Asteroiden ziemlich rasch zu. Ende 1890 gab es deren 302. Wesentlich einfacher und erfolgreicher als die *visuelle* Aufsuchung war das Ende 1891 von M. WOLF in Heidelberg eingeführte *photographische* Verfahren. An einem mit Uhrwerk versehenen parallaktisch montierten Refraktor sind zwei photographische Kammern und zwei Objektive mit *großem Gesichtsfeld* angebracht. Während der meist 2—3stündigen Belichtungszeit wird ein Stern der zu photographierenden Gegend sorgfältig auf dem Fadenkreuz des Fernrohrs gehalten. Die Sterne werden auf den Platten als kleine runde Scheibchen abgebildet, etwa vorhandene Asteroiden infolge ihrer Eigenbewegung hingegen durch einen mehr oder weniger kurzen *Strich* gekennzeichnet. Zur Kontrolle werden zwei Aufnahmen gleichzeitig gemacht. Der erste so entdeckte Planet war 323 Brucia. Das gleiche Verfahren wandten später u. a. A. CHARLOIS in Nizza und G. WITT in Berlin an. Der Umstand, daß ruhende Objekte auf der Platte mit zunehmender Belichtungsdauer sich deutlicher abbilden, bewog 1905 J. H. METCALF in Taunton, die Asteroiden auf der Platte *punktförmig* abzubilden. Er erreichte das dadurch, daß er dem Uhrwerk eine Beschleunigung von etwa 2^s pro Stunde, d. i. die stündliche Durchschnittsbewegung der Asteroiden in der Opposition, erteilte. Das Ergebnis war, daß er mit dem gleichen Instrument schwächere Objekte als nach dem WOLFschen Verfahren aufnehmen konnte. Die Beobachter auf den Sternwarten Algier, Simeïs, Williamsbay u. a. haben das METCALFsche Verfahren gewählt. Die WOLFsche Methode hat den Vorteil, daß die Platten auch für andere Untersuchungen verwertbar bleiben, und daß sie die für die Identifizierung der neuentdeckten Objekte erwünschte genauere Angabe der täglichen Bewegung ermöglicht. Eine außerordentliche Zunahme der Entdeckungen war die Folge der Einführung der photographischen Methode. Für die Aufnahme schwächster Objekte sind die großen Spiegelteleskope die geeignetsten Instrumente.

Die Aufsuchung neuer Objekte auf visuellem Wege ist jetzt von der Photographie vollständig in den Hintergrund gedrängt. Für die zur Sicherung der Bahn erforderliche längere *Verfolgung* sind aber die visuellen Beobachtungen vorzuziehen, da sie sowohl weniger Zeit erfordern als auch an Güte den Ausmessungen der Platten überlegen sind. Um die Verfolgung der als neu gemeldeten Asteroiden erfolgreicher und bequemer zu gestalten, wurde 1904 mit der Herstellung der WOLF-PALISA-Ekliptikalkarten begonnen, die in der Folge den visuellen Beobachtern große Dienste geleistet haben.

Die wirksame *Zusammenarbeit* der Observatorien *Algier, Heidelberg, Simeïs, Williamsbay, Wien* u. a. mit dem *Berliner Astronomischen Rechen-Institut* und die ökonomische *Arbeitsteilung* durch Zonenbeobachtung hat bewirkt, daß in etwa drei Jahrzehnten die Zahl der gesicherten neuen Kleinen Planeten um über 700 auf 1024 gestiegen ist. Die zeitliche Verteilung der Entdeckungen zeigt Tabelle 1.

Tabelle 1.

Zeit	Anzahl	Zeit	Anzahl
1801—1807	4	1881—1890	83
1845—1850	9	1891—1900	161
1851—1860	49	1901—1910	251
1861—1870	50	1911—1920	230
1871—1880	107	1921—1924	80

2. Bahnberechnung. Für die *Bahnbestimmung* der neu entdeckten wie der älteren Planeten hat von jeher das *Astronomische Rechen-Institut* — Leiter: F. TIETJEN, J. BAUSCHINGER, F. COHN, A. KOPFF, Mitarbeiter: A. BERBERICH, P. V. NEUGEBAUER, G. STRACKE, W. STREHLOW, A. KAHRSTEDT u. a. — Sorge getragen. Hier werden auch die *Vorausberechnungen*, die die fortlaufende Kontrolle durch Beobachtungen und die sichere Identifizierung aller bekannten und neuen Planeten ermöglichen sollen, ausgeführt. Solange die Zahl der bekannten Planeten gering war, konnte man hoffen, in der Genauigkeit mit den visuellen Beobachtungen Schritt zu halten. Bei der außerordentlich rasch anwachsenden Zahl entfernte man sich von diesem Ziel immer mehr, so daß etwa vom Beginn dieses Jahrhunderts an die *genaue* Bahnverbesserung und *genaue* spezielle Störungsrechnung nur noch in vereinzelten Fällen durchgeführt werden konnte.

Seit etwa einem Jahrzehnt ist das Institut bestrebt, für alle Planeten eine für photographische Aufnahmen genügende Genauigkeit von etwa $^1/_2$—1° im geozentrischen Ort zu erreichen. Bei stärkeren Abweichungen der Vorausberechnung werden die Bahnelemente nach Möglichkeit verbessert. Die *Elementenverbesserungen* bestehen, von besonderen Fällen abgesehen, gegenwärtig in Folgendem: 1. *Genäherte* differentielle Bahnverbesserung mit oder ohne Berücksichtigung *genäherter spezieller* Jupiterstörungen in der von G. STRACKE (*45*) gegebenen Form, wenn vier oder mehr Oppositionen beobachtet sind. 2. Variation der geozentrischen Distanzen mit oder ohne Störungen, wenn eine bis drei Oppositionen beobachtet sind. 3. Berücksichtigung genäherter Jupiterstörungen allein. 4. Ableitung neuer Elemente aus genauen Beobachtungen einer neueren Opposition. 5. Empirische Verbesserung, meist der mittleren Bewegung, wenn eine solche für Beobachtungen in den nächsten Oppositionen ausreichend erscheint. Die Ergebnisse dieser Programmarbeiten werden in den Elementenverzeichnissen (*33*) des Instituts veröffentlicht. Hier finden auch die Resultate aller nicht im ARJ ausgeführten Bahnberechnungen Aufnahme. Neuerdings erfreut sich das Institut der regen Mitarbeit mehrerer auswärtiger Helfer. Regelmäßige Beiträge, bestehend in *genauer* Ausführung der Bahnverbesserung und der speziellen Störungsrechnung, liefern u. a. W. LUTHER für 6, H. MADER für 7 Planeten. Seit dem Jahrgang 1920 sind insgesamt 412 Elementensysteme verbessert worden.

Eine wesentliche Erleichterung bieten die für eine größere Zahl von Planeten gegebenen Tafeln oder analytischen Ausdrücke *allgemeiner* Störungen. Gegenwärtig werden diese für 142 Planeten bei der Vorausberechnung der Oppositionsephemeriden berücksichtigt. Den größten Anteil hat das *Frankfurter Planeteninstitut.* Da die Aufstellung einer Störungstheorie für jeden einzelnen Planeten in großem Maßstabe undurchführbar erscheint, so haben M. BRENDEL, K. BODA, P. LABITZKE u. a. nach BRENDELS Theorie *gruppenweise* Jupiterstörungen berechnet und *tabuliert.* BRENDEL (*27*) gibt für die Bewegung $\mu > 709''$ Tafeln, die die Exzentrizitäten und Neigungen als unbestimmte Faktoren enthalten. Durch Einsetzen ihrer Werte können die genäherten Störungsausdrücke für die einzelnen Planeten ohne großen Zeitaufwand entnommen werden. Ihre Verwendung für die Ephemeridenrechnung ist außerordentlich bequem. BRENDEL erstrebt bei den meisten der Planeten eine Darstellung der Beobachtung innerhalb 20′.

Nach K. BOHLINS Theorie (*26*), deren Prinzip im wesentlichen darin besteht, daß für das Verhältnis der mittleren Bewegungen von störendem und gestörtem Planeten $n = \frac{\mu'}{\mu}$ ein rationaler Bruch n_0 als Ausgangspunkt angenommen wird und die Störungen nach Potenzen von $w = 1 - \frac{n}{n_0}$ entwickelt werden, haben BOHLIN für $n_0 = {}^1/_3$, H. v. ZEIPEL für $n_0 = {}^1/_2$, G. STRÖMBERG für $n_0 = {}^2/_7$, D. T. WILSON für $n_0 = {}^2/_5$ mit Bezug auf Jupiter, H. G. BLOCK für $n_0 = {}^1/_7$, H. OSTEN für $n_0 = {}^1/_5$ mit Bezug auf Saturn gruppenweise Störungen tabuliert. Für Massenanwendungen ist die in diesen Tafeln erstrebte Genauigkeit immer noch zu groß, so daß sie bisher noch verhältnismäßig wenig praktische Anwendung gefunden haben. Für folgende Planeten sind nach diesen Tafeln Jupiter- und meist auch Saturnstörungen berechnet: 143, 236, 394 von B. ASPLIND; 123 von V. HERNLUND; 483 von A. JENVALL; 178, 481, 505 von H. OSTEN; 352 von K. M. SCHULTZ; 471 von G. STRÖMBERG; 24 von E. STRÖMGREN und J. M. VINTER-HANSEN.

Für folgende Planeten sind nach P. A. HANSENS bzw. J. F. ENCKES Theorie Jupiter-, häufig auch Saturnstörungen, meist mit Berücksichtigung der Glieder erster Ordnung mit Bezug auf die Massen, tabuliert worden: 7, 8, 12 von F. BRÜNNOW; 27 von HOPPE; 9, 21, 32 von O. LESSER; 93, 101, 103, 105, 115, 119, 128, 133, 139, 161, 174, 179 von A. O. LEUSCHNER; 58 von TH. V. OPPOLZER (nach eigner Theorie); 29 von H. OSTEN; 18, 40 von E. SCHUBERT.

Völliger Anschluß an die Beobachtungen ist erreicht bei 4 von G. LEVEAU, 13 von H. SAMTER, 447 von H. OSTEN.

POINCARÉS periodische Bahnen haben noch keine nennenswerte praktische Verwendung gefunden.

In jüngster Zeit plant der Leiter des *Astronomischen Institutes* in Leningrad, B. NUMEROV (*36*), die Berechnung *gestörter* Ephemeriden in erhöhter Genauigkeit namentlich für die Planeten, deren $\mu < 700''$ ist, also für die Planeten, die der allgemeinen Störungstheorie größere Schwierigkeiten bereiten.

II.

1. Helligkeit. Die Beobachtungen der Asteroiden sind in der Hauptsache Positionsbestimmungen, die der Sicherung der Bahnelemente dienen sollen. Beobachtungen der Oberfläche sind ausgeschlossen, da die kleinen Körper mit ganz geringen Ausnahmen selbst in den lichtstärksten Instrumenten punktförmig erscheinen. Auch spektroskopische Beobachtungen kommen wegen der Lichtschwäche der Kleinen Planeten kaum in Frage. Die *Photometrie* hat hingegen in einigen Fällen positive Resultate erzielen können.

Die Angaben über die *scheinbare* Helligkeit beruhen fast stets auf Schätzungen, die bei Gelegenheit der Positionsbestimmungen angestellt werden. Aus den Schätzungen eines oder mehrerer Beobachter wird ein Mittel gebildet, das zu photometrischen Untersuchungen ungeeignet ist. Trotzdem schon frühzeitig GAUSS, OLBERS und später auch ARGELANDER auf die Wichtigkeit guter Helligkeitsmessungen hingewiesen haben, hat jahrzehntelang wenig Interesse für längere Beobachtungsreihen bestanden. *Helligkeitsschwankungen* waren schon OLBERS bei den vier ersten Planeten aufgefallen. Er suchte sie durch eine unregelmäßige Gestalt zu erklären. Seine wie auch die Angaben einiger späterer Beobachter betreffs der Planeten 5, 49 und 84 sind so unbestimmt, daß ihre Verwertung nicht in Frage kommt. Die ersten brauchbaren größeren Reihen stellten F. TIETJEN an den Planeten 56 und 71, C.

F. Peters an 77, Harrington an 4 und E. C. Pickering an 1 an; sie ließen regelmäßige Änderungen in der Helligkeit erkennen. In größerem Maßstab nahmen G. Müller (*35*) und H. M. Parkhurst (*28*) photometrische Helligkeitsmessungen an einer Reihe von Planeten vor. Müller konnte zeigen, daß die bisher festgestellten Helligkeitsschwankungen vor allem auf *Phaseneinfluß* zurückzuführen seien. Er kam zu dem Schlusse, daß es zunächst gestattet sei, bei allen Asteroiden die Lichtkurven als gerade Linien vorauszusetzen, bis neue Helligkeitsmessungen zeigen sollten, daß die Deutung durch Phaseneinfluß nicht ausreicht. Nach einer ausführlichen Zusammenstellung (*32*) von 34 von Müller, Parkhurst u. a. beobachteten Objekten schwanken die Phasenkoeffizienten zwischen 0,016 und 0,053 und entsprechen damit etwa den Werten von Merkur und Mars. In der Annahme, daß die Unterschiede zufälliger Natur seien, erhielt er als Mittelwert 0,0299, der dem für Merkur gültigen am nächsten kommt.

Starkperiodische Schwankungen in der Helligkeit wurden einwandfrei zum ersten Male im Jahre 1900 von E. v. Oppolzer (*6*) an dem Planeten *433 Eros* festgestellt. Nachdem Oppolzer schon im Dezember 1900 Lichtschwankungen aufgefallen waren, gelang es ihm am 8. Februar 1901 eine Schwankung von 1,7 Größenklassen zu messen. Die Periode war $5^h 16^m$, während deren zwei ungleiche Maxima und Minima von $2^h 51^m$ und $2^h 25^m$ auftraten. Die Amplitude nahm so rasch ab, daß im Mai 1901 Eros bereits wieder konstante Helligkeit zeigte. Während der Opposition 1903 nahm S. J. Bailey abermals Helligkeitsschwankungen wahr: Amplitude $0\overset{m}{.}7$, Periode $5^h 16^m$. Trotz ausgedehnter Beobachtungen (980 Messungen an 40 Abenden) konnte P. Guthnick (*11*) während der Opposition 1907 keine periodischen Schwankungen erkennen. Er benutzte daher das Material zur Bestimmung des Phasenkoeffizienten, den er zu 0,017 ermittelte, nur halb so groß als den Parkhurstschen Wert 0,037 von 1901. Kleinere unregelmäßige Änderungen stellte M. Haarwood in der Opposition 1914, L. Campbell 1916 fest. 1919 traten wieder größere Schwankungen bis zu einer Größenklasse mit der Periode $5^h 16^m$ auf. Während der Opposition 1921 konnte E. Bernewitz (*20*) keine nennenswerten Schwankungen ermitteln. Der stark sprunghafte Phasenkoeffizient war im Mittel 0,0114 und damit der kleinste für Eros gefundene Wert.

An *Erklärungen* für die auffälligen Erscheinungen in dem Verhalten von Eros hat es nicht gefehlt. Ch. André (*7*) nahm an, daß zwei stark abgeplattete, nahezu gleich große Körper mit der Umdrehungszeit von $5^h 16^m$ umeinander kreisen. H. v. Seeliger (*8*) wies die Unwahrscheinlichkeit dieser Hypothese nach. Er hielt Eros für eine sehr unregelmäßig geformte starre Masse, die ein abgesprengtes Stück eines durch Zusammenprall mit einem anderen Körper zerstörten Planeten ist. K. Graff (*24*) hält den Vorgang nur für vorstellbar, wenn man Rotation und

Spiegelung an einer Stelle der Oberfläche eines stark unsymmetrischen Körpers annimmt.

Die Entdeckung der periodischen Schwankung bei Eros löste ein regeres Interesse auch für Helligkeitsuntersuchungen an anderen Planeten aus. So sind die Planeten 5, 6, 7, 15, 44, 77, 129, 345 u. a. mehr oder weniger als veränderlich erkannt worden. Von Beobachtern seien genannt: E. BIANCHI, L. CAMPBELL, E. PADOVA, O. C. WENDELL, M. WOLF, C. WIRTZ. Die Amplituden haben Werte von weniger als einer Größenklasse, die Perioden betragen meist wenige Stunden. Bei zahlreichen anderen Objekten konnten periodische Schwankungen nicht festgestellt werden.

Die beobachteten scheinbaren Oppositionshelligkeiten hängen außer vom Phasenwinkel natürlich auch von der Entfernung von Sonne und Erde ab. Als *mittlere* Helligkeit bezeichnet man diejenige, die ein Planet in seiner mittleren Entfernung a von der Sonne und der gleichzeitigen Entfernung $a-1$ von der Erde haben würde. Diese Größe m_0 ist für alle Planeten vom Berliner Astronomischen Rechen-Institut gegeben (*33*). Über die *Häufigkeit* und die Beziehungen der m_0 zu der zunehmenden Zahl der numerierten Asteroiden gibt Tabelle 2 Aufschluß.

Tabelle 2.

Planeten Nr.	Gruppe I			Gruppe II		Gruppe III		Gruppe IV
	$>8^m.5$	$8^m.6-9^m.5$	$9^m.6-10^m.5$	$10^m.6-11^m.5$	$11^m.6-12^m.5$	$12^m.6-13^m.5$	$13^m.6-14^m.5$	$<14^m.6$
1—100	5	12	27	38	16	1	1	—
101—200	—	1	11	45	31	11	1	—
201—300	—	—	2	15	29	35	18	1
301—400	—	—	8	12	36	36	8	—
401—500	—	—	2	18	33	39	6	2
501—600	—	—	2	6	33	42	16	1
601—700	—	—	—	7	15	48	23	7
701—800	—	—	1	8	16	49	20	6
801—900	—	—	—	1	2	54	36	7
901—1000	—	—	—	3	4	37	42	14
1001—1024	—	—	—	1	1	8	9	5
Summe	5	13	53	154	216	360	180	43
vH.	0.5	1.3	5.2	15.0	21.1	35.1	17.6	4.2

Die ersten 322 Planeten sind durchweg auf *visuellem* Wege entdeckt worden. Man sieht, daß die Entdeckung der hellsten Objekte (Gruppe I, bis $10^m.5$) sehr stark ab-, die der schwächeren (Gruppe III, $12^m.6-14^m.5$) sehr stark zunimmt. Nach Einführung der *photographischen* Entdeckungsmethode wurden noch 13 hellste Objekte aufgefunden. In der Ekliptikalzone können diese als erschöpft angesehen werden. In Gruppe

II ($10^{m}_{.}6$—$12^{m}_{.}5$) weist jedes Hundert von 801 ab nur noch vereinzelte Objekte auf. Das Gros enthält augenblicklich Gruppe III ($12^{m}_{.}6$—$14^{m}_{.}5$). Aber auch die Größen $12^{m}_{.}6$—$13^{m}_{.}5$ scheinen bereits im Abnehmen begriffen zu sein; die Größen $13^{m}_{.}6$—$14^{m}_{.}5$ haben scheinbar das Maximum erreicht. Im Zeichen der Zunahme steht Gruppe IV ($< 14^{m}_{.}6$). 540 = 53 vH. aller Planeten enthält Gruppe III, 910 = 89 vH. haben mittlere Helligkeiten zwischen $10^{m}_{.}6$ und $14^{m}_{.}5$. Weitere Entdeckungen dürften eine *starke Zunahme der schwächsten* Asteroiden bringen. Ob die hellen Objekte restlos erschöpft sind, steht dahin. Die bisherige Beobachtungszone geht nur selten über 20° Breite hinaus. Angesichts der Häufung der großen Neigungen in den letzten Jahren sind bei Ausdehnung der Suche auf extremere Breiten Überraschungen durchaus möglich.

2. Halbmesser. Versuche einer *direkten* Bestimmung der Halbmesser der Asteroiden sind wiederholt gemacht worden. Einiges Vertrauen verdienen nur die Messungen von E. E. BARNARD (*30*) am großen Refraktor des Lick Observatoriums. Er erhält für die Planeten 1,2 und 4 die Halbmesser 390, 245 und 195 km. G. MÜLLER (*32*) leitet daraus ihre *Albedowerte* ab und findet, daß die von 1 und 2 etwa dem Reflexionsvermögen von Merkur und Mars entsprechen. Für 4 ergibt sich ein so großer Wert, daß die Messung als nicht einwandfrei angesehen werden muß, da sie eine nahezu spiegelnde Oberfläche oder Eigenlicht voraussetzt. In der Annahme gleichen Ursprungs aller Planeten sind die starken Albedounterschiede wenig plausibel.

Sind die Albedo bekannt, so kann die geometrische Größe auch *aus der mittleren Helligkeit* abgeleitet werden. ARGELANDER hat diesen Weg bereits 1855 beschritten. Er ermittelte für 26 Planeten die Durchmesser, erhielt aber viel zu kleine Werte, da er die Albedo gleich denen der drei äußeren Großen Planeten setzte. J. BAUSCHINGER (*44*) berechnete die Werte der Halbmesser der Planeten 1—458, wobei er nach G. MÜLLER als Albedo 0,24, das Mittel der Werte von Merkur und Mars, annahm. Die gleiche Annahme ist bei der Ableitung der Halbmesser 459—1024 gemacht. Allzu große Bedeutung darf selbstverständlich diesen hypothetischen Werten der Halbmesser nicht beigemessen werden, zumal auch die Werte der mittleren Helligkeiten, wie erwähnt, nicht allen Anforderungen entsprechen. Tabelle 3 stellt die *Anzahl* der Halbmesser als Funktion ihrer Größe dar.

Tabelle 3.

Halbm. in km	Anzahl
0—20	263
21—40	414
41—60	202
61—80	81
81—100	32
101—120	18
> 120	14

86 vH. der Planeten haben also Halbmesser < 60 km. Die größte Häufigkeit zeigen die Körper mit 21—40 km. Grenzwerte haben die Planeten 4 mit 417 km, 719 und 1009 mit 2—3 km. Seit 1910 ist kein

Objekt mit einem Halbmesser > 100 km mehr gefunden worden. Sie scheinen erschöpft zu sein.

Die *Verteilung* der Halbmesser innerhalb des Gesamtringes veranschaulicht folgende Tabelle:

Tabelle 4.

μ	Ringe	Anzahl	0—20 km	21—40 km	41—60 km	61—80 km	81—100 km	101—120 km	>120 km
251″—450″	A	9	—	1	2	3	1	1	1
451—500	V c	6	—	1	3	—	2	—	—
501—550	V b	7	—	2	2	1	1	1	—
551—600	V a	23	—	8	9	4	—	2	—
601—650	IV c	203	18	104	52	15	7	5	2
651—700	IV b	119	15	63	23	12	5	1	—
701—750	IV a	82	10	49	12	3	4	1	3
751—800	III c	164	24	78	33	17	6	4	2
801—850	III b	124	36	44	29	12	1	—	2
851—900	III a	70	25	21	16	4	2	1	1
901—950	II c	60	29	17	7	4	1	2	—
951—1000	II b	60	25	15	12	5	—	—	3
1001—1050	II a	30	19	8	1	1	1	—	—
1051—1100	I c	56	51	3	1	—	1	—	—
1101—1150	I b	7	7	—	—	—	—	—	—
1151—1200	I a	1	1	—	—	—	—	—	—
1201—2015	J	3	3	—	—	—	—	—	—

Um objektiv zu verfahren, ist die *Anordnung nach der mittleren täglichen Bewegung μ in Abständen von je 50″* erfolgt. Entsprechend der Art der Verteilung ist eine Gruppierung in fünf einzelne Ringe I—V vorgenommen, während die wenigen versprengten Körper dem Innen- bzw. Außenrand *J* bzw. *A* des Gros zugeteilt sind. Die Ringe sind folgendermaßen gekennzeichnet: Innerhalb jedes der Ringe I—IV (1200″—601″) tritt mit abnehmendem μ und damit mit zunehmender Entfernung ein Anwachsen der Häufigkeit ein, derart, daß mit ganz geringen Ausnahmen der Außenrand *c* mehr Planeten der gleichen Größengruppe enthält als der Innenrand *a* des folgenden Ringes. Das umgekehrte Verhalten zeigt Ring V ($\mu < 600''$), wenn man auf Grund so wenig zahlreicher Körper diesen Schluß ziehen darf. Auch die Gesamtzahl jedes der Ringe I—IV nimmt mit der Entfernung zu; eine Ausnahme bildet die Gruppe 0—20 km. Als Hauptgruppen können III und IV bezeichnet werden, was die Anzahl der Planeten mit Halbmessern von mehr als 20 km betrifft. Hingegen sind die kleinsten Körper am häufigsten in II und III. Sie fehlen vollständig jenseits von $\mu < 600''$. Die Abnahme der Zahl mit zunehmender größerer Entfernung ist wegen der Lichtschwäche dieser kleinsten Objekte erklärlich. Planeten mit Halbmessern von mehr als 21 km haben ihr Maximum in IVc, also am äußersten Rande des 4. Hauptringes. Typisch ist das Fehlen größerer Körper in der nächsten Nähe.

3. Masse des Gesamtringes. Eine Bestimmung der *Masse einzelner* Asteroiden *aus ihrer störenden Wirkung* auf benachbarte Planeten ist bisher noch nicht durchgeführt worden. v. BRUNN (*38*) hält sie etwa auf Grund einer allgemeinen Störungstheorie für aussichtslos, da selbst die beiden größten bekannten Objekte auf nahe kommende kleinere Planeten höchstens langperiodische Störungen hervorrufen könnten. Diese würden aber nicht meßbar sein, da bisher genügend lange Beobachtungsreihen fehlen. W. L. CRUM (*3*) ermittelt die Variationen der Elemente für den Fall enger Annäherung zweier Planeten und findet, daß seine Methode bei größter Annäherung unbrauchbar wird. Es ist denkbar, daß eine gelegentliche sehr nahe Zusammenkunft eines kleinen Objektes mit einem der größten Planetoiden Erfolg bringt. Die Feststellung der *größtmöglichen Annäherung* ist bei der großen Zahl der Planeten nicht leicht durchzuführen. A. GALLE (*25*) hat die größte Annäherung des Planeten 3 mit 199 anderen untersucht und als größte Proximität die zwischen 3 und 63 zu 0,003 ermittelt. Nach v. BRUNN (*38*) ist eine Annäherung bis auf 0,0001 notwendig, wenn ein *einmaliger* Vorübergang merkbare Störungen hervorrufen soll.

Tabelle 5.

Nr.	Vesta-Volumen
1—100	2.943
101—200	0.306
201—300	0.112
301—400	0.203
401—500	0.126
501—600	0.166
601—700	0.108
701—800	0.086
801—900	0.035
901—1024	0.040
1—1024	4.125

Um zur Kenntnis der Massen einzelner Planeten zu gelangen, ist man auf den *indirekten Weg über die Helligkeitsmessung*, also auf mehr oder weniger unsichere Hypothesen angewiesen. Wichtiger als die Frage nach den Einzelmassen ist die nach der *Gesamtmasse*. J. BAUSCHINGER (*44*) erhielt für das Volumen der 458 ersten Planeten den Betrag 3,624 Vestavolumen. Er schätzt die Gesamtmasse aller überhaupt existierenden Asteroiden auf $\frac{1}{296} 10^{-6}$ Sonnenmasse. Mit Benutzung der BAUSCHINGERschen Werte der Volumen für die Planeten 1—458 ermittelte ich für die Planeten 1—1024 die Volumen von je 100 Objekten in Einheiten des *Vestavolumens* (Tabelle 5).

Dieses Gesamtvolumen von $4^1/_8$ Vesta-Volumen entspricht dem einer Kugel von 669 km Radius. Nimmt man für die Dichte den mittleren Dichtewert der Erde an, so ergibt sich mit diesem Maximalwert im Sonnensystem als oberer Grenzwert für *die Masse aller bis jetzt numerierten Planeten* $^1/_{864}$ *der Erd- oder* $\frac{1}{285} 10^{-6}$ *der Sonnenmasse.* Der

Schätzungswert von BAUSCHINGER, der der Größenordnung nach bis jetzt zutreffend ist, ist also etwas überschritten. Es hat nicht den Anschein, als ob weitere Entdeckungen in der Ekliptikalzone einen wesentlichen Zuwachs an *Masse* bringen würden.

Die *Verteilung* der Volumen innerhalb des Ringes nach mittleren Entfernungen ist aus folgender Zusammenstellung erkennbar:

Tabelle 6.

Ring	J	I			II			III			IV			V			A
		a	b	c	a	b	c	a	b	c	a	b	c	a	b	c	
Volumen	.000	.000	.000	.014	.021	1.109	.089	.128	.218	1.434	.203	.188	.508	.072	.034	.030	.077

Der Innenrand J gibt fast gar keinen Beitrag zum Volumen. *Hauptringe* sind II und III; in ihnen sind etwa $^3/_4$ des Volumens des Gesamtringes vereinigt. Die Gruppe IIIc, die sich etwa in der vom Bodeschen Gesetz geforderten Entfernung 2·8 befindet, enthält 43 vH. des Volumens. Das des Ringes IV, der die größte Zahl der Planeten enthält, ist ein wesentlich kleineres. Die 18 größten Planeten: 1, 2, 3, 4, 7, 9, 10, 15, 16, 22, 29, 39, 52, 196, 349, 511, 617 und 704 nehmen $^2/_3$ des Gesamtvolumens ein.

P. HARZER (*37*) hat versucht, *auf störungstheoretischem Wege zu einer Bestimmung der Gesamtmasse* zu kommen. Er nahm an, daß die Unstimmigkeit in der Säkularbewegung des Marsperihels dem Einfluß des Asteroidenringes zuzuschreiben sei. In der Voraussetzung, daß die Masse in einem Kreisring um die Sonne mit einer der mittleren täglichen Bewegung von 800″ entsprechenden Halbachse konzentriert sei, berechnet er die Störungen der Marsbewegung und umgekehrt aus den bekannt angenommenen Störungsbeträgen die Ringmasse. Er erhält $\frac{1}{2} \cdot 10^{-6}$ Sonnenmasse, in guter Übereinstimmung mit NEWCOMBS Wert. v. BRUNN (*38*) untersuchte, ob überhaupt eine Masse von der Ordnung der Marsmasse in dem Raum zwischen Mars und Jupiter so verteilt werden könne, daß kein Widerspruch gegen Erfahrungstatsachen entsteht. Er zeigte an mehreren Hypothesen über die Art der Verteilung der Masse, daß das unmöglich ist, solange man nicht unplausible Annahmen über Dichte und Albedo macht. Durch Ermittlung der säkularen Störungen des Ringes in bezug auf ein ihm angehöriges Objekt und Vergleichung mit dem allerdings dürftigen Beobachtungsmaterial (Vesta- und Egeria-Normalörter) kommt v. BRUNN zu dem Resultat, daß sich keine nachweisbare Masse für den Ring ergibt und daß sie jedenfalls so gering ist, daß die Wirkung durch unbekannte geringfügige Störungen verdeckt wird. Ein Widerspruch gegen die statistische Massenbestimmung besteht nicht. H. OSTEN (*15*) untersucht die Anziehung eines massenerfüllten Kreisringes auf einen in seiner Äquatorebene und im Innern gelegenen Punkt, wobei er als Grenzen des Ringquerschnittes die den Bewegungen von 1000″ und 600″ entsprechenden Halbachsen annimmt. Durch Verwertung der Beobachtungen eines Zeitraums von 20 Jahren von 447 Valentine erhält er für die Ringmasse $\frac{1}{4} 10^{-6}$ Sonnenmasse, also den halben HARZERschen oder den etwa 70-fachen Wert der statistisch ermittelten Masse.

III.

Die Grundlage für die *Statistik der Bahnelemente* bildet das Elementenverzeichnis des Astronomischen Rechen-Instituts (*33*).

1. Die Verteilung der mittleren Bewegungen. Zwischen den Grenzen $511'' < \mu < 1110''$ liegen 98 vH. der mittleren Bewegungen der numerierten Planeten. Nur 19 Objekte haben außerhalb dieser Grenzen gelegene Werte. Es sind dies auf der Innenseite des Ringes 4 Objekte: 330 ($\mu = 1175''$, ganz unsicher), 434 ($\mu = 1309''$), 1019 ($\mu = 1343''$) und 433 ($\mu = 2015''$). Außerhalb des Ringes sind es 15 Planeten: 7 vom Hildatypus ($449'' < \mu < 460''$), 1 vom Thuletypus ($\mu = 404''$), 6 Trojaner ($294'' < \mu < 303''$) und der saturnnahe 944 ($\mu = 260''$).

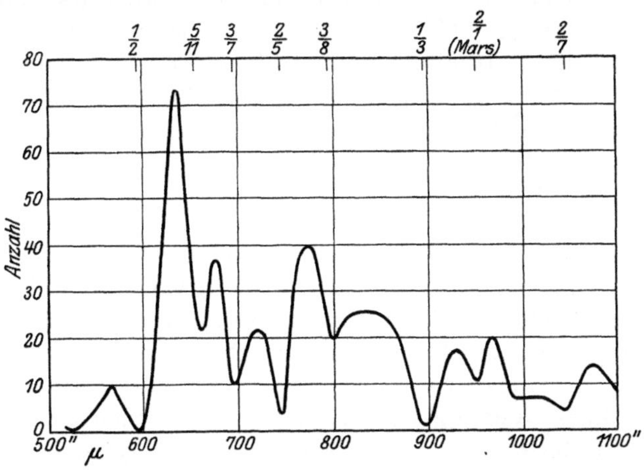

Abb. 1.

Für die Planeten, deren μ zwischen 511″ und 1110″ liegt, ist ihre *Anzahl*, die in Abständen von je 10″ ermittelt ist, in Abb. 1 als Funktion von μ graphisch dargestellt.
Sie zeigt deutlich mehr oder weniger ausgeprägte *Lücken bzw. Minima.* Verbürgt erscheinen solche bei $\mu = 598''$, 658″, 698″, 748″, 798″, 897″, 943″ und 1043″.

Schon frühzeitig war man auf diese Erscheinung der Lücken in der Verteilung der Bahnbewegungen aufmerksam geworden. Bereits 1866 wies D. KIRKWOOD (*43*) auf die Existenz von Lücken hin, die an den

Stellen zu finden seien, an denen die mittlere Bewegung μ' von Jupiter zu der eines Asteroiden μ in den *kleinzahligen Verhältnissen* $\frac{\mu'}{\mu} = \frac{1}{3}$, $\frac{3}{7}$, $\frac{1}{2}$, $\frac{2}{5}$ ständen. Mit zunehmender Zahl der Entdeckungen ergaben sich weitere Eigenschaften der Verteilungsfunktion. Setzt man $\frac{\mu'}{\mu} = \frac{p}{q}$, wo p und q relativ prime, kleine ganze Zahlen sind, und bezeichnet man mit $/p-q/$ den Grad der Kommensurabilität, so ergibt sich, daß je kleiner der Grad ist, um so markanter und ausgedehnter die Lücken sind. Die ausgeprägtesten Lücken zeigen sich bei $\frac{\mu'}{\mu} = \frac{1}{2}$ und $\frac{\mu'}{\mu} = \frac{1}{3}$, wo sie 23″ bzw. 10″ betragen.

Ein ganz anderes Verhalten zeigen die 14 *jupiternahen* Asteroiden. Sie *häufen sich* gerade in der Umgebung der Kommensurabilitätsstellen: $\frac{\mu'}{\mu} = \frac{2}{3}$ beim Hildatypus, $\frac{\mu'}{\mu} = \frac{3}{4}$ bei Thule, $\frac{\mu'}{\mu} = \frac{1}{1}$ bei den Trojanern. Zwischen diesen Stellen wurde bisher kein Planet gefunden.

Den 8 Lücken bzw. Minima würden folgende Verhältnisse entsprechen: $598'' = \frac{1}{2}$, $658'' = \frac{5}{11}$, $698'' = \frac{3}{7}$, $748'' = \frac{2}{5}$, $798'' = \frac{3}{8}$, $897'' = \frac{1}{3}$, $1043'' = \frac{2}{7}$ in bezug auf die Jupiterbewegung. Es scheint, als ob dem Minimum bei $\mu = 943''$ eine Kommensurabilität mit Mars (Verhältnis 2/1) entspricht. Bei einer Gruppierung der μ von je 1″ zeigen sich noch andere Minima; doch genügt das Material noch nicht, um diese Minima als gesichert ansehen zu können.

Zahlreich sind die Versuche, die Lücken und Minima der Häufigkeitsfunktion zu *erklären*. So haben C. HORNSTEIN, M. BRENDEL, H. POINCARÉ, P. LOWELL, O. CALLANDREAU, LEVI-CIVITA, H. v. ZEIPEL u. a. diesem Problem eingehende Untersuchungen gewidmet. Eine genügende Übereinstimmung der Theorie mit den Beobachtungstatsachen haben sie indessen nicht erzielen können. K. HIRAYAMA (2) ist es gelungen, sowohl die Lückenbildung wie auch die Anhäufungen zu erklären. Er führt in die BROWNsche Librationstheorie die Hypothese des *widerstehenden Mittels* (Massen von der Größenordnung gewöhnlicher Meteore, deren Teile sich in Kreisbahnen um die Sonne bewegen) ein. Er erhält so Variationsgleichungen für die willkürlichen Integrationskonstanten, deren Diskussion ihn zu folgenden mit den Beobachtungen in Einklang stehenden Resultaten führt: 1. Alle Asteroiden mit $\mu < 500''$ führen Librationen aus und bilden eine Serie von Gruppen nahe den Kommensurabilitätsstellen $\frac{1}{1}$, $\frac{2}{3}$, $\frac{3}{4}$. Die Konjunktionen mit Jupiter finden stets in der Nähe ihrer Perihele statt. Bei einer Aphelkonjunktion können die Bahnen infolge der starken Jupiterstörungen nicht stabil bleiben. Die kritischen Entfernungen von Jupiter hängen von den Exzentrizitäten der Bahnen ab; bei $\mu = 450''$ z. B. bleiben die Bahnen stabil, wenn ihre

Exzentrizitäten $e < 0.31$ sind. 2) Bei den Asteroiden mit $\mu > 580''$ gehen im allgemeinen die libratorischen Bewegungen in revolutorische über, aber nicht umgekehrt, und es bildet sich eine Serie von Lücken an den Stellen $\frac{1}{2}$, $\frac{1}{3}$, $\frac{2}{5}$ usw.

A. KLOSE (*21*) beschränkt die Untersuchung der Entstehung der Lücken auf μ zwischen 600″ und 1100″, mit Ausschluß der Hekubalücke ($\mu = 598''$). Er zeigt, daß die klassische Störungstheorie nicht imstande ist, die Entstehung der Lücken aus ihr abzuleiten, daß jedoch die Anziehung dreier Massenpunkte nach dem NEWTONschen Gravitationsgesetz genügt, um die jetzige Konstitution des Ringes zu erklären. KLOSE variiert POINCARÉS *periodische Bahnen der 2. Sorte*, und erhält bei plausiblen Vereinfachungen für alle Kommensurabilitätsstellen bis zum 5. Grade zwischen 600″ und 1100″ instabile Anschlußbahnen, deren Exponenten die statistische Verteilung erklären.

Es muß betont werden, daß es nicht statthaft ist, bei dem Vergleich mit der letzteren die Elemente der *unnumerierten* Planeten (Ellipsen wie namentlich Kreisbahnen) in die Diskussion einzubeziehen und mit ihrer Verwendung Schlüsse auf die Größe der Lücken zu ziehen. Die große Unsicherheit dieser Elemente darf nicht unbeachtet bleiben, da sie geeignet ist, das Resultat vollkommen zu verfälschen.

Die *Hekubalücke* sucht auch E. W. BROWN (*47*) zu erklären. Ausgehend von Librationsbahnen zeigt er, daß in der Annahme kleiner Exzentrizitäten die letzteren unstabil sind und die einmal begonnene Bewegung nicht weiter in der angenommenen Form fortgesetzt werden kann.

Nachdem K. HIRAYAMA auf die Ähnlichkeit der Verteilung der μ mit einem Spektrum hinwies, untersuchten F. E. KESTER und D. ALTER (*23*), ob die Gesetzmäßigkeiten der ersteren ein *Analogon* haben *in der gesetzmäßigen Verteilung der Spektrallinien*. Die 6 Maxima der Häufigkeitsfunktion bei $\mu = 455''$, 563″, 635″, 677″, 711″ und 729″ werden durch die RYDBERGsche Serienformel gut dargestellt. Wenn es sich auf Grund eines größeren Materials erweisen sollte, daß die Übereinstimmung zwischen den Asteroidengruppen und den aus genannter Formel gerechneten Werten reell ist, dann würde man damit eine Beziehung zwischen den Atom- und Planetenbahnsystemen haben.

2. Verteilung der Exzentrizitätswinkel. Tabelle 7 enthält die *Anzahl* der Planeten für jeden Grad des Exzentrizitätswinkels φ. Sie läßt ein *schnelles Anwachsen* bei kleinsten φ und eine *langsame Abnahme* bei größeren Werten erkennen. Bemerkenswert ist die Senkung bei $6° < \varphi < 7°$. Der *Gesamtmittelwert* φ_m ist 8°7. Kleinere Exzentrizitätswinkel als 1° haben nur 6 Planeten: 1020, 673, 508, 311, 720 und 208. Maximalwerte haben 944, 719, 887 und 1009, deren φ die Werte haben: 40°8, 32°7, 32°1 und 27°1. 97 vH. der φ liegen zwischen 1° und 17°.

Tabelle 7.

φ	Anzahl	φ	Anzahl	φ	Anzahl
0°0—1°0	6	9°1—10°0	90	18°1—19°0	7
1.1—2.0	33	10.1—11.0	73	19.1—20.0	4
2.1—3.0	42	11.1—12.0	68	20.1—21.0	7
3.1—4.0	61	12.1—13.0	61	21.1—22.0	2
4.1—5.0	90	13.1—14.0	48	22.1—23.0	2
5.1—6.0	87	14.1—15.0	30	23.1—24.0	0
6.1—7.0	81	15.1—16.0	21	24.1—25.0	1
7.1—8.0	92	16.1—17.0	12	25.1—26.0	0
8.1—9.0	90	17.1—18.0	11	26.1—27.0	1
				> 27.1	3

Zur Untersuchung der *Beziehungen zwischen* μ *und* φ sind die Mittelwerte der φ in Abständen von je 50″ in μ ermittelt und in Abb. 2 graphisch dargestellt:

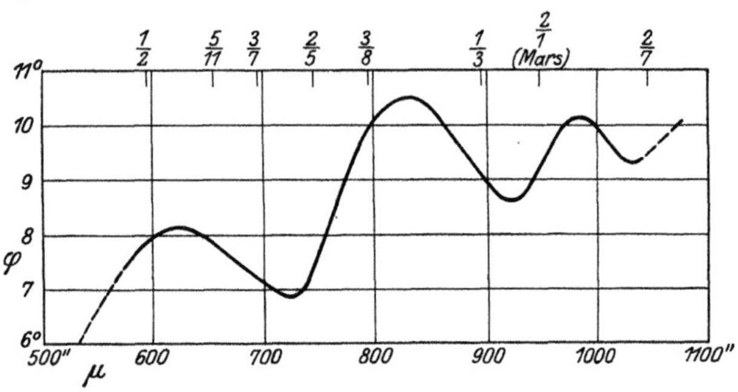

Abb. 2.

Der Verlauf der Kurve ist gestrichelt, wenn innerhalb der 50″-Grenzen weniger als 20 Planeten liegen. Die oben erwähnten 8 Kommensurabilitätsstellen bis zum 6. Grade fallen weder in die Maxima noch in die Minima. Die Stellen ungeraden Grades, also $\frac{\mu'}{\mu} = \frac{1}{2}, \frac{2}{5}, \frac{3}{8}, \frac{2}{7}$ und $\frac{2}{1}$ (Mars) liegen auf den aufsteigenden Ästen, diejenigen geraden Grades also $\frac{\mu'}{\mu} = \frac{5}{11}, \frac{3}{7}, \frac{1}{3}$, auf den absteigenden Ästen.

Die von BROWN (*39*) gefundene Tatsache, daß die *Exzentrizitäten in der Nähe der Lücken stets kleiner* sind *als der Gesamtmittelwert* φ_m, sucht HIRAYAMA (*2*) statistisch zu beweisen. Er bildet für die Planeten 1—791 aus je 10 Exzentrizitätswerten zu beiden Seiten der Lücken Mittelwerte. Es zeigt sich, daß mit einer Ausnahme in der Umgebung der Lücken die Mittelwerte der φ, namentlich die der Innenseite, kleiner sind als der Gesamtmittelwert. Dehnt man diese Untersuchungen auf die Planeten 1—1024 aus, so wird das Resultat von HIRAYAMA im allgemeinen bestätigt, wenn es auch eine leichte Abschwächung erfährt.

Tabelle 8.

$\frac{\mu'}{\mu}$	μ	φ_a	φ_i	$\varphi_a - \varphi_i$	$\Delta\varphi_m$
1/2	598″	8°5	6°6	+1°9	−1°2
5/11	658	10.9	9.0	+1.9	+1.3
3/7	698	7.9	6.3	+1.6	−1.6
2/5	748	8.4	5.9	+2.5	−1.6
3/8	798	9.2	7.7	+1.5	−0.3
1/3	897	10.0	7.1	+2.9	−0.2
2/7	1043	7.4	8.6	−1.2	−0.7

M. BRENDEL (*41*) findet unter Annahme der KLOSEschen Lückenausdehnungen, daß ein Planet, dessen Bewegung $2\,\mu'$ ist, bei $\varphi = 0°68$ die Hälfte seiner Umlaufszeit, bei $\varphi = 10°$ nur $\frac{1}{36}$ in der Lückenzone zubringt.

Zur Prüfung der *Abhängigkeit der Neigung* i der Bahnen *von den Exzentrizitätswinkeln* φ sind für je $2°$ von φ die Mittel der i gebildet und in der Abb. 3 dargestellt:

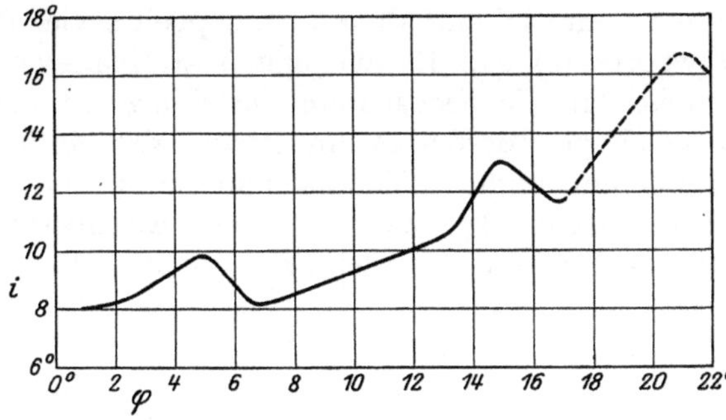

Abb. 3.

Mit zunehmendem Exzentrizitätswinkel ist eine deutliche Zunahme der Neigung verbunden.

3. Die Verteilung der Perihellängen. Über diese gibt folgende Tabelle Aufschluß:

Tabelle 9.

π	Anzahl	π	Anzahl
0°1— 20°0	102	180°1—200°0	30
20.1— 40.0	84	200.1—220.0	32
40.1— 60.0	88	220.1—240.0	44
60.1— 80.0	59	240.1—260.0	43
80.1—100.0	62	260.1—280.0	46
100.1—120.0	52	280.1—300.0	49
120.1—140.0	39	300.1—320.0	63
140.1—160.0	35	320.1—340.0	88
160.1—180.0	32	340.1—360.0	85

Es zeigt sich ein ausgeprägtes *Maximum bzw. Minimum bei* $0° < \pi < 20°$ *bzw. bei* $180° < \pi < 200°$. S. NEWCOMB fand diese Erscheinung als erste Gesetzmäßigkeit in der Verteilung der Elemente. Er erklärte sie rein mechanisch durch *Wirkung der Säkularstörungen* durch die Großen Planeten, in der Hauptsache also durch *Jupiter*. Das Perihel des letzteren liegt bei 13° und dementsprechend das Häufigkeitsmaximum der Perihellängen bei 13°, das Minimum bei 193°. Bildet man für die vom Jupiterperihel aus gezählten 4 Quadranten die in sie fallende Zahl der π, so ergibt sich folgendes Resultat:

Tabelle 10.

Quadrant	Anzahl	hyp. Anzahl
13°—102°	336	297
103°—192°	172	215
193°—282°	175	215
283°—12°	340	297

Die Quadranten I und IV enthalten etwa doppelt soviel Perihele wie I und II. NEWCOMB (*5*) gab für die ersten 56 Planeten den zahlenmäßigen Beweis, daß die beobachtete Verteilung mit der theoretisch als wahrscheinlich geforderten in Anbetracht des geringen Materials befriedigend übereinstimmte. Voraussetzung war bei seinen Untersuchungen eine gleichmäßige Verteilung der Eigenperihellängen und Eigenexzentrizitäten über den ganzen Umkreis. A. v. BRUNN (*9*) wiederholte die Arbeit für 414 Planeten und fügte auch die Diskussion der *Exzentrizitäten* hinzu. Er zeigt, daß die NEWCOMBschen Voraussetzungen berechtigt sind, daß also die ungleichmäßige Verteilung der Perihele der Hauptsache nach durch die Säkularstörungen seitens der Großen Planeten hervorgerufen werden. Aber auch *klimatische* Einflüsse — Häufung der Periheloppositionen im September — wirken, wenn auch nur in sehr geringem Maße, in gleichem Sinne wie die säkularen Störungen durch Jupiter. Die NEWCOMBschen hypothetischen Werte der Häufung der Perihele beim Jupiterperihel erwiesen sich jedoch als zu klein, was die Beobachtungen bestätigen (vgl. Tabelle 10, letzte Spalte).

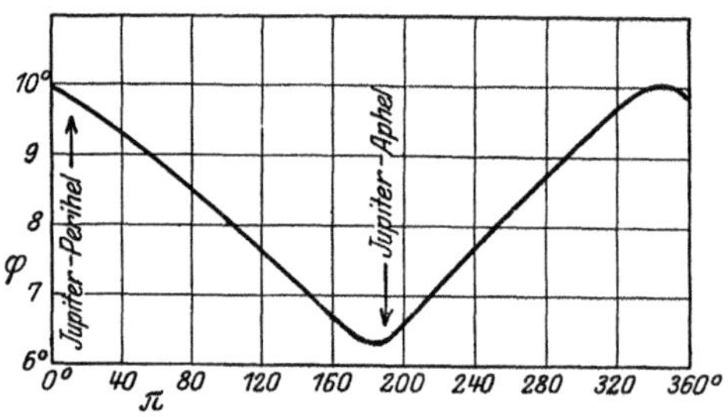

Abb. 4.

v. BRUNN weist hier auch darauf hin, daß aus NEWCOMBS Erklärung der Perihelverteilung weiter folgt, daß die *Exzentrizitätsmittel* bei den Planeten ein *Maximum bzw. Minimum* erreichen, deren *Perihele beim*

Jupiterperihel bzw. Aphel liegen. Diese Folgerung entpsricht den Beobachtungstatsachen, wie Abb. 4 zeigt.

4. Verteilung der Knotenlängen. Eine Anordnung nach der Knotenlänge gibt Tabelle 11:

Tabelle 11.

Ω	Anzahl	Ω	Anzahl
0°1— 20°0	63	180°1—200°0	61
20.1— 40.0	64	200.1—220.0	60
40.1— 60.0	56	220.1—240.0	42
60.1— 80.0	58	240.1—260.0	53
80.1—100.0	68	260.1 - 280.0	32
100.1—120.0	52	280.1—300.0	48
120.1—140.0	67	300.1—320.0	43
140.1—160.0	67	320.1—340.0	53
160.1—180.0	64	340.1—360.0	73

Es sind zwei *Maxima bei etwa* 340°—40° *und* 120°—180° und ein *Minimum bei etwa* 220°—340° erkennbar. Auf die 4 *Quadranten* verteilen sich die Knotenlängen folgendermaßen (Tabelle 12):

Tabelle 12.

Quadrant	Anzahl	
I	276	559
II	283	
III	234	465
IV	231	

S. Newcomb suchte anfangs das Überwiegen in den beiden ersten Quadranten durch Anhäufung um den Jupiterknoten ($\Omega' = 99°$) zu erklären. Später hielt er aber eine *gleichmäßige* Verteilung der Knoten für wahrscheinlich. Eine befriedigende Erklärung für diese Erscheinung fehlt noch.

5. Verteilung der Neigungen. Aus Tabelle 13 geht hervor, daß bei kleinsten Neigungen ein schnelles Anwachsen der *Häufigkeit* eintritt.

Tabelle 13.

i	Anzahl	*i*	Anzahl	*i*	Anzahl
0°0—1°0	16	9°1—10°0	62	18°1—19°0	25
1.1—2.0	41	10.1—11.0	71	19.1—20.0	12
2.1—3.0	67	11.1—12.0	52	20.1—21.0	12
3.1—4.0	68	12.1—13.0	47	21.1—22.0	12
4.1—5.0	66	13.1—14.0	41	22.1—23.0	6
5.1—6.0	76	14.1—15.0	46	23.1—24.0	6
6.1—7.0	65	15.1 -16.0	47	24.1—25.0	7
7.1—8.0	63	16.1—17.0	18	25.1—26.0	10
8.1—9.0	66	17.1—18.0	10	>26.1	12

Die Anzahl bleibt ziemlich konstant zwischen 2° und 11°, um dann allmählich geringer zu werden. Bis zum Jahre 1920 hatte 2 Pallas mit 34°7 die größte vorkommende Neigung; 944 Hidalgo übertrifft sie jetzt mit 43°1 erheblich. Unter den Planeten mit sehr großer Neigung sind verhältnismäßig viele, deren Bahnen rechnerisch wenig gesichert sind, da sie im allgemeinen in extremen Deklinationen nicht laufend photographiert werden.

Die Beziehung zwischen der *Neigung i und der mittleren täglichen Bewegung* μ gibt Abb. 5:

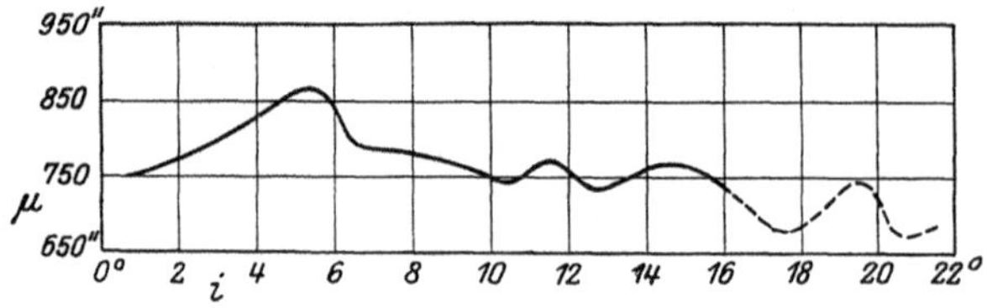

Abb. 5.

Das Maximum wird mit $\mu = 865''$ bei $4° < i < 6°$ erreicht. Von etwa $i = 7°$ ab nehmen im allgemeinen die μ allmählich ab. Dieses Verhalten ist wahrscheinlich dadurch zu erklären, daß namentlich nahe Planeten mit großen Neigungen weniger Aussicht auf zufällige Entdeckung haben als solche mit kleineren Neigungen.

6. Heliozentrische Verteilung der Planeten. Die Verteilung der Planeten vom heliozentrischen Standpunkt aus ist *nicht gleichmäßig*, wie J. STOBBE (*22*) gezeigt hat. Aus einer Anordnung der Anzahlen für jede Rektaszensionsstunde geht hervor, daß sich bei $AR = 12^h$ ein ausgeprägtes Häufigkeitsmaximum, bei 22^h ein entsprechendes Minimum findet. Es ist möglich, daß mit der Häufung der Zahl auch eine Häufung der Masse verbunden ist. Vielleicht ist dieser *Massenwulst* doch imstande, meßbare Störungen auf benachbarte Planeten auszuüben.

Die mittlere Bahnebene der Kleinen Planeten fällt nahe mit der der Ekliptik zusammen: $i = 23°0$, $\Omega = 0°6$.

7. Familien. Der erste Versuch, *Gruppen* von Planeten festzustellen, deren Elemente große Ähnlichkeit aufweisen, wurde von KIRKWOOD (*43*) unternommen. Er erwähnt die Ähnlichkeit der Bahnen von 153 und 190, 116 und 1, 37 und 66, 19 und 79 und bemerkt dazu, daß solche Koinzidenzen kaum zufällig sein können. J. MASCART (*1*) wiederholt die Nachforschung auf Grund größeren Materials. Auch er kommt über die Vermutung, daß für die Gruppenbildung eine kosmogonische Ursache besteht, nicht hinaus. Seine Resultate bestehen im wesentlichen in der Aufzählung von 20 Paaren, deren Elemente auffallende Ähnlichkeit besitzen.

K. HIRAYAMA (*29*) sieht den Mißerfolg dieser Untersuchungen darin, daß nur die gegenwärtigen meist *oskulierenden* Elemente verwendet wurden ohne Rücksichtnahme auf *säkulare* Veränderungen. Durch Anwendung der Wahrscheinlichkeitsrechnung zeigt er, daß die Gruppenbildung kein Zufallsergebnis sein kann. HIRAYAMA untersucht auf

Grund des LAPLACE-POISSONschen Theorems und der LAGRANGEschen Theorie der Säkularvariationen der Planetenbahnen die säkularen Störungen der Asteroidenbewegungen seitens der 8 Großen Planeten. Von den in der Lösung auftretenden 5 willkürlichen Konstanten, die invariabel sein müssen und die Gestalt und Lage der variierten Bahn definieren, wählt er als *invariable* Elemente diejenigen aus, die also ohne Kenntnis der verflossenen Zeit bestimmbar sind: mittlere Bewegung, Eigenneigung, Eigenexzentrizität. HIRAYAMA berechnet sie aus den gewöhnlichen Elementen unter Vernachlässigung der periodischen Störungen für die Planeten 1—790, soweit ihre mittlere Bewegung zwischen 500″ und 1120″ liegt. Diejenigen Planeten, deren invariable Elemente große Ähnlichkeit aufweisen, faßt er in *Familien* zusammen. Als merkwürdige Eigenschaft jeder Familie ergibt sich die, daß sich die Pole der Bahnen, die den einzelnen Fragmenten entsprechen, mit gleichförmiger Geschwindigkeit auf einem kleinen Kreise um ein gemeinsames Zentrum bewegen. HIRAYAMA findet 5 gesicherte Familien mit zusammen 133 Planeten, deren Vertreter 24, 221, 158, 170 und 8 sind. Die Existenz weiterer Familien ist angedeutet. Die Elemente der seitdem entdeckten Planeten fügen sich in die Familien gut ein und stützen damit die Theorie.

IV.

Planeten mit *ungewöhnlichen* Bahnen sind:

1. **433 Eros.** Er wurde am 13. August 1898 von G. WITT als Objekt 11. Größe mit der großen Rektaszensionsbewegung von $-1^{m}.9$ auf photographischem Wege entdeckt. Nachträglich konnte der Planet von E. C. PICKERING auf 21 photographischen Platten aus den Jahren 1893, 1894 und 1896 festgestellt werden. Die Bahnbestimmung ergab als ganz unerwartetes Resultat, daß die *mittlere Sonnenentfernung* von Eros 1,46, also *kleiner als die des Mars* ist. Wie Abb. 6 zeigt, liegt ein großer Teil der Erosbahn innerhalb der Marsbahn. Letztere bildet also nicht mehr die innere Grenze des Ringes. Die geringe Entfernung, die ziemlich große Exzentrizität $e = 0.22$ und der Umstand, daß Perihel und absteigender Knoten nahe zusammenfallen, bewirken, daß Eros der Erde bis auf 0.15 nahe kommen kann, z. B. 1894. Die Helligkeit bewegt sich zwischen etwa $6^{m}.5$ und $11^{m}.3$, die mittlere Helligkeit ist $9^{m}.7$. Die Helligkeitsschwankungen sind bereits erwähnt. Der Durchmesser ist in der Annahme einer Albedo von 0,24 32 km.

Wegen der außerordentlich großen Erdnähe ist unter den Kleinen Planeten Eros das geeignetste Objekt zur Bestimmung der *Sonnenparallaxe.* In der ziemlich günstigen Opposition 1900/01 wurde eine umfassende Organisation der Beobachtungen geschaffen, die die bisher beste Bestimmung der Sonnenparallaxe ergab. A. R. HINKS (*31*) erhielt durch Diskussion des gesamten Materials dieser Opposition als wahrscheinlichsten Wert $8''.806$. Eine wesentlich günstigere Gelegenheit bietet sich bei der Erosopposition 1930/31. Hier erreicht die Erosparallaxe bei einer Entfernung von 0.17 den hohen Wert von $50''.2$. Auch die Helligkeitsverhältnisse sind günstiger wie damals. Die größte Helligkeit in der Opposition 1930/31 erreicht Eros Ende Januar 1931 mit $7^m.1$.

Die zur Sicherung der Bahn erforderlichen umfangreichen Arbeiten, die in Bahnverbesserung aus den Normalörtern aller beobachteten Oppositionen mit Berücksichtigung der Störungen durch alle 8 Großen Planeten bestehen, hat im wesentlichen G. WITT ausgeführt. Seine Vorarbeiten sind soweit gediehen, daß mit der Vorbereitung für das große Parallaxenunternehmen von 1930/31 bereits begonnen werden konnte.

E. NOTEBOOM (*17*), der eine Bahnverbesserung aus 24 Normalörtern von 1893—1907 ausführte, leitete für die *Masse Erde + Mond* den Wert $\frac{1}{328\,370}$ ab. Er hofft, daß die Opposition 1930/31 auch genügendes Material zur Verbesserung der *Erdbahn-Elemente* bringen werde.

Die ungewöhnliche Bahn hat mehrfach zur Berechnung *allgemeiner* Störungen angeregt. So hat C. J. MERFIELD (*10*) analytische Ausdrücke für die säkularen Störungen durch alle 8 Großen Planeten aufgestellt. H. SAMTER (*12*) ermittelte die allgemeinen Störungen durch Venus, Jupiter, Saturn vollständig, die wichtigsten Glieder der Störungen durch Mars und die durch die Erde hervorgerufenen Breitenstörungen. Eine allgemeine Lösung des Problems der Erdstörungen ist mit sehr großen Schwierigkeiten verknüpft. Die durch die Erde hervorgerufenen Störungen sind ihrer Größe nach etwa mit den Jupiterstörungen eines Asteroiden mit $\mu = 950''$ vergleichbar. NOTEBOOM (*17*) berechnete allgemeine Störungen durch Merkur, Uranus und Neptun.

2. 1019 [1924 QN], [1923 NX][1]. Ihre Bahnen sind durch *sehr große mittlere Bewegungen und Neigungen* ausgezeichnet. 1019 hat nächst Eros mit $\mu = 1343''$ die größte Bewegung, die von NX steht mit $\mu = 1260''$ an 4. Stelle. Die Neigungen sind $27^\circ.0$ bzw. $27^\circ.2$. Da die Exzentrizitäten bei beiden Planeten sehr klein sind ($e = 0.07$ bzw. $= 0.04$), so kreuzen sie die Marsbahn nicht. Wegen der großen Neigungen ist eine größere Annäherung an Mars nur in der Umgebung seiner Knoten möglich. Die Helligkeiten liegen zwischen $12^m.9$ und $13^m.8$ bzw. $13^m.4$ und $14^m.2$. Ihre Halbmesser sind 6 km groß.

3. Albertgruppe. Ihr gehören 3 Planeten an, deren *Exzentrizitäten* mit $e = 0.53$—0.54 *sehr groß* sind. Nächst Eros erreichen sie die größte Annäherung an die Erde und sind deshalb ebenfalls zur Bestimmung der Sonnenparallaxe geeignet. Ihre mittleren täglichen Bewegungen liegen zwischen $815''$ und $882''$.

---

[1]) Noch nicht numeriert.

719 Albert wurde 1911 Okt. 3 als Objekt 12. Größe von J. PALISA auf visuellem Wege entdeckt. Die stark rechtläufige tägliche Bewegung von $+2^{m}.1$ in *AR* und —32′ in Dekl. ließ auf eine ungewöhnliche Bahn schließen. Widrige Verhältnisse verhinderten leider eine ausreichende Verfolgung. Trotz sehr sorgfältiger Bahnbestimmung von v. TOLNAY und HAYNES auf Grund der wenigen Beobachtungen muß das Objekt verloren gegeben werden und die Wiederauffindung dem Zufall überlassen bleiben. Seine kleinste Erdentfernung, die er in den Anfang

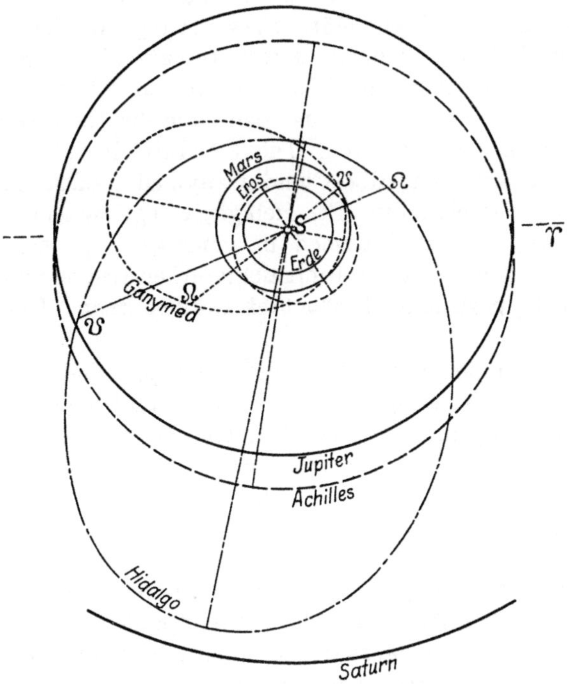

Abb. 6.

September fallenden Periheloppositionen erreichen kann, ist 0.20. Die scheinbare Bahn ist dabei steil nach Süden gerichtet. Die Helligkeit liegt zwischen $11^{m}.4$ und $19^{m}.9$. Mit den jetzigen Hilfsmitteln ist Albert ebenso wie Alinda nur in der Nähe der Periheloppositionen beobachtbar. Sein Halbmesser ist mit $2^{1}/_{2}$ km einer der kleinsten unter denen der Planeten.

887 Alinda wurde 1918 Jan. 3 von M. WOLF auf photographischem Wege entdeckt. Die geozentrische Bewegung war noch auffälliger als bei Albert und betrug noch Anfang Februar $+3^{m}.4$, $+23'$. Der Planet konnte bis Mitte Mai beobachtet werden, so daß die Bahnbestimmung von G. STRACKE ziemlich sicher ausfiel. Er wurde auch in der 2. Perihelopposition 1921/22 beobachtet. Die 3. günstige Opposition findet Ende 1925 statt. Seine kleinste Erdentfernung 0,20 erreicht er in den auf die Jahreswende fallenden Periheloppositionen. Die Helligkeit bewegt sich zwischen $10^{m}.4$ und $19^{m}.4$. Der Halbmesser ist etwa 3 km.

1924 TD Ganymed[1]) hat infolge seiner großen Neigung von 26° von den 3 Gliedern dieser Gruppe die interessanteste Bahn. Er wurde 1924 Okt. 23 von W. Baade als helles Objekt 9.—10. Größe mit der größten bekannten Bewegung von $+4^{m}.8$, —40′ aufgefunden. Der Planet konnte infolge seiner Helligkeit und seiner günstigen geozentrischen Bewegung bis Ende März 1925 verfolgt werden. Die von G. Stracke abgeleiteten Elemente zeigen bis auf die stark verschiedene Neigung sehr große Ähnlichkeit mit denen von Albert. Eine Identität kommt aber nicht in Frage, zumal sich auch die Helligkeiten um etwa 4 Größenklassen unterscheiden. Die Umlaufszeit beträgt $4^1/_3$ Jahre, so daß im Herbst 1911 Albert und Ganymed nahezu gleichzeitig in Periheloppsition gelangten. Die Helligkeit liegt zwischen den Grenzen $7^{m}.6$ und $15^{m}.8$, so daß Ganymed in günstigen Oppositionen zu den hellsten Asteroiden gehört und mit lichtstarken Instrumenten also auch in den Apheloppositionen beobachtet werden kann. Der Halbmesser ist etwa 86 km.

4. Aethragruppe. Die Bahnen dieser Gruppe sind durch große Exzentrizitäten und Neigungen gekennzeichnet und bilden in dieser Hinsicht den Übergang zum Gros der Planeten. Ihr gehören an: 132 Aethra, 475 Ocllo, 699 Hela und 1009 [1923 PE]. Die Exzentrizitäten e liegen zwischen 0,38 und 0.45, die Neigungen zwischen 15° und 25°, die mittleren Bewegungen zwischen 832″ und 851″. Ihr hervorragendster Vertreter ist der am 31. Okt. 1923 von K. Reinmuth entdeckte 1009 mit der Exzentrizität $e = 0.45$. Im Perihel, das nahe mit dem niedersteigenden Knoten der Marsbahn und dem aufsteigenden Knoten seiner Bahn zusammenfällt, kann er Mars bis auf 0,05 nahe kommen und ist somit zur Bestimmung der *Marsmasse* geeignet.

5. Trojanergruppe. Sie hat für die *Himmelsmechanik* sehr große Bedeutung erlangt, da sie Beispiele für einen speziellen Fall des Dreikörperproblems bietet. Die bis jetzt bekannten 6 Glieder sind dadurch charakterisiert, daß ihre mittleren Bewegungen zu der von Jupiter nahezu *im kommensurablen Verhältnis 1 : 1* stehen. Sie befinden sich mit der Sonne und Jupiter in der Nähe der Ecken eines gleichseitigen Dreiecks. Lagrange hat gezeigt, daß unter gewissen Voraussetzungen 3 Körper bei Anziehung nach dem Newtonschen Gravitationsgesetz stets in den Eckpunkten eines gleichseitigen Dreiecks verharren können. Sind die Körper nur in der Nähe dieser Punkte, so führen sie nach C. V. L. Charlier eine von kurzperiodischen Schwingungen überlagerte

[1]) Noch nicht numeriert.

Libration um den betreffenden Dreieckspunkt als Gleichgewichtslage aus, die im Sonnensystem mit Jupiter und Sonne als anziehenden Körpern eine etwa 150-*jährige Periode* hat.

Die 6 Trojaner 588 Achilles, 617 Patroclus, 624 Hektor, 659 Nestor, 884 Priamus und 911 Agamemnon sind in den Jahren 1906—1919 sämtlich in Heidelberg von M. Wolf, A. Kopff und K. Reinmuth entdeckt worden. Die Elemente Ω, i, φ, die maximale Amplitude der langperiodischen Schwingung k und die Grenzwerte der mittleren Bewegungen μ gibt Tabelle 14 (nach Wilkens [*18*]).

Tabelle 14.

Nr. und Name	Ω 1910.0	i	φ	k	μ Max.	Min.
588 Achilles	315°.6	10°.3	8°.6	11°.3	303″.8	294″.4
617 Patroclus	43.5	22.1	8.1	3.4	300.5	297.7
624 Hektor	342.0	18.1	1.7	18.0	307.4	290.8
659 Nestor	350.0	4.5	6.1	11.0	303.7	294.5
884 Priamus	300.6	8.9	6.8	11.6	304.0	294.3
911 Agamemnon	336.8	21.9	4.9	19.5	307.3	291.0

Auf bemerkenswerte *Eigenschaften* der Bahnen weist Wilkens (*19*) hin. Außer bei 617 liegen alle 5 aufsteigenden Knoten nahe an der gleichen Stelle, im 4. Quadranten. Größere Abweichungen zeigen sich bei 617 und 884, die um den Librationspunkt gelagert sind, dessen Länge 60° kleiner ist als die des Jupiter. Die übrigen 4 Körper schwingen um den Punkt, dessen Länge 60° größer als die des Jupiter. 617 und 884 liegen sich in bezug auf den Librationspunkt diametral gegenüber. Bei 624 und 911 sind die Amplituden der Librationen der μ, die Knotenlängen und die Neigungen nahe einander gleich, so daß sich die beiden Planeten in nahezu der gleichen Bahn bewegen.

A. Koref (*14*) hat auf Grund des Beobachtungsmaterials der Oppositionen 1907—1914 die relative *Bewegung von 624* untersucht und gefunden, daß 624 sich mit *12-jähriger Periode* in einer Ellipse bewegt, deren Mittelpunkt aber nicht mit dem Librationspunkt zusammenfällt. Der Widerspruch mit der Theorie wird dadurch erklärt, daß die Theorie eine kreisförmige Bahn des Jupiter voraussetzt und nur die 1. Potenzen der Abweichungen vom Librationspunkt berücksichtigt.

Störungstheorien sind für die Trojaner mehrere aufgestellt worden, so von F. J. Linders, W. W. Heinrich, W. M. Smart, A. Wilkens, E. W. Brown. Die Entwicklung der Störungsfunktion erfolgt nach Potenzen des Abstandes vom Dreieckspunkt. Wilkens (*42*) integriert die Differentialgleichungen unter Zugrundelegung der Charlierschen Schwingungsperiode um die Dreieckspunkte als Ausgangslösung. Er macht auf eine Eigentümlichkeit der Trojaner aufmerksam, die im

Sonnensystem sonst unbekannt ist. Ihre mittleren Bewegungen schwanken um den Mittelwert der mittleren Bewegung von Jupiter. Diese steht ihrerseits zur mittleren Saturnsbewegung in dem sehr nahen kommensurablen Verhältnis 5 : 2, so daß ein periodischer Durchgang der Trojanerbewegung durch die Kommensurabilitätsstelle mit Saturn stattfindet. Die Wirkung auf die Länge besteht im wesentlichen in einer Libration mit einer etwa 900-jährigen Periode. Bei der Untersuchung der *säkularen Veränderungen der großen Achsen* der Bahnen findet WILKENS (*19*) bei Berücksichtigung der Glieder 1. Grades der Störungsfunktion *keine*, bei Mitnahme höherer Glieder *beträchtliche* Störungen und damit Säkularbeschleunigungen der Längen, die im Maximum pro Jahrhundert 27° erreichen. Der Widerspruch mit den Beobachtungstatsachen erklärt sich wahrscheinlich dadurch, daß die benutzte CHARLIERsche periodische Anfangslösung zu roh ist.

BROWN will eine *allgemeine Theorie* der Trojaner geben, deren erster Teil (*4*) erschienen ist. Diese behandelt die Trojanerbewegung unter dem Einfluß von Sonne und Jupiter in der Annahme, daß Jupiter keine Störungen durch andere Planeten erleidet. BROWN will die Entwicklung soweit durchführen, daß sie als Grundlage für Vorausberechnungen und Untersuchungen über die Stabilität der Bewegungen dienen können.

Eine *Methode zur Ermittlung genauer spezieller* und genäherter absoluter *Störungen* gibt WILKENS (*14*). Die Methode der *speziellen* Störungen besteht in folgendem: WILKENS läßt in erster Näherung den Trojaner eine Ellipse um die Sonne beschreiben, wenn in dieser Sonnen- und Jupitermasse vereinigt sind. Er will damit erreichen, daß ohne Störungsrechnung bereits ein großer Teil der Jupiterstörungen berücksichtigt wird und die Störungen selbst klein von der zweiten Ordnung werden. W. DRUCKER (*16*) wendet das WILKENSsche Verfahren bei 617 Patroclus an. Bei der Ausführung der Störungsrechnung wählt er aber statt der rechtwinkligen Koordination die Variation der Elemente. DRUCKER kommt zu dem Resultate, daß das WILKENSsche Elementensystem bei geringen Ansprüchen an die Genauigkeit Vorteile bietet, daß aber andernfalls die Störungsrechnung notwendig ist.

6. 944 Hidalgo. Der Planet wurde 1920 Okt. 31 von BAADE aufgefunden. Die von C. VICK ausgeführte sehr sichere Bahnbestimmung ergab ganz ungewöhnliche Bahnverhältnisse. Die mittlere Bewegung ist $= 259''.6$. Bei einer Exzentrizität $e = 0.65$ ist die kleinste Sonnenentfernung 2.0, die größte 9.4, und damit *nicht viel kleiner als die mittlere Sonnenentfernung des Saturn.* In den auf Anfang Dezember fallenden Periheloppositionen ist die kleinste Erdentfernung 1.3. Die Neigung hat den größten bei den Asteroiden vorkommenden Wert von $43^\circ.1$. Im Aphel steht 944 in der Entfernung 5.4 von der Ekliptik. Die Helligkeit bewegt sich zwischen $11^m.3$ und $19^m.4$. Der Halbmesser ist 21 km.

Der Ring hat damit auch nach außen hin eine sehr starke Ausdehnung erfahren; im Maximum beträgt sie nahezu das 8-fache der mittleren Entfernung Erde—Sonne. Den Abschluß bilden gegenwärtig die Planeten *Erde* und *Saturn*.

V.

Ursprung der Asteroiden. Die Frage nach dem Ursprung tauchte bereits 1802 mit der Entdeckung des zweiten Planeten durch OLBERS auf. Die Möglichkeit der großen Annäherung der beiden ersten Planeten brachte OLBERS auf die Vermutung, daß sie Fragmente eines größeren Körpers seien. Später entdeckte Planeten zeigten aber derartig verschiedene Bahnverhältnisse, daß ein gemeinsamer Ursprung durch Zerstörung *eines* Körpers ausgeschlossen erscheint.

Unter den zahlreichen Theorien des Ursprungs gibt es bisher keine, die allen Gesetzmäßigkeiten des Sonnensystems einigermaßen Rechnung trägt; sie haben alle zunächst noch rein *spekulativen* Charakter. Namentlich bereiten die in den letzten Jahrzehnten bekannt gewordenen außergewöhnlichen Bahnformen der Asteroiden den zahlreichen Hypothesen über die Entstehung des Sonnensystems erhebliche Schwierigkeiten.

F. NÖLKE (*34*) hat die wichtigsten Kosmogonien des Sonnensystems einer eingehenden *Kritik* unterzogen, so die LAPLACE-POINCARÉsche *Nebularhypothese*, die MOULTON-CHAMBERLINsche *Planitesymalhypothese* und die SEEsche *Einfangtheorie*. Im analytischen Teil seiner umfangreichen Arbeit untersucht NÖLKE die zahlreichen zur Verfügung stehenden Erklärungsmöglichkeiten der Beschaffenheit des Sonnensystems, schaltet alle diejenigen aus, die aus irgendwelchen Gründen nicht in Frage kommen und zeigt im synthetischen Teil, daß die übrigbleibenden Erklärungsmöglichkeiten genügen, um den Entwicklungsgang des Sonnensystems darzustellen. Nach ihm ist es aus einem streifenartigen, schwach bogenförmig gekrümmten *Spiralnebel* entstanden, der längs seiner Achse verschieden dicht und dick war, eine ebene Krümmung hatte, und dessen Massen sich in der Streifenrichtung mit etwas verschiedenen linearen Geschwindigkeiten bewegten. Die Sonne entstand aus den dem Schwerpunkt benachbarten Teilen des Nebels, die Planeten aus den neben der Hauptmasse vorhandenen kleineren und an Größe verschiedenen Verdichtungszentren. Von den zahlreichen kleinen Asteroidenmassen erlangten diejenigen größere Neigungen, die sich seitlich von der Bahnebene des durch Mars und Jupiter begrenzten Streifens befanden. Die Exzentrizitäten waren anfangs beträchtlich, wurden aber durch Gravitationsvergrößerung, die während der bis zum ersten Periheldurchgang verflossenen Zeit eintrat, auf die gegenwärtigen kleinen Beträge reduziert. Die vielfach vorhandenen großen Exzentrizitäten lassen sich, abgesehen von etwaigen säkularen Störungen, wie die großen Neigungen auf Störungen durch Jupiter zurückführen, die noch während der Zeit des Nebelstadiums eintraten.

Auch die *Gezeitentheorie* von J. H. JEANS (*41*) unterzieht NÖLKE einer Kritik (*46*). JEANS gibt zwar eine in großen Zügen befriedigende Erklärung für die Entstehung des Sonnensystems; indessen versucht er noch nicht, eine vollständige Erklärung der Entstehung der gegenwärtigen bestehenden *Gesetzmäßigkeiten* zu geben. Selbst in dem relativ einfachen System der Großen Planeten und ihrer Satelliten bestehen noch erhebliche Widersprüche mit der Theorie.

Die OLBERSsche Theorie ist in erweiterter Form von CH. YOUNG vertreten worden. YOUNG nimmt an, daß der Urkörper zunächst in zahlreiche Bruchstücke und diese ihrerseits wieder explodierten. K. HIRAYAMA (*40*) findet, daß die OLBERS-YOUNGsche *Explosionstheorie* durch zwei Tatsachen gestützt wird. Die eine ist der *Lichtwechsel* einiger Asteroiden, der einwandfrei z. B. bei Eros beobachtet werden konnte. Die Messungen ergaben, wie erwähnt, periodische, aber ganz unregelmäßige Schwankungen. HIRAYAMA nimmt bei Eros unregelmäßige Gestalt an und vermutet, daß die drei Hauptträgheitsachsen unter sich um endliche Beträge voneinander verschieden sind. Die Rotationsachse bewegt sich in dem Körper. Die Schwankung des auf eine unregelmäßige, um eine bewegliche Achse mit einer veränderlichen Periode rotierenden Oberfläche fallenden Lichtes muß natürlich sehr kompliziert sein. Sie kann periodisch, aber nicht regelmäßig sein. Als zweite Stütze sieht HIRAYAMA die Existenz seiner *Familien* an. Ein Bruchstück ist in weit zurückliegender Zeit in eine Zahl von kleineren Bruchstücken zersprengt. Ist die Explosion schwach gewesen, dann werden die Fragmente nach Größe und Richtung fast die gleiche Anfangsgeschwindigkeit gehabt haben, wie die ursprüngliche Geschwindigkeit in der Bahn. Die Bahnebenen werden dann fast identisch untereinander sein und erst durch die säkularen Störungen seitens der Großen Planeten die jetzige Gestalt und Lage erreicht haben. Diese Fragmente faßt HIRAYAMA in eine Familie zusammen. Die Entstehung der Planeten, die nicht einer Familie angehören, erklärt er dadurch, daß die ersten Explosionen so heftig gewesen sind, daß diese Fragmente mit relativ großen Geschwindigkeiten verstreut worden sind, und daß erst mit zunehmender Verkleinerung der Fragmente die Explosionskraft abgenommen habe. Die Frage nach der Ursache der Explosionen läßt HIRAYAMA noch unbeantwortet.

Daß Explosionen den Erfahrungstatsachen nicht widersprechen, zeigt das Beispiel der *kurzperiodischen Kometen*, bei denen in einzelnen Fällen ein Zerfall eingetreten ist. Hinsichtlich der Bahnverhältnisse scheint zwischen diesen Körpern und den Kleinen Planeten kein grundsätzlicher Unterschied mehr zu bestehen. So beschreibt HIDALGO eine Bahn, deren Charakter dem mancher kurzperiodischen Kometen durchaus ähnlich ist. Die Frage, ob auch in physikalischer Hinsicht eine Ähnlichkeit besteht, läßt sich nicht einwandfrei beantworten, da spektroskopische Untersuchungen bei den Asteroiden bisher aussichtslos waren. Zwar scheint der starke Unterschied im *Aussehen* der Körper *gegen* eine Verwandtschaft zu sprechen. Indessen ist es nicht unmöglich, daß bei den Planeten bereits ein Gleichgewichtszustand erreicht ist.

Jedenfalls bietet zunächst nur das *Studium der Bewegungen* die Möglichkeit, über Natur und Herkunft der Kleinen Planeten Aufschluß zu geben, und es bleibt die Hoffnung, daß zukünftige Entdeckungen zur Lösung des Problems entscheidend beitragen werden.

Literatur.

1. Ann. d. l'obs. d. Paris mém. **28**, F., 369.
2. Ann. d. l'obs. astr. de Tokyo App. 2, 4, 5.
3. Astronom. Journ. **31**, 173. — *4.* Ebenda **35**, 69.
5. Astronom. Nachr. **58**, 209. — *6.* Ebenda **154**, 298. — *7.* Ebenda **155**, 27. — *8.* Ebenda **155**, 71. — *9.* Ebenda **172**, 273. — *10.* Ebenda **175**, 17. — *11.* Ebenda **178**, 1. — *12.* Ebenda **188**, 153. — *13.* Ebenda **205**, 145. — *14.* Ebenda **206**, 235. — *15.* Ebenda **212**, 91, 215. — *16.* Ebenda **214**, 17. — *17.* Ebenda **214**, 153. — *18.* Ebenda **215**, 249. — *19.* Ebenda **215**, 261. — *20.* Ebenda **218**, 41. — *21.* Ebenda **218**, 401. — *22.* Ebenda **224**, 117.
23. Astrophys. Journ. **50**, 50.
24. Astrophysik 280.
25. Zur Berechnung der Proximitäten von Asteroidenbahnen.
26. Formeln und Tafeln zur gruppenweisen Berechnung der allgemeinen Störungen usw.
27. Ges. d. Wiss. Göttingen (1) 2, (6) 4, (8) 1.
28. Harv. Ann. **18**, 29; **29**, 65.
29. Japan. Journ. of Astr. and Geophys. Vol I, Nr. 3.
30. Monthly Not. **56**, 55.
31. Monthly Not. **70**, 603.
32. Die Photometrie der Gestirne 380.
33. Kleine Planeten. Jahrg. 1925.
34. Das Problem d. Entw. unseres Planetensystems. 2. Aufl.
35. Publ. d. Astrophys. Obs. zu Potsdam. 8.
36. Publ. d. l'obs. Astrophys. Central du Russie. **11**.
37. Die säkularen Veränderungen der Bahnen der großen Planeten.
38. Schriften der Nat.-Ges. Danzig. N.F. XII, 4. Heft.
39. Science 1911 Jan. 20.
40. Scientia **31**, 431.
41. Seeliger Festschrift.
42. Sitzungsber. d. Heidelb. Akad. d. Wiss., Mathem.-naturw. Kl. A., 1918. 16. Abhandl.
43. Smithsonian report for the year 1876.
44. Veröff. d. Astronom. Recheninstituts, Nr. 16.
45. Veröff. d. Astronom. Recheninstituts, Nr. 44.
46. Vierteljahrsschrift der Astron. Ges., 59. Jahrg., 186.
47. Wash. Nat. Ac. Proc. **10**, 248.

Die Theorie der Isostasie, ihre Entwicklung und ihre Ergebnisse.

Von **A. Prey**, Prag.

Mit 5 Abbildungen.

Einleitung.

Es ist gewiß eine große Anforderung, die wir an das Vertrauen auf unsere Gelehrsamkeit stellen, wenn wir von dem ungebildeten Menschen verlangen, daß er an die Kugelgestalt der Erde glauben soll. Dem Bewohner der Küste, und vielleicht auch noch dem Bewohner des flachen Landes mag dies noch eher plausibel erscheinen; aber dem Gebirgsbewohner ist es gewiß schwer; denn eine Kugel ist glatt und rund, und er sieht sich von himmelhohen Bergen mit phantastischen Formen umgeben. Wir schätzen vertikale Unterschiede wesentlich höher ein als horizontale; ein Höhenunterschied von 100 m bedeutet für uns viel mehr, als eine horizontale Strecke gleicher Länge. So kommt es, daß man sich in Gebirgsländern nicht von der Vorstellung frei machen kann, daß die Berge groß sind und das Land klein, während es tatsächlich immer umgekehrt ist. Die Erkenntnis, daß die Unregelmäßigkeiten der Erdgestalt, die uns so deutlich in die Augen springen, gegenüber den Dimensionen der Erde ganz unbedeutend sind, diese Erkenntnis können wir erst durch Messungen gewinnen. Man muß die Kühnheit der antiken Gelehrten bestaunen, die diese Erkenntnis, gestützt auf die Überzeugung von der Einfachheit der Naturgesetze, vorweg genommen haben und dann erst an die Messungen geschritten sind. Daß sich Eratosthenes über die ungeheure Zahl, die er für den Erdumfang gewonnen hatte, nicht sehr gewundert zu haben scheint, dürfte zwei Gründe haben, erstens konnte er sich ebensowenig, wie wir heute, eine Vorstellung von der wirklichen Größe machen, und zweitens waren die Kenntnisse über die Ausdehnung der damals bekannten Welt so unsicher, daß man wohl nicht wußte, wieviel von der Kugel schon als bekannt anzusehen war.

Die Messungen, die wir vornehmen können, sind von zweierlei Art: erstens rein geometrischer, zweitens physikalischer. Wir wollen uns zuerst mit der ersten Gruppe befassen.

I. Die Triangulierungen.

Gleich die ersten Messungen gingen, wie schon erwähnt, von der Voraussetzung aus, daß die sichtbaren Massenunregelmäßigkeiten der Erde eine unwesentliche Zutat seien; man stellte sich also die Aufgabe, den Radius der Kugel zu bestimmen. Als theoretische Erdoberfläche hat man dabei immer die Meeresfläche betrachtet, als denjenigen Teil der Erde, der die meiste Ähnlichkeit mit der geometrischen Figur der Kugel zeigt. Die Messungen wurden auf dem Festlande gemacht, doch bedeutete dies zu Anfang keinen Unterschied. Später hat man dann auf die Meeresoberfläche reduziert. Als man begann, aus dem NEWTONschen Gravitationsgesetz die notwendigen Folgerungen zu ziehen, ergab sich, daß die Erde abgeplattet sein müsse, was auch durch die Messungen bestätigt wurde. Von da an galt die Erde als abgeplattetes Rotationsellipsoid und es waren nunmehr zwei Größen zu bestimmen: die große Achse und die Abplattung. Das Bestreben, den Betrag dieser Größen möglichst genau festzulegen, belebte die Gradmessungstätigkeit. Es zeigte sich aber bald, daß die einzelnen Gradmessungen verschiedene Werte lieferten und Unterschiede ergaben, die weit über die Grenzen der Meßgenauigkeit hinausgingen, und man erkannte, daß die Massenunregelmäßigkeiten doch nicht ganz zu vernachlässigen sind. Bei den Versuchen, die Resultate von dem Einfluß der Massenunregelmäßigkeiten zu befreien, kam man nun auf so merkwürdige Tatsachen, daß ganz unmerklich aus den früher vernachlässigten und übersehenen Massenunregelmäßigkeiten der Hauptgegenstand der Untersuchung wurde. Damit kam die Erdmessung in Berührung mit einer zweiten Wissenschaft, deren Gegenstand von Anfang an die Massenlagerung in der Erdkruste ist, nämlich mit der Geologie. Das Zusammenarbeiten der beiden Wissenschaften hat nun bereits reiche Früchte getragen.

Da man gefunden hatte, daß die theoretische Erdoberfläche weder eine Kugel noch ein Rotationsellipsoid sein konnte, so mußte man ihre Definition viel weiter fassen. Man nahm den aus der Hydrostatik bekannten Begriff der Niveaufläche zu Hilfe; es ist dies eine Fläche, welche als freie Oberfläche einer Flüssigkeitsmasse erscheint, und deren Haupteigenschaft darin besteht, daß sie in jedem Punkte auf der daselbst herrschenden Kraftrichtung senkrecht steht. Demnach ist also die Meeresoberfläche, wenn wir von allen Störungen durch Wind- und Luftdruck, Gezeiten usw. absehen, eine solche Niveaufläche. Ihre Form ist bestimmt durch das Schwerefeld der Erde und die durch die Rotation erzeugte Fliehkraft. Diese Niveaufläche und ihre Fortsetzung unter den Kontinenten bildet die theoretische Erdoberfläche. Sie führt den Namen Geoid. Da alle Massen nach ihrer Größe und Anordnung ihre Anziehung ausüben, so müssen sich die kleinen und kleinsten

Massenunregelmäßigkeiten in kleinen Verbiegungen allerdings in sehr verflachter Form im Geoid widerspiegeln. Wegen ihrer Kompliziertheit können wir für die theoretische Erdoberfläche keine einfache analytische Form aufstellen, sondern wir müssen die Fläche punktweise bestimmen.

Der Vorgang dabei ist kurz der folgende: Die bei einer Triangulierung gemessenen Winkel sind Horizontalwinkel, d. h. sie liegen in einer Ebene senkrecht zur Schwererichtung, können also als auf dem Geoid gelegen betrachtet werden. Zur Reduktion des Netzes wären also die Krümmungsverhältnisse des Geoides notwendig; diese sind aber unbekannt und man ist daher genötigt, an ihre Stelle die einfacheren Krümmungsverhältnisse eines Rotationsellipsoides einzusetzen. Dieser Vorgang kommt darauf hinaus, daß man sich das Netz unter Beibehaltung der auf dem Geoid gemessenen Winkel auf ein Rotationsellipsoid ausgebreitet denkt. Um dies durchführen zu können, muß ein Ausgangspunkt und die Richtung einer Seite festgelegt werden; man bestimmt zu diesem Zwecke auf astronomischem Wege die geographische Position eines der Dreieckspunkte und das Azimut einer von diesem Punkt ausgehenden Seite. Man sucht nun auf dem Rotationsellipsoide jenen Punkt, dem die gleichen geographischen Koordinaten zukommen, wählt ihn als Ausgangspunkt und legt die Seite so, daß ihr Azimut dem gemessenen Werte entspricht. Dadurch ist die Lage des Netzes auf dem Rotationsellipsoid bestimmt. Die gegenseitige Lage des Rotationsellipsoides und des Geoides ist nun dadurch festgelegt, daß sie in dem gewählten Ausgangspunkte eine gemeinsame Tangentialebene besitzen. Das Resultat der Reduktion des ganzen Netzes sind dann die geographischen Positionen aller Dreieckspunkte und die Azimute der Seiten, wie sie sich ergeben hätten, wenn das Netz wirklich auf dem Rotationsellipsoide gelegen wäre. Macht man nun in den anderen Dreieckspunkten ebenfalls auf astronomischem Wege Bestimmungen der geographischen Positionen und der Azimute, so können wir die astronomischen und geodätischen Werte miteinander vergleichen. Die Unterschiede werden als Lotabweichungen bezeichnet, weil wir sie auch als Unterschiede zwischen dem geodätisch gerechneten und dem astronomisch bestimmten Zenit auffassen können.

Der Charakter dieser Lotabweichungen wird folgender sein: Im Ausgangspunkt ist die Lotabweichung gleich Null, da wir hier das Rotationsellipsoid mit dem Geoid zusammenfallen ließen. Von diesem Punkte an wird man ein unregelmäßiges Ansteigen der Lotabweichung feststellen. Dieses Ansteigen hat darin seinen Grund, daß das gewählte Rotationsellipsoid andere mittlere Krümmungsverhältnisse besitzt als das Geoid und sich daher diese beiden Flächen vom Anfangspunkte an immer weiter von einander entfernen (Abb. 1).

Man kann diesen systematischen Teil dadurch zum Verschwinden bringen, daß man dem Rotationsellipsoid andere Krümmungsverhältnisse gibt, also eine andere große Achse und eine andere Abplattung einführt. Noch allgemeiner wird die Lösung, wenn man die Bedingung, daß die Lotabweichung im Ausgangspunkt verschwinden soll, aufgibt und das Rotationsellipsoid so legt, daß die Lotabweichung im Mittel über das ganze in Rede stehende Gebiet verschwindet, also ein Ausgleich zwischen positiven und negativen Werten stattfindet.

Der Rest ist unregelmäßiger Natur und wird als die eigentliche Lotstörung bezeichnet. Er kann nur davon herrühren, daß das Geoid sehr unregelmäßige Krümmungsverhältnisse besitzt, bedingt durch die Störungen, welche das Lot durch die unregelmäßige Verteilung der Massen der Erde erfährt.

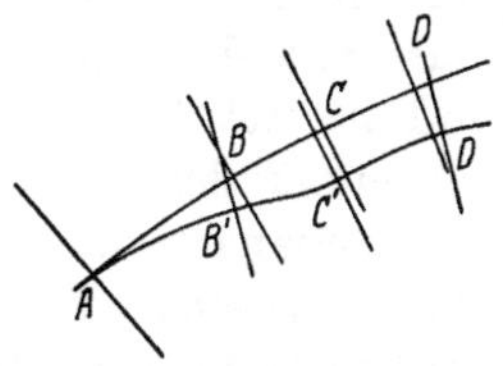

Abb. 1.

Es lag also der Gedanke nahe, die Messungen von dem Einfluß der Störungen zu befreien, dadurch, daß man die Anziehung der störenden Massen, soweit man sie kannte, in Rechnung zog. Dadurch sollten die Unregelmäßigkeiten auch in den Lotstörungen verschwinden und ein viel besserer Anschluß an das Rotationsellipsoid ermöglicht werden. Die ersten Versuche dieser Art wurden in Indien gemacht.

Schon bei Vermessung des großen indischen Bogens durch EVEREST im Jahre 1847 war es aufgefallen, daß, wenn man für den ganzen Bogen eine mittlere Krümmung annimmt, die Station Kaliana ($\varphi = 29°31'$) eine Lotstörung von 5″.236 nach Norden, die südlichere Station Damargida ($\varphi = 18°3'$) eine Lotstörung von 3″.791 ebenfalls nach Norden ergab[1]). Sir ANDREW WAUGH, damals Surveyor General of India, ersuchte nun den Archideacon von Kalkutta, JOHN HENRY PRATT, sich mit der Frage zu beschäftigen, ob nicht die Anwesenheit des großen Gebirges im Norden die Störungen erklären könnte. Es ergab sich nun das merkwürdige Resultat, daß die Anziehung der Gebirgsmasse riesengroß ist und man staunte, daß sich dies nicht stärker in den Beobachtungen bemerkbar mache. Es ergaben sich nämlich für die drei einzigen Breitestationen, die damals vorhanden waren[2]), die folgenden Werte:

Kaliana	27″.853	Nord	16″.942	Ost
Kalianpur	11.968	„	4.763	„
Damargida	6.909	„	2.723	„

Nun waren allerdings die Kenntnisse, die PRATT über die Höhe und Ausdehnung des Himalaja und seines Hinterlandes hatte, geringer als

[1]) BURRARD, S. S.: The Attraction of the Himalaya Mountains upon the plumbline in India. Survey of India, professional paper 5.

[2]) PRATT, J. H.: On the Attraction of the Himalayan Mountains and of the elevated regions beyond them upon the plumbline in India. Phil. Trans. of London **145** (1855).

die unsrigen[1]), im allgemeinen aber hat er alle Höhen eher unter- als überschätzt, so daß die obigen Zahlen eher zu niedrig sind.

Zunächst versuchte AIRY[2]) eine Erklärung für dieses Faktum zu geben, indem er annahm, daß unterhalb des Gebirges ein Massendefekt vorhanden sei, der der Anziehung des sichtbaren Teiles entgegenwirkt. Er ging von der Vorstellung aus, daß die Schollen der Erdkruste auf einem Untergrunde größerer Dichte wie die Eisschollen im Wasser schwimmen. Soweit die Schollen eintauchen, wird die dichtere Masse des Untergrundes verdrängt und dadurch entsteht der kompensierende Massendefekt. Obwohl PRATT[3]) zuerst gegen diese Ansicht auftrat und die Erklärung in einer stärkeren Krümmung des indischen Bogens gegenüber der mittleren Erdfigur suchte, hat er doch im Jahre 1858 den Gedanken weiter verfolgt und den Massendefekt dadurch zu erklären versucht, daß er annahm, das Gebirge sei durch Expansion der Erdkruste entstanden und damit sei eine geringe Verminderung der Dichte der Massen verbunden gewesen. Die folgenden Zahlen zeigen, welchen Effekt man durch verschiedene Annahmen über die Tiefe, bis zu welcher der Defekt reicht, erhält.

Engl. Meilen	Kaliana	Kalianpur	Damargida
100	26.″440 Süd	12.″111 Süd	6.″855 Süd
300	21.106	11.678	6.866
500	17.066	9.622	6.670
1000	11.199	7.386	5.220

Es ergab sich also tatsächlich die Möglichkeit, daß die unterirdischen Defekte einen großen Teil der Anziehung kompensieren, doch gelang es auf keine Weise, die Eigenheiten der indischen Breitenstation restlos zu erklären. Bei dieser Gelegenheit aber ergab sich ein weiterer Gesichtspunkt. Es mußte doch auch der Ozean mit seiner ungeheuren Wassermasse von der Dichte 1 gegenüber der mittleren Dichte der Erdoberfläche von 2.7 einen großen Massendefekt darstellen, der wie eine Abstoßung des Lotes wirken müßte. PRATT fand[3]), aus allerdings sehr unsicheren und unrichtigen Werten über die Tiefenverhältnisse des Ozeans folgende Zahlen, die keinen Anspruch auf Genauigkeit erheben aber zur Orientierung dienen:

[1]) Die Höhenangaben stammen von A. v. HUMBOLDT. In den späteren Untersuchungen: PRATT, J. H.: On the deflection of the plumbline in India caused by the attraction of the Himalaya Mountains and of the elevated regions beyond and its modifications by the compensating effect of a deficiency of matter below the mountain mass", Phil. Trans. of London 149, sind die Werte nach den Angaben der Brüder STRACHEY verbessert.

[2]) AIRY, G. B.: On the compensation of the effect of the attraction of mountain-masses, as disturbing the apparent astronomical latitude of stations in geodetic surveys. Phil. Trans. of London 149.

[3]) PRATT, J. H.: On the influence of the ocean on the plumbline in Indiay. Phil. Trans. of London 149.

Cape Comorin	19″71 Nord	2″19 Ost
Damargida	10.44	1.80
Kalianpur	9.00	0.48
Kaliana	6.18	0.09

Fügt man diese Störungen zu denen des Himalaja (S. 33) hinzu, so werden die Werte größer, aber gleichförmiger, daher die Unterschiede gegen die Ausgangsstation Kalianpur kleiner; es ließ sich aber doch keine zufriedenstellende Übereinstimmung erzielen. In diesem Stadium blieb die Sache eigentlich liegen; die Frage, warum die Anziehung des Himalaja und die Abstoßung des Ozeans nicht zur Erscheinung kommen, blieb ungelöst, und Pratt suchte die Eigenheiten der indischen Breiten durch eine unterirdische Massenanhäufung südlich von Kalianpur zu erklären, ähnlich wie bei der bekannten Lotstörung in der Gegend von Moskau.

Pratt hatte nur drei Breitenstationen zur Verfügung; bei den Untersuchungen im Jahre 1901 lagen deren 159 vor [1]). Dieses System von Lotstörungen zeigt nun, auf den Anfangspunkt Kalianpur bezogen, daß ein Streifen, der sich von Kalkutta in WNW-Richtung bis gegen den Indus erstreckt, fast ausschließlich positive, d. h. südlich gerichtete, Lotstörungen aufweist; nördlich und südlich schließt ein Gebiet mit negativen Werten an und das Südende von Indien ist wieder ein positives Gebiet. Es wurde nun untersucht, inwieweit diese Verhältnisse darstellbar sind durch verschiedene Annahmen über die Kompensation. Es wurde die Anziehung des Gebirges und seiner weiteren Umgebung auf Grund moderneren Materials neu berechnet; ferner auch der Einfluß des Meeres berücksichtigt, beides zunächst für den Fall, daß keine Kompensation vorhanden ist. Es ergaben sich folgende Zahlen:

Station	Lotstörung berechnet aus den Massen von				Summe	Reduziert auf Kalianpur	Beobachtete Lotstörung	Beobachtung minus Rechnung
	Himalaja	Ozean	Indien	d. übrigen Asien				
Mussooree	— 64″9	— 10″3	+ 5″0	— 3″3	— 73″5	— 35″9	— 37″08	— 1″2
Dehra Dun	— 72.2	— 10.3	+ 12.6	— 3.3	— 73.2	— 35.6	— 37.15	— 1.6
Kaliana	— 36.2	— 11.0	+ 1.9	— 2.0	— 47.3	— 9.7	— 7.00	+ 2.7
Kalianpur	— 18.4	— 19.4	+ 3.1	— 2.9	— 37.6	0.0	0.0	0.0
Damargida	— 10.0	— 26.2	+ 0.1	— 2.0	— 38.1	— 0.5	— 2.73	— 2.2
Punnae	— 3.4	— 37,6	— 8.7	— 0.6	— 50.3	— 12.7	+ 1.89	+ 14.6
Bombay	— 7.9	— 29.6	— 1.3	— 2.2	— 41.0	— 3.4	— 10.56	— 7.2
Mangalore	— 4.9	— 28.6	— 6.3	— 2.0	— 41.8	— 4.2	+ 2.76	+ 7.0
Madras	— 6.8	— 28.0	— 3.6	— 1.1	— 39.5	— 1.9	+ 3.6	+ 5.5
Waltair	— 11.0	— 33.0	— 10.9	— 0.7	— 55.6	— 18.0	— 9.18	+ 8.8
Kalkutta	— 23.3	— 19.9	— 0.4	— 1.0	— 44.6	— 7.0	+ 0.67	+ 7.7

[1]) Burrard, S. S.: l. c.

Man sieht, daß die Anziehung des Gebirges und die Abstoßung durch den Ozean sich gegenseitig ergänzen, in der Weise, daß dort, wo die Anziehung des Himalaja schon geringer wird, dafür der Einfluß des Ozeans im gleichen Sinne wächst, so daß die Reihe der Summen verhältnismäßig kleine Differenzen aufweist. Macht man Kalianpur zur Ausgangsstation, so müssen wir von allen Zahlen den Wert 37.6 subtrahieren und erhalten so die Werte der siebenten Kolonne. Die letzte Kolonne enthält die Reste im Sinne: Beobachtung weniger Rechnung. Die Unterschiede namentlich in der Nähe des Gebirges sind ziemlich klein geworden. Die Untersuchung der geographischen Breiten spricht also gegen die Kompensation des Himalaja.

Betrachten wir dagegen die Werte für den ersten Vertikal, welche teils aus Längen, teils aus Azimuten gewonnen wurden, so finden wir:

Station	Lotstörung			
	berechnet aus der Massen-Attr.	reduziert auf Kalianpur	beobachtet	Beobachtung minus Rechnung
Mussooree	− 41″.1	− 32″.6	− 26″.0	+ 6″.6
Dehra Dun	− 38.6	− 30.1	− 22.1	+ 8.0
Kaliana	− 20.3	− 11.8	− 4.4	+ 7.4
Kalianpur	− 8.5	0.0	0.0	0.0
Damargida	− 3.8	+ 4.7	− 9.8	− 14.5
Punnae	+ 0.7	+ 9.2	− 1.8	− 11.0
Bombay	− 20.3	− 11.8	+ 6.4	+ 18.2
Mangalore	− 22.2	− 13.7	+ 1.9	+ 15.6
Madras	+ 21.0	+ 29.5	− 7.0	− 36.5
Waltair	+ 17.5	+ 26.0	− 3.1	− 29.1
Kalkutta	+ 0.8	+ 9.3	− 10.1	− 19.4

Bis auf die ersten drei (Gebirgs-)Stationen fallen alle berechneten Werte nach der entgegengesetzten Seite gegenüber den Beobachtungen. Die Lotstörungen im ersten Vertikal sprechen also für die Kompensationen des Himalaja.

Endlich sind noch drei Längen in Rechnung gezogen:

Stationen	Lotstörung		
	berechnet aus den Massen	beobachtet	Beobachtung minus Rechnung
Amritsar—Mooltan	− 20″.0	+ 8″.22	+ 28″.0
Waltair—Bombay	+ 39.6	− 10.06	− 49.7
Madras—Mangalore	+ 44.7	− 9.27	− 54.0

Auch diese sprechen für die Kompensation. Da sich also unter diesen Voraussetzungen ein deutlicher Widerspruch in den Resultaten findet, mußte noch eine andere Ursache herangezogen werden. Sie wurde gefunden in der Annahme einer unterirdischen Kette, welche von Balasore an der Mündung des Hooghly nach Jodhpur in Rajputana zieht und beiläufig parallel mit dem Himalaja streicht. Dieser selbst wird als nicht kompensiert vorausgesetzt, das Tibetanische Hochland dahinter zu $^2/_3$, der Ozean dagegen als ganz kompensiert angesehen und daher nicht berücksichtigt. Unter dieser ziemlich komplizierten Annahme erhält man folgendes Bild:

Station	Breite	Lotstörung berechnet aus			Summe	Reduziert auf Punnae	Beobachtete Lotstörung	Beobachtung minus Rechnung
		Himalaja	Tibet	unterird. Kette				
Dehra Dun	30°19′	−19″	−18″	+1″	−36″	−35″	−40″	−5
Kaliana	29 31	−3	−11	+2	−12	−11	−9	+2
Noh	27 51	−2	−9	+7	−4	−3	−2	+1
Daiadhari	24 38	−1	−6	+4	−3	−2	−1	+1
Kalianpur	24 7		−6	+3	−3	−2	−2	0
Loidi	23 8		−5	−3	−8	−7	−7	0
Badgaon	20 44		−4	−7	−11	−10	−10	0
Damargida	18 3		−3	−2	−5	−4	−5	−1
Namthabad	15 6		−2	−1	−3	−2	−3	−1
Punnae	8 9		−1	0	−1	0	0	0

Da Kalianpur in unmittelbarster Nähe der unterirdischen Kette liegt, so wurde Punnae als Nullpunkt gewählt. So hatte also diese Untersuchung, die eigentlich mit einer direkten Ablehnung der Kompensation des Himalaja begonnen hatte, doch gezeigt, daß wenigstens die Gesamtmasse des Zentralasiatischen Hochlandes zum großen Teile kompensiert ist.

Inzwischen hatte sich durch die umfassenden Untersuchungen HELMERTS über die Schwereverhältnisse der Gedanke an die Kompensation der äußeren Massenunregelmäßigkeiten gefestigt, so daß an dieser Tatsache eigentlich niemand mehr zweifelte, und man die Notwendigkeit erkannte, bei allen geodätischen Operationen darauf Rücksicht zu nehmen. Dies ist in umfassender Weise zuerst bei den amerikanischen Arbeiten geschehen. Verwendet wurde das ganze System der Lotstörungen auf Grund aller Triangulierungen in den Vereinigten Staaten[1]). Sämtliche Punkte wurden auf das Standarddatum der Vereinigten Staaten reduziert, d. h. auf die geographische Position und das astronomisch gemessene Azimut in Meades Ranch

$$(\varphi = 39°13', \lambda = 98°32')$$

als Nullpunkt; die Lage des Rotationsellipsoides war also so gewählt, daß in diesem Punkte das geodätische und das astronomische Zenit

[1]) HAYFORD, JOHN F.: The figure of the earth and isostasy from measurements in the U.S. Coast and geodetic survey. Washington 1909. — Ders.: Supplementary investigation in 1909 of the figure of the earth and isostasy. Coast and geodetic survey. Washington 1910.

zusammenfallen. Das ganze System umfaßte nun 381 Breitenstationen, 131 Längenstationen und 253 Azimutstationen. Unter diesen sind 32 Punkte, auf welchen Länge und Azimut beobachtet sind, so genannte LAPLACEsche Punkte, welche zur Kontrolle dienen.

Es wurde nun zunächst für alle diese Punkte der Einfluß der sichtbaren Massenunregelmäßigkeiten berechnet, und zwar in einem Umkreise von 2564 engl. Meilen (4125 km). Der Vorgang war derselbe, den man immer bei der Berechnung von solchen Masseneinflüssen anwendet. Man teilt das Gebiet durch Kreise, deren Mittelpunkt in der behandelten Station liegt, und Radien, in Unterabteilungen, denen man solche Dimensionen gibt, daß ihre Anziehung mit einer mittleren Höhe mit hinreichender Genauigkeit berechnet werden kann. Die Größe der Unterabteilungen richtet sich also hauptsächlich nach der Entfernung von der Station, aber auch nach dem Gesichtspunkte, einen möglichst einfachen Rechnungsvorgang zu erhalten. Unter der Voraussetzung, daß die störenden Massen in gleicher Höhe mit der Station angenommen werden können, gilt folgende Formel:

$$D = 12''.44 \frac{\delta}{\Delta} h (\sin a' - \sin a) \log\text{nat} \frac{r'}{r}.$$

Hier sind r und r' der innere und äußere Radius des betreffenden Ringes, a und a' die Azimute der die Unterabteilung begrenzenden Radien, h die mittlere Höhe, endlich δ und Δ die Oberflächen und mittlere Dichte der Erde.

Die Differenz der Sinus macht man am besten einem einfachen Bruchteile von 1 gleich, etwa = 0.25. Für die Anziehung in der Nord-Südrichtung werden dann die westlichen und östlichen Abteilungen größer als die nördlichen und südlichen, was unschädlich ist, weil sie nur eine kleine Komponente in den Meridian liefern. Für die Berechnung in der Ost-Westrichtung dreht man das Ganze um 90°. Für δ wird angenommen 2.67, für Δ: 5.576 (nach HARKNESS), also $\frac{\delta}{\Delta} = \frac{1}{2.09}$. Da die amerikanischen Karten die Höhen in Fuß ausdrücken (1 Meile = 5280 Fuß), so erhalten wir die folgende Formel:

$$D = 12''.44 \frac{1}{2.09} \frac{h \text{ in Fuß}}{5280} 0.25 \cdot \log\text{nat} \frac{r'}{r}. \tag{1}$$

Wählt man das Verhältnis $\frac{r'}{r} = 1.426$, so bleibt:

$$D = 0''.0001 \times (h \text{ in Fuß}). \tag{2}$$

Wenn man also aus den Karten die Höhen in Fuß entnimmt, so entspricht der Anziehung einer Abteilung der Betrag von ebensovielen 0''.0001. Es fällt also jede weitere Rechnung weg. Bei sehr großen

Distanzen muß die Krümmung der Erde in Betracht gezogen werden. Dementsprechend sind die sechs äußersten Radien etwas größer gewählt, damit die obige Einfachheit der Rechnung aufrecht bleibt. Für Gebiete, die ganz in den Ozean fallen, ist h negativ zu nehmen, weil hier ein Teil der Erdkruste fehlt; dafür kommt aber noch die Masse des Wassers hinzu, dessen Dichte 1.027 ist. Wird statt 2.67 dieser Wert eingesetzt, so ändert sich der Faktor im Verhältnisse $\frac{1.027}{2.67} = 0.385$; es bleibt also:

$$D'' = -0\overset{''}{.}0001\, h\,(1 - 0.385) = -0\overset{''}{.}0001\, h \cdot 0.615.$$

Da aber die amerikanischen Karten die Meerestiefen in Faden geben, kommt noch der Faktor 6 hinzu, und es wird:

$$D'' = -0\overset{''}{.}000369 \times (\text{Tiefe in Faden}) \qquad (3)$$

Es ist also tatsächlich die Rechnung auf die denkbar einfachste Form gebracht. Bei sehr großen Höhendifferenzen gegenüber der Ausgangsstation muß noch eine kleine Korrektion für die Neigung der Anziehungsrichtung angebracht werden. Dieselbe wird aus einer kleinen Tafel entnommen und kommt natürlich nur bei den engsten Ringen in Betracht.

Bei Stationen, die nahe aneinander liegen, werden sich die äußeren Ringe großenteils überdecken und der Unterschied im Einfluß auf die Stationen wird gering sein. Wenn also die Berechnung für drei Stationen durchgeführt war, konnte für eine vierte dazwischen liegende der Betrag der Anziehung der äußeren Ringe durch ein einfaches Interpolationsverfahren gefunden werden. Dieser Vorgang hatte eine außerordentlich große Arbeitsersparnis zur Folge [1]).

Die Betrachtung der so gefundenen Störungswerte durch die äußeren Massen zeigte auch hier, daß sie viel größer sind als die Lotstörungen, welche sie erklären sollen. Da nun aber die störenden Massen unzweifelhaft vorhanden sind und ihre Anziehung ausüben, so muß unbedingt eine zweite Ursache vorhanden sein, welche dem entgegen wirkt, und wir müssen annehmen, daß den äußeren Massenanhäufungen unterirdische Massendefekte entsprechen. Wenn nun die Kompensation eine vollständige ist, so müßten die Einflüsse der sichtbaren Massen fast ganz verschwinden, und die bleibenden Reste dürften eigentlich gar keine Beziehung mehr zu den äußeren Terrainformen haben. Das ist nun in den Vereinigten Staaten eigentlich nicht der Fall: Es wird eine ganze Reihe von Fällen aufgezählt, wo ein mehr oder minder deutlicher Zusammenhang zwischen den äußeren Formen und den Lotstörungen erkennbar ist. Immerhin aber sind diese kleinen Anzeichen

1) Über eine Kritik des Hayford'schen Verfahrens siehe R. Helmert: Die isostatische Reduktion der Lotrichtungen. Sitzungsber. d. preuß. Akad. d. Wiss. **14**, 1914.

in gar keinem Verhältnis zu den großen äußeren Massenunregelmäßigkeiten, so daß man also eine Kompensation in weitgehendem Maße annehmen muß.

Es wurde daher gleich von vollständiger Kompensation ausgegangen.

Wir haben alle Ursache anzunehmen, daß die Massen im Erdinneren im Zustande einer gewissen Plastizität sind, derart, daß sich alle Druckunterschiede mit der Zeit ausgleichen und sich ein hydrostatisches Gleichgewicht herstellt. Es fallen dann die Flächen gleicher Dichte mit den sogenannten Äquipotentialflächen zusammen. Die obersten Schichten der Erde gehorchen aber offenbar nicht diesem Gesetz. Wir finden hier ein wirres Durcheinander von Massen der verschiedensten Dichten und Formen. Wenn wir also von innen nach außen gehen, so werden wir unbedingt eine Äquipotentialfläche finden müssen, welche die letzte ist, welche noch dem hydrostatischen Gleichgewicht entspricht. Sie muß die Eigenschaft besitzen, daß auf jeder ihrer Flächeneinheiten der gleiche Druck lastet. Die Hypothese, welche nun im Sinne einer vollständigen Kompensation der äußeren Massenunregelmäßigkeiten eingeführt wird, besteht darin, daß der Druck auf jeder Flächeneinheit der genannten Potentialfläche nur von den senkrecht darüber liegenden Massen herrührt, und daß daher das Gewicht aller dieser Massensäulen über die ganze Erde konstant sein muß. Diesen Zustand des Gleichgewichtes der Massen nennt man Isostasie und die Äquopotentialfläche, auf die wir uns die ganzen Massenunregelmäßigkeiten aufgelegt denken, heißt die Ausgleichsfläche.

Die Annahme, welche für die rechnerische Behandlung gemacht wird, besteht darin, daß die kompensierende Masse gleichmäßig über die ganze Tiefe bis zur Ausgleichsfläche verteilt gedacht wird. Wir werden später sehen, daß sich damit auch eine physikalische Vorstellung verbinden läßt.

Damit der Grundgedanke erfüllt ist, muß also die Gesamtmasse, die sich über das Meeresniveau erhebt, unten fehlen. Bezeichnen wir die Höhe über dem Meere mit h, die Oberflächendichte der Erde mit δ, die Tiefe der Ausgleichsfläche mit T, so läßt sich eine Defektdichte δ_1 so bestimmen, daß:

$$\delta h = \delta_1 T, \tag{4}$$

welche Dichte als Defektdichte ein negatives Vorzeichen bekommt. Um diesen Wert δ_1 müßte die Dichte der ganzen Schichte bis zur Ausgleichsfläche hinab kleiner sein als ihr normaler Wert. Es ist also auf der ganzen Erdoberfläche.

$$\frac{\delta_1}{h} = \text{const} = \frac{\delta}{T}. \tag{4'}$$

Für einen Punkt auf dem Ozean müssen wir die Gleichung etwas anders schreiben. Das Meer stellt äußerlich einen großen Massendefekt von der Tiefe h vor mit der Dichte $\delta - \delta_0 = 2.67 - 1.03 = 1.64$, indem die ganze Höhlung des Ozeans statt mit Masse von der normalen Dichte 2.67 mit Masse von der Dichte 1.03 ausgefüllt ist. Es ist also hier:

$$(\delta - \delta_0)\, h = \delta_1\, T; \text{ oder } \frac{\delta(\delta - \delta_0)}{\delta} \cdot h = \delta \cdot 0.615\, h = \delta_1\, T. \qquad (5)$$

Man rechnet also statt mit der ganzen Tiefe des Ozeans nur mit 0.615 derselben. Die Dichte δ_1 wird nun positiv, denn es muß dem Defekt des Ozeans unterhalb ein Massenüberschuß entsprechen. Da die Dichte δ_1 immer in einem einfachen Verhältnis zur Höhe h steht, so läßt sich der Einfluß der kompensierenden Massen leicht dadurch finden, daß man die Resultate der einzelnen Vierecke nach (2) oder (3) mit einem gewissen Faktor multipliziert. Dieser hat die Form

$$F = 1 - \frac{\log \dfrac{r + \sqrt{r^2 + T^2}}{r' + \sqrt{r'^2 + T^2}}}{\log 1.426} \qquad (6)$$

Bei einer bestimmten Annahme über T kann man also für jeden Ring einen Wert von F ableiten. Diese Werte werden rasch kleiner, wenn r wächst, so daß sich die äußersten Ringe kaum mehr geltend machen. Es werden nun verschiedene Annahmen über die Tiefe der Ausgleichsfläche gemacht, und zwar Annahme A: Die Tiefe der Ausgleichsfläche ist gleich 0, d. h., es werden die kompensierenden Massen ebenso wie die äußeren Massen in gleiche Höhe mit der Station gelegt. Die beiden heben sich dann vollständig auf. Diese Annahme kommt also darauf hinaus, daß man auf die Massenanordnung überhaupt keine Rücksicht nimmt. Annahme B: Die Tiefe der Ausgleichsfläche ist unendlich; dann wird $\delta_1 = 0$, d. h. die ausgleichenden Massen haben keine Dichte und üben trotz ihrer unendlichen Ausdehnung keine Anziehung. Diese Annahme kommt darauf hinaus, daß die äußeren Massen gar nicht kompensiert sind. Annahme E: Die Tiefe T der Ausgleichsfläche ist 162.2 km. Annahme H: $T = 120.9$ km, Annahme G: $T = 113.7$ km. Diese Werte für T wurden auf Grund der während der Rechnungen gemachten Erfahrungen gewählt. Unter jeder dieser Annahmen wurden die Korrektionen an die Lotstörungen berechnet und dann das ganze System einem umfassenden Ausgleich unterzogen. Dabei wurden die Verbesserungen der geographischen Breite und Länge und des Azimutes der Ausgangsstation Meades Ranch, die große Achse und die Abplattung der Erde als Unbekannte eingeführt. Als Grad für die Brauchbarkeit der Lösung wurde die Summe der Quadrate der übrigbleibenden, durch die Anziehung der äußeren Massen und ihre innere Kompensation nicht mehr zu erklärenden Reste der Lotstörungen angesehen. Es fand sich für diese Summen

Annahme B: 107 385
„ E: 10 297
„ H: 10 063
„ G: 10 077
„ A: 18 889

Man erkennt als ganz unbrauchbar den Fall B, bei welchem die Massen als unkompensiert betrachtet werden. Die Annahme also, daß die äußeren Massen auf einer unterhalb ungestörten Erde aufliegen und von der Kruste getragen werden, ist jedenfalls unhaltbar. Der Fall A, bei dem man sich um die Massen überhaupt nicht kümmert, ist schon unvergleichlich besser, indem hier die Summe der Quadrate der Reste schon sechsmal kleiner ist. Das beste Resultat erhält man offenbar unter Annahme einer gewissen isostatischen Lagerung und es scheint aus der obigen Reihe hervorzugehen, daß die Lösung H die beste ist; die Untersuchungen des Jahres 1909 hatten statt dessen die Lösung G ergeben. In der Tat ist offenbar zwischen diesen beiden Lösungen keine sichere Entscheidung mehr zu treffen, und daher ist es auch ziemlich gleichgültig, welche von den beiden als endgültig angenommen wird. Alle anderen Kriterien: mittlere Reste ohne Rücksicht auf das Zeichen, Prozente der Zahl der Abweichungen unter 2″, oder der Reste über 5″, maximale Abweichungen zusammen für das ganze Gebiet oder getrennt nach Gruppen, sprechen sich alle in gleichem Sinne aus. Das Endergebnis ist also dies, daß die äußeren Massenunregelmäßigkeiten in den U. S. kompensiert sind durch Defekte, welche gleichmäßig bis zu einer Tiefe von 122 km reichen. Die Untersuchungen von 1909 hatten 113.7 km ergeben, während die neuen Beobachtungen für sich allein 102 km ergeben.

Da noch immer Reste geblieben sind, so ist die Kompensation offenbar keine vollständige. Die Reste gehen im Mittel auf $^1/_{10}$ ihres Betrages herunter, so daß man also sagen kann: Die Massen sind bis zu $^9/_{10}$ ihres Betrages kompensiert.

Die außerordentlich gute Übereinstimmung mit dem Werte, den HELMERT[1]) aus Schwerebeobachtungen abgeleitet hat, und der Umstand, daß auch die Beobachtungen der Erdbeben darüber Andeutungen enthalten[2]), führt zu der Überzeugung von der Realität der Ausgleichsfläche. Ohne sich auf irgendwelche Hypothesen einzulassen, kann man jedenfalls sagen, daß in einer Tiefe von etwa 120 km sich die Schichtung der Erde in einer für ihre Konstitution charakteristischen

[1]) HELMERT, R.: Die Tiefe der Ausgleichsfläche bei der PRATTschen Hypothese für das Gleichgewicht der Erdkruste und der Verlauf der Schwerestörung vom Inneren der Kontinente und Ozeane nach den Küsten. Sitzungsber. d. preuß. Akad. d. Wiss. 48, 1909.

[2]) MOHOROVIČIĆ, St.: Das Erdinnere. Zeitschr. f. angewandte Geophysik Bd. I. Heft 2.

Weise ändert, offenbar in dem Sinne, daß die an der Oberfläche beobachteten Erscheinungen daselbst aufhören.

Es werden noch andere Konfigurationen der Isostasie in den amerikanischen Untersuchungen betrachtet. Wenn man annimmt, daß die Defektdichte an der Oberfläche am größten ist und nach unten linear abnimmt, so erhält man eine Tiefe der Ausgleichsfläche von 189 km. Konzentriert man aber die kompensierende Masse in eine Schicht von 16 km Dicke, so muß man diese in eine Tiefe von 65 km verlegen. Nimmt man endlich die Anordnung von CHAMBERLIN, nach welcher die Defektdichte zuerst zunimmt und dann nach unten ausklingt, so erhält man als Grenztiefe 310 km.

Der große Erfolg der Untersuchungen von HAYFORD war die Veranlassung, daß man nunmehr auch die indischen Messungen nach der gleichen Methode und mit der gleichen Tiefe der Ausgleichsfläche behandelte, aber nicht mit dem gleichen Erfolg[1]). Die Reste bleiben groß (in den Gebirgsregionen im Mittel 16″) und man muß daher den Schluß ziehen, daß in Indien eine Ausgleichsfläche in einer Tiefe von 113.7 km nicht existiert; allerdings wurde auch nur dieser Wert versucht. Nach BOWIE[2]) gelingt es auch mit einer anderen Ausgleichstiefe nicht eine bessere Übereinstimmung zu erhalten. Es scheinen in der Tat in Indien kompliziertere Verhältnisse vorzuliegen, zunächst schon insofern, als das Gebiet gegenüber den Vereinigten Staaten sehr klein ist, und daher das außergewöhnlich hohe Gebirge und sehr tiefe Ozeane verhältnismäßig nahe sind; auch mag das ganz junge Gebirge des Himalaja noch besondere Abweichungen zeigen; endlich ist die unterirdische Kette, welche als nicht kompensierte Massenanhäufung anzusprechen ist, wahrscheinlich doch vorhanden[3]) und spielt bei der Kleinheit des Bezirkes wohl eine große Rolle.

Kleine unkompensierte Anhäufungen und Defekte finden sich auch in Amerika angedeutet, doch findet sich nirgends ein Komplex, den man etwa als unterirdisches Gebirge bezeichnen könnte.

II. Die Schweremessungen.

Wir kommen nun zu der zweiten Gruppe der Messungen. Die ersten Beobachtungen über die Änderungen der Schwerkraft längs der Erdoberfläche stammen von RICHET, der im Jahre 1671 zur Bestimmung der Sonnenparallaxe aus Beobachtungen der Marsopposition nach Cayenne reiste. Er machte daselbst die Entdeckung, daß er das Pendel

[1]) CHROSTWAIT, H. L.: Investigation of the Theory of Isostasy in India. Survey of India, professional paper 13.

[2]) BOWIE, W.: Spec. publ. 40.

[3]) LENOX-CONYNGHAM, G. P.: The recent pendulum observations in India, Monthly Not. 69.

seiner Uhr um $^5/_4$ Linien verkürzen mußte, um einen richtigen Gang zu erhalten. Nach einigen Mißverständnissen erfolgte die Erklärung dieser Erscheinung auf Grund der Abplattung der Erde. Die Möglichkeit, aus den Schwerebeobachtungen die Abplattung der Erde zu bestimmen, ergab sieh erst aus dem merkwürdigen von CLAIRAUT abgeleiteten Theorem, welches zeigte, daß zwischen den Schwereverhältnissen auf der Erde, der Abplattung und der Rotationsgeschwindigkeit eine Beziehung besteht, welche unabhängig ist von der inneren Schichtung der Erde, vorausgssetzt, daß diese nach Rotationsflächen erfolgt. Dieses Gesetz ist eine Folge der viel allgemeineren Sätze von GREEN.

Zur Bestimmung der Erdgestalt aus Schweremessungen war es notwendig, eine möglichst große Anzahl von Schwerestationen zu erhalten. Schon BOUGUER hat daher gelegentlich der peruanischen Gradmessung Pendelbeobachtungen angestellt; ihm folgten bald andere und LAPLACE[1]) konnte um die Wende des 18. zum 19. Jahrhundert schon den Versuch machen, die Abplattung zu bestimmen. Es standen ihm 15 Stationen zur Verfügung. Das Resultat 1 : 336 entsprach aber nicht den Erwartungen; die Beobachtungen erwiesen sich wegen der außerordentlichen damit verbundenen Schwierigkeiten, namentlich bei der Bestimmung der Pendellänge, als nicht genügend. Ein großer Fortschritt wurde gemacht, als 1822 KATER das bekannte Reversionspendel einführte. Dadurch wurde die Schweremessung bedeutend erleichtert; immerhin blieb sie aber noch eine der mühevollsten und schwersten Arbeiten wegen der zahlreichen Korrektionen, welche an die direkten Beobachtungen angebracht werden müssen: wegen Temperatur, Luftdruck, Luftreibung, wegen der Masse der vom Pendel mitgeführten Luft, wegen des Gleitens und Rollens der Pendelschneiden auf der Unterlage, endlich wegen des Mitschwingens des Statives und des Untergrundes. Dazu kommt, daß die Durchführung der Beobachtungen den stundenlangen Aufenthalt in finsteren Kellern und bei angestrengtester Aufmerksamkeit erfordert. Man kann sich also denken, daß auf diese Weise unmöglich ein so großes Beobachtungsmaterial gewonnen werden kann, als für den verlangten Zweck notwendig ist.

Da nahmen die Schweremessungen in den achtziger Jahren des vorigen Jahrhunderts einen ungeahnten Aufschwung durch die Einführung von relativen Messungen mit den STERNECKschen invariablen Pendeln[2]). Ausgehend von dem in allen messenden Wissenschaften bekannten Grundsatz, daß sich eine Differenz leichter mit großer Genauigkeit messen läßt, als eine absolute Größe, ging man dazu über, nur die Unterschiede der Schwerkraft gegenüber einer Ausgangsstation

[1]) GÜNTHER, S.: Handb. d. mathematischen Geographie, S. 336. LAPLACE: Traité de mécanique céleste **2**, livre III, chap. V.

[2]) STERNECK, R.: Der neue Pendelapparat des k. k. militärgeographischen Institutes. Mitt. d. k. k. militärgeogr. Inst. in Wien **8**.

zu messen. Wenn man die Pendel so konstruiert, daß eine gewisse Unveränderlichkeit garantiert ist, was am besten durch Einfachheit erreicht wird, so fallen aus der Differenz gerade jene Korrektionen heraus, deren Bestimmung sonst die größten Schwierigkeiten macht, also z. B. die von der Schneidenform abhängigen. Es bleibt im allgemeinen nur eine Temperatur- und eine Luftdruckkorrektion über, welche in einfacher Weise angebracht werden kann. Schwierigkeiten bereitet nur noch das Mitschwingen. Durch Einführung dieser Apparate ist die Zahl der Schwerestationen in wenigen Jahren außerordentlich gewachsen, und es liegen nun etwa 3000 vor, während HELMERT im Jahre 1882 erst über 122 verfügte[1]).

Wollte man diese Schweremessungen zur Bestimmung der Abplattung verwenden, so schien es klar, daß man dazu solcher Werte bedurfte, wie sie auf einer möglichst ungestörten Eroberfläche statthaben müßten. Man suchte also Stationen auf, die voraussichtlich ziemlich störungsfrei waren, doch mußten auch an diese noch Korrektionen angebracht werden.

Die erste dieser Korrektionen bezieht sich auf den Einfluß der Seehöhe. Da jeder Punkt der Erdoberfläche um seine Seehöhe weiter vom Mittelpunkt entfernt ist als die Meeresfläche, so kann die Korrektion mit hinlänglicher Genauigkeit nach der Formel $\frac{2h}{R}$ berechnet werden, wo h die Seehöhe und R einen mittleren Erdradius bedeutet. Man hat aber sehr bald auch eine zweite Korrektion angebracht, nämlich die Anziehung einer Platte von der Dicke der Seehöhe, ausgehend von dem ganz richtigen Gedanken, daß diese Masse jedenfalls vorhanden ist und daher unbedingt ihre Wirkung ausüben muß. Die Ausdehnung dieser Platte konnte unbedenklich gleich unendlich genommen werden, da die seitlich in großer Entfernung gelegenen Massen ohnehin keine Wirkung ausüben. Man erhält dadurch eine wesentlich einfachere Formel für die Schwerestörung Δg. Sie lautet:

$$\Delta g = -\frac{3}{2}\frac{\delta}{\Delta}\cdot\frac{h}{R}g,$$

wo δ und Δ die Oberflächen- und mittlere Dichte der Erde bezeichnen. Diese Korrektion wird im allgemeinen als die JOUNG-BOUGUERsche bezeichnet. Man erkannte aber bald, daß diese Plattenanziehung mehr austrägt, als die beobachteten Abweichungen der Schwere erwarten ließen. Darum hat FAYE den Vorschlag gemacht, diese Reduktion lieber ganz zu unterlassen und nur wegen Höhe zu reduzieren. Nur für den Fall, als das Terrain sehr steil oder sehr kupiert ist, sollte eine topographische Reduktion angebracht werden. Diese ist aber in den

[1]) HELMERT, R.: Die mathematischen und physikalischen Theorien der höheren Geodäsie. II. Teil, Leipzig 1884.

meisten Fällen gleich Null, so daß die Methode von FAYE praktisch identisch ist mit der Reduktion in freier Luft.

Zum zweiten Male wurde man auf diese Tatsache aufmerksam, als HELMERT die in den „Theorien" niedergelegten Rechnungen für eine Normalformel der Schwere vornahm, wozu damals 122 Schwerestationen aus allen Breiten vorlagen; doch mußten noch die Inselstationen weggelassen werden. Um eine solche Normalformel abzuleiten, ist es notwendig, sich alle Schwerestationen ins Meeresniveau verlegt zu denken; dadurch gelangen sie in das Innere der Erdkruste. Wenn man aber, wie HELMERT, von einer Entwicklung nach negativen Potenzen der Entfernung vom Mittelpunkte ausgeht, so entstehen für solche innere Punkte Konvergenzschwierigkeiten. HELMERT suchte diese nun dadurch zu beseitigen, daß er an Stelle der tatsächlichen Massenlagerung eine ideale supponierte, indem er sich alle äußeren Massen auf eine 21 km unter der physischen Erdoberfläche verlaufende Fläche verlegt (kondensiert) dachte. Da diese Fläche hinlänglich tief liegt, so konnten nunmehr alle Punkte der Meeresfläche den Massen gegenüber als äußere betrachtet werden, und die Konvergenz war außer Zweifel. Es zeigte sich nun dabei, daß die so reduzierten Werte sich für die Ableitung der Normalformel der Schwere außerordentlich gut eigneten. Es hatte also den Anschein, als ob durch dieses Hineinverlegen der Masse etwas geschehen wäre, was mit der Natur der Sache im engsten Zusammenhang stünde, gleichsam als ob die Massen dahin gekommen wären, wo sie eigentlich hingehören, oder von wo sie vielleicht hergekommen sind.

Am klarsten endlich trat die Tatsache der unterirdischen Massendefekte bei den Messungen von STERNECK [1]) in den Alpen zutage, wohl hauptsächlich deshalb, weil die Zahl der Beobachtungen sehr groß war, und weil sie eine ganze Reihe bilden, welche den wachsenden und wieder abnehmenden Einfluß eines Gebirges bei dessen Überquerung erkennen ließen. Es fand sich [2]) aus allen 508 Stationen in der damaligen österreichischen Monarchie bis zu 1500 m Höhe überhaupt kaum ein Zusammenhang mit der Höhe des Gebirges. Die Beobachtungen lassen sich darstellen durch den Ausdruck:

$$g = \gamma_0 + 0.017 - 0.0003141\, h,$$

wo g den beobachteten, γ_0 den normalen Wert der Schwere bedeutet und h in Metern ausgedrückt ist. Für die Reduktion in freier Luft dagegen ist:

$$g = \gamma_0 - 0.0003086\, h.$$

---

1) STERNECK, R.: Mitteilungen des k. k. militärgeographischen Institutes in Wien 10—14, 17.

2) HELMERT, R.: Über die Reduktion der auf der physischen Erdoberfläche beobachteten Schwerebeschleunigung auf ein gemeinsames Niveau. Sitzungsber. d. preuß. Akad. d. Wiss. 1903, Nr. 31.

Dies gilt allerdings nur im Mittel; im einzelnen finden sich davon Abweichungen, die mit dem Gebirgsbau offenbar im Zusammenhang stehen. So zeigt sich, daß die Schwere in den Tiroler Alpen fast überall zu klein ist, so daß man annehmen muß, daß den oberirdischen sichtbaren Massen unterirdische Massendefekte entsprechen. Diese wurden zuerst in Form einer sogenannten idealen Schicht im Meeresniveau berechnet, derart, daß ihre Anziehung gleich ist der einer unendlich dünnen mit Masse belegten Fläche im Meeresniveau, die äquivalent ist einer Schichte von einer gewissen endlichen Dicke und der Defektdichte: — 2.7 (absolute Dichte 0). Die Mächtigkeit dieses Defektes steigt bis gegen 1200 m. Damit war allerdings das Vorhandensein des Defektes festgestellt, aber der Begriff der idealen störenden Schicht im Meeresniveau hatte etwas Unbefriedigendes. Erstens konnte man damit keine physikalische Vorstellung verbinden, denn eine Schicht kann nicht gleichzeitig im Meeresniveau liegen und 1200 m mächtig sein, zweitens führt die Annahme der Dichte 0 auf den Begriff von Hohlräumen. Solche sind wohl in der Nähe der Erdoberfläche möglich, in größeren Tiefen aber, unter dem ungeheuren Druck der dort herrscht, sind sie unwahrscheinlich. Es handelte sich nun darum, für den Defekt eine mögliche physikalische Anordnung zu suchen und ihn auch in irgendeiner Weise zu lokalisieren. Das Problem ist nach der Potentialtheorie unbestimmt, denn man kann unendlich viele Massenkonfigurationen finden, welche sich nach außen in gleichen Schwerestörungen äußern. Unter bestimmten plausiblen Annahmen läßt sich aber immerhin manches aussagen. Was die Größe des Defektes anbelangt, so schien es, als ob eine vollständige Kompensation der Wahrheit näher liege, als ein vollständiger Mangel an Kompensation. Es war daher bequemer, eine vollständige Kompensation anzunehmen und sie als den normalen Zustand zu betrachten und die Abweichungen davon als Störungen zu bezeichnen.

Einen Schlußstein des Gebäudes bilden endlich die Resultate der Schwerebestimmungen auf dem Ozean, welche von HECKER[1]) mit Hilfe

[1]) HECKER, O.: Bestimmung der Schwerkraft auf dem Atlantischen Ozean sowie in Rio de Janeiro, Lissabon und Madrid; Veröffentl. d. preuß. geod. Institutes N. F. Nr. 11. Berlin 1903. — Derselbe: Bestimmung der Schwerkraft auf dem Indischen und Großen Ozean und deren Küsten, sowie erdmagnetische Messungen; Veröffentl. d. Zentralbureaus der intern. Erdmessung N. F. Nr. 16. Berlin 1908. — Derselbe: Bestimmung der Schwerkraft auf dem Schwarzen Meere und an dessen Küste, sowie neue Ausgleichung der Schwerkraftmessungen auf dem Atlantischen, Indischen und Großen Ozean; Veröffentl. d. Zentralbureaus der intern. Erdmessung N. F. Nr. 20. Berlin 1910. — WOLFF, H.: Die Schwerkraft auf dem Meere und die Hypothese von PRATT: Zeitschrift f. Vermess. 45. — HELMERT, R.: Die Erfahrungsgrundlagen der Lehre vom allgemeinen Gleichgewichtszustande der Massen der Erdkruste. Berliner Sitzungsbericht. 1912. 20.

von Siedethermometern auf weiten Reisen durch alle großen Meere durchgeführt wurden und welche zeigen, daß die Schwere auf dem Ozean als normal zu betrachten ist. Da die Masse des Meeres mit einer Dichte von 1.03 gegenüber der mittleren Dichte der übrigen Erdoberfläche von etwa 2.7 einen großen Massendefekt vorstellt, so kann die Schwere an der Oberfläche nur dann normal sein, wenn die Massen unter dem Meeresgrunde einen entsprechenden Überschuß an Dichte haben. Die Meere erscheinen somit vollständig kompensiert.

Die Beobachtungen mit Siedethermometern sind außerordentlich schwierig und werden sich daher nicht leicht vermehren lassen. Nach dem guten Erfolge der von VENING MEINESZ[1]) im Auftrage der holländischen Gradmessungskommission unternommenen Pendelbeobachtungen im Unterseeboote steht zu hoffen, daß hier bald ein Wandel eintreten wird.

In Anlehnung an die Resultate der Lotstörungen galt es also, zunächst die Tiefe der Ausgleichsfläche zu berechnen. Den ersten Versuch machte HELMERT[2]) auf Grund jener positiven Schwerestörung, die mit Annäherung an die Steilküste der Kontinente von innen nach außen zunimmt, und auf deren Zusammenhang mit der unterirdischen Kompensation schon SCHIOETZ[3]) aufmerksam gemacht hatte. HELMERT findet nun für die Tiefe der Ausgleichsfläche nach der PRATTschen Hypothese den Wert von 118 km, also in auffallender Übereinstimmung mit dem Werte, den die amerikanischen Untersuchungen über die Lotstörungen ergeben hatten.

Einen weiteren Beweis für die Richtigkeit dieses Wertes führten die Amerikaner selbst[4]) dadurch, daß sie ihre gesamten Schwerestationen (124) auf Grund isostatischer Lagerung unter Annahme der Tiefe der Ausgleichsfläche, wie sie sich aus den Lotstörungen ergeben hatte, reduzierten und damit ein System von Schwerewerten erhielten, das mit den äußeren Massen kaum irgendeine Beziehung mehr aufweist.

Eine direkte Bestimmung der Tiefe der Ausgleichsfläche aus Schwere-

---

[1]) MEINESZ, VENING: Observation de pendule sur la mer pendant un voyage en sous-marin de Hollande à Java. Publication de la Commission Géodésique Neerlandaise.

[2]) HELMERT, R.: Die Tiefe der Ausgleichsfläche bei der PRATTschen Hypothese für das Gleichgewicht der Erdkruste und der Verlauf der Schwerestörung vom Inneren der Kontinente und Ozeane nach den Küsten. Sitzungsber. d. preuß. Akad. d. Wiss. 1909, Nr. 48.

[3]) SCHIOETZ, O. E.: Die Schwerkraft auf dem Meere längs dem Abfall der Kontinente gegen die Tiefe. Christiania 1907. — HELMERT, R.: Unvollkommenheiten im Gleichgewichtszustande der Erde. Sitzungsber. d. preuß. Akad. d. Wiss. 1908, Nr. 44.

[4]) HAYFORD, J. F. and BOWIE, W.: The effekt of topography and isostatic compensation upon the intensity of gravity. Coast and geodetic survey, spec. publ. 10. — BOWIE, W.: The effect of topographie etc. 2nd paper, spec. publ. 12.

beobachtungen versucht auch BOWIE[1]) mit Hilfe der Stationen im amerikanischen Hochgebirge. Der Grundgedanke ist eigentlich derselbe wie bei HELMERT, nämlich, daß nur in stark von normaler Schichtung abweichenden Terrain ein Schluß auf die vertikale Verteilung der Massen möglich ist. Denn bei horizontalen Platten von großer Ausdehnung ist die Schwerestörung von der Höhe des angezogenen Punktes über der Platte unabhängig. Es kommt also derselbe Wert heraus, gleichgültig ob die störenden Massen in tieferen oder höheren Schichten liegen. Daher kann die Tiefe der Ausgleichsfläche aus wenig gestörten Stationen nicht bestimmt werden. Der Wert, den BOWIE für die Tiefe der Ausgleichsfläche findet, ist 95 km. Trotzdem wurde bei späteren Reduktionen der alte Wert von 113 km beibehalten.

Daß man bei solchen Bestimmungen der Ausgleichsfläche einige Vorsicht walten lassen muß, zeigen die Untersuchungen von KOHLSCHÜTTER[2]) in Deutsch-Ostafrika. Die Stationen am Plateaurande und in den Gräben haben in ihrer Situation Ähnlichkeit mit denen am Steilrande der Kontinente. Die Bestimmung der Tiefe der Ausgleichsfläche ergab in guter Übereinstimmung mit den anderen Untersuchungen den Wert 120 $\pm$ 20 km. Dennoch ergab eine mehr ins einzelne gehende Untersuchung, daß eine Kompensation nur im allgemeinen existiert, daß aber die Plateaus, soweit sie sich über eine mittlere Ebene von etwa 1290 m Höhe erheben, als Massenüberschüsse, die Gräben als Massendefekte anzusprechen sind. Die Bestimmung der Tiefe der Ausgleichsfläche wäre dann illusorisch.

Für die Küstenstationen resultiert auch hier ein Wert zwischen 100 und 140 km für die Tiefe der Ausgleichsflächen.

Es haben somit alle Beobachtungen auf diese Ausgleichsfläche geführt und man kann nicht mehr umhin, die isostatische Lagerung der Massen als bestehend zu betrachten; man ist daher nun genötigt, alle Beobachtungen einer diesbezüglichen Reduktion zu unterziehen. Die amerikanischen Untersuchungen haben gezeigt, daß man bei Reduktion der Lotstörungen die Massen bis zu einem sehr weiten Umkreis in Rechnung ziehen muß. Für die Schwerebeobachtungen[3]) erscheint es notwendig, die Massen der ganzen Erde, also bis zu den Antipoden, in Rechnung zu ziehen. Es wird gezeigt, daß man einen großen Fehler macht, wenn man die weit entfernten Massen vernachlässigt. Nimmt man z. B. die Station 49 (Salt Lake City), so erhält man als gesamte Anziehung der 9 inneren Zonen $+ 0.1230\ \mathrm{cm/sec^2}$; dabei zeigen aber die letzten Zonen eine so rasche Abnahme der Werte, daß man

[1]) BOWIE, W.: Investigations of gravity and isostasy. U.S. Coast and geodetic survey, special publ. 40.

[2]) KOHLSCHÜTTER, E.: Über den Bau der Erdkruste in Deutsch-Ostafrika. Göttinger Nachrichten 1911.

[3]) BOWIE, W.: l. c.

verführt ist anzunehmen, daß die weiteren Zonen überhaupt nichts mehr ausgeben. In der Tat aber streben die Werte einem Zeichenwechsel zu und werden dann wieder groß. Geht man bis zur Zone 17, so erhält man nur mehr -0.0062 cm/sec^2, und der Endwert unter Berücksichtigung aller Massen ist -0.0414 cm/sec^2. Man erkennt also, daß es jedenfalls notwendig ist, alle Messungen nach diesen Grundsätzen zu reduzieren. An Hilfsmitteln hierzu seien erwähnt: die Tafeln in den besprochenen amerikanischen Publikationen und die Tafeln von Meissner[1]) und Niethammer[2]). Der Verfasser hofft, seine Entwicklungen der Höhen- und Tiefenverhältnisse der Erde bis zu Kugelfunktionen 16. Ordnung[3]) auch in dem Sinne auszugestalten, daß man für jeden Punkt der Erde die Korrektion ablesen kann. Leider konnten die umfangreichen Rechnungen bisher noch nicht bewältigt werden. Es wäre sehr wünschenswert, solche isostatische Reduktionen für sämtliche Schwerestationen der Erde durchzuführen. Da aber die Anziehung sehr entfernter Massen für große Gebiete der Erde als konstant angesehen werden kann, so reichen auch die in einfacherer Weise reduzierten Werte wenigstens zu einem Vergleich über geringere Räume aus, wobei dann die Störung entfernter Massen in den Wert der Normalschwere oder in eine kontinentale Störung eingeht.

III.

Nachdem durch die Beobachtungen festgestellt ist, daß die Isostasie besteht, daß also ein Ausgleich zwischen den sichtbaren und unsichtbaren Massenunregelmäßigkeiten vorhanden ist, ist es unsere nächste Aufgabe uns klar zu werden, in welcher Weise damit eine physikalische Vorstellung verbunden werden kann, und wie wir uns mit den geologischen Tatsachen auseinander zu setzen haben. Man pflegt mit dem Begriff der Isostasie zwei verschiedene Vorstellungen zu verbinden. Die erste ist die von Pratt, die bisher den meisten Rechnungen zugrunde gelegt wurde, die zweite ist die von Airy.

a) Die Hypothese von Pratt.

Der Grundgedanke von Pratt war der, daß das Gleichgewicht über der Ausgleichsfläche dadurch hergestellt ist, daß die Erhebung der Massen über das Meeresniveau mit einer Auflockerung der Unterlage und der damit verbundenen Verringerung der Dichte der Massen in Zu-

---

[1]) Meissner, O.: Tabellen zur isostatischen Reduktion der Schwerkraft. Astronom. Nachr. **206**. 1918.

[2]) Niethammer, Th.: Zur Theorie der isostatischen Reduktion der Schwerebeschleunigung. Verhandl. d. naturforsch. Ges. in Basel, **28**, 2. Teil.

[3]) Prey, A.: Darstellung der Höhen- und Tiefenverhältnisse der Erde durch eine Entwicklung nach Kugelfunktionen bis zur 16. Ordnung. Abhandl. d. Ges. d. Wiss. zu Göttingen, Math.-physikal. Kl. N.F. **11**.

sammenhang stehe. Diese Auffassung läßt sich mit den Ansichten modernen Geologen über gewisse Arten der Gebirgsbildung in Einklang bringen. Die geologische Forschung hat nachgewiesen, daß das hochkomprimierte Magma in der Tiefe bei Druckentlastung nicht nur beweglicher und leichter flüssig wird, sondern daß auch eine außerordentliche Volumvermehrung und eine bedeutende Wärmeentwicklung einsetzt. Mit dieser Volumvermehrung ist natürlich eine Verminderung der Dichte verbunden. Wenn sich also infolge irgendwelcher Kräfte die Schollen heben, so werden die entstehenden Hohlräume von dem entlasteten und sich ausdehnenden Magma ausgefüllt. Es kann also dabei eine Gebirgsmasse aufgetrieben werden, ohne daß Masse hinzutritt. Die Schwereverhältnisse ändern sich nur unbedeutend und das Gebirge erscheint von Anfang an kompensiert. Ein solcher Fall scheint in Colorado Plateau vorzuliegen, das zweifellos einmal gehoben wurde und vollständige Kompensation aufweist.

Zum Zwecke der leichteren mathematischen Behandlung wird vorausgesetzt, daß sich die kompensierende Masse unmittelbar unter der störenden Masse gleichmäßig bis zu einer gemeinsamen Ausgleichstiefe verteilt [1]). In dieser Form wurde die Hypothese auch von Hayford und anderen verwendet, und die oben besprochenen Untersuchungen haben ergeben, daß man überall zu der gleichen Tiefe der Ausgleichsfläche kommt. Dabei dürfte es sich aber wohl um einen Mittelwert handeln. In manchen Gebieten wird der Ausgleich vielleicht schon in einem höheren Horizonte perfekt sein, anderswo in einem tieferen.

Die Beziehung zwischen der Höhe der äußeren Massen und der Dichte des zugehörigen Defektes ist nach Gleichung (4 resp. 5), Seite 40:

$$\delta h = \delta_1 T \text{ und } \delta h \, 0.615 = \delta_1 T$$

Da die aufragenden Massen offenbar selbst an Dichte verloren haben, so wäre es korrekter, das Massendefizit nicht von der Meeresfläche, sondern von der physischen Erdoberfläche, beim Ozean erst vom Meeresboden an zu rechnen. Man hätte dann statt (4) und (5) die Formeln

$$\delta h = \delta_1 (T + h) \text{ und } \delta h \cdot 0.615 = \delta_1 (T + h)$$

wo im zweiten Falle h als Meerestiefe negativ zu nehmen ist. Da h gegen T eine kleine Größe, im Mittel $\frac{1}{30}$ bis $\frac{1}{40}$, ist, so ist der Unterschied meist als Größe 2. Ordnung zu betrachten.

[1]) Pratt führt in seiner 3. Abhandlung: On the constitution of the solid crust of the earth (Phil. Trans. of London, vol. 161, 1871.) die Isostasie noch in einer anderen Form ein, derart, daß die kompensierenden Massen überall bis zu einer Tiefe reichen, welche proportional der Erhebung oder der Tiefe des Ozeans ist. In dieser Form ist die Hypothese wenigstens für das Land fast identisch mit der von Airy.

Damit wäre es in Übereinstimmung, wenn WASHINGTON [1]) eine Abnahme der mittleren Dichte mit der Höhe der Gebirge findet.

HÜBNER [2]) bestimmt die Defektdichte aus der Massengleichheit zwischen den sichtbaren Massen und denen die unten fehlen, indem er dabei die Divergenz der Radien nach außen berücksichtigt. Dieser Vorgang entspricht offenbar nicht mehr genau dem Begriff der Istostasie, denn diese verlangt die Bestimmung der Dichte unbedingt nach Gleichung (4). Aus den bekannten Grundgleichungen der Hydrodynamik folgt, wenn W das Potential, δ die Dichte und p den Druck bedeuten:

$$dW = \frac{1}{\delta} \cdot dp.$$

Setzen wir $-\frac{\partial W}{\partial h} = g$, so erhalten wir $dp = -\delta\, g\, dh$. Der Druck ist also nur der Höhe proportional und gar nicht davon abhängig, daß oben infolge der Divergenz der Radien mehr Masse vorhanden ist, als nur der Höhe entspricht. Die HÜBNERsche Anordnung entspricht genau dem Gedanken des Massenausgleiches, aber nicht mehr der Bedingung konstanten Druckes auf der Ausgleichsfläche. Der Widerspruch entspringt einfach daraus, daß die PRATTsche Anordnung hydrostatisch gar nicht realisierbar ist.

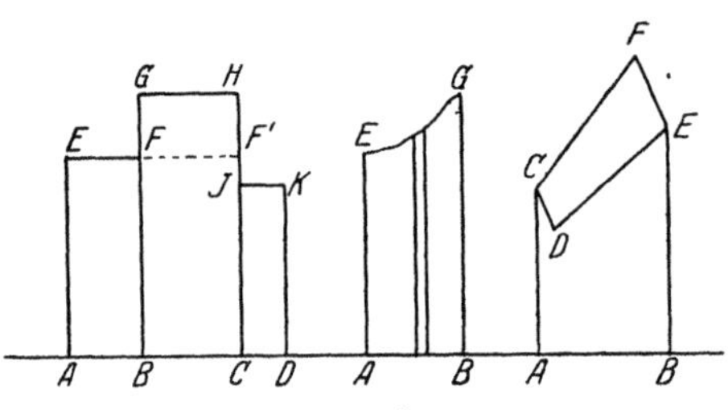

Abb. 2.

Nach PRATT soll auf jeden noch so kleinen Teil der Ausgleichsfläche das gleiche Gewicht der Massen lagern. Diese Annahme stößt zweifellos auf Schwierigkeiten. Betrachten wir die nebenstehende Abb. 2a. Es seien die Stücke *ABEF*, *BCGH* usw. Massensäulen vom gleichen Gewicht, so daß auf den Flächenstücken *AB*, *BC* usw. der Ausgleichsfläche gleiche Gewichte liegen. Die obige Annahme könnte nun z. B. erfüllt sein, wenn diese Säulen vollständig starr und voneinander unabhängig wären, etwa wie nebeneinander gestellte feste Prismen.

Nach BOWIE [3]) kann man sich dafür folgendes Bild machen. Man denke sich Prismen von gleichem Querschnitt und gleichem Gewicht aus verschiedenen Stoffen hergestellt, deren Längen somit verschieden

[1]) WAASHINGTON, H. S.: Isostasy and rock density. Bull. geol. soc. Am. 27 (1916).

[2]) HÜBNER: Beitrag zur Theorie der isostatischen Reduktion der Schwerebeschleunigung. Beiträge zur Geophysik 12.

[3]) BOWIE, W.: Isostatic investigations and data for gravity stations in the United States established since 1915. U. S. Coast and geodetic survey, spec. publ. 99.

ausfallen werden. Stellt man diese nun nebeneinander in eine Flüssigkeit, z. B. Quecksilber, so werden sie alle gleich tief einsinken und daher eine gemeinsame Grundfläche haben, welche der Ausgleichsfläche entspräche. Die Gleichheit der Querschnitte und Gewichte ist offenbar überflüssig; es genügt, die Länge der Prismen den spezifischen Gewichten verkehrt proportional zu wählen.

Ein solcher Zustand, bei dem die Prismen bis zur Ausgleichsfläche hinunter fest und voneinander unabhängig sind, besteht in der Erdkruste offenbar nicht. Denn nehmen wir z. B. an, daß durch Erosion ein Teil der Masse *GHFF'* auf die Fläche *EF* transportiert wird, so wird das Prisma *ABEF* offenbar schwerer werden und tiefer einsinken; dadurch würde die Fläche *ABCD* ihren Charakter als Ausgleichsfläche verlieren, und diese wäre von Anfang an tiefer zu wählen. Allerdings können in der Erdkruste immer Veränderungen von solcher Größe vorkommen, daß die Ausgleichsfläche in Mitleidenschaft gezogen wird. In diesem Sinne ist ihre Lage überhaupt von der Zeit abhängig.

Dem Grundgedanken der PRATTschen Theorie entspricht es jedenfalls, die Ausgleichsfläche so tief zu wählen, daß sie durch die Vorgänge in der Erdkruste im allgemeinen nicht mehr berührt wird; dies ist bei der Annahme, wie sie Abb. 2a zeigt, nicht möglich.

Machen wir nun die entgegengesetzte Annahme: die Massen sind beweglich etwa wie in einer Flüssigkeit oder in einem plastischen Körper. Betrachten wir nun das Niveau *EFF'*, so ist der Druck auf *FF'* größer als auf *EF*, obwohl in der rechtsstehenden Säule die Dichte kleiner ist als links. Aber über *FF'* steht schon eine Massensäule, über *EF* nicht. Wir haben also in der rechten Säule durchwegs höheren Druck als in der linken, und erst auf der Ausgleichsfläche wird der Unterschied verschwinden; so wird die Sache auch liegen, wenn wir zu rein differentiellen Verhältnissen übergehen (Abb. 2b) und dabei die Stufe *GFE* durch einen kontinuierlichen Abhang ersetzen. Immer haben wir rechts einen Überdruck und die beweglichen Massen werden diesem folgen; es wird ein Ausgleich eintreten, das Gebirge wird einsinken, und es stellt sich von selbst das hydrostatische Gleichgewicht in der ganzen Masse her. Dieser Fall ist offenbar wieder nicht verwirklicht, denn die sichtbaren Gebirge sind von außerordentlicher Festigkeit, und zeigen unter dem Druck, welcher an der Oberfläche vorkommt, keine plastischen Eigenschaften.

Es muß also ein Zwischenstadium vorhanden sein, welches wir offenbar so charakterisieren können, daß die Oberfläche von festen Stücken gebildet wird, daß aber nach unten mit steigendem Druck und steigender Temperatur die Massen immer plastischer werden. Es sei also in Abb. 2c *CDEF* eine Oberflächenscholle von großer Festigkeit. Es wird dann ein Teil des Gewichtes auf die linke Seite übertragen werden und die Scholle wird die entsprechenden Druckdifferenzen aushalten.

In größerer Tiefe aber werden sich die Massen so lange verschieben, bis sich das Gleichgewicht hergestellt hat. Es folgt aber daraus, daß der Ausgleich zwischen den Gebilden der Oberfläche und denen der Tiefe sich unmöglich auf Gebiete von beliebiger Kleinheit erstrecken kann, sondern nur auf größere Flächen, und es entsteht die Frage, wie klein eine Fläche gewählt werden darf, damit man noch mit einem Ausgleich rechnen kann.

Es handelt sich dabei darum, festzustellen, in welcher Tiefe und bei welcher Art der Belastung die Spannungsdifferenz so groß wird, daß sie den Widerstand des Materiales überwindet und die Massen zwingt, sich zu verschieben.

Unter der Voraussetzung, daß die Erde eine homogene elastische Kugel ist, berechnet DARWIN [1]), daß ein Gebirge mit Erhebungen und Depressionen von $\pm$ 2000 m gegenüber einem mittleren Niveau und einer Entfernung von 315 engl. Meilen zwischen den parallelen Kämmen bei einer Gesteinsdichte von 2.8 schon einsinken müßte, wenn das Material in einer Tiefe von 50 Meilen keine größere Festigkeit besitzt, als Zinn oder Blei. Es entspricht dies einer Spannungsdifferenz von 0.4 t pro Quadratzentimeter.

JEFFREYS [2]) berechnet, daß für eine Dicke der festen Erdkruste, die mehr als die Hälfte der Entfernung der Kämme beträgt, bei Höhendifferenzen von $\pm$ 1500 m und der Gesteinsdichte 2.7 die Spannungsdifferenz im Maximum den Wert 0.6 t pro Quadratzentimeter erreicht, während Basalt unter gewöhnlichen Verhältnissen 2 t auszuhalten vermag, ohne zu brechen. Die Spannungen sind hier für das kleinere Gebirge und die kleinere Dichte doch noch größer als bei DARWIN. Dies rührt daher, daß JEFFREYS eine Erdkruste von verhältnismäßig geringer Dichte voraussetzt, während DARWIN von einer Vollkugel ausgeht. Die Deformationen fallen also bei JEFFREYS viel größer aus und daher auch die Spannungen, ähnlich wie sich ein starker Balken bei gleicher Belastung weniger durchbiegt, als ein schwacher, bei welchem die Grenzspannung viel früher erreicht wird.

Ist das Gebirge breit und schwer genug gegenüber der Erdkruste, so wird sich diese durchbiegen und dabei das unten gelegene plastische Material zum Ausweichen bringen, wodurch der Massenausgleich hergestellt wird.

Nach JEFFREYS' Rechnungen wären die Alpen schon zu klein, um kompensiert zu sein; sie würden eine Erdkruste von 50 km Dicke noch gar nicht durchdrücken, sondern ohne Deformation von ihr getragen

[1]) DARWIN, G. H.: On the stresses caused in the interior of the earth by the weight of continents and mountains. Phil. Trans. of the R. S. 1882, S. 173; Scientific papers **2**, 9.

[2]) JEFFREYS, H.: The earth, its origin, history and physical constitution. Cambridge 1924.

werden. Die Ausdehnung von Kamm zu Kamm müßte mindestens 1200 km sein. Auch der Kaukasus wäre noch unkompensiert, dagegen wäre der Himalaya gerade an der Grenze. Die Kontinente müssen kompensiert sein.

BORN[1]) befaßt sich mit der Frage, wie mächtig eine Schicht sein muß, damit sie durch ihr Gewicht die unten liegende Kruste zum Einbrechen bringt, wobei er für die Festigkeit Wertangaben nach experimentellen Messungen aus HIRSCHWALDS Handbuch der bautechnischen Gesteinsprüfung verwendet, Werte, die im Laboratorium gefunden sind und daher für den Fall der Erde nur mit Vorsicht verwendet werden dürfen. Es ergibt sich auch hier — es ist speziell von Sedimenten die Rede — eine enorme Belastung, wenn Stücke von geringem Durchmesser einbrechen sollen, so z. B. für einen Kreis von 10 km Durchmesser eine Belastung von 21 km Sedimenten bei einer Krustendicke von 120 km. Nun kann man aber wohl denken, daß, bevor die Kruste tatsächlich einbricht, sie sich schon beträchtlich durchbiegt.

Der Einbruch sowie das Durchbiegen verdrängt die plastischen Massen des Untergrundes und führt zum Massenausgleich.

Die theoretischen Untersuchungen scheinen sich alle dahin auszusprechen, daß die Kompensation nur für sehr breite Formen existieren kann[2]). Die Beobachtungen sprechen aber für das Gegenteil. Nicht nur die Kontinente, sondern alle großen Gebirge, Alpen, Kaukasus, Himalaja, Rocky Montains usw., sind kompensiert. Nach NIETHAMMER[3]) dürfte schon innerhalb eines Raumes von 64 qkm Kompensation zu erwarten sein, während die Amerikaner hierfür einen Umkreis von 18.8 km Radius, also etwa 1000 qkm nehmen. Der Widerspruch rührt offenbar daher, daß die theoretischen Untersuchungen voraussetzen, daß sich das Material in der Tiefe ebenso verhalte wie an der Oberfläche. Das ist sehr unwahrscheinlich, wenn man die hohen Temperaturen be-

[1]) BORN, A.: Isostasie und Schweremessung, ihre Bedeutung für geologische Vorgänge. Berlin 1923.

[2]) LOVE (Some problems of Geodynamics, Cambridge 1911) geht von der Annahme vollständiger Isostasie aus und findet die Spannungsdifferenzen kleiner als Darwin im gleichen Falle (0.26 t pro 1 cm^2 gegen 0.41 t). Bei den Kontinenten werden die Spannungsdifferenzen sogar ganz unwesentlich. Dies ist auch ganz verständlich: wenn der Massenausgleich schon stattgefunden hat, müssen die großen Spannungsdifferenzen verschwunden sein. Die Reste kommen nur mehr davon her, daß das isostatische Gleichgewicht nicht identisch ist mit dem hydrostatischen. Die Ergebnisse sagen aus, daß namentlich bei breiten Massen schon eine sehr geringe Festigkeit ausreicht um sie zu biegen, wenn bereits isostatisches Gleichgewicht herrscht. Die Frage aber, welche Festigkeiten überwunden werden müssen, damit sich das isostatische Gleichgewicht herstellt, bleibt dabei unbeantwortet.

[3]) NIETHAMMER, TH.: Die Schwerebestimmungen der schweizerischen geodätischen Kommission und ihre Ergebnisse. Verhandl. d. schweiz. naturf. Ges. Schaffhausen 1921.

denkt, welche dort herrschen dürften; rechnet man mit dem gewöhnlichen geothermen Gradienten (3° pro 100 m), so haben wir in 50 km schon 1500°, in 80 km (50 Meilen) 2400°, bei welchen Temperaturen die Nachgiebigkeit des Gesteines schon bedeutend gesteigert sein dürfte.

Andererseits wissen wir allerdings, daß der geotherme Gradient nach innen abnehmen muß, sonst kommen wir für den Erdmittelpunkt auf unmögliche Temperaturen. Innerhalb der obersten Schichten wird aber die Änderung noch nicht groß sein.

Bei dem Mangel an sicheren Vorstellungen hierüber wird es also wohl das Beste sein, die ganze Frage umzukehren: Nicht auf schwankenden Grundlagen theoretische Gebäude aufzuführen, den Zustand der Erdkruste zu errechnen und isostatische Schlüsse zu ziehen, sondern umgekehrt aus dem Umstande, daß die Beobachtungen den isostatischen Ausgleich schon in kleineren Bereichen zeigen, auf den Zustand der Erdkruste zu schließen und daraus die Eigenschaften der Materie oder den Temperaturzustand im Erdinnern abzuleiten. Danach scheint also die Erdkruste in 50 km Tiefe keineswegs mehr fest zu sein, noch weniger in 120 km Tiefe. In einer Tiefe von 20—30 km werden sich vielleicht schon plastische Eigenschaften des Materiales zeigen, um so mehr, als für das Eintreten der Wirkungen unfaßbar lange Zeiträume zur Verfügung stehen.

Mit der Annahme gleichmäßiger Verteilung des Defektes läßt sich eine physikalische Vorstellung verbinden. Nehmen wir an, die Dichte der äußeren Massen sei δ_0 und ihre Höhe, wie sie ohne Deformation wäre, gleich k; dann ist der Druck auf die Flächeneinheit proportional $\delta_0 k$. Durch den Druck wird sich die Erdkruste durchbiegen und die plastische Masse des Untergrundes verdrängen; wenn dessen Dichte δ_1 ist, so muß die Mächtigkeit der verdrängten Schicht nach isostatischen Grundsätzen gleich $\frac{\delta_0}{\delta_1} k$ sein, und wenn wir die Kompressibilität außer acht lassen, gilt dieses für die ganze durchgebogene Schicht. In der Tiefe x befindet sich also infolge der Deformation Masse, welche ohne Deformation an der Stelle $x - \frac{\delta_0}{\delta_1} k$ gewesen wäre. Diese hat daher die Dichte $\delta - \frac{d\delta}{dx} \cdot \frac{\delta_0}{\delta_1} \cdot k$ mitgebracht. Dadurch erscheint an jeder Stelle die Dichte um $\frac{d\delta}{dx} \cdot \frac{\delta_0}{\delta_1} k$ zu klein gegenüber der normalen Dichte. Nehmen wir also eine lineare Zunahme der Dichte nach unten, so ist $\frac{d\delta}{dx} = \text{const}$ und daher $\frac{d\delta}{dx} \cdot \frac{\delta_0}{\delta_1} k$ in der ganzen Schicht gleich. Wir haben also an jeder Stelle den gleichen Dichteunterschied.

Die Größe $\frac{d\delta}{dx}\cdot\frac{\delta_0}{\delta_1}\cdot k$ stellt die Defektdichte vor. Erstreckt sich der Massendefekt, wie es der PRATTschen Hypothese entspricht, bis zur Tiefe T, so ist die Defektdichte noch Gl. (4) gleich $\frac{\delta_0 h}{T}$, wenn h die Höhe des Gebirges nach dem Durchbiegen der Kruste bedeutet. Es ist nun $h = k - \frac{\delta_0}{\delta_1}\cdot k = k\cdot\frac{\delta_1-\delta_0}{\delta_1}$ und wir erhalten die Gleichung

$$\frac{d\delta}{dx}\cdot\frac{\delta_0}{\delta_1}\cdot k = \frac{\delta_0}{T}\cdot k\cdot\frac{\delta_1-\delta_0}{\delta_1}$$

oder

$$\frac{d\delta}{dx} = \frac{\delta_1-\delta_0}{T}.$$

Denselben Wert von $\frac{d\delta}{dx}$ erhält man aber auch unter der Annahme, daß T die Dicke der Kruste ist und daß δ_1 die Dichte derselben an ihrer unteren Begrenzung ist. Da δ_1 oben als Dichte der verdrängten Unterlage angenommen wurde, so folgt, daß von der Kruste zur Unterlage kein Dichtesprung stattfindet, was ganz verständlich ist. Es liegt aber insofern eine Schwierigkeit vor, als man kaum annehmen kann, daß sich eine Kruste von 120 km Dicke durchbiegt. JEFFREYS findet schon bei 50 km, daß die meisten Gebirge ohne Deformation getragen werden. Man müßte also die Tiefe der Ausgleichsfläche viel kleiner wählen.

Wenn man die mannigfachen Vorgänge bedenkt, welche zu der Bildung der Erdkruste, der Gebirge und Ozeane geführt haben, so kann man unmöglich glauben, daß von Anfang an ununterbrochen schon der isostatische Zustand geherrscht habe. Vielmehr muß man annehmen, daß sich derselbe nach dem Eintreten von Störungen immer wieder herstellt, und wir sind der Überzeugung, daß dies auch heute noch der Fall ist, obwohl mit der Verfestigung der Erde die Vorgänge immer langsamer und langsamer werden dürften. Die Störung des isostatischen Gleichgewichtes kann nur durch Horizontalbewegungen an der Oberfläche oder unterhalb hervorgerufen und auch so nur wieder ausgeglichen werden. Sie können entstehen durch Anhäufung oder durch Abtransport von Massen. Man darf natürlich nicht denken, daß sofort Bewegungen einsetzen, welche die Isostasie wieder herbeiführen, sondern eine gewisse Überlastung wird die Kruste tragen können, bevor sie nachgibt. Ist aber diese Grenze erreicht, so wird der Vorgang wahrscheinlich durch einige Zeit rascher vor sich gehen, eventuell auch von Erdbeben begleitet sein, und sich so lange fortsetzen, bis er durch innere Hindernisse, also durch die Reibung und die Festigkeit des Materials, wieder zum Stillstand kommt. Dieser Vorgang kann sich mehrmals wiederholen.

Eine Ansammlung von Massen kann auf verschiedene Weise erfolgen.

Als ersten Fall betrachten wir den Vorgang beim aufquellenden Magma[1]), von dem schon auf Seite 51 gesprochen wurde. Solange nur das gerade unterhalb liegende Magma in Betracht kommt, bleibt der anfängliche isostatische Zustand erhalten. Es darf sich dabei allerdings nur um ein vertikales Heben der Schollen handeln. Wenn sich durch seitlichen Schub Spalten öffnen, bleibt der isostatische Zustand nicht erhalten, weil das Material, das früher an Stelle der Spalten lag, weg kommt und kein neues Material hinzutritt. In diesem Falle entsteht ein Defekt. Es kann aber auch sein, daß die sich öffnenden Spalten mehr Raum bieten als das darunter befindliche Magma durch seine Volumvergrößerung allein ausfüllen kann. Dann strömt von den Seiten neues Magma hinzu. Dies hat zunächst zur Folge, daß in der Umgebung eine Senkung entsteht, wie es auch allgemein beobachtet wird. Die Aufwölbung kann aber nun einen Massenüberschuß zeigen. Dies ist wohl der Grund, warum junge vulkanische Gebilde Überschwere haben. Die Überlastung aber muß sich mit der Zeit ausgleichen. In der Tat beobachtet man an den vulkanischen Inseln ein langsames Sinken, welches man an dem Wachsen der Korallenriffe erkennt.

Ein weiterer Fall der Massenanhäufung entsteht bei dem Zusammenschub und Überlagerung von Gesteinsfalten; auch hier wird erst, wenn die Belastung einen gewissen Betrag erreicht hat, die isostatische Gegenbewegung einsetzen und die plastischen Massen werden dorthin ausausweichen, wo durch die seitliche Verschiebung auf der Oberfläche eine Entlastung eingetreten ist. Auch hier werden die jüngeren Gebilde noch eine unvollkommene Istostasie zeigen.

Als letzten Fall des Entstehens einer Massenanhäufung betrachten wir die Sedimentierung. Die Massen, welche zur Ablagerung gelangen, stammen aus den Gebirgen und finden ihren Platz im Vorlande oder endlich in den großen Flußdeltas. Lawson[2]) macht hier auf einen wichtigen Unterschied aufmerksam, welcher darauf beruht, daß die Massen in einem Fall nur einen kurzen Weg machen, im anderen Fall weit transportiert werden. Im ersten Fall, z. B. bei einer Erosion im Gebirge, bei welcher der größte Teil der Massen im Vorlande abgelagert wird, liegen die im positiven und negativen Sinn gestörten Gebiete dicht nebeneinander. Es werden sich dann die gestörten Gebiete gegenesitig ausgleichen können. Im anderen Falle, wie etwa bei einer Deltabildung, liegen die Massen weit ab von ihrem Ursprung. Das Delta bildet ein Störungsgebiet, welches rings von ungestörten Gebieten umgeben ist. Mit diesen muß sich das Delta ausgleichen, und es wird sich daher die Störung mit abnehmender Intensität ausbreiten.

---

[1]) Penck, W.: Anteil der Schmelzflüsse an den Bewegungen der Erdkruste. Die Naturwissenschaften, 12. Jahrg., Heft 41.

[2]) Lawson: The geological implications of the doctrine of isostasy. Bulletin of the National-research council 8, part 4. 1924.

Die Höhe der Oberfläche wächst nicht im gleichen Maße wie die Dicke der Sedimente. In dem Maße als das Gewicht der aufgelagerten Massen steigt, wird der Untergrund hinuntergedrückt und ein Teil der plastischen Massen zum Ausweichen gezwungen. Da aber die Dichte dieser Massen größer ist, als die der Sedimente, etwa 2.9 gegenüber 2.2, so wird die Mächtigkeit der ausweichenden Schicht nur $^{22}/_{29}$ der Dicke der Sedimente sein müssen, wenn wieder das Massengleichgewicht hergestellt sein soll. Unter dem Drucke von 1 km Sedimenten wird also der Untergrund um 0.75 km hinabgedrückt und das obere Niveau erhöht sich nur um 0.25 km. Man erkennt, daß die Annahme isostatischen Gleichgewichtes die Ablagerung von mächtigen Sedimentschichten viel verständlicher macht, als die Annahme, daß der Untergrund nicht nachgibt.

Den Belastungsvorgängen stehen Entlastungsvorgänge gegenüber, welche ebenfalls imstande sind, isostatische Bewegungen auszulösen.

Hier ist an erster Stelle die Erosion zu nennen. Durch den Einfluß des Wassers werden ungeheure Massen des Gebirges wegtransportiert und kommen anderswo zur Ablagerung. Das Gebirge erfährt eine Entlastung und die umgebenden, im Gleichgewichte befindlichen oder überlasteten Gebiete pressen infolge des Überdruckes plastisches Material unter das Gebirge hinein, wodurch dasselbe gehoben wird. Diese Erhebung kompensiert teilweise die durch die Erosion bedingte Erniedrigung des mittleren Niveaus des Gebirges. Da die eingepreßte Masse eine Dichte von etwa 2.9 hat, gegenüber 2.7 im Gebirge, wird eine Dicke von $^{27}/_{29}$ der erodierten Schicht ausreichen um das Gleichgewicht herzustellen. Einem Kilometer durch Erosion abtransportierter Masse entspricht daher eine Schicht von 0.93 km im Untergrunde. So viel wird das Gebirge gehoben, dessen mittleres Niveau also nur um 70 m sinkt. Die Erosion hat also auf die Höhe des Gebirges wenig Einfluß.

Ein zweiter Fall, bei welchem durch Entlastung isostatische Vorgänge ausgelöst werden, wird in jenen Gebieten beobachtet, die früher von einer eiszeitlichen Vergletscherung betroffen waren. Das Gewicht der Eismassen hat plastische Masse aus dem Untergrund in die nebenliegenden Gebiete verdrängt. Heute sind die Eismassen geschwunden, und die Gebiete zeigen jetzt einen Schweredefekt. Die verdrängten Massen kehren nun langsam in ihre alte Lage zurück, was man an dem Steigen der früher vereisten Gebiete erkennt. Am deutlichsten zeigt dies der fennoskandische Schild und Schottland, während in Labrador wenigstens das nach Abschmelzen des Eises gebliebene Massendefizit nachgewiesen ist[1]).

Wäre nun die ganze Erdrinde wirklich in allen ihren Teilen isostatisch angeordnet, so dürften nach richtiger Reduktion weder in den Lotstörungen noch in den Schwerestörungen Reste bleiben. Solche

[1]) Born, A.: l. c.

bleiben aber immer zurück und können zweierlei Ursachen haben. Entweder es handelt sich um wirkliche Störungen des isostatischen Gleichgewichtes oder um Fehler in der Reduktion.

Daß tatsächlich Störungen des isostatischen Gleichgewichtes vorhanden sind. ist klar. Es erhellt dies schon aus dem Umstande, daß die isostatischen Gegenbewegungen unmöglich in gleichem Tempo vor sich gehen können, wie die sie veranlassende Störung. Zunächst muß der Überdruck auf der einen oder der anderen Seite einen gewissen Grenzwert übersteigen, bevor überhaupt eine Wirkung eintritt. Dann wird diese aber wahrscheinlich ruckweise und immer mit einer gewissen Verspätung vor sich gehen. Auch sind die Massen des Untergrundes nicht so leicht beweglich, im Gegenteil wohl in einem Zustande, den wir auf der Erdoberfläche noch als sehr fest bezeichnen würden. Nur unter dem Einfluß des ungeheuren Druckes und der höheren Temperatur erhalten die Massen ihre Plastizität. Man muß daher damit rechnen, daß junge Gebilde gar nicht oder nur teilweise kompensiert sind, während alte Formationen schon bis zur vollständigen Kompensation vorgeschritten sind.

Daß die Massenstörung nicht immer genau oberhalb ihrer Kompensation liegt, ist daher eine Tatsache, die gar nicht weggeleugnet werden kann, wenn auch die amerikanischen Geophysiker behaupten, daß sich aus ihren Beobachtungen solches nicht konstatieren lasse. Die amerikanischen Stationen liegen wohl zuwenig dicht; selbst die 314 Stationen, welche bei den Untersuchungen im Jahre 1916[1]) vorlagen, sind im Verhältnis zum Flächenraume der Vereinigten Staaten noch viel weniger als z. B. die 231 Stationen in der 200mal kleineren Schweiz.

Die Notwendigkeit der gegenseitigen Verschiebung von Massenstörung und Kompensation folgt unmittelbar aus der zeitlichen Verzögerung des Ausgleiches. Man kann ohne weiteres sagen, daß die Kompensation des Massendefektes in Skandinavien heute noch zum Teil in der Umgebung des ehemals vergletscherten Gebietes liegt. Die Karte der Schwerestörungen in der Schweiz[2]) zeigt den größten Massendefekt im Rheinthal in der Gegend von Chur, also keineswegs dort, wo die größten sichtbaren Massen sind, also im Berner Oberland. Darum zeigt auch die Karte der isostatischen Reste starke Störungen der Isostasie.

Ebenso liegt auch in Tirol der Massendefekt nicht unter der Kammlinie, sondern etwas nach Norden verschoben[3]).

---

[1]) Bowie, W.: l. c. Spec. publ. 99.

[2]) Astronomisch-geodätische Arbeiten in der Schweiz. **15, 16.** — Niethammer, Th.: Die Schwerebestimmungen der schweiz. geodät. Kommission und ihre Ergebnisse. Verhandl. d. schweiz. naturf. Gesellschaft. Schaffhausen 1921.

[3]) Prey, A.: Untersuchungen über die Isostasie in den Alpen auf Grund der Schweremessungen in Tirol. Sitzungsber. d. Akad. d. Wiss. in Wien I. Mitteilung **121**; II. Mitteilung **123**.

Bei sehr großer Entfernung zwischen Störung und Kompensation wird eine Zusammengehörigkeit natürlich nicht zu beweisen sein.

Die Frage, ob die sogenannten Randsenken an der Kompensation des Gebirges beteiligt sind oder nicht, wird von HEISKANEN[1]) verneint. Es bleiben bei isostatischer Reduktion der Stationen an der Nordsenke der Alpen unter Annahme verschiedener Hypothesen nur geringe, und zwar positive Anomalien, was nicht darauf hinweist, daß auch ein Teil des Defektes der Alpen unter der Randsenke liegt, sonst müßte diese überkompensiert erscheinen. Damit ist aber, wie ich glaube, die Frage nicht abgetan. Es ist doch nur bewiesen, daß die Randsenken nicht soviel Defekt besitzen, um selbst vollständig kompensiert zu sein und noch etwas für die Alpen übrig zu haben. Aber es könnte doch ebensogut die Randsenke nur teilweise kompensiert sein und der übrige Teil des Defektes den Alpen zugehören. Es kommt nur darauf an, ob der Defekt unter der Randsenke organisch zu den Alpen gehört, d. h. mit deren Entstehung oder Konstitution in Zusammenhang steht oder nicht. Das ist aber eine Frage, die nicht aus den Schwerewerten, sondern nur auf geologischer Grundlage gelöst werden kann.

Das Verbleiben eines Restes der Schwerestörung ist aber noch kein Beweis für eine Störung des isostatischen Gleichgewichtes. Er kann auch daher rühren, daß die kompensierende Masse nach der Tiefe anders verteilt ist als in dem einfachen Rechnungsmechanismus angenommen wurde. In diesem Falle liegt es also an Unvollkommenheiten der Reduktion. Die amerikanischen Untersuchungen haben gezeigt, daß die meisten auf präkambrischen Formationen liegenden Stationen positive Reste lassen, die auf känozoischen aber negative. Nun haben die ersteren bedeutend größere Dichte als die letzteren. Es könnte also im ersten Falle trotz vollständiger Kompensation eine Störung dadurch vorgetäuscht werden, daß die dichteren Massen oben in unmittelbarer Nähe der Station liegen, während unterhalb dann Massen minderer Dichte vorhanden sein müßten. Bei den känozoischen Stationen wäre dies umgekehrt. Ein Einfluß der Verteilung der Dichte in vertikaler Hinsicht ist aber aus theoretischen Gründen nur dann möglich, wenn die in Betracht kommenden Schichten schweren oder leichteren Gesteins in der horizontalen Richtung nicht weit ausgedehnt sind. Eine solche scheinbare Störung des isostatischen Gleichgewichtes ist also nur dort möglich, wo keine breiten Formationen lagern.

b) Die Hypothese von Airy.

Wir kommen nun zu der zweiten Form, in welcher die Isostasie vorgestellt wird. Danach besteht die Erdkruste aus Schollen leichteren Materiales, welche auf einer tiefer liegenden, schwereren und plasti-

[1]) HEISKANEN, W.: Untersuchungen über die Schwerkraft und die Isostasie. Veröffentl. d. finnischen geodät. Institutes Nr. 4.

schen Unterlage schwimmen. Die Tiefe der Ausgleichsfläche ist dann durch die untere Begrenzung der mächtigsten Scholle gegeben. Eine Betrachtung der Höhenverhältnisse der Kontinente und des Meeresbodens zeigt auch deutlich das Vorhandensein von zwei bevorzugten Niveaus. Namentlich wenn man sich Profile zeichnet, bei welchen die Vertikaldimensionen stark überhöht sind, wie z. B. bei den Profilen von Prof. HEIDERICH[1]), tritt dies außerordentlich deutlich hervor. In Wahrheit sind allerdings die Abfälle der Kontinente nicht so steil und haben nur Böschungen von durchschnittlich 5%[2]), obwohl auch Gegenden vorkommen, wo der Absturz wandartig erscheint. Aber man muß bedenken, daß mit der Zeit sich alle Böschungen abflachen; so mögen die Ränder einmal viel steiler gewesen sein, und die Kontinente wirklich das Aussehen von Schollen gehabt haben.

Bei dieser zweiten Form der Isostasie hat man zwei Auffassungen zu unterscheiden. Nach der einen, wie sie HEISKANEN in Verwendung bringt, ist auch der Meeresgrund die Oberfläche einer solchen Scholle, während nach der anderen der Meeresgrund selbst schon die obere Begrenzung der plastischen Schicht ist. In beiden Fällen ist zwischen der oberen und unteren Schicht eine materielle Verschiedenheit anzunehmen, die sich in verschiedener Dichte äußert: das Sal und Sima der Geologen. Bezeichnen wir (Abb. 3) die Dicke einer kontinentalen Scholle mit d und ihre Dichte mit δ, so wird sie in den Untergrund von der Dichte δ_1 bis zu einer gewissen Tiefe x einsinken, und um $d-x$ herausragen. Wenn wir bedenken, daß die kontinentale Scholle bis zur Tiefe t mit Wasser umgeben ist, so liefert das archimedische Prinzip die folgende Beziehung

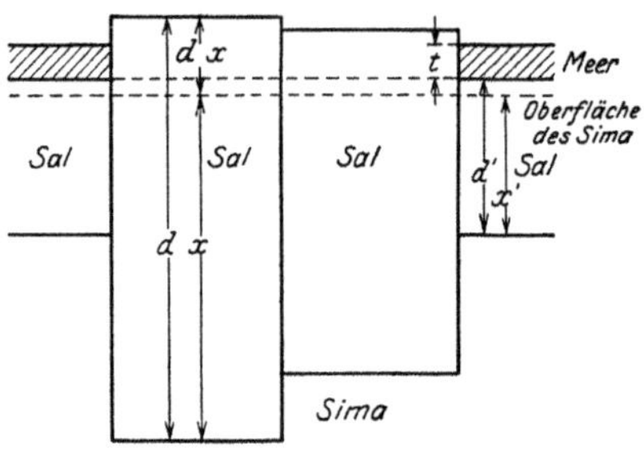

Abb. 3.

$$d \cdot \delta = x\delta_1 + t \cdot 1.03. \tag{6}$$

Für eine Scholle von der Dicke d' unter dem Ozean tritt das Gewicht des Meeres als Belastung auf. Dies führt zu der Beziehung

$$d' \cdot \delta + t \cdot 1.03 = x'\delta_1. \tag{7}$$

Man hat nun noch in Rechnung zu ziehen, daß die mittlere Höhe der Kontinente über dem Meeresspiegel etwa 800 m, die mittlere Tiefe

[1]) HEIDERICH, F.: Die mittleren Erhebungsverhältnisse der Erdoberfläche. Geograph. Abhandl. herausgeg. von A. PENCK in Wien. 5, 1.

[2]) PENCK, A.: WEGENERS Hypothese der kontinentalen Verschiebungen. Zeitschr. d. Ges. f. Erdkunde. Berlin 1921.

der Ozeane etwa 3700 m beträgt, somit die Oberfläche der Kontinente sich um 4500 m über dem Meeresboden erhebt. Dies führt auf die Gleichung

$$(d-x)-(d'-x')=4.5. \qquad (8)$$

Setzen wir $\delta=2.7$, $\delta_1=2.8$, also $\delta_1-\delta=0.1$, ferner für d der Reihe nach 100, 80, 60, 40, 20 km, so finden wir aus Gleichung (6) für x der Reihe nach:

95.1, 75.8, 56.5, 37.3, 17.9 km;

diese Schollen ragen dann heraus um die Beträge:

4.9, 4.2, 3.5, 2.7, 2.1 km.

Da aber der Boden des Ozeans schon 4.5 km unter der Oberfläche der Kontinente liegt, so gibt nur das erste Resultat einen Sinn. Dazu gibt die Gleichung (8): $d'-x'=0.4$ und die Gleichung (7): $d'=49$ km.

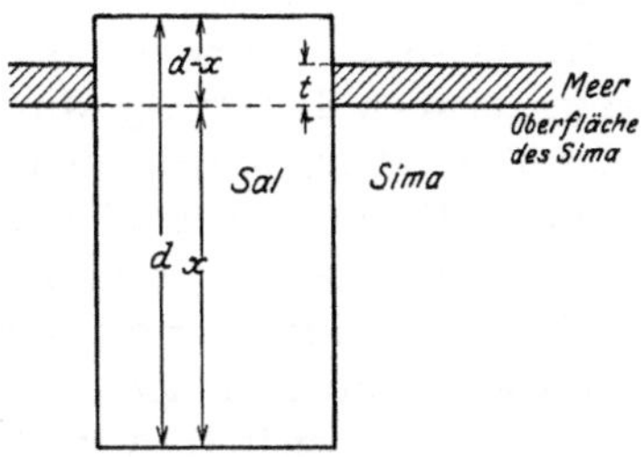

Abb. 4.

Für $\delta=2.7$ und $\delta_1=2.9$, also $\delta_1-\delta=0.2$, erhalten wir folgende zusammengehörige Werte:

$d=$	100	80	60	40	20	km
$x=$	91.8	73.2	54.5	35.9	17.3	,,
$d-x=$	8.2	6.8	5.5	4.1	2.7	,,
$d'-x'=$	3.7	2.3	1.0	—	—	,,
$d'=$	72.5	52.5	33.5	—	—	,,

Bei der zweiten Auffassung (Abb. 4) haben wir in den obigen Gleichungen d' und $x'=0$ zu setzen und Gleichung (7) wegzulassen. Es bleibt:

$$d\cdot\delta=x\delta_1+t\cdot 1.03$$
$$d-x=4.5.$$

Da jetzt nur zwei Unbekannte vorhanden sind, so ist die Dicke der Schicht jetzt eindeutig bestimmt, wenn δ und δ_1 gegeben sind.

Für $\delta=2.7$ und $\delta_1-\delta=0.1$ ergibt sich $d=88$ km,
für $\delta=2.7$ und $\delta_1-\delta=0.2$ ergibt sich $d=46.5$ km.

Von diesen beiden Auffassungen erscheint unbedingt die zweite die plausiblere. Bei der ersten müßte man annehmen, daß sich auf der eben erkalteten Erde Schollen von zweierlei Dicke (vielleicht auch von zweierlei Dichte) gebildet hätten, also z. B. bei $\delta-\delta_1=0.1$ von 100 km und 49 km. Zu einer solchen Differenzierung ist gar kein Anlaß vorhanden. Auch wäre es merkwürdig, daß sich die Schollen so aneinander geschlossen hätten, daß nirgends eine Kluft verblieben ist; man sollte meinen, daß sich ein drittes Niveau zeigen müßte, welches das Niveau der plastischen Schicht wäre, auf welcher die beiden Gattungen von Schollen schwimmen. Oder sollte vielleicht die Tonga- oder die

Kurillentiefe auf dieses Niveau führen? Die zweite Auffassung verlangt, daß der Boden des Ozeans selbst schon diese Oberfläche wäre, oder daß diese höchstens mit einer dünnen Schicht von Sedimenten überdeckt ist. Für den Pacific scheint sich dies aus der Fortpflanzungsgeschwindigkeit der Erdbebenwellen nachweisen zu lassen [1]). Der Atlantik und die arktischen Meere zeigen allerdings ein anderes Verhalten.

Sämtliche istostatische Vorgänge werden sich nach der Auffassung von Airy in ähnlicher Weise abspielen wie bei Pratt. Die Kontinentalschollen sind im Verhältnis zu ihrer Dichte riesig ausgedehnt. Unter einer lokalen Belastung wird also nicht etwa die ganze Scholle einsinken, sondern sie wird sich durchbiegen und Sima verdrängen, wie bei Pratt. Wenn die Last aber zu groß wird, wird die Scholle durchbrechen und nun gerade so weit einsinken, als dem Prinzip des Schwimmens entspricht. Die Bruchränder werden sich wieder fest zusammenschließen. Sie werden aber immer eine Stelle schwächeren Widerstandes bleiben, wodurch eine spätere neue Verschiebung erleichtert wird.

Eine lokale Entlastung wird zunächst eine Aufwölbung zur Folge haben, da die Kruste an dieser Stelle gegen den Druck von unten weniger widerstandsfähig ist; unter der Aufwölbung wird sich schwerere Masse ansammeln, welche die bei der Entlastung entfernten Massen ersetzt. Ist der Druck groß genug oder die Kruste hinlänglich dünn geworden, so wird auch hier der Durchbruch, und zwar in der Richtung von unten nach oben, erfolgen, und die Scholle wird sich nach dem Prinzip des Schwimmens einstellen. So wird also tatsächlich der von Airy supponierte Zustand erreicht, daß die Kruste dort, wo sie sich weiter über das Meeresniveau erhebt, auch tiefer in die schweren Schichten eintaucht (Abb. 3 und 4).

In engster Beziehung zur Schollentheorie steht die bekannte Theorie der Kontinentalverschiebungen von Wegener. Wenn wir annehmen, daß die Kontinente nach hydrostatischen Grundsätzen auf der Unterlage schwimmen, so müssen wir dieser gewisse Eigenschaften der Flüssigkeiten zuerkennen. Es fragt sich nun, ob diese Unterlage so flüssig gedacht werden kann, daß die Kontinente sich noch drinnen bewegen können, oder ob sie in der Unterlage gewissermaßen festgekittet sind. Eine fernere wichtige Frage geht nach der Kraft, welche in der Lage wäre, die Kontinente zu verschieben.

Man könnte zunächst an die sogenannte Polflucht denken. Wenn wir uns die Erde als Gleichgewichtsfigur einer rotierenden Flüssigkeit denken und nun einen Teil der Oberflächenmasse durch einen schwimmenden Kontinent ersetzen, so wird dessen Schwerpunkt höher liegen als der der verdrängten Flüssigkeitsmasse. Der höheren Lage des Schwerpunktes entspricht eine verringerte Schwerkraft und eine erhöhte

[1]) Gutenberg, R.: Der Aufbau der Erdkruste auf Grund geophysikalischer Beobachtungen. Zeitschrift f. Geophysik. Jahrg. 1, Heft 3.

Fliehkraft. Bei einer Gleichgewichtsfigur einer rotierenden Flüssigkeit steht die Resultierende aus der Schwere und der Fliehkraft auf der Oberfläche senkrecht. Dabei liefert die Schwere eine Komponente nach Norden, die Fliehkraft eine nach Süden, und diese beiden heben sich auf (Abb. 5). Wird die Schwere kleiner, so wird auch die Nordkomponente kleiner und die Fliehkraft überwiegt, umsomehr, wenn sie auch ihrerseits eine Verstärkung erfährt. Aus beiden Ursachen folgt somit eine südlich gerichtete Kraft. Es wäre also denkbar, daß unter diesem Einfluß die Kontinente nach Süden streben. Es ist allerdings nicht sicher, daß die Sache so einfach bleibt. Es wäre möglich, daß unter dem Einfluß der geänderten Schwere- und Fliehkraft auf die weitausgedehnte Scholle diese etwas kippt und dadurch die südliche Komponente verschwindet.

Die heutige Konfiguration der Erdteile läßt auf eine solche Polflucht nicht schließen. Man kann fast sagen, daß, abgesehen von der afrikanischen Masse, die Kontinente den Äquator meiden: Zwischen Asien und Australien ist die Verbindung unterbrochen und auch Amerika reduziert sich in den Tropen auf eine ganz schmale Brücke. Allerdings, wenn man auch den Pol wandern läßt, so daß zu den verschiedenen Zeiten Süden in verschiedener Richtung lag, dann würde der jetzige Äquator keine Rolle spielen. Wir sehen aber vom geophysikalischen Standpunkte keine Möglichkeit, welche den Pol zu einer solchen Wanderung veranlassen könnte, um so weniger, seit wir wissen, daß die Kontinente kompensiert sind. Es liegt also nichts vor, was die Erde aus dem Gleichgewicht bringen könnte.

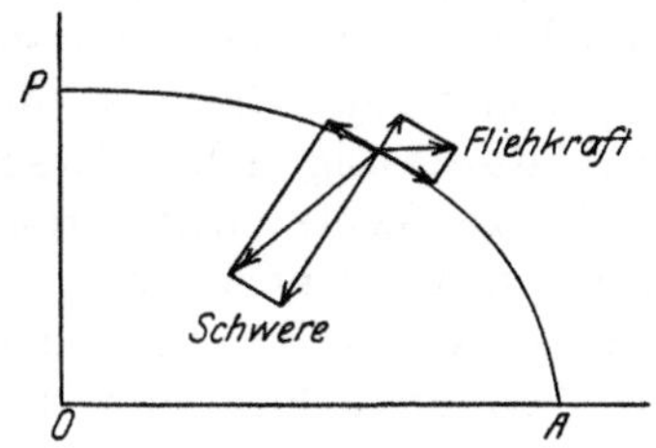

Abb. 5.

Zu zweit käme ein Fluteinfluß in Betracht. DARWIN[1]) berechnet, daß mit den durch den Mond erzeugten Gezeiten eine Distorsion der Erdoberfläche verbunden ist, derart, daß die Punkte mit Annäherung an den Äquator stärker und stärker nach Westen gezogen werden; doch sind die Beträge so klein, daß sie für die heutige Zeit offenbar nicht in Betracht kommen. Er findet als Längenverschiebung während der letzten 46 Millionen Jahre den Betrag von $19' \cos^2 \varphi$. Man könnte diese Zahl allerdings noch vergrößern; sie gilt für eine homogene Erde und die Festigkeit der Erdoberfläche ist gewiß viel geringer als der Durchschnitt. Aber selbst wenn man die Zahl mit 4 oder 5 multipliziert, bleibt sie noch sehr klein. Es ist aber nicht ausgeschlossen, daß in viel früheren Zeiten dieser Einfluß doch wirksamer war, da der Wert umgekehrt proportional der 6. Potenz der Ent-

[1]) DARWIN, G. H.: Problems connected with the tides of a viscous spheroid. Phil. Trans. of London **170**, Scientific papers **2**.

fernung des Mondes und einfach proportional der relativen Winkelgeschwindigkeit der Erde gegen den Mond variiert. Wenn wir, auf Darwins Entwicklungsgeschichte des Systems Erde—Mond fußend, zusammengehörige Werte der Entfernung des Mondes von der Erde und der Umdrehungsgeschwindigkeit der Erde und des Mondes nehmen, wie sie sich als Effekt der Flutreibung ergeben, und dazu den Wert der Längenverschiebung rechnen, so ergibt sich folgendes:

	Umdrehungszeit der Erde	Umlaufszeit des Mondes	Entfernung in Erdradien	Längenänderung pro Jahr
heute	23^h56^m	27.32^t	60.4	$5.10^{-10} \cos 2\varepsilon \cos^2\varphi$
vor 46 300 000	15 30	18.62	46.8	4.10^{-8} [Grade
,, 56 600 000	9 55	8.17	27.0	$1.6.10^{-6}$
,, 56 800 000	7 50	3.59	15.6	5.10^{-5}
,, 56 810 000	6 45	1.58	9.0	$1.6.10^{-3}$

Diese Werte sind von Darwin unter der Annahme gerechnet worden, daß bei der heutigen Konstellation der Einfluß der Flutreibung auf die Schiefe der Ekliptik ein Maximum wird. Dies entspricht einem verhältnismäßig hohen Grade der Beweglichkeit der Massen, wie sie in der Tat heute nicht herrscht. Die oben angeführten Zeiträume sind also jedenfalls noch bedeutend zu verlängern. Der von Darwin gewählte Betrag der Flutverzögerung ist gegeben durch $\varepsilon = 17.5°$ für die halbtätige Flut und die heutige Zeit. Nehmen wir $\varepsilon = 0$, so erhalten wir den Maximalwert der Längenänderung; es wäre dies der Fall, wenn die Erdoberfläche ganz flüssig wäre. Dem entsprechen also mit $\varphi = 0$ (Äquator) die Zahlenkoeffizienten in der letzten Kolonne. Der Wert von ε hängt von der gewählten Viskosität ab. Wir finden nach den Darwinschen Formeln folgende zusammengehörige Werte:

$vt =$	$2\varepsilon =$	$\cos 2\varepsilon =$
10^{13} cgs	0	1.00
10^{14}	$0°13'$	1.00
10^{15}	2.10	1.00
10^{16}	20.10	0.94
10^{17}	75.1	0.26
10^{18}	88.28	0.03

Hier bedeutet v den Starrheitskoeffizienten, t die Relaxationszeit; vt wird dann als der Koeffizient der Viskosität bezeichnet. Daraus folgt, daß bis zu ganz bedeutenden Festigkeitsgraden sich die Erde fast wie eine Flüssigkeit benimmt. Dabei entspricht z. B. die Viskosität 10^{16} cgs einem Körper von der Festigkeit des Glases ($v = 2.44.10^{11}$) mit einer Relaxationszeit von 11 Stunden, oder von der Festigkeit des Stahles ($v = 7.8.10^{11}$) mit einer Relaxationszeit von 3.5 Stunden. Aus den Werten der letzten Zeile der obigen Tabelle erhalten wir in 10 000 Jahren schon eine Verschiebung von 16°, oder in 100 000 Jahren schon 160°. Wir brauchen aber für diese Bewegungen nicht so kurze Zeiträume anzunehmen; wir können daher die Viskosität noch viel größer wählen und werden noch immer bedeutende Beträge der Längenverschiebung erhalten. Der Einfluß war ein Maximum zur Zeit als die Umdrehung der Erde 5 Stunden 50 Minuten und die Umlaufszeit des Mondes 7 Stunden und 10 Minuten war, und war damals 56000000 mal größer als heute; dies ergibt 18′ pro Jahr. Es ist also kein Zweifel, daß in den ältesten Zeiten der Erdentwicklung selbst unter den heutigen Verhältnissen der Viskosität eine bedeutende Kontinentalverschiebung möglich gewesen ist, umsomehr, wenn man annimmt, daß damals die Kruste weicher war als heute. DARWIN selbst scheint mit der geologischen Bedeutung dieser Tatsache zu rechnen, wenn er auf die Küstenform des pazifischen Randes von Asien oder des atlantischen Randes von Europa und Amerika hinweist. Jedenfalls aber liegen die Zeiten, in welchen ein erheblicher Effekt zu erwarten ist, mindestens 50 Millionen Jahre hinter uns.

Man braucht sich dabei nun nicht mehr vorzustellen, daß die Kontinente wie Schiffe den Untergrund durchdringen, sondern der Untergrund nimmt selbst an der Bewegung teil: Die Kontinente werden wie das Treibeis von der Meeresströmung mitgenommen. Darin liegt meines Erachtens eine bedeutende Erleichterung in der Auffassung von den Kontinentalwanderungen. Daß dabei die Kontinente nicht beisammen bleiben, sondern auseinander reißen, sich drehen usw., ist nicht zu verwundern, denn alle diese Bewegungen werden wohl mit vielen Störungen und Hindernissen zu kämpfen haben. Inwieweit geologische Gründe gegen die Annahme der Theorie sprechen, kann hier nicht entschieden werden.

Welche von den beiden Arten isostatischer Lagerung, die PRATTsche oder die AIRYsche, zu bevorzugen ist, ist aus den Beobachtungen offenbar nicht zu entscheiden. HEISKANEN[1]) findet im allgemeinen für den Kaukasus und auch für die Vereinigten Staaten, daß die AIRYsche Annahme etwas besser stimmt, doch sind die Unterschiede recht gering. Es ist also offenbar ziemlich gleichgültig, nach welcher der beiden Methoden man reduziert. Für unsere Begriffe von der Konstitution der Erdrinde ist es aber keineswegs gleichgültig, welche Auffassung die richtige ist. Der wesentliche Unterschied besteht darin, daß bei PRATT der Defekt über die ganze Tiefe bis zur Ausgleichsfläche gleichmäßig verteilt ist, und sich je nach der Höhe der sichtbaren Massen eine andere Defektdichte ergibt. Die normale Dichte in der Erdkruste nimmt nach unten zu. Bei AIRY ist die Defektdichte immer gleich dem Unterschied zwischen Sal und Sima, und die Kompensation der höher gelegenen Massen liegt in ihrer Gänze an der unteren Grenze der Schollen. Die Dichte der Kruste kann als konstant angesehen werden. Wenn die

[1]) HEISKANEN, W.: l. c.

Schollen nicht sehr weit ausgedehnt sind im Verhältnis zur Dicke, so kann das Resultat der Reduktion nach den beiden Methoden sehr verschieden ausfallen[1]). Auf das Fehlen größerer Reste in ihren Untersuchungen stützen die Amerikaner ihre Ablehnung der Airyschen Auffassung. Heiskanen aber findet auch bei der Airyschen Reduktion keine auffallenden Reste. Es scheinen die Fälle, wo sich der Unterschied zeigen könnte, wohl außerordentlich selten zu sein, und in diesen wenigen Fällen wird man ebenso leicht an lokale Störungen denken dürfen. Eine Entscheidung zwischen den beiden Auffassungen wird also nur auf Grund geologischer Überlegungen möglich sein. Die Schollentheorie erscheint wenigstens in bezug auf die großen Formen etwas plausibler; in einzelnen Fällen aber wird auch die andere Auffassung zu ihrem Rechte kommen. So sind die Vorgänge, welche mit der Entlastung des Magmas verbunden sind, nicht wegzuleugnen.

Mit den isostatischen Vorgängen sind zweifellos Bewegungen verbunden, welche zur geologischen Entwicklung der Erdoberfläche gehören. Es wäre aber unrichtig, anzunehmen, daß sie die einzige bewegende Ursache vorstellen. Man kann Bowie nicht recht geben, wenn er große seitliche Verschiebungen bei der Gebirgsbildung ganz ausschließt und alles auf die Ausdehnung des Materiales in der Erdkruste zurückführt, so daß dabei eine Störung des isostatischen Zustandes überhaupt nicht eintritt.

Zunächst ist dazu zu bemerken, daß die Geologen die Theorie des seitlichen Schubes keineswegs aufgegeben haben. Im Gegenteil, derselbe spielt in der modernen Deckentheorie eine große Rolle

In der Theorie von Bowie[2]) handelt es sich nicht um die schon besprochene Entlastung des Magmas, sondern um die unter ihrem eigenen Gewichte eingesunkenen Sedimente, welche durch ihre Ausdehnung zur Gebirgsbildung führen Nehmen wir an, es hätte sich eine mächtige Sedimentschicht gebildet, und dieselbe sei unter ihrem eigenen Gewichte soweit eingesunken, daß ihre obere Begrenzung mit dem Meeresniveau zusammenfalle. Die unteren Teile sollen nun nach Bowie eine bedeutende Volumvermehrung erfahren, die darüber lagernden Schichten heben und so Veranlassung zur Bildung eines Gebirges geben. Die Falten, Überschiebungen und Verwerfungen sollen durch die Ungleichmäßigkeit dieses Vorganges entstehen. Bei näherer Überlegung tauchen aber so viele Schwierigkeiten auf, daß man wohl an der Möglichkeit einer derartigen Entwicklung zweifeln muß. Hat die Schicht ursprünglich 10 km Mächtigkeit und soll sich das neue Gebirge zu 2000 m erheben, so müßte sich die ganze Schicht um $^1/_5$ ihrer Dicke ausdehnen. Da nun die Gebirgsmasse eine Dichte von 2.7 hat, so müßte vor der

[1]) Bowie, W.: A gravimetric test of the "roots of mountains" theory. U. S. Coast and geodetic survey. Serial no. 291.

[2]) Bowie, W.: l. c. Spec. publ. 99.

Ausdehnung die Dichte 3.4 gewesen sein. Dies ließe sich noch vertreten. Aber der Defekt würde sich auf die obersten 10 km beschränken, bei einer Defektdichte von 0.7, was jedenfalls gar nicht mehr der HAYFORDschen Annahme entspräche.

Als Ursache der Ausdehnung käme zunächst die Wärme in Betracht. Nehmen wir an, daß die mittlere Temperatur der Schicht etwa 150° ist, mehr kann man bei 10 km Tiefe kaum annehmen, so erhält man für eine Ausdehnung um 20% einen unmöglichen Ausdehnungskoeffizienten (etwa 100mal größer als bei Eisen). Nimmt man aber an, daß die Sedimente viel tiefer abgesunken sind, so daß ihre Temperatur höher wird, so müßte auch die Ausdehnung noch unverhältnismäßig größer werden, damit überhaupt die Oberfläche erreicht wird. BOWIE denkt daher nicht an einen Wärmeeinfluß, sondern an chemische und physikalische Veränderungen, doch sind solche nicht bekannt.

Dabei wäre eine Erhebung bis zu 2000 m noch viel zuwenig. Wenn nämlich das Gebirge, abgesehen von der fortschreitenden Erosion, nicht wieder auf mehrere tausend Meter aufgetürmt wird, woher könnten dann je wieder so mächtige Sedimentationen kommen? Nehmen wir endlich an, das neue Gebirge sei entstanden, und durch die Erosion habe sich daneben wieder eine Sedimentschicht von großer Dicke gebildet. Können nun diese Massen die obige Metamorphose mit Volumvermehrung nochmals mitmachen?

Es scheint also, daß sich diese Art der Gebirgsbildung, wenn sie überhaupt möglich ist, bald erschöpfen müßte.

Es ist also wohl nicht möglich, die bekannten Kräfte der Orogenese, welche durch seitlichen Schub die Gebirge auftürmen, ganz auszuschalten. Im Gegenteil, ihre Wirkungen sind außerordentlich groß; riesenhafte Kräfte gestalten in kurzer Zeit die Erdoberfläche um; sie sind es hauptsächlich, welche den Zustand der Isostasie immer wieder stören. Die orogenetischen Kräfte wirken also rasch, ordnungsstörend und sinnlos, während die Isostasie in langsamer, emsiger Arbeit nach Ordnung und Gleichgewicht strebt.

Der empirische Zeitbegriff.

Von **A. v. Brunn**, Danzig-Langfuhr.

„Was ist Zeit?“ Jedermann glaubt es zu wissen. In Wirklichkeit aber birgt dieses kleine Wort eine Fülle von Problemen, die um so verwirrender wird, je gründlicher man der harmlosen Eingangsfrage zu Leibe geht; und zwar sowohl in begrifflich-erkenntnistheoretischer, als praktisch-empirischer Richtung, die ihrerseits natürlich aufs engste miteinander verzahnt sind. Denn selbtverständlich ist der Astronom, wenn er die empirische Zeit „bestimmt“, dazu nur in der Lage, wenn er gewisse erkenntnistheoretische Voraussetzungen als gegeben annimmt; und auch das Umgekehrte gilt natürlich für den Erkenntnistheoretiker.

Die primitivste Wurzel des Zeitbegriffes ist die Erfahrung, daß sich die Bewußtseinsvorgänge sinnlicher wie nichtsinnlicher Art nicht in einem wüsten Chaos durcheinander, sondern in einer gewissen Ordnung abspielen, die wir mit dem nicht weiter analysierbaren Begriff „hintereinander“ bezeichnen. Dieses Hintereinander ist aber nun nicht bloß ein qualitativer Begriff, sondern wir besitzen einen inneren Sinn, eben den „Zeitsinn“, der uns das Maß dieses Hintereinander *quantitativ* bis zu einem gewissen Grade anzugeben gestattet. Vor allem besitzen wir im „rhythmischen Gefühl“ ein Mittel, über Sinneseindrücke, weniger für unsinnliche Bewußtseinsvorgänge, ein Urteil dahin abzugeben, ob sie in „gleichen“ oder „ungleichen“ Zeitabständen erfolgen. Wir können ferner, wenn auch nur sehr unvollkommen, verschieden lange Zeiten vergleichen, also „messen“, aber der Sprachgebrauch wählt selbst das bescheidene Wort „schätzen“ dafür. Wir können endlich, wenn auch *noch* unvollkommener, Zeiten bestimmter Länge, etwa durch rhythmische Bewegungen aus dem Gedächtnis willkürlich reproduzieren. Das ist aber so ziemlich alles, was wir aus der *unmittelbaren* Erfahrung über die Zeit aussagen können. Immerhin genug, um uns für die mathematische Formulierung unserer Wahrnehmung — vor allem der Außenwelt; für die nicht sinnlichen Bewußtseinsvorgänge besteht ein Bedürfnis nach einer scharfen Zeitdefinition im allgemeinen nicht — den wichtigen Fingerzeig zu geben, daß in sie die Zeit als eine „skalare Größe“ einzuführen ist, d. h. derart, daß ein „Zeitpunkt“ durch Angabe einer einzigen Maßzahl eindeutig bestimmt ist. Ich möchte gleich hier, um eine Komplizierung des Problems über das in diesem Aufsatz beabsichtigte Maß hinaus auszuschalten, bemerken, daß die klassische Mechanik und die Erkenntnistheorie Kants die Zeit zwar in metrischer Beziehung genau so behandelt, wie jede der drei räumlichen Koordinatenrichtungen, ihr aber erkenntnistheoretisch eine Sonderstellung jener gegenüber, als „Koordinate des inneren Sinnes" einräumen. Die MINKOWSKI-EINSTEINsche Auffassung, daß im Weltgeschehen Raum und Zeit unlösbar miteinander verbunden auftreten, also das Weltgeschehen auch nur in einer vierdimensionalen Raum-Zeit-Mannigfaltigkeit beschrieben werden kann, will ich hier ignorieren, denn meine Aufgabe wird dadurch tatsächlich gar nicht beeinflußt, da die Relativitätstheorie, sobald sie an die Prüfung ihrer Ergebnisse an Hand der Erfahrung geht, stets mit der größten Harmlosigkeit auf den empirischen Zeitbegriff der klassischen Mechanik zurückgreift. Ebenso soll die überwiegend erkenntnistheoretische Seite der Frage den Philosophen überlassen bleiben; hier hat ja wohl KANT, wenn nicht das letzte, so doch ein entscheidendes Wort gesprochen; denn auch die Relativitätstheorie, besser Relativitäts-„lehre" — denn sie baut im wesentlichen auf rein mathematischen Axiomen auf — wandelt, soweit sie in die Erkenntniskritik hineinragt, im wesentlichen auf KANTschen Wegen. Schließlich bietet ja auch schon der Zeitbegriff der klassischen Mechanik seiner empirischen Festlegung Schwierigkeiten genug, um seine zusammenfassende Darlegung für Nichtastronomen lohnend erscheinen zu lassen.

Die grundlegende Schwierigkeit für die Definition der empirischen Zeit, verglichen mit der Festlegung räumlicher Koordinaten, liegt darin, daß es für die Zeit kein direktes natürliches Maß gibt. Die Festlegung räumlicher Koordinaten im klassischen Sinne bedarf nur der einzigen Voraussetzung, daß es zeitlich unveränderliche starre „Maßstäbe" gibt. Habe ich einen einzigen solchen, so kann ich die relative Lage zweier Punkte stets einfach durch wiederholtes Aneinanderlegen dieses Maßstabes nach drei verschiedenen Richtungen, die gar nicht einmal aufeinander senkrecht zu stehen brauchen, eindeutig mit einer Genauigkeit bestimmen, die nur vom Raffinement der Meßwerkzeuge und der technischen Durchführung abhängt. Ganz anders mit der Zeit! Der „innere Sinn", der Urquell des Zeitbegriffes, kann nur ganz kurze, unmittelbar aufeinanderfolgende Zeitintervalle direkt als gleich oder verschieden beurteilen, während, wie jedermann aus eigener Erfahrung weiß, längere Zeitintervalle je nach dem ärmeren oder reicheren Inhalt an „Erlebnissen" als ganz verschieden lang beurteilt werden. Wir müssen also, um die Zeit „vernünftig" messen zu können, eine Zusatzhypothese machen, die zwar grundsätzlich wohl ohne weiteres plausibel ist, die sich aber praktisch als voller Fallstricke erweist: daß physikalische Vorgänge unter absolut gleichen Bedingungen sowohl für den Beginn, als auch während des Ablaufes des Vorganges, auch immer den gleichen zeitlichen Verlauf nehmen. Zum Glück ist diese fundamentale Hypothese dadurch in weitem Umfange nachprüfbar, daß sie auf die verschiedensten physikalischen Vorgänge angewendet werden kann, und, wenn dabei sich niemals Widersprüche zeigen, als „bewiesen" gelten kann. Dabei müssen aber leider für die praktische Bestimmung der empirischen Zeit die weitaus meisten physikalischen Vorgänge ausscheiden, weil es viel zu schwierig ist, ihren immer wiederholten Ablauf unter vollständig gleichen Vorbedingungen zu garantieren. So sind beispielsweise alle Vorgänge unbrauchbar, bei denen man nach Erreichung des Endzustandes künstlich den Anfangszustand jedesmal durch menschlichen Eingriff wieder herstellen müßte. Praktisch in Frage kommen also nur „freiwillig" periodische Vorgänge. Aber auch unter diesen bleiben wir auf solche beschränkt, die in allen Phasen ihres Ablaufes genau verfolgbar und auf die fundamentale Bedingung kontrollierbar sind, daß sie stets unter gleichen Umständen sich abspielen. Damit scheidet auch das ganze Gebiet der elektromagnetischen Schwingungen aus, die übrigens auch wegen der unbequemen Zeiteinheiten, die sie darböten, unvorteilhaft wären. Es bleiben also nur mechanische Vorgänge übrig, und unter diesen nur solche, bei denen die Gleichheit der äußeren Umstände kontrolliert, etwaige unvermeidliche Ungleichheiten in ihrer Wirkung auf das Zeitmeßinstrument zahlenmäßig genau berücksichtigt werden können. Künstliche mechanische Vorrichtungen solcher Art sind die Uhren. Da, wie vorweg gesagt sein mag, auch sie niemals den schädlichen Folgen der wechselnden Begleitumstände des Ablaufes ihres periodischen Vorganges so vollständig entzogen werden können, daß man den empirischen Zeitbegriff auf sie aufbauen könnte, so möge hier zwar auf sie eingegangen werden, weil sie zur Messung kürzerer Zeitintervalle brauchbar und unentbehrlich sind, aber andrerseits so kurz, daß dadurch nicht vom Kernproblem der empirischen Zeitdefinition abgelenkt wird. Auf die Federuhren, die sogenannten Chronometer, will ich, obwohl sie in neuester Zeit außerordentlich vervollkommnet sind, gar nicht eingehen, weil sie für schärfste Zeitbestimmung doch wohl nie in Frage kommen werden; diese wird wohl stets die Domäne der Pendeluhr bleiben. Ihre fast gleichzeitige Erfindung durch Huyghens und Hevelius beruht auf Galileis Forschungen über den freien Fall. Die zeitliche Konstanz der scheinbaren Schwere an einem bestimmten Erdort vorausgesetzt, würde ein Pendel, falls es vollkommen konstruiert wäre, und den Veränderungen der äußeren Begleitumstände seiner Bewegung entzogen werden könnte, seine Schwingungen im Sinne der klassischen Mechanik in absolut gleichen Zeiten ausführen, wäre also ein ideales Zeitmeßinstrument. Wie steht es nun aber damit in der Wirklichkeit? Zunächst werden Temperaturänderungen Längenänderungen des Pendels herbeiführen, die diese Idealität empfindlich stören. Aber diese Störungen lassen sich fast völlig ausschalten, einmal dadurch, daß man die Temperatur des Uhrenraumes möglichst konstant hält, was mit automatischen Mitteln leicht möglich ist, und ferner, daß man mit im Sinne der modernen Physik ganz trivialen Mitteln die Uhr gegen Temperaturänderungen „kompensiert". Aber auch dann bleibt der

Schwingungsvorgang des Pendels immer noch abhängig von der Luftdichtigkeit, einmal, weil die Reibung, die das Pendel bei seiner Bewegung erfährt, dadurch beeinflußt wird, dann aber auch, weil es niemals genau gelingen wird, den Angriffspunkt des mit der Luftdichte wechselnden hydrostatischen Auftriebes mit dem sogenannten „Reversionspunkt" des physischen Pendels genau zum Zusammenfall zu bringen. Auch diese Schwierigkeit ist in neuerer Zeit dadurch behoben worden, daß man die Uhr unter hermetischem Abschluß von der Außenluft unter vollkommen konstantem Luftdruck schwingen läßt. Aber auch damit sind nicht alle Fehlerquellen beseitigt, Abnutzung und Erschütterungen, sowohl beim automatischen Aufzug, wie durch seismische Erscheinungen, bewirken auch bei den besten und bestaufgestellten Uhren allmähliche und abrupte Gangänderungen, die es unmöglich machen, mit einer Uhr allein die Zeit etwa innerhalb einer Sekunde für die Dauer eines Jahres zu definieren. Die Uhr bleibt also auch heute noch ein Instrument zur Überbrückung nur mäßiger Zeitintervalle.

Eine halbwegs befriedigende Definition der empirischen Zeit wird immer nur auf astronomischem Wege gegeben werden können. Das Ideal wäre natürlich, wenn uns Bewegungserscheinungen durch Beobachtung zugänglich wären, aus denen sich die Zeit laut ihrem definitionsmäßigen Zusammenhange mit dem Trägheitsgesetz ohne weiteres herleiten ließe. Wir müssen dazu eben nur a priori wissen, daß bei dem Vorgange ausschließlich die Trägheitswirkungen der daran beteiligten Massen im Spiele sein können; wir wären dann von vornherein sicher, daß der aus der Analyse des Vorganges sich formal ergebende Zeitparameter ohne weiteres „die absolute Zeit" im Sinne der GALILEI-NEWTONschen Mechanik ist. Derartige Vorgänge gibt es nicht; wir werden uns also damit abfinden müssen, uns mit solchen Vorgängen zu begnügen, bei denen diese Voraussetzungen auf Grund exakter physikalischer Überlegungen jedenfalls so nahe erfüllt sein müssen, daß man die vorhandenen kleinen Abweichungen theoretisch aus den als apriorisch hinzunehmenden Axiomen der klassischen Mechanik genau genug berechnen kann. Wir werden, in unserer Zeit schärfster wissenschaftlicher Kritik, genau so wie die der Natur der Sache nach naiveren Forscher des Altertums, geradezu zwangsläufig dazu geführt, die empirische Zeitdefinition auf die Tatsache der Rotation der Erde (für die ptolemäische Auffassung Rotation des Himmels) und ihres Umlaufes um die Sonne aufzubauen. Daß dieser Gedanke zwar leicht zu konzipieren, aber nur mit großen Schwierigkeiten bis zu den letzten Konsequenzen praktisch durchzuführen ist, werden die folgenden Zeilen zeigen.

Besäße die Erde kugelsymmetrische Massenanordnung, wäre deren zeitliche Unveränderlichkeit garantiert, und befänden sich in endlicher Entfernung von ihr — die Fixsternentfernungen dürfen für diese Betrachtung als praktisch unendlich groß gelten — keine endlichen Massen, dann besäßen wir eine geradezu ideale Zeitdefinition für den Fall, daß die Erde eine nicht gar zu langsame Rotation gegen das System der Fixsterne ausführte. Die Rotation müßte dann nämlich um eine im Erdkörper und im absoluten Raum der klassischen Mechanik absolut festliegende Achse mit absolut unveränderlicher Rotationsgeschwindigkeit erfolgen. Unsere ideale Uhr bestände dann nach dem Trägheitsgesetze aus einem Uhrwerk und Zeiger, die durch den mit ewig unveränderlicher Geschwindigkeit rotierenden Erdkörper und die durch Vertikale und Rotationsachse gebildete Meridianebene gebildet sind, während das Zifferblatt durch das Systen der Fixsterne gegeben wäre. Die „o-Uhr"-Stellung dieses Zifferblattes würden wir dann zunächst unbedenklich durch den durch einen bestimmten Stern gehenden Stundenkreis definieren können; die natürliche Zeiteinheit wäre die Zwischenzeit zwischen zwei aufeinanderfolgenden Durchgängen des „o-Uhr"-Sternes durch die Meridian„zeiger"ebene. Die Unterteilung dieser Zeiteinheit und die „Durchgangszeit" — den Begriff der Rektaszension würde man ja unter diesen vereinfachten Verhältnissen nicht brauchen — würde man mit Hilfe guter für den Zweck genau genug konstruierter Uhren zu bewerkstelligen haben. Im Laufe längerer Beobachtungszeiten würde sich dann herausstellen: die Durchgangszeiten der Sterne erleiden langsame, der Zeit selbst proportionale Änderungen verschiedener Größe und verschiedenen Vorzeichens. Diese Veränderungen werden wir den „Eigenbewegungen" der Sterne zuzuschreiben haben. Bildet man das algebraische Mittel aus einer sehr großen Zahl solcher Eigenbewegungen, so wird nicht ein Wert nahe o herauskommen, sondern ein endlicher Wert eines bestimmten Vorzeichens. Diesen Betrag werden wir als Eigenbewegung des „o-Uhr-Sternes" deuten, und durch deren Berücksichtigung einen idealeren o-Uhr-Stundenwinkel durch die im Raume absolut festliegende Richtung der *Lage des 0-Uhr-Sternes in einem gewissen Zeitpunkt* definieren. An sich wäre, wenn es ausschließlich darauf ankäme, die empirische Zeit dem Zeitbegriff der klassischen Mechanik bis zur Identität anzupassen, zum mindesten für so lange Zeiten diese Korrektur nicht unbedingt nötig, als man die Eigenbewegungen der Sterne praktisch als rein der Zeit proportional ansehen kann; man wird sie aber trotzdem einführen, damit unser „verbesserter Sterntag" so exakt wie möglich die Umdrehungszeit der Erde in einem „Inertialsystem" darstelle. Wir gehen dabei von der Hypothese aus, daß die Eigenbewegungen der Sterne gegenüber einem Inertialsystem völlig regellos sind, d. h. daß die algebraischen Mittel ihrer nach drei orthogonalen Richtungen zerlegten Komponenten sehr nahe = o sind [1]). Hätten aber die Eigenbewegungen des Gesamtsystems der von uns zur Bestimmung der Eigenbewegung des o-Uhr-Sternes benutzten Sterne eine Resultante, die sich als Ro-

[1]) Eine etwaige Eigenbewegung der Erde gegen das System der Fixsterne sei bei dieser Fiktion außer Betracht gelassen.

tation um unsere feste Himmelsachse qualifizierte, dann ginge zwar unsere exakte Definition der empirischen Zeit nicht zu Bruch, aber der der korrigierte Sterntag stellte nicht mehr exakt die Umdrehungszeit der Erde gegen ein Inertialsystem dar. Gäbe es eine Möglichkeit, das nachzuweisen? Unter entsprechenden Voraussetzungen ohne Frage. Denken wir uns, um uns von allen bedenklichen Nebengedanken freizuhalten, die Erde, wie wir sie bisher fingiert haben, „stehe nicht allein in der Welt", sondern sei von einem Monde, vorsichtshalber als praktisch verschwindender Masse angenommen, in elliptischer Bahn umkreist. Im Inertialsystem müßte dann seine Apsidenlinie absolut festliegen. Täte sie es in unserm „verbesserten" Koordinatensystem nicht, so wäre damit im Sinne der klassischen Mechanik bewiesen, daß tatsächlich das Gesamtsystem unserer Fixsterne eine Rotationskomponente um die „Himmelsachse" besitzt. Doch befreien wir uns für den Augenblick von dem Albdruck, den dieser letzte Satz hervorrufen könnte. Für viele Tausende von Jahren würde dann unsere empirische Zeit keinerlei Abweichungen von der absoluten Zeit erkennen lassen. Schließwürden solche aber doch auftreten und uns damit lehren, daß unsere empirische Zeitdefinition doch noch nicht ideal ist. Aber diese Erkenntnis würde uns dann nicht mehr irritieren, da wir ja aus mechanischen Überlegungen heraus schon im voraus erwarten müssen, daß die Eigenbewegungen der Sterne nicht geradlinig gleichförmig, sondern gekrümmt sind, und sie würde uns gewappnet finden, die empirische Zeit gegen die neuen Schwierigkeiten zu verteidigen. Ich bin mit vollstem Vorbedacht auf die Schwierigkeiten, die die Eigenbewegungen der Sterne einer exakten Festlegung des empirischen Koordinatensystems, und damit auch der empirischen Zeit bieten, an der Hand unseres besonders einfachen fiktiven Sonderfalles eingegangen, um das Verständinis für die durch neuere Forschungen sehr wahrscheinlich gemachte Tatsache zu erleichtern — wie sie z. B. in dem sehr schönen Vortrage Bauschingers auf der Leipziger Jubiläumsnaturforscherversammlung Ausdruck fand — daß unser bisher in der Astronomie benutztes empirisches, viel komplizierter als durch unsere Fiktion zu definierendes Koordinatensystem eine Rotationskomponente um die Achse der Ekliptik besitzt. Die möglichen Ursachen sind dafür noch nicht geklärt; es mag also hier darauf nicht näher eingegangen werden.

An dem auf den bisherigen Voraussetzungen aufgebauten Tatbestand ändert sich nichts, wenn man die Massenanordnung der Erde statt wie bisher kugelsymmetrisch nur rotationssymmetrisch annimmt, vorausgesetzt nur, daß die Rotationsachse irgendwann einmal mit der Figurenachse zusammenfällt; sie tut es dann stets, und die Rotationsachse liegt sowohl im Erdkörper als im Raume unabänderlich fest. Ernste Komplikationen treten aber sofort auf, wenn die Rotationsachse irgendwann einmal nicht genau mit der Figurenachse zusammenfällt; sie tut es dann nie, und liegt weder im Erdkörper noch im Raume fest. Die in diesem Falle eintretende Bewegung, rein mathematisch noch einfach genug, erfordert doch aber zu ihrer Beschreibung und ihrem mechanischen Verständinis bereits die Erfassung gewisser, leicht verständlich zu machender mechanischer Begriffe: a) die *Hauptträgheitsachsen* sind im allgemeinen Falle drei aufeinander senkrecht stehende, für jeden beliebig gestalteten Körper mechanisch genau definierte im Körper feste Richtungen, die dadurch charakterisiert sind, daß bei einer Rotation um sie alle Zentrifugalkräfte durch die Starrheitsbedingungen derart ausbalanziert werden, daß keinerlei „Kippmoment" auf die Rotationsachse ausgeübt wird. b) *Die (Dreh)impulsachse*; von ihr kann man sich eine handgreifliche Vorstellung folgendermaßen machen: denken wir uns, wir könnten die Bewegung des Körpers dadurch momentan zum Stillstand bringen, daß wir ihn mit einer Lanze zentral momentan durchbohren. Die die Lanze haltende Hand wird dann im allgemeinen zwei stoßartige Kräfte erfahren: einen Drehstoß, der nur den Schaft in der Hand herumzudrehen strebt, und einen Kippstoß, der den Schaft nach der Seite aus der Hand reißen will. Nur eine Richtung ist dadurch ausgezeichnet, daß, wenn wir in ihr den Körper durchstoßen, die haltende Hand *nur* eine Drehstoßkraft empfindet, eben die Richtung der Impulsachse. c) Die *instantane Drehachse*: die Bezeichnung verdeutlicht ja den Begriff schon zur Genüge; der Zusatz „instantan" ist deshalb notwendig, weil die Rotation in diesem allgemeineren Fall um eine Achse erfolgt, die weder im Raum noch im Körper selbst festliegt. Dieser Tatbestand bringt es mit sich, daß zwar der Begriff der „Rotationsgeschwindigkeit" auch jetzt noch einen ganz bestimmten Sinn behält, der des „Rotationswinkels" aber nicht mehr, da dieser nur für die Rotation um eine im Raume und Körper feste Achse eindeutig definierbar ist. Nach der Theorie, von der wir hier selbstverständlich nur die Ergebnisse mitteilen können, erfolgt in unserm Falle die Bewegung derartig: die Impulsachse liegt im Raume fest; es gibt einen *im Raume* festen Kreiskegel um diese feste Richtung als Achse; es gibt ferner einen *im Körper* festliegenden Kreiskegel um die Figurenachse; die wirkliche Bewegung erfolgt so, daß der im Körper feste Kegel auf dem im Raum festen abrollt, ohne zu gleiten; die Rotationsgeschwindigkeit um die dermaßen definierte instantane Drehachse ist konstant. Bei der Erde liegt dieser allgemeine Fall tatsächlich vor, zum Glück aber in einer „milden Form": der im Raum feste Kegel hat eine so verschwindend geringe Öffnung, daß wir ihn praktisch mit seiner Achse identifizieren können, während der im Körper feste eine aus noch nicht in allen Einzelheiten aufgeklärten Gründen wechselnde, einen kleinen Bruchteil einer Bogensekunde nach den bisherigen Erfahrungen aber nicht überschreitende Öffnung besitzt. Diese Erscheinung hat einmal die von KÜSTNER entdeckten, seit 1900 durch einen speziellen „internationalen Breitendienst" unter beständiger Kontrolle gehaltenen „Polhöhenschwankungen" zur Folge, die für unser Problem aber ohne Bedeutung sind; zweitens aber periodische Drehungen der durch Vertikale und instantane Drehachse definierten Meridianebene um die Vertikale. Diese sind zum Glück für mittlere Breiten praktisch so klein, daß sie die empirische Zeitdefinition nicht ernstlich gefährden, zumal sie ja periodischer Natur sind, für hohe Breiten aber, für die sie merklich werden könnten, die Genauigkeit der Bestimmbarkeit der Zeit überhaupt im gleichen Maße abnimmt, der Natur der Sache nach!

Auf ernstlichere Schwierigkeiten stoßen wir erst, wenn wir, den tatsächlichen Verhältnisseen Rechnung tragend, berücksichtigen, daß die Erde, wenn auch in beträchtlicher Entfernung, um die gewaltige Masse der Sonne läuft, und andrerseits von der zwar kleinen, aber durch ihre Nähe gefährlichen Masse des Mondes umkreist wird. Wir wollen, um auch die jetzt sich darbietenden Schwierigkeiten schrittweise zu verfolgen, zunächst annehmen, daß die Massenanordnung der Erde im großen und ganzen Kugelsymmetrie habe, daß wir aber ihre Wasserbedeckung in Rücksicht ziehen und sie nicht als absolut starr, sondern als „quasielastisch", d. h. elastisch, aber nicht mit völliger Ausschaltung einer „inneren Reibung" voraussetzen. Welche Folge wird diese Annahme haben? Die Theorie ergibt in Übereinstimmung mit der Erfahrung, daß die Sonne und, mit rund $2^1/_2$fachem Betrage, der Mond „fluttreibende Kräfte" auf die Erde ausüben, denen die Hydrosphäre nahezu willenlos, der feste Erdkörper aber infolge seiner sehr großen Starrheit nur teilweise nachgibt. Da nun die Flutbewegung der Hydrosphäre sicher mit, die Deformationserscheinungen des festen Erdkörpers aber jedenfalls nicht ganz ohne Reibungs-, also Energie-Dissipationsvorgänge verlaufen, die in der Hauptsache unter den gegenwärtigen Verhältnissen nur aus der Rotationsenergie der Erde gedeckt werden können, so wird man zur Annahme einer Verlangsamung der Erdrotation theoretisch gezwungen sein, es sei denn, daß man wissenschaftlich glaubhaft machen kann, daß dieser retardierenden Wirkung eine Kontraktion des Erdkörpers entgegensteht, die jene aufhebt oder gar überkompensiert. In der Tat deutet eine in der Astronomie klassisch gewordene Erscheinung ausgesprochen darauf hin, daß sich die Tageslänge gegenwärtig um etwa 4×10^{-4} Sekunden vergrößert, so daß die Länge des Jahrhunderts, in der tatsächlich langsam veränderlichen Tageslänge gemessen, um etwa 7 Sekunden kleiner sich ergäbe, wie wenn man mit der jetzigen Tageslänge konstant weiterzählte. Daß man eines so geringen Betrages überhaupt gewahr werden konnte, muß nach dem, was wir über die Genauigkeit der Zeitmessung durch Uhren gesagt haben, erstaunlich, wenn nicht gar befremdlich erscheinen. Da kommt uns aber eine himmlische Uhr zu Hilfe, unser Mond. HALLEY hat schon 1693 darauf hingewiesen, daß die modernen Mondbeobachtungen, die Finsternisangaben der Araber aus dem 9. Jahrhundert und endlich Finsternisangaben des Altertums, die Ptolemaios mitteilt, mit einer konstanten mittleren Bewegung des Mondes unvereinbar seien; sie verlangten unbedingt die Annahme einer säkularen Beschleunigung. Spätere Astronomen berechneten dann den numerischen Wert des Faktors von t^2 ($t=$ Zeit) in der mittleren Länge des Mondes zu rund 10″, wenn t in Jahrhunderten gezählt ist. Eine theoretische Erklärung dafür vermochte die Mondtheorie zunächst nicht zu geben, so daß noch Laplace anfangs die Erscheinung als scheinbare Folge einer Verlangsamung der Erdrotation ansah, bis es ihm schließlich 1786 doch gelang, in der säkularen Veränderlichkeit der Erdbahnexzentrizität die mondtheoretische Ursache der Erscheinung aufzufinden. Die erste genäherte Berechnung gab auch recht nahe den empirischen Wert, und da strengere Berechnungen durch Plana und Damoiseau den Laplaceschen Wert nur unerheblich abänderten, so hielt man die Angelegenheit für erledigt. Da entdeckte 1853 Adams, daß Laplaces Nachfolger die höheren Näherungen falsch gerechnet hatten, und daß der richtige Wert statt etwa 10″ nur 5″.7 sei. Delaunay bestätigte 1859 im wesentlichen die Zahl, und alle neueren Spezialuntersuchungen sind zu dem nur unwesentlich abweichenden Ergebnis von rund 6″.1 gelangt. Dagegen fanden Airy und Hansen empirische Werte zwischen 10″ und 12″. Zwar konnten Newcomb und Tisserand zeigen, daß die exakten Beobachtungen der neueren Zeit unter Berücksichtigung von ebenfalls durch die Beobachtung geforderten langperiodischen Mondtafelkorrektionen einem Säkularbeschleunigungswerte günstiger seien, der dem theoretischen näher lag. Aber umfangreiche wiederholte Diskussionen des gesamten Materials an Mondbeobachtungen, das bis —720 zurückreicht, haben in den letzten Jahren Fotheringham zu dem wohl abschließenden Ergebnis geführt, daß nicht nur für die Säkularbeschleunigung des Mondes der beste empirisch erreichbare Wert etwa 10″.5 ist, sondern daß sich auch für die Sonne eine Säkularbeschleunigung von etwa 1″ ergibt. Zieht man von der für den Mond den aus dessen Bewegungstheorie sich ergebenden Betrag von 6″.1 ab, so bleiben für den aus der Hypothese der Verlangsamung der Erdrotation zu erklärenden Rest beim Mond 4″.4, bei der Sonne 1″.0. Da nach der Theorie diese beiden Zahlen rund im Verhältnis von 13 : 1 stehen müßten, so wird man kaum behaupten können, daß die Übereinstimmung von Erfahrung und Theorie so befriedigend ist, daß man heute bereits einen genügend gesicherten Betrag für die Verlangsamung der Erdrotation angeben könnte. Aber die Annahme, daß wenigstens der Größenordnung nach die angegebenen Zahlen die Verlangsamung der Erdrotation richtig darstellen, hat neuerdings von der theoretischen Seite her eine kräftige Stütze gefunden. Taylor und Jeffreys haben den Versuch unternommen, den Effekt der Gezeitenreibung — der Einfluß einer etwaigen nicht rein elastischen

Deformation des festen Erdkörpers scheint dagegen völlig verschwindend zu sein —, den man bisher nur ganz roh abzuschätzen versucht hat, durch die Theorie dieser Erscheinung quantitativ schärfer zu erfassen, und sie sind zu dem Ergebnis gelangt, daß wirklich ihre Theorie den Beobachtungen genügend gerecht wird. Völlig überzeugen können ihre Darlegungen jedoch nicht. Zwar sind ihre Ergebnisse insoweit vollkommen einwandfrei, daß für den Energieverlust infolge der Gezeitenreibung fast ausschließlich die Flachseegebiete haftbar zu machen sind; während die Gezeitenbewegung in der Tiefsee praktisch so gut wie reibungsfrei erfolgt; indessen sind doch sowohl die theoretischen Ansätze für die Behandlung der Gezeitenreibung in den unterschiedlichen Flachseegebieten so schwierig, die Gewinnung der zur Durchführung der numerischen Rechnungen erforderlichen physikalischen Konstanten so unsicher, daß man bezüglich der Akzeptierung ihrer quantitativen Ergebnisse — die Flutreibung in einem so kleinen Flachseegebiet, wie die irische See ist, soll bereits $^1/_{56}$ des gesamten empirischen Flutreibungsbetrages decken! — vorläufig doch wohl noch soweit Zurückhaltung üben muß, daß man sie für die Definition der empirischen Zeit noch nicht in Rücksicht zieht. Es ist möglich, daß eine nahe Zukunft eine veränderte Stellungnahme erheischen wird.

Weit verhängnisvoller für die Möglichkeit einer empirischen Zeitdefinition ist das Vorhandensein von Sonne und Mond in Verbindung mit der rotationsellipsoidischen Massenanordnung der Erde aus einem anderen Grunde. Fiele Ekliptik und Mondbahn mit dem Erdäquator zusammen, so würde das Vorhandensein von Mond und Sonne kein erhebliches Unglück anrichten: die Rotationsachse stände im Raum fest und würde im Erdkörper jene ziemlich „harmlosen", oben als Polhöhenschwankungen charakterisierten Bewegungen ausführen. Leider besteht aber die, noch dazu säkulär langsam veränderliche, „Schiefe der Ekliptik", und dreht sich obendrein die Knotenlinie der Mondbahn gegen die Ekliptik bei genäherter Konstanz der mittleren Neigung von etwas mehr als 5° in etwa $18^1/_2$ Jahren einmal vollständig in der Ekliptik herum, so daß also die „Schiefe" der Mondbahn gegen den Äquator zwischen rund 18° und 29° schwankt — nebenbei bemerkt die Ursache der Erscheinung, auf die auch der interessierte Laie aufmerksam wird, daß der Mond bei seinem monatlichen Umlaufe seine Kulminationshöhe zeitweise verhältnismäßig wenig, zu anderen Zeiten sehr stark ändert. Die angeführten Tatsachen geben nun Anlaß zu den die Zeitdefinition außerordentlich erschwerenden Erscheinungen der Präzession und Nutation (von der wir hier nur auf das alle anderen weit überwiegende Hauptglied Bezug nehmen). Ihr Zustandekommen kann man sich leicht mechanisch veranschaulichen mit Hilfe einer eleganten von Gauss gegebenen Fiktion in Verbindung mit einigen elementaren Kenntnissen der Kreiseltheorie. Man substituiere für die Sonnen- und Mondbahn je ihre mittleren Kreisbahnen, verteile in ihnen die Masse des betreffenden Gestirnes gleichmäßig zu je einem Kreisring, vergegenwärtige sich endlich das Bewegungsspiel des Mondringes, dessen Schnittlinie mit der Ebene des Sonnenringes sich mit konstanter Neigung in $18^1/_2$ Jahren einmal in jener Ebene herumdreht. Man setze jetzt in das gemeinsame Zentrum jener Ringe mit der richtigen Schiefe der Ekliptik den rotierenden abgeplatteten „Erdkreisel". Sonnen- und Mondring werden nun beständig auf den „Äquatorwulst", und damit auf den Erdkreisel, ein Drehmoment ausüben, das bestrebt ist, die Erdachse in die Ekliptikachse hineinzukippen. Dieses Drehmoment wird sich periodisch mit dem Umlaufe der Mondknoten ändern. Die elementarsten Kenntnisse der Kreiseltheorie lehren dann, daß die Rotationsachse des Erdkreisels eine komplizierte Bewegung im Raume beschreibt, die sich aber leicht folgendermaßen entwirren läßt. Die Hauptbewegung, die Präzession, besteht darin, daß die Rotationsachse um die feste Achse der Ekliptik einen Kreiskegel mit der Öffnung der Schiefe der Ekliptik beschreibt, und zwar, wie die tatsächlichen Massenverhältnisse es bedingen, in rund 26 000 Jahren. Um die dadurch definierte mittlere Lage der Rotationsachse beschreibt die aktuelle Rotationsachse mit der Periode von $18^1/_2$ Jahren eine elliptische Schwingung — das Hauptglied der Nutation —, deren große nach der Ekliptikachse gerichtete Achse rund 9″, während die darauf senkrechte rund 6″ beträgt. Sowohl zur Präzession wie zur Nutation gehören streng genommen auch entsprechende Bewegungen der Erdachse im Erdkörper; glücklicherweise aber sind beide verschwindend klein. Präzession und Nutation haben nun für die praktische Zeitdefinition die verhängnisvolle Folge, daß der Begriff der Rotation im strengen Sinne zu existieren aufgehört hat. Das empirische Koordinatensystem, auf das wir bei allen Beobachtungen angewiesen sind, ist durch die Vertikale und durch die instantane Rotationsachse bedingt. Da letztere jetzt nicht mehr im Raume festliegt, so erleidet ein in Wahrheit fester Punkt der Himmelssphäre infolge der zeitlichen Änderungen des Koordinatensystems „scheinbare Ortsveränderungen", die ihrerseits wiederum nur aus Beobachtungen bestimmt werden können. Das Glück im Unglück ist: daß 1. die mathematische Form der scheinbaren Ortsveränderung infolge von Präzession und Nutation bekannt ist, 2. die Präzession bis auf kleine theoretisch genau genug zu berechnende Glieder höherer Ordnung der Zeit im Sinne der klassischen Mechanik proportional erfolgt, 3. die periodischen Glieder der Nutation (wir haben die kleineren derselben aus Gründen der Übersichtlichkeit nicht in Betracht gezogen), soweit sie verhältnismäßig schnell veränderlich, sehr klein, soweit sie größer, verhältnismäßig langsam veränderlich sind. Dadurch allein ist es der Astronomie möglich geworden, für die ersten Bedürfnisse der Praxis eine behelfsmäßige „Zeit" zu konstruieren, die zwar streng genommen ihren Namen zu Unrecht trägt, aber doch der

Zeit genügend genau parallel läuft, um mäßige Zeitintervalle zu überbrücken. Dieses Kompromiß ist die „Sternzeit", genauer „Ortssternzeit"; sie ist definiert als „Stundenwinkel des wahren Frühlingspunktes" (Durchschnittspunktes des momentanen Äquators und der momentanen Ekliptik), der allein durch Beobachtungen unmittelbar feststellbar ist. Vermöge dieser Definition ist die Sternzeit ziemlich weit davon entfernt, eine „wahre" Zeit zu sein. Erlitten Ekliptik und Äquator nur säkulare, d. h. der Zeit proportionale, Änderungen, so ergäbe die Sternzeit zwar nicht genau die Umdrehungszeit der Erde, liefe ihr aber doch wenigstens proportional. Da aber sowohl die Lage des Äquators (Nutation) als der Ekliptik (periodische Störungen durch die Planeten) periodische Verlagerungen erfahren, so gilt das gleiche auch für den wahren Frühlingspunkt, und es verzichtet die Definition der Sternzeit also bewußt auf die Zeitproportionalität zugunsten der scharfen geometrischen Definition. Tatsächlich weicht die Sternzeit im Laufe von $18^1/_2$ Jahren periodisch um mehr als 1 Sekunde nach beiden Seiten von der wahren Zeit ab. Besäßen wir also Uhren, die innerhalb 20 Jahren auf Hundertstelsekunden genau gingen, so könnten wir unmittelbar auch die kleine Achse der Nutationsellipse messen. Ein Nutzen für unser Problem der Zeitdefinition würde dadurch aber nicht gewonnen. Folgende Unsicherheit bleibt nämlich in der Theorie der Präzession und Nutation. In ihr stecken zwei Konstanten, die anderweitig nicht genau bestimmt werden können, die Mondmasse und das Verhältnis der Hauptträgheitsmomente der Erde. Sie müssen durch Beobachtungen der Präzession und des Hauptgliedes der Nutation erst bestimmt werden. Letzteres, die „Nutationskonstante", läßt sich nun sehr genau und hypothesenfrei aus Deklinationsbestimmungen ableiten, für die Bestimmung der Präzession aber ist man auf Hypothesen über die Eigenbewegungen der Fixsterne angewiesen, ganz analog denen, auf die ich im fünften Abschnitt eingegangen bin, auf die ich hier nicht wieder zurückkommen will, um die ohnehin verwickelten Verhältnisse nicht noch mehr zu verwirren; eine Gefahr für die grundsätzliche Definition der empirischen Zeit liegt darin übrigens nicht. Ich fasse nochmal zusammen: die Definition der Sternzeit ist ein praktisch brauchbares Kompromiß, um Sternzeit-, also Rektaszensions*differenzen* unter Zuhilfenahme von Uhren genügend genau zu messen; für die Definition der empirischen Zeit selbst ist sie nur eine Zwischenlösung.

Um zur höchst erreichbaren Präzision für die Definition der empirischen Zeit zu gelangen, müssen wir die Umlaufsbewegung der Erde um die Sonne heranziehen. Soweit unsere Erfahrung reicht, erfolgt die Umlaufsbewegung der Planeten um die Sonne vollständig frei von Energie-Dissipation. Die Reibungswiderstände, die viele Kosmogonien annehmen zu müssen glauben, sind jedenfalls im gegenwärtigen Stadium des Sonnensystems so unvorstellbar gering, daß selbst Gasmassen von so geringer Dichte, wie z. B. in den Kometenköpfen, die sicher durch keinerlei irdische Meßverfahren mehr nachweisbar wäre, selbst in allernächster Nähe der Sonne vorübergehen können, ohne die leiseste Spur einer Bremswirkung zu erfahren. Wäre also die Erde als alleiniger Planet vorhanden, so hätten wir in ihrer anomalistischen Umlaufszeit (von Perihel zu Perihel) ein für wissenschaftliche Zwecke ideales absolut gleichmäßiges Zeitmaß, das allerdings nicht ohne weiteres der praktischen Zeitrechnung zugrunde gelegt werden könnte. Denn für eine solche kommt es nicht darauf an, wann die Sonne die gleiche Stellung in ihrer elliptischen Bahn wieder einnimmt, sondern wann sie sich in bezug auf den Erdäquator wieder in derselben Lage befindet. Zum Unglück liegt nun aber infolge der Störungen durch die Planeten weder die Ebene der Ekliptik absolut still, noch ist die Umlaufszeit der Erde völlig konstant. Beide erleiden der Zeit proportionale — säkulare — und periodische Veränderungen. Zu den durch Präzession und Nutation hervorgerufenen Veränderungen der Lage des wahren Frühlingspunktes treten, wie schon oben angedeutet, solche infolge der Veränderlichkeit der Ekliptik. Zu einer einwandfreien Definition des empirischen Zeitbegriffes bleibt also kein anderer Weg, als die zum Glück rein theoretisch rechnerisch genügend genau zu erfassenden periodischen Glieder der Nutation sowohl wie der periodischen Glieder der Lage der Ekliptik in Abzug zu bringen. Es ergibt sich dadurch ein genügend genau zu definierender Begriff eines „mittleren Frühlingspunktes", der sich gegen einen „festen Frühlingspunkt zu einer bestimmten Zeit" in einem Maße verschiebt, das keinerlei periodische Glieder mehr enthält, sondern nur noch ganze Potenzen der Zeit in seinem mathematischen Ausdruck aufweist, deren numerische Koeffizienten mit der Höhe der Potenz sehr schnell abnehmen. In bezug auf den so definierten mittleren Frühlingspunkt muß nunmehr die Theorie, selbstverständlich auf dem ungeheuren durch Jahrhunderte aufgespeicherten Beobachtungsmaterial fußend, die Länge der Sonne als Funktion der Zeit liefern. Den nichtperiodischen Teil dieses Ausdruckes bezeichnet man als „mittlere Länge der Sonne". Man konstruiert endlich eine „fingierte mittlere Sonne" durch das Diktat, daß die Rektaszension der mittleren Sonne gleich der mittleren Länge der aktuellen Sonne sein soll. Dann bezeichnet man die Zwischenzeit zwischen zwei Durchgängen der mittlere Sonne durch den mittleren Frühlingspunkt als *Tropisches Jahr*, diejenige zwischen zwei Meridiandurchgängen der mittleren Sonne als „mittleren Sonnentag", den Stundenwinkel der mittleren Sonne, als „mittlere (Orts)sonnenzeit". Was haben wir durch diese Definition erreicht? Vor allem das eine Entscheidende, daß unsere mittlere Sonnenzeit *keine periodische* Ungleichheit mehr enthält wie etwa die Sternzeit. Allerdings ist dieses Resultat mit schweren Opfern erkauft. Die mittlere Zeit und ihre Maßeinheit, besitzen keine anschauliche Bedeutung mehr; sie ist eine reine auf Grund der ungeheuer komplizierten Theorie der Erdbewegung errechnete Größe. Etwaige Fehler dieser Theorie gehen auch in die Definition der mittleren Zeit ein und können sich erst nach langer Zeit in den Beobachtungen bemerklich machen. Auch jede Verbesserung der zugrunde liegenden Konstanten durch Vermehrung und Verbesserung der Beobachtungen übt ihre Rückwirkung auf die zahlenmäßige Definition der mittleren Zeit aus, so daß ein bestimmter Zeitpunkt, ausgedrückt nach unserem heutigen besten Ansatz für die mittlere Zeit, in 50 Jahren, in einem etwaigen verbesserten Ansatz, einen etwas anderen Zahlenwert ergeben kann. Für die praktische Bestimmbarkeit der mittleren Zeit ist ihr Mangel jeglicher Anschaulichkeit nicht weiter schädlich, da die amtlichen Ephemeridenwerke der großen Kulturstaaten die Beziehungen der mittleren Zeit sowohl zur Sternzeit, durch tägliche Angabe der *Sternzeit im mittleren Mittag*, als auch zur „wahren Sonnenzeit" durch Mitteilung der sogenannten *Zeitgleichung*, dem Rektaszensionsunterschiede von wahrer und mittlerer Sonne, für den wahren Mittag eines bestimmten Meridians, angeben, so daß sowohl aus Sonnen- wie aus Sterndurchgängen durch den Meridian mittelbar die mittlere Zeit jederzeit bestimmt werden kann. Die säkularen und ultrasäkularen Störungen sowohl der Bewegung der Erde im Raume, als auch der Lage der Rotationsachse bringen es mit sich, daß diejenige Zeit„einheit", die das besterreichbare Kompromiß zwischen den Forderungen der Konstanz im Sinne der klassischen Mechanik und der Feststellbarkeit durch Beobachtungen darstellt, kein absolut unveränderliches Maß ist; vielmehr drückt sie sich nach den besten heute bekannten und allgemein angenommenen Ergebnissen NEWCOMBS, falls 1^d ein mittlerer Sonnentag heutiger Länge ist, man sehr kleine unsichere Glieder höherer Potenzen der Zeit wegläßt, und die Zeit t in Julianischen Jahrhunderten rechnet, so aus:

$$1 \text{ Tropisches Jahr} = (365.242\,19\,878 - 0.000\,00\,614\,t)^d.$$

Nicht die durch diese veränderliche Zeiteinheit gezählte Zeit, sondern die durch den angegebenen funktionalen Zusammenhang definierte Zeit t ist es, die wir als e m p i r i s c h e Zeit anzusprechen haben. Wieweit diese empirische Zeit mit der absoluten der klassischen Mechanik identisch ist, und ob der Begriff der absoluten Zeit überhaupt einen Sinn hat, was die Relativitätslehre ja leugnet, wird sich, falls überhaupt, erst nach langen Zeiten sicher feststellen lassen — vorausgesetzt, daß die Rotationsgeschwindigkeit der Erde völlig konstant ist. Nähme sie, was in den bisherigen Überlegungen *dieses* Abschnittes völlig außer acht gelassen ist, infolge von Energiedissipationsvorgängen ab, so würde dadurch auch unsere empirische Zeitdefinition, wenn auch nicht in voller Schärfe, getroffen. Wir können nämlich die Abnahme der Rotationsgeschwindigkeit der Erde niemals durch die langsamer als bei konstanter Rotationsgeschwindigkeit erfolgende Zunahme des Rotationswinkels feststellen, sondern nur dadurch, daß Vorgänge, die der Theorie nach der Zeit proportional ablaufen sollten, das erfahrungsgemäß nicht tun. Oder, präziser ausgedrückt, eine Verlangsamung der Erdrotation wird sich in periodischen astronomischen Erscheinungen nur in dem Maßstabe verkleinert wiederspiegeln, wie es durch das Verhältnis des Sterntages zur Periode der betreffenden Erscheinung fixiert ist (beim Mondumlauf 1 : 28, beim Sonnenumlauf 1 : 365). In dieser Hinsicht ein abschließendes Wort zu sprechen, ist unsere derzeitige Erkenntnis noch nicht reif genug.

Folgt man unbefangen den Gedankengängen des vorliegenden Aufsatzes, so wird man *das* jedenfalls leicht verständlich finden, daß die Astronomen ihren unter unsäglicher Mühsal und unter Aufwendung der Lebensarbeit zahlreicher praktischer und theoretischer Fachgenossen gewonnenen Begriff der empirischen Zeit nur zögernd einer Lehre zu opfern geneigt sind, die diese Zeit als selbständige Kategorie der Anschauung radikal beseitigen will. Besäße die Gravitationslehre Einsteins eine unerbittliche logische Überzeugungskraft, so würden alle rein objektiv denkenden Forscher das nötige sacrificium intellectus ohne Bedenken bringen. Viele Astronomen aber, und durchaus nicht nur solche, die, vor den großen formalen Schwierigkeiten dieser Lehre zurückschreckend, nicht bis zum Kern des Problems durchgedrungen sind, sondern auch solche, denen das gelungen ist, sind zu der Überzeugung gelangt, daß die willkürlichen Bestimmungen, die getroffen werden müssen, um den vieldeutigen Ansatz der Relativitätslehre überhaupt erst zu einem definiten zu machen, durchaus nicht so unverkennbar den Stempel der logischen Notwendigkeit an der Stirn tragen, daß man deshalb den einfachen Raum-Zeitbegriff der klassischen Mechanik aufgeben, und zu einer logisch-mathematisch zwar leicht vollziehbaren, aber sich jeder Anschaulichkeit entziehenden Verschmelzung beider zu dem Einsteinschen vierdimensionalen Raum-Zeitkontinuum schreiten, und damit eine so gewaltige Erschwerung der Mechanik in Kauf nehmen müßte, daß nunmehr nicht einmal das allgemeine Zweikörperproblem, geschweige kompliziertere Aufgaben lösbar wären. Vielen Astronomen hat von Anfang an als ein Schönheitsfehler an dem Wunderbau der allgemeinen Relativitätslehre gegolten, daß sie zunächst jedes „Wirklichkeits"kriterium zerstört — wenn auch nur theoretisch, denn in Wahrheit denkt natürlich niemand daran und darf nicht daran denken, wenn er sich nicht gegen elementarste Gesetze der Logik versündigen will, daß beispielsweise die Rotation des Universums um die ruhende Erde ebensogut „Wirklichkeit" sein könne, wie die der Erde gegen das ruhende Universum — daß sie dann aber, um das leisten zu können, wofür sie einzig geschaffen ist, eine „Erklärung" für die Gravitationserscheinungen zu geben, alle Verallgemeinerungen durch Hypothesen, die, wenn auch noch so „plausibel", von ihrem grundsätzlichen Ausgangspunkt aus als völlig willkürlich anzusehen sind, rückgängig machen muß, um aus den vielfach unendlichen „möglichen Wirklichkeiten" die einzige beobachtbare, „wirkliche Wirklichkeit" auszusondern. „Ja, aber die heuristischen Erfolge der Relativitätslehre!", die doch auch dann nicht bestritten werden könnten, wenn sich herausstellen sollte, daß die drei berühmten Effekte durch die Beobachtung nicht quantitativ völlig exakt bestätigt werden sollten. Nun, sie können jeder für sich auch auf andere Weise, vielleicht auch alle zusammen auf einheitlicher physikalischer Grundlage erklärt werden. Auch wäre es nicht ohne Beispiel in der Geschichte der Wissenschaft, daß das Genie Resultate diviniert, ohne daß der Weg zu ihrer Demonstration unbedingt richtig zu sein braucht; und selbst ein die tatsächlichen Verhältnisse richtig wiedergebender Kalkül könnte sich seinem Seherblicke erschließen, ohne daß seine gedanklichen Voraussetzungen unbedingt zutreffend sein müssen. Gerade nach Perioden so märchenhafter Erfolge, wie sie die exakten Naturwissenschaften in den letzten Jahren zu verzeichnen hatten, ist es nützlich, sich von Zeit zu Zeit immer wieder durch gewissenhafte Selbstkritik zu Gemüte zu führen, daß es in der Wissenschaft niemals ein „letztes Wort" gibt. Jede große Errungenschaft schiebt zwar die Grenze, an der das bescheidene Wort „Ignoramus" steht, hinaus, aber nie wird uns beschieden sein, „in den Tempel der Gewißheit" einzugehen. Und das ist gut so!

Die Oxydkathoden und ihre praktischen Anwendungen[1]).

Von **A. Wehnelt**, Berlin.

I. Zur Geschichte der Entdeckung der Elektronenemission der glühenden Erdalkalioxyde.

Gelegentlich von Untersuchungen über das Leuchten heißer Gase hatte Herr E. WIEDEMANN beobachtet, daß in einem Entladungsrohr, das einen elektrisch zu heizenden Platindraht als Kathode und eine kalte Anode enthielt, sobald man den Platindraht erhitzte, schon bei verhältnismäßig niedrigen Potentialdifferenzen von ihm helle, blau leuchtende Kathodenstrahlen ausgingen, die dort, wo sie die Glaswand trafen, eine helle, grüne Fluoreszenz hervorriefen. Die Strahlen gingen dabei meist von einer, mitunter aber auch von mehreren punktartigen Stellen des erhitzten Drahtes aus, die sich in nichts von der übrigen Oberfläche des Drahtes zu unterscheiden schienen. Nach kurzer Zeit verschwanden diese Strahlen wieder; auch wurden sie in den meisten Fällen überhaupt nicht beobachtet.

Im Jahre 1902 zeigte Herr WIEDEMANN mir diese seltsamen Strahlen, und ich nahm mir vor, diese Erscheinung näher zu untersuchen.

Im Frühjahr 1903 fing ich an, mich mit diesem Gegenstand zu beschäftigen, und ich habe die ersten Ergebnisse darüber in einer Reihe von Arbeiten[2]) veröffentlicht. Es stellte sich hierbei heraus, daß von einem sorgfältig gereinigten Platindraht bei niedrigen Drucken überhaupt keine solchen Strahlen ausgingen, sondern daß sie nur bei Verunreinigungen auftraten. Es zeigte sich, daß es mitunter genügte, den Draht mehrere Male mit den bloßen Fingern zu berühren, um ihn zur Abgabe von Kathodenstrahlen brauchbar zu machen.

Die Vermutung lag nahe, daß man durch die Berührung mit den Fingern, die namentlich beim Arbeiten im Laboratorium nicht immer allzu sauber zu sein pflegen, alle möglichen Stoffe auf den Draht gebracht haben konnte. In der Tat fand ich, daß namentlich eine ganze

---

[1]) Die Oxydkathode hat in neuerer Zeit sowohl in den Gleichrichtern als auch ganz besonders in den modernen Verstärker- und Senderöhren ein so überraschend großes Anwendungsgebiet gefunden, daß ich der Aufforderung des Herausgebers Herrn Dr. BERLINERS gern nachkomme, einen kurzen Aufsatz über meine und meiner Schüler bisher veröffentlichte Arbeiten über die Oxydkathoden und deren praktische Anwendung zu schreiben.

[2]) WEHNELT, A.: Verhandl. d. dtsch. physikal. Ges. **5**, 255. 1903; desgl. **5**, 423. 1903. Erlanger Ber. 160, 1903. Ann. d. Physik, **14**, 425. 1904.

Reihe von anorganischen Salzen, wie z. B. die der Alkalien und der Erdalkalien usw. diese Art von weichen Kathodenstrahlen hervcrriefen.

Da die Salze der Alkalien bei höheren Temperaturen nicht hitzebeständig sind, so nahm ich die der Erdalkalimetalle und fand, daß diese besonders geeignet sind, im glühenden Zustande, d. h. auf einem elektrisch glühenden Platindraht aufgetragen, in den von WIEDEMANN benutzten Röhren sehr intensive weiche Kathodenstrahlen zu erzeugen. Entsprechend der Fabrikation der Gasglühlichtstrümpfe benutzte ich dann besonders die Nitrate von Kalzium, Strontium und Barium, indem ich den vorher sorgfältig gereinigten Platindraht damit bestrich und ihn darauf in der Bunsenflamme oder elektrisch soweit erhitzte, daß sich das Nitrat in das Oxyd verwandelte. Derartig hergestellte, ganz oder nur teilweise mit Oxyd bedeckte Platindrähte dienten in den ersten Untersuchungen fast ausschließlich als Elektronen emittierende Glühelektroden, im folgenden stets kurz mit „*Oxydkathoden*" bezeichnet. Später habe ich diese Herstellungsart gänzlich verlassen.

Im folgenden sollen alle die Erscheinungen, die ich selbst oder meine Schüler gefunden haben, kurz beschrieben werden, unabhängig von der Zeitfolge, in der die Arbeiten veröffentlicht wurden, sondern sie sollen entsprechend der Einteilung der Arbeit an den verschiedensten Stellen verwendet werden.

II. Elektronenemission der Oxydkathoden im äußersten Vakuum.

Die ersten eingehenden Versuche über die Emission von Elektronen von einer glühenden Oxydkathode veröffentlichte ich[1]) im Jahre 1904. Ich fand, daß die Emission vom Drucke unabhängig wird, sobald er tiefer ist als 0,1 mm. Bei der Mehrzahl der damaligen Versuche konnten mit den zur Zeit gebräuchlichen Pumpen nur Drucke von der Größenordnung von $^1/_{1000}$ mm Hg erhalten werden. Bei diesen Drucken treten unserer heutigen Kenntnis nach noch immer durch Stoßionisation einige wenige Ionen auf, die das Auftreten von Raumladungseffekten verhindern. Ich konnte die Gültigkeit des RICHARDSONschen Gesetzes für die Elektronenemission der Oxyde des Kalziums, Strontiums und Bariums, in jeder Beziehung bestätigen.

Um nachzuweisen, daß die Metalle, die dem Erdalkalioxyde zur Unterlage dienten, keinerlei Einfluß auf die Emissionsfähigkeit des Oxydes haben, ließ ich von DEININGER[2]) Drähte aus Platin, Nickel, Tantal und Kohle erst einmal ohne Oxyd und dann bedeckt mit Kalziumoxyd untersuchen. Er fand, daß, obgleich die verschiedenen Unterlagen ganz verschiedene Emissionsfähigkeit besitzen, doch alle gleiche Emissionsfähigkeit aufweisen, sobald sie mit dem gleichen Oxyd über-

[1]) WEHNELT, A.: Ann. d. Physik, **14**, 425. 1904.

[2]) DEININGER, F.: Dissertation Erlangen 1907, und Verhandl. d. dtsch. physikal. Ges. **9**, 674, 1907 und Ann. d. Physik, **25**, 285. 1908.

zogen sind. Bei DEININGERS Versuchen lagen die Drucke meist unterhalb $^1/_{1000}$ mm Hg.

Ich hatte bereits gefunden, daß Bariumoxyd bedeutend mehr Elektronen emittiert als eine gleichgroße Fläche Kalziumoxyd, und ließ nun durch F. JENTZSCH [1]) verschiedene Metalloxyde auf ihre Emissionsfähigkeit untersuchen. Er fand, daß sich die Metalle in bezug auf die Abgabe negativer Elektronen verhalten wie die Spannungsreihe der Metalle. Diese Untersuchung hatte noch mit vakuumtechnischen Schwierigkeiten zu kämpfen und hat infolgedessen nicht den Grad von Genauigkeit erzielt, den in neuerer Zeit H. J. SPANNER [2]) durch Anwendung des besten Vakuums mit dem modernsten Pumpverfahren erreicht hat.

Herr SPANNER verwendet nicht mehr die Nitrate der Erdalkalimetalle, sondern trägt einen Brei von Oxydhydraten direkt auf den Platindraht auf, den er vorher sorgfältig von allen Oberflächenverunreinigungen befreit und im äußersten Vakuum sorgfältig entgast hat. Er findet in Übereinstimmung mit meinen ersten Versuchen, daß in bezug auf die Elektronenemission die Metalle der II. Gruppe des periodischen Systems der Elemente, nämlich die Erdalkalimetalle sich so anordnen wie es in Tabelle 1 dargestellt ist.

Tabelle 1.

Element	Atomnummer	$d\varphi$ (Volt)
Be	4	3.45
Mg	12	3.01
Ca	20	2.4
Sr	38	2.15
Ba	56	1.85

Es ist damit festgestellt, daß die Emission von Elektronen in der zweiten Spalte des periodischen Systems eine einfache Funktion der Atomnummer des in Frage kommenden Metallatomes ist.

SPANNER untersucht dann noch Metalle anderer Gruppen des periodischen Systems und findet, daß für alle untersuchten Metalle die gleiche Beziehung wie oben (Tabelle 1) gilt, daß der Potentialsprung $d\varphi$, der nach der RICHARDSONschen Gleichung an der Oberfläche des Metalles auftritt, sich gut darstellen läßt durch folgende einfache Funktion:

$$d\varphi = \frac{7}{4}\frac{N^{3/2}}{Z^{1/2}} + 3$$

wobei N die Anzahl der Valenzelektronen und Z die Atomnummer (Kernladungszahl) des emittierenden Atomes bedeuten. Diese Formel

[1]) JENTZSCH, F.: Dissertation Berlin 1908 und Ann. d. Physik, **27**, 129. 1908; Verhandl. d. dtsch. physikal. Ges. **10**, 398. 1908.

[2]) SPANNER, H. J.: Dissertation Berlin 1921; Ann. d. Physik, **75**, 609. 1924.

gibt nicht nur den Verlauf der Werte von $d\varphi$, sondern auch die Absolutwerte recht gut wieder.

Diese Beziehung ergab sich nicht nur bei den Versuchen an der Pumpe, sondern auch bei technisch hergestellten, von der Pumpe abgeschmolzenen Röhren. SPANNER untersucht dann weiter die Elektronenemission von Gemischen der Erdalkalioxyde verschiedener Zusammensetzung und findet, daß durch Zusatz von Ba O und Sr O zu Ca O ein Maximum der Elektronenemission auftritt. Ein ähnliches Maximum tritt für die elektrische Leitfähigkeit ein, welche er nach der NERNSTschen Methode untersucht. Diese Untersuchung wurde dann noch durch E. HANKE [1]) vervollkommnet. Beide fanden, daß die elektrische Leitfähigkeit der Erdalkalioxyde mit steigendem Molekulargewicht zunimmt. Sie gehorcht in dem Temperaturintervall von 600 bis 1000° einer Formel, die ganz analog dem RICHARDSONschen Gesetz der Elektronenemission gebaut ist und sich auch theoretisch aus der Dissoziationstheorie ableiten läßt. Die Ablösungsarbeit ist hierbei aber keine Konstante, sondern eine Funktion der Temperatur und des Molekulargewichtes der betreffenden Substanz.

Die Untersuchung der Gemische der Erdalkalioxyde ergab dann das bereits oben erwähnte Maximum bei einer gewissen Zusammensetzung der Mischung, das vielleicht ähnlich dem bei Schwefelsäure-Wasser-Gemischen auftretenden Maximum zu erklären ist.

Die Mischung von Erdalkalimetalloxyden, die das Maximum zeigt dient uns dazu Verstärker- und Senderöhren von sehr großen Emissionsströmen herzustellen, welche sich im praktischen Betriebe bewährt haben.

Die Auftragung der Oxyhydrate statt der Nitrate auf den Platindraht hat den großen Vorteil, daß sich dadurch das Platinat bildet, was im anderen Falle durch Bildung von Zwischenschichten verhindert wird, wodurch sich die geringere Wirksamkeit der nach dem alten Nitratverfahren hergestellten Oxydkathoden erklärt.

Der Einfluß positiver Ionen, die in die Entladungsbahn geschafft werden, ist nach der Dissertation von P. JUNIUS [2]) von überraschendem Einfluß auf die sonst bei den Oxydelektroden bei gutem Vakuum stark auftretenden Raumladungen. Durch eine verhältnismäßig geringe Anzahl positiver Ionen wird die Raumladung erheblich herabgesetzt. So fand D. PRINZ [3]), daß ein positives Ion den Elektronenstrom um 750 Elektronen vermehrt. Diese Eigenschaft der positiven Ionen benutzt SPANNER [4]) bei einer neuen Glühkatode. Das Hydrit des Kalziums sendet nämlich fast die selbe Menge von Elektronen wie das Bariumoxyd bei der gleichen Temperatur aus. Die Erklärung ist die, daß auch

[1]) HANKE, E.: Dissertation Berlin 1924.
[2]) JUNIUS, P.: Dissertation Berlin 1924.
[3]) PRINZ, D.: Dissertation Berlin 1925.
[4]) SPANNER, H. J.: Ann. d. Physik, 75, 632. 1924.

das Wasserstoffatom bei der in Frage kommenden Temperatur eine lebhafte Emission von Elektronen zeigt, Da Wasserstoff, wie man an Messungen an neuen Platindrähten sieht, nebenhergehend noch eine starke Emission positiver Ionen besitzt, so muß man annehmen, daß das Hydrid auch noch einige positive Ionen emittiert, wodurch sich die Herabsetzung der Raumladung bei den Kalziumhydridkathoden und damit ihre starke Elektronenemission erklärt.

Über die Elektronenemission von Metallen, bzw. die Bestimmung ihrer Austrittsarbeit (Potentialsprung $d\varphi$) hatte ich bereits früher arbeiten lassen. So hat schon F. Deininger [1]) bei Gelegenheit des Nachweises der Unabhängigkeit der Elektronenemission des Kalziumoxydes von dem zur Unterlage dienenden Metalle die Austrittsarbeit von Platin, Nickel, Tantal, Kohle und Kalzium und die dazugehörigen Potentialsprünge $d\varphi$ berechnet. Seine Werte waren noch unsicher, da sein Vakuum nicht gut genug war. Bessere Werte für die Potentialsprünge $d\varphi$, die mit den neuesten Werten schon fast übereinstimmen, erhielt W. Hüttemann [2]) für die Metalle Wolfram und Tantal, da er unter ungleich besseren Bedingungen arbeitete.

Herr Hüttemann hat auch die positive Emission von Platin, Tantal, Wolfram und Aluminiumphosphat und Kalziumoxyd nach einer neuen von mir angegebenen Methode untersucht. Der Glühdraht befand sich in der Achse zweier koaxialer Zylinder, deren Durchmesser sich wie 1 : 2 verhielten. In beiden Zylindern waren feine Schlitze angebracht, und der engere Zylinder war um seine Achse drehbar angeordnet. Bringt man das ganze Rohr in das homogene Magnetfeld einer langen Stromspule, deren Kraftlinien parallel der Achse der Zylinder verlaufen, so werden die zwischen Draht und erstem Zylinder beschleunigten positiven Ionen zu Kreisen abgelenkt. Diese konnte man durch passende Drehung des inneren Zylinders durch eine gegen statische Einflüsse gut geschützte, hinter dem zweiten Schlitz aufgestellte und mit ihm parallel verlaufende, gut isolierte, lange Elektrode auffangen. Es gelang ihm nachzuweisen, daß außer Kalziumoxyd, welches überhaupt keine positive Emission besitzt, die anderen untersuchten Stoffe alle positive Ionen abgeben und daß von all den untersuchten Körpern sowohl Wasserstoffatome als auch Wasserstoffmoleküle abgegeben werden. Außerdem findet er, daß alle untersuchten Metalle die jeweiligen positiven Metallionen abgeben. Er findet noch eine positive Ionenart, welche sich nicht genau definieren läßt, sie ist vielleicht dem Sauerstoff- oder Kohlenoxydgas zuzuschreiben.

Nach einer der Hüttemannschen ähnlichen Anordnung hat M. Rössiger [3]) die Austrittsgeschwindigkeiten der Elektronen aus den

[1]) Deininger, F.: Vergl. oben.

[2]) Hüttemann, W.: Dissertation Berlin 1914; Ann. d. Physik, **52**, 816. 1917.

[3]) Rössiger, M.: Dissertation Berlin 1923.

Erdalkalioxyden untersucht und gefunden, daß wenn man die elektrischen und magnetischen Störungsfelder des Heizstromes berücksichtigt, die Geschwindigkeitsverteilung der Elektronen dem MAXWELLschen Verteilungsgesetz entspricht. Diese Methode besitzt eine größere Genauigkeit, als die von RICHARDSON und seinen Schülern früher verwendete.

Aus der Theorie von RICHARDSON ergibt sich, daß, wenn man einen Glühdraht hoch erhitzt, die dazu notwendige elektrische Heizenergie größer sein muß, wenn man die Elektronen vom Glühdrahte entfernt, als wenn man sie am Austreten verhindert. Diese Theorie ist qualitativ zum ersten Male von mir und von F. JENTZSCH [1]) bestätigt worden. Wir erhitzten einen mit Oxyd bedeckten Platindraht und ließen durch einen ihn umgebenden Zylinder die Elektronen entweder abfließen, indem wir ihn positiv, oder hielten die Elektronen zurück, indem wir ihn negativ aufluden. Der Glühdraht bildete einen Zweig einer empfindlichen Brückenanordnung. Es gelang uns auf diese Weise die Größenordnung des Abkühlungseffektes nachzuweisen. Spätere Untersuchungen, die mit einem vollkommeneren Vakuum arbeiteten, zeigten dann, daß auch die gemessenen Werte dabei richtig herauskommen.

Die erste direkte experimentelle Bestätigung der LANGMUIR-SCHOTTKYschen Raumladungskurven brachte die Dissertation von Herrn H. BLEY [2]). Dieser unternahm es auf meine Veranlassung die Raumladung zwischen zwei Platten festzustellen, von denen die eine aus einer glühenden Kalziumoxydelektrode, die andere aus einer kalten Platinelektrode bestand. Er benutzte für die Feststellung des Potentialverlaufes einen parallel den Platten, das Feld zwischen ihnen durchsetzenden, feinen Kathodenstrahle, den er durch einen glühenden Wolframdraht erzeugt. Die Kalziumoxydelektrode wird von hinten durch Elektronenbombardement erhitzt, was ein möglichst gleichmäßiges Glühen der ganzen Platte hervorbringt. Durch Verschieben einer geeignet angebrachten Blende kann er den Kathodenstrahl das ganze Feld zwischen den beiden parallelen Platten durchwandern lassen. Er mißt dann die jeweilige Feldstärke durch die elektrostatische Ablenkung der Kathodenstrahlen und erhält auf diese Weise Kurven, die sich mit den theoretisch vorausgesagten fast vollkommen decken. Natürlich hat er mit den modernsten technischen Mitteln unter Erhitzung der ganzen Röhre das beste zur Zeit mögliche Vakuum erreicht. Nur dadurch ist es ihm möglich gewesen zum ersten Male direkt experimentell die Potentialverteilungskurven bei Anwesenheit von Raumladung zu bestimmen.

---

[1]) WEHNELT, A. und JENTZSCH, F.: Verhandl. d. dtsch. physikal. Ges. **10**, 605. 1908; desgl. **9**, 105. 1909; Ann. d. Physik, **28**, 537. 1909; vergl. auch SCHNEIDER, A.: Dissertation Berlin 1911 und die Arbeiten von WEHNELT, A. und LIEBREICH, E.: Verhandl. d. dtsch. physikal. Ges. **15**, 1057. 1913; Physikal. Zeitschr. **15**, 548. 1914. [2]) BLEY, H.: Dissertation Berlin 1925.

Die Abweichungen, die LILIENFELD aus dem LANGMUIR-SCHOTTKY-schen — $V^{3/2}$-Gesetzt gefunden hatte, unterwirft Herr G. NICKEL [1]) in seiner Dissertation einer eingehenden Untersuchung. Das Entladungsrohr, das er in seiner Arbeit verwendet, ist auf seiner ganzen Länge genau zylindrisch, im Gegensatz zu der Anordnung von LILIENFELD, der die Glühkathode in einem größeren kugelförmig erweiterten Gefäß verwendet, wobei sich vor dem Eingang zum zylindrischen Teile des Entladungsrohres störende negative Raumladungen ausbilden müssen. Als Kathode verwendet NICKEL eine das ganze Rohr nahezu ausfüllende Platinplatte, die am Rande noch umgebogen ist. Diese Platten erhitzt er durch Elektronenbombardement von hinten. Sie ist auf der Vorderseite mit einer stark elektronenemittierenden Schicht bedeckt. Ihr gegenüber befindet sich eine Kupferanode, die den Querschnitt fast ausfüllt, und die längs des Rohres ohne die Wände zu berühren auf bekannte Weise magnetisch verschoben werden kann.

Die Messungen ergaben, daß bei sehr geringem Abstande zwischen Anode und der Glühkathode sich ein Wert für den Raumladungsstrom ergab, der wenig kleiner war, als die 3/2 Potenz des Potentiales. Bei größeren Abständen überschritt er dann die 3/2 Potenz und näherte sich dem quadratischen Wert, den LILIENFELD angibt. Diese Versuchsergebnisse finden ihre Erklärung in der Annahme der Entstehung der sekundären Elektronen an den Glaswänden des Entladungsrohres, wie sie für Metalle von BALTRUSCHAT und STARKE [2]) gefunden sind. Die mehr senkrecht auf die Glaswände auftreffenden Elektronen rufen dort eine negative Ladung, die unter einem größeren Einfallswinkel auftreffenden eine positive Wandladung hervor. Daraus ergeben sich zwanglos die geschilderten Abweichungen vom $V^{3/2}$-Gesetz.

Eine Nachprüfung dieser Erscheinung durch Reflektion von Kathodenstrahlen an dünnen Deckglasplättchen nach der Methode von BALTRUSCHAT und STARKE ließ ich daraufhin von W. SCHMIDT [3]) vornehmen. Er stellte fest, daß Kathodenstrahlen von 2000—3000 Volt Geschwindigkeit bereits eine geringe positive Aufladung des Glasplättchens genau wie bei Metallen bei senkrechtem Einfall ergeben, die mit wachsendem Einfallswinkel stark anwächst. Bei einem bestimmten Einfallswinkel nimmt plötzlich die positive Aufladung wieder stark ab, um bei noch größeren Einfallswinkeln wieder regelmäßig anzusteigen. Die Geschwindigkeit der Kathodenstrahlen hat insofern einen Einfluß auf den Winkel, bei dem das plötzliche Absinken der positiven Aufladung eintritt, als er mit wachsender Geschwindigkeit immer größer wird, um schließlich nicht mehr in Erscheinung zu treten. Überzieht man die Glasoberfläche mit einer dünnen Metall- oder Rußschicht, so tritt genau derselbe Effekt

[1]) NICKEL, G.: Dissertation Berlin 1923.
[2]) BALTRUSCHAT, M. und STARKE, H.: Physikal. Zeitschr. **23**, 403. 1922.
[3]) SCHMIDT, W.: Dissertation Berlin 1924.

auf wie an reinen Metallen. Die Art des Isolators hat keinen Einfluß auf den Einfallswinkel bei dem der starke Abfall auftritt. Ebenso hatten die kristallinischen Eigenschaften keinen erkennbaren Einfluß auf diesen. Der gänzlich neue Erscheinungskomplex, der sich hierdurch eröffnet, wird zur Zeit im Berliner Physikalischen Institut noch genauer nachgeprüft, vor allem um eine befriedigende Erklärung des rätselhaften Effektes zu finden.

Die erste BRAUNsche Röhre mit Oxydglühkathode im möglichst vollkommenem Vakuum habe ich im Institut bereits 1912 konstruiert und dann von Herrn SAMSON [1]) in seiner Dissertation zur Messung hoher Potentiale benutzen lassen. Da er aber bessere Ergebnisse mit einer Wolframkathode erhielt, liegt es nicht im Rahmen dieser Arbeit näher auf seine Untersuchungen einzugehen. Die Schwierigkei en der vollständigen Entgasung des als Träger des Oxydes dienenden Platindrahtes machten die Anwendung der Oxydkathoden bei den damals nur zur Verfügung stehenden rotierenden Gaede-Pumpen unmöglich.

Diese Grenze, die das Vakuum setzte, hat dann H. MÜLLER [2]) in der Konstruktion einer Röntgenröhre mit einer Oxydglühkathode vollkommen überwunden, indem er sich des modernsten Pumpverfahrens bediente. Er stellte fest, daß es mit einem kurzen Oxydglühdraht möglich war die Röhren, mit einem Strom bis zu 60.10^{-3} Amper zu belasten, ohne daß es der Röhre irgendwie schädlich war. Die Heizenergie der Glühkathode betrug nur einen Bruchteil der Energie, die man zum Betriebe der Wolframglühkathoden der Coolidgeröhren verwendet. Ein neuer Effekt trat hierbei auf. Bei Potentialen zwischen 5000 und 13 000 Volt, bei denen die Wolframantikathode hellweißglühend wurde, sank der Strom auf Null herab. Bei der darauf erfolgenden Abkühlung der Antikathode trat er alsbald wieder in normaler Weise auf. Diese selbsttätige Aus- und Wiedereinschaltung vollzog sich regelmäßig. Erst wenn man das Potential höher als 32 000 Volt wählte, traten diese Ausschalterscheinungen nicht mehr auf, und das Rohr wirkte bis zu den höchst erreichbaren Potentialen von 100 000 Volt ganz normal. Dieser neue Effekt ist im hiesigen Institut zur Zeit Gegenstand eingehender Untersuchungen. Ich vermute, daß er seine Ursache in einer starken Raumladung vor der verdampfenden Wolframantikathode hat.

III. Vorgänge an Oxydkathoden in Gasen niederen Druckes, die mit einer Stossionisation verbunden sind.

Nimmt man die Charakteristiken [3]) (Beziehung zwischen Strom und Spannung) an glühenden Kalziumoxydelektroden in Luft von Atmosphärendruck auf, so erhält man Sättigungsstromkurven, wie man sie

[1]) SAMSON, C.: Dissertation 1918, Berlin, Ann. d. Physik, **55**, 608. 1918.
[2]) MÜLLER, H.: Dissertation Berlin 1923.
[3]) WEHNELT, A.: Ann. d. Physik, **14**, 425. 1904.

im Vakuum erhält, nur sind die Ströme sehr viel schwächer. Untersucht man den Zusammenhang der Sättigungsstromstärke mit der Temperatur der Oxydelektrode, so erhält man ähnliche Kurven wie im vollkommenen Vakuum. Dabei unterscheidet sich die Kurve für die positiven Ionen (die man natürlich im Vakuum nicht erhält), nicht von der an reinem Platin gefundenen, während die negativen Ionen bereits bei ungleich niederen Temperaturen in viel größerer Zahl ausgesandt werden.

Erniedrigt man nunmehr den Druck bis auf einige Millimeter Hg, so erhält man an Oxydkathoden eine Charakteristik, die zuerst Sättigungserscheinung, dann aber bald danach einen starken Anstieg zeigt. Hierbei tritt blaues Leuchten um die Glühkathode auf, das seine Ursache in einer Stoßionisation des Gasinhaltes hat. In diesem Falle hat man es mit der gemischt unselbständigen Strömung (Ausdruck nach J. STARK) im Gegensatz zur rein selbständigen Strömung bei sehr tiefen Drucken zu tun. Hierbei tritt ein mit wachsendem Potential stets wachsender Kathodenfall auf, den man mit Hilfe einer Sonde feststellen kann. Die Beziehung zwischen dem Kathodenfall und der Stromstärke habe ich untersucht und dabei gefunden, daß eine mit der Temperatur stark anwachsende Stromstärke dazu gehört, um überhaupt einen Kathodenfall entstehen zu lassen. Die Stromstärke, die gerade den Kathodenfall hervorruft, habe ich als „Grenzstromstärke“ [1]) bezeichnet.

Die Beziehung zwischen Grenzstrom und dem im vollkommenen Vakuum übergehenden Sättigungsstrom habe ich von K. EISENMANN [2]) prüfen lassen. Er findet, daß der Grenzstrom völlig identisch ist mit dem Sättigungsstrome. Stellt er einem oxydbedeckten Platindraht eine drahtförmige Anode in einem auf niedrigen Gasdruck ausgepumpten Rohr gegenüber, so sind die Erscheinungen für den ganzen Entladungsvorgang höchst charakteristisch. Ist die durch das Rohr fließende Stromstärke kleiner als der Grenzstrom, werden also mehr Elektronen ausgesandt als durch den Strom fortgeschafft werden, (ist also der Grenzstrom noch nicht erreicht) ist also kein Kathodenfall vorhanden, so erscheint die Kathode vollkommen frei von sichtbarem blauem Licht, während die ganze Entladung sich auf eine dicht an der Anode sitzende, ungeschichtete Lichtsäule zusammendrängt. Macht man, die das Rohr durchfließende Stromstärke größer, so dehnt sich die positive Säule immer weiter nach der Glühkathode aus, um sie im selben Augenblick zu berühren, wo die Stromstärke gleich der Grenzstromstärke geworden ist. Steigert man die Stromstärke über die Grenzstromstärke hinaus, so tritt plötzlich um den Draht ein blaues Glimmlicht auf, und die positive Säule zieht sich durch einen FARADAYschen Dunkelraum von dem Glimmlicht getrennt wieder vom Glühdraht zurück, wobei ein mittels einer Sonde meßbarer Kathodenfall auftritt.

[1]) WEHNELT, A.: Ann. d. Physik, **14**, 449. 1904.
[2]) EISENMANN, K.: Verhandl. d. dtsch. physikal. Ges. **12**, 725. 1910.

Aus der eben geschilderten Erscheinung geht deutlich hervor, daß wenn der Glühdraht genau soviele Elektronen aussendet wie für die Entladung notwendig sind, kein Grund vorhanden ist, daß durch Stoß positiver Teilchen an der Kathode wieder Elektronen neu gebildet werden. Es braucht infolgedessen kein Kathodenfall aufzutreten.

Nach dem eben Angeführten kann man also durch Wahl der Temperatur und der das Rohr bei niedrigen Drucken durchfließenden Stromstärke an der Glühkathode Kathodenfälle jeder beliebigen Größe erzeugen, d. h. man kann den Elektronen die von der Glühkathode ausgesandt werden, jede beliebige Geschwindigkeit erteilen.

Diese relativ langsamen Kathodenstrahlen werden erzeugt mit Hilfe eines elektrisch geglühten, kurzen, einige Millimeter breiten, dünnen Bandes aus Platinfolie, auf das genau in der Mitte ein stecknadelknopfgroßer Kalziumoxydfleck gemacht wird. In dem Rohr, welches bis auf einige Hundertstel Millimeter Hg. Druck ausgepumpt ist, befindet sich noch eine Anode. Legt man nun eine Spannungsdifferenz von 220 Volt Gleichstrom an die beiden Elektroden (negativer Pol an die Glühkathode, positiver Pol an die Anode unter Zwischenschaltung einer 220 Volt Glühlampe) und heizt das Platinband langsam an, so gehen von dem Oxydfleck sehr schöne, blauleuchtende Kathodenstrahlen aus, die man als wohlbegrenztes Bündel auf längere Strecken hin im Gase deutlich sieht.

An diesen weichen Kathodenstrahlen habe ich zuerst roh ihre spezifische Ladung bestimmt und Werte zwischen $1{,}4$ und $1{,}8 \cdot 10^7$ gefunden. Bei der magnetischen Ablenkung biegt man die Kathodenstrahlen zu einem vollen Kreise [1]) zusammen. Später [2]) habe ich diese Bestimmungsmethode zu einer Praktikumsaufgabe verwendet, die noch heute im Berliner Institut von der Mehrzahl der Praktikanten ausgeführt wird.

Die weichen Kathodenstrahlen rufen auch vermöge ihrer größeren Strahldichte (bis $2 \cdot 10^{-3}$ Amp./cm^2) bereits bei niedrigeren Geschwindigkeiten helle Fluoreszenz der Glaswände und anderer Mineralien hervor, wie die mit kalten Kathoden erzeugten Kathodenstrahlen (Strahldichte rund 10^{-10} Amp./cm^2).

Ich habe die Glühkathoden auch zur Demonstration der elektrostatischen Ablenkung [3]) benutzt und schließlich noch eine Braunsche Röhre mit ihnen konstruiert [4]).

Die weichen Kathodenstrahlen können noch durch einen über die Glühkathode geschobenen Metallzylinder [5]), der mit der Glühkathode leitend verbunden ist, elektrostatisch derart beeinflußt werden, daß

---

[1]) Wehnelt, A.: Ann. d. Physik, **14**, 425. 1914.
[2]) Wehnelt, A.: Zeitschr. f. d. physikal. u. chem. Untersuch. **18**, 193. 1905.
[3]) Wehnelt, A.: Physikal. Zeitschr. **6**, 609. 1905.
[4]) Wehnelt, A.: Physikal. Zeitschr. **6**, 732. 1905.
[5]) Westphal, W.: Verhandl. d. dtsch. physikal. Ges. **10**, 401. 1908.

die sonst schwach divergierenden Strahlen völlig parallel gemacht, ja sogar auf einen Punkt konzentriert werden können.

Werden weiche Kathodenstrahlen durch ein völlig homogenes Magnetfeld auf die Glaswand der Röhre gelenkt, so werden sie von ihr reflektiert [1]). Die reflektierten Strahlen werden wieder zum Kreise gebogen und treffen die Glaswände usw. Dabei ergibt sich, daß der Krümmungsradius der primären Kathodenstrahlen wesentlich größer ist, als der, der reflektierten. Die primären Strahlen besitzen demnach eine größere Geschwindigkeit als die reflektierten. Die mehrmalig reflektierten zeigen dann immer wieder den gleichen Krümmungsradius.

Die Potentialverteilung im dunklen Kathodenraum von Glühkathoden hat W. WESTPHAL [2]) in seiner Dissertation untersucht. Er findet ähnliche Verhältnisse wie an kalten Kathoden, nur nähert sich mit wachsender Temperatur der Kathode der Potentialanstieg im dunklen Kathodenraum immer mehr einer geraden Linie, woraus nach der POISSONschen Gleichung folgt, daß die freie positive Raumladung, die bei kalten Kathoden vorhanden ist, bei den Oxydkathoden durch die große Zahl der austretenden Elektronen mehr und mehr aufgehoben wird.

Die von mir angegebene parabolische Ablenkung der Kathodenstrahlen benutzen GEHRKE und SEELIGER zur Bestimmung der Anregungsfunktionen der Gase. Da die Potentialverhältnisse hierbei nicht vollkommen geklärt waren, habe ich diese von W. LOEST [3]) nachprüfen assen. Das von einer geerdeten Glühkathode (Platinblechstreifen mit inem kleinen Oxydfleck) ausgehende, scharf sichtbare Kathodenstrahlbündel durchdringt zuerst ein Drahtnetz, das als Anode dient, und tritt dann in den Raum zwischen Drahtnetz und einer Platte, die auf entsprechend hohe negative Potentiale aufgeladen werden kann. Zwischen dem Netz und der Platte befindet sich eine Sonde, die magnetisch in Richtung Drahtnetz—Platte verschoben werden kann und durch Drehen eines Schliffes noch parallel den Flächen bewegt werden kann. Die Kathode ist drehbar angeordnet, so daß man die Kathodenstrahlen in jeder beliebigen Richtung in das verzögernde Feld eintreten lassen kann. Die eigenartigen Niveauflächen, die Herr LOEST mit seiner Anordnung findet, müssen demnach bei der genauen Bestimmung der Anregungsfunktion benutzt werden.

Die durch die langsamen Kathodenstrahlen von Glühkathoden an Metallantikathoden (Tantalblech) erzeugten Röntgenstrahlen sind Gegenstand meiner und W. TRENKLES [4]) Untersuchung gewesen. Wir fanden

---

[1]) WESTPHAL, W.: Ann. d. Physik, **27**, 571. 1908.

[2]) WESTPHAL, W.: Dissertation Berlin 1908 und Ann. d. Physik, **27**, 571, 1908.

[3]) LOEST, W.: Dissertation Berlin 1920 und Zeitschr. f. Physik, **3**, 130. 1920.

[4]) WEHNELT A. und W. TRENKLE: Physikal. med. Soc. Erlangen, **37**, 312. 1905.

noch deutlich photographisch nachweisbare Röntgenstrahlen bis herab zu 400 Volt und kamen zu dem Schluß, daß jedes Elektron, wenn es überhaupt noch mit einer von Null verschiedenen Geschwindigkeit auf ein Metall fällt, zu einer Röntgenstrahlung Veranlassung gibt.

IV. Erzeugung starker Ströme in Entladungsröhren bei niedrigen Gasdrucken mit Hilfe von Oxydkathoden und damit zusammenhängende Erscheinungen.

Benutzt man möglichst großflächige Oxydkathoden, so kann man ungleich stärkere Ströme durch Entladungsröhren senden bei Drucken von $^1/_{100}$—$^1/_{1000}$ mm Hg und bei so niedrigen Spannungen, wie sie unsere Gleichstromzentralen liefern. Die positiven Schichten [1]), die dabei auftreten, sind viel weniger gekrümmt als bei kalten Kathoden und stellen eine sehr schöne, auch im unverdunkelten Zimmer deutlich sichtbare Erscheinung dar. Die Potentialdifferenz von Schicht zu Schicht beträgt dabei nur wenige Volt, und die Stromstärken können bis zu mehreren Ampere gesteigert werden.

In einem großen Entladungsrohr habe ich durch sehr große Oxydelektrodenflächen Ströme bis zu 50 Ampere erhalten. Diese Stromstärken konnten aber der starken Erhitzung der Glaswände und namentlich der schon besonders stark gewählten Eisenanode wegen nicht auf längere Zeit durch das Rohr geschickt werden.

Der größte Potentialabfall findet bei den starken Strömen an der Anode statt, das ist der sogenannte Anodenfall. Er beträgt etwa 20 Volt, so daß bei 50 Ampere Stromstärke an einer relativ kleinen Fläche 1 Kilowatt pro Sekunde in Wärme umgesetzt werden. Dadurch werden selbst stärkere Anoden bis zum Weißglühen und Verdampfen erhitzt.

Den Anodenfall bei sehr starken Strömen habe ich bei einer Reihe von Metallen von M. Arndt [2]) untersuchen lassen. Er findet, daß der Anodenfall beim Schmelzen und Verdampfen der Metalle Na, Cd, und Fe bedeutend herab sinkt gegenüber dem Fall an dem kalten Metall. So sinkt er bei Na von 28,8 Volt auf 10,3 Volt, bei Cd von 24,2 Volt auf 8,8 Volt und bei Eisen von 18 Volt auf 4 Volt herab.

Das Verdampfen der Anode bei starken Strömen in einem Rohr mit Glühkathode habe ich dann zur angenäherten Bestimmung der Verdampfungswärme der Metalle [3]) benutzen lassen. Diese war seinerzeit nur von Quecksilber genau bekannt, ich habe sie dann noch von den Metallen Hg., Pd, Zn, Mg, und Bi, Sb, Se, Pb, Ca bestimmen lassen. Zur Bestimmung der Verdampfungswärme mußte die der Anode zu-

1) Wehnelt, A.: Zeitschr. f. d. physikal. u. chem. Unters. 18, 193. 1905.
2) Arndt, M.: Dissertation Berlin 1910.
3) Wehnelt, A. und Muszelleanu, Chr.: Verhandl. d. dtsch. physikal. Ges. 14, 1032. 1912. Muszelleanu, Ccr.: Dissertation Berlin 1912. Tate, J.: Dissertation Berlin 1914.

geführte elektrische Energie gemessen werden. Die Stromstärke wurde mit einem Amperemeter, und der Anodenfall, der ja nach dem vorhergehenden beim Verdampfen geringer war, wurde mit einer Sonde elektrometrisch gemesssen, die kurz über dem kleinen Tiegel in dem die Metalle verdampften, angebracht war. Unter Berücksichtigung aller Verluste, besonders der sehr großen Strahlungsverluste, wurden Werte für die Verdampfungswärme der Metalle erhalten, die sich recht gut den bisher berechneten Werten anpassen.

Die Frage des Anodenfalles bei nicht verdampfenden Anoden habe ich von E. MENTZEL[1]) nach der gleichen Methode, die L. PETERS[2]) etwas früher in seiner Dissertation nach meiner Angabe angewandt hat, vornehmen lassen. Sowohl an den Anoden bei starken Strömen mit Oxydglühkathoden, als auch bei den schwachen Strömen bei kalten Kathoden wurden die gleichen Gesetze für den Anodenfall erhalten. Verschiebt man die Kathode, so ändert sich der Anodenfall jedesmal sprunghaft in seinem Werte, wenn eine der leuchtenden Schichten des Gases in der Anode verschwindet. Steht eine Schicht unmittelbar vor der Anode, so kommt die ganze Potentialdifferenz längs dieser noch hinzu, um die Anode zu erwärmen. Ist die Schicht bis nahe an die Anode herangerückt, kurz vor ihrem völligen Verschwinden in dieser, dann hat der Anodenfall den kleinstmöglichen Wert.

Die Verdampfung der Metalle und ihr Leuchten infolge des Stromdurchganges in Röhren mit Oxydkathoden habe ich gemeinsam mit Herrn E. WIEDEMANN[3]) zur Untersuchung der sehr lichtstarken und scharfen Spektren vorgeschlagen. Später habe ich dann die gleiche Methode von M. ARNDT[4]) zur exakten Untersuchung der Spektren der Metalle Ka, Na, Li, Ca, Ba, MG, Cd, Zn und Ag ausführen lassen. In seiner Dissertation macht er besonders auf die sehr große Lichtstärke, auffallende Reinheit und die sehr geringe Breite der Linien aufmerksam. In der ersten Arbeit[5]) wiesen E. WIEDEMANN und ich bereits darauf hin, daß sich bei der Verdampfung der Anoden schöne spiegelnde Metallniederschläge erhalten ließen. Dies hat dann später ARNDT auch noch ausführlich in seiner Dissertation behandelt. Diese Methode wird neuerdings benutzt, um Magnesium in Verstärkerröhren zu verdampfen.

V. Verwendung der Oxydkathoden in Gleichrichtern.

Kurz nach der Entdeckung der Fähigkeit der Oxydkathoden im glühenden Zustande, zahlreiche Elektronen auszusenden, hatte ich mich mit Versuchen beschäftigt, diese für eine Gleichrichtung von Strömen

[1]) MENTZEL, E.: Dissertation Berlin 1922.

[2]) PETERS, L.: Dissertation Berlin 1920.

[3]) WIEDEMANN, E. und A. WEHNELT: Prem. C. intern. p. l'étude d. l. radiol. etd. l'ionisation. Liège. Septemb. 1905.

[4]) ARNDT, M.: Dissertation Berlin 1910. [5]) Vergl. wie oben.

wechselnder Richtung zu verwenden. Das mir hierüber erteilte Patent[1]) enthält keine Angabe über die verwendete Periodenzahl, da ich bereits vor der Anmeldung gefunden hatte, daß die Frequenz keine Rolle spielt, daß selbst Hochfrequenzströme sich damit gleichrichten lassen. Die Versuche hierüber habe ich auf der Naturforscherversammlung[2]) am 21. September 1904 vorgetragen und dann in zwei weiteren Mitteilungen[3]) veröffentlicht.

Benutzt man ein Rohr mit einer glühenden Oxydkathode und einer oder mehreren Anoden, die sich nahe der Oxydkathode befinden, und legt ein Wechselstrompotential an die Elektroden an, so erhält man nur Ströme, die von den Anoden zur Kathode fließen. Im umgekehrten Falle hat man bei den tiefen, hier verwendeten Drucken den sehr hohen Kathodenfall an den kalten Anoden zu überwinden, der bis zu mehreren 1000 Volt betragen kann. Die oszillographische Untersuchung hat ergeben, daß man dann nur Ströme in einer Richtung durch solch Rohr erhält. Das Rohr wirkt also als elektrisches Ventil.

Diese Ventilröhren werden von der Akkumulatorenfabrik A. G., Berlin, in den Handel gebracht und spielen noch heutzutage eine große Rolle bei der Umformung hochgespannten Wechselstromes (bis zu 10 000 Volt), den man zum Betriebe großer Senderöhren verwendet.

Berlin, Phys. Inst. d. Universität, April 1925.

---

1) Wehnelt, A.: D.R.P. Nr. 157845. 15. Januar 1904.

2) Wehnelt, A.: Physikal. Zeitschr. **5**, 680. 1904.

3) Wehnelt, A.: Ber. d. physikal. med. Soz. Erlangen, **37**, 264. 1905; Ann. d. Physik, **19**, 138. 1906.

Die Gittertheorie der festen Körper.

Von **G. Heckmann**, Göttingen.

Mit 18 Abbildungen.

Inhaltsübersicht.

Einleitung.

Seitdem durch die Röntgenanalyse die Gitterstruktur der Kristalle sichergestellt und der experimentellen Erforschung zugänglich gemacht worden ist, denkt sich der theoretische Physiker einen festen Körper als ein System periodisch im Raume angeordneter Partikeln (Atome oder Ionen). Dieser Bericht beschränkt sich auf Arbeiten, die von der Gitterstruktur der festen Körper Gebrauch machen.

Die Theorie der festen Körper verfolgt das Ziel, aus dem Atombau der Gitterbausteine sowohl den geometrischen Aufbau als auch die physikalischen Eigenschaften der Kristalle zu erklären. Man muß dazu über den atomaren Bau der Gitterbausteine soviel wissen, daß man die dynamische Wechselwirkung zwischen zwei Partikeln theoretisch beherrscht. Bei dem heutigen Stande der Atomphysik kann davon noch keine Rede sein. Zur Deutung der Gitterstruktur auf Grund der Elementarkräfte sind daher erst wenige Ansätze vorhanden, über die an anderer Stelle berichtet werden soll.

Im allgemeinen ist man darauf angewiesen, die Gitterstruktur als bekannt vorauszusetzen. Aus ihr lassen sich Rückschlüsse auf die Elementarkräfte ziehen, auf Grund deren man versuchen kann, die physikalischen Eigenschaften des Kristalls quantitativ abzuleiten. In den Kapiteln 1 bis 4 wird über die Theorie der physikalischen Eigenschaften fester Körper berichtet, mit Ausnahme derjenigen, über die keine befriedigenden Theorien existieren (Umwandlungen, Wärmeleitung, elektrische Leitfähigkeit, Lichtabsorption).

Schließlich kann man auch die experimentell ermittelten physikalischen Eigenschaften hinnehmen und aus ihnen Schlüsse auf die Elementarkräfte ziehen. Was man auf diese Weise über den elektrischen Aufbau der Kristalle erfahren hat, ist im 5. Kapitel dargestellt.

Erstes Kapitel.

Das undeformierte Gitter. (Stabilität und Energetik.)

Gittergeometrie und Gleichgewichtsbedingungen. Ein räumliches Gitter entsteht aus einer *Basis* von s Partikeln an den Stellen $\mathfrak{r}_k$ (der *Basisindex* k läuft von 1 bis s) durch fortgesetzte Translationen längs dreier Vektoren $\mathfrak{a}_1$, $\mathfrak{a}_2$, $\mathfrak{a}_3$. Diese bestimmen ein Parallelepiped vom Volumen Δ, die *Zelle* des Gitters. In ihr liegen die Basispartikel. Durch die Translation

$$\mathfrak{r}_l = l_1 \mathfrak{a}_1 + l_2 \mathfrak{a}_2 + l_3 \mathfrak{a}_3 \qquad (l_i \text{ ganze Zahlen}) \tag{1}$$

wird die k-te Basispartikel an die Stelle

$$\mathfrak{r}_k^l = \mathfrak{r}^l + \mathfrak{r}_k \tag{2}$$

gebracht. Diese liegt in der l-ten Zelle. $l = \{l_1, l_2, l_3\}$ heißt *Zellenindex*. Zellenindex l und Basisindex k bestimmen den Gitterpunkt $\mathfrak{r}_k^l$. Die Gesamtheit aller Punkte $\mathfrak{r}_k^l$ bei festgehaltenem k bildet ein *einfaches Translationsgitter*. Das ganze Gitter besteht demnach aus s ineinandergestellten einfachen Translationsgittern. Diese Bezeichnungen entsprechen der bei der Kompliziertheit des Gegenstandes sehr übersichtlichen, von BORN (*16*) ausgebildeten Gittersymbolik.

Wieviel geometrische Bestimmungsstücke (Freiheitsgrade) hat das Gitter? Die Zelle ist charakterisiert durch 6 Stücke, etwa die Längen der 3 Vektoren $\mathfrak{a}_i$ und die 3 von ihnen eingeschlossenen Winkel; die Basis durch die relative Lage der s Basispartikel, also durch $s-1$ Vektoren. Das allgemeinste Gitter hat also $3(s+1)$ Bestimmungsstücke.

Diese Anzahl kann durch die Symmetrieeigenschaften des Gitters bis auf 1 reduziert werden. *Ein* Bestimmungsstück bleibt auch beim höchstsymmetrischen Gitter übrig, etwa der Abstand nächstbenachbarter Partikel (*Gitterkonstante*); denn die Absolutdimensionen der Zelle können durch die Symmetrieeigenschaften nicht festgelegt werden. Geometrische Bestimmungsstücke, welche bei weniger symmetrischen Gittern *außer* der Gitterkonstante zur Festlegung der Struktur noch nötig sind, heißen *Parameter* (z. B. Achsenverhältnis, Rhomboederwinkel). Die einfachsten Gitter sind demnach die kubischen ohne Parameter. Born (*16*, § 13) nennt sie Diagonalgitter, weil alle Basispunkte eines solchen Gitters auf der Würfeldiagonale liegen. In der Natur kommen folgende Typen von Diagonalgittern vor: kubisch flächenzentriert, kubisch körperzentriert, Diamant, Steinsalz, Cäsiumchlorid, Zinkblende, Flußspat, Cuprit. Einatomige Kristalle in einfachen kubischen Gittern sind bisher nicht bekannt geworden.

Der Gleichgewichtszustand des Gitters, charakterisiert durch die Werte von Gitterkonstante und etwaigen Parametern, wird durch die zwischen den Partikeln wirksamen Kräfte aufrecht erhalten. Diese sind also zunächst so beschaffen, daß im Gleichgewichtszustand keine Kraft resultiert, welche die verschiedenen einfachen Translationsgitter gegeneinander zu verrücken sucht. Das gibt $3(s-1)$ Bedingungen oder $s-1$ *vektorielle Gleichgewichtsbedingungen*. Diese genügen jedoch nicht. Beispielsweise ist in einem unendlichen einfachen Translationsgitter die von allen anderen Partikeln auf eine ausgeübte Kraft immer null, da jede Partikel Symmetriezentrum ist. Trotzdem sind noch Deformationen der Zelle möglich, die durch „Kräfte" tensoriellen Charakters hervorgerufen werden, das heißt durch Spannungen, wie sie etwa durch Gummibänder zwischen den Gitterpartikeln veranschaulicht werden können. Diese werden durch die Einführung der Flächenkräfte berücksichtigt. Das sind die Kräfte, die ein Halbgitter auf das andere ausübt, wenn das ganze Gitter durch eine Ebene irgendwelcher Orientierung in zwei Hälften zerschnitten wird. Durch Einführung der Flächenkräfte im unendlichen Gitter berücksichtigt man die Tatsache, daß im begrenzten Kristall, mit dem man es in Wirklichkeit zu tun hat, die Oberflächenschichten einseitig beansprucht sind. Die Klärung dieses Sachverhalts findet sich bei Born (*16*, § 5). Die Spannungen stellen einen durch 6 Komponenten bestimmten Tensor dar, dessen Verschwinden im Gleichgewichtszustand 6 weitere Bedingungen oder *eine tensorielle Gleichgewichtsbedingung* liefert. Diese verlangt, daß die 6 Bestimmungsstücke der Zelle erhalten bleiben.

Bei Diagonalgittern sind die vektoriellen Gleichgewichtsbedingungen schon aus Symmetriegründen erfüllt. Das liegt an der symmetrischen Umgebung jedes Teilchens seitens seiner Nachbarn. So liegt z. B. beim Steinsalz jedes *Na* inmitten eines aus 6 *Cl* gebildeten regulären Oktaeders, beim Flußspat jedes Ca inmitten eines Würfels aus 8 F, jedes F inmitten eines regulären Tetraeders aus 4 Ca. Das Fortfallen der vektoriellen Gleichgewichtsbedingungen bei Diagonalgittern spiegelt sich wieder in der Tatsache, daß solche Gitter im undeformierten Zustand kein vektorielles elektrisches Moment (Dipolmoment) haben. Pro Volumeinheit ist dies definiert durch

$$\mathfrak{P}^0 = \frac{1}{N\Delta} \sum_k \mathop{S}_l e_k \mathfrak{r}_k^l \tag{3}$$

(N Anzahl der Zellen des Gitters, e_k Ladung der Partikelsorte k). Dabei ist das seit BORN (7) in der Gittertheorie übliche Summenzeichen S für die von $-\infty$ bis $+\infty$ laufende Summe über den Zellenindex $l = \{l_1, l_2, l_3\}$ benutzt. Wenn man ein Teilchen mit seinen nächsten Nachbarn betrachtet, sieht man leicht ein, daß $\mathfrak{P}^0$ bei Diagonalgittern verschwindet. Die tensorielle Gleichgewichtsbedingung reduziert sich bei Diagonalgittern auf *eine* Gleichung. Dem entspricht, daß das Tensorellipsoid des tensoriellen elektrischen Momentes (Quadrupolmomentes), pro Volumeinheit gegeben durch

$$M^0_{xy} = \frac{1}{2N\Delta} \sum_k \mathop{S}_l e_k x_k^l y_k^l, \tag{4}$$

in eine Kugel degeneriert, also nur *ein* Bestimmungsstück hat. Diagonalgitter haben also insgesamt nur *eine* Gleichgewichtsbedingung, welche die Gitterkonstante festlegt.

Gitterenergie und Kompressibilität. Die einfachste physikalische Konstante des undeformierten Gitters ist die potentielle Energie der zwischen den Gitterpartikeln wirksamen Kräfte. Die potentielle Energie zweier Partikel hängt nur von der Art der beiden Teilchen und ihrem Abstand ab, wir bezeichnen sie mit $\varphi_{kk'}(r)$, wenn k und k' die Basisindizes der beiden Partikel sind. Da die Gitterkräfte sich aus Anziehungen und Abstoßungen zusammensetzen müssen, damit das Gitter weder auseinanderfliegt noch zusammenstürzt, ist der einfachste Ansatz offenbar

$$\varphi_{kk'}(r) = -\frac{a_{kk'}}{r^m} + \frac{b_{kk'}}{r^n}; \tag{5}$$

m ist der Exponent der Anziehungs-, n derjenige der Abstoßungsenergie. Die Gitterenergie gewinnt man aus diesem elementaren Potential durch Summation über alle Partikelpaare. Bei Gittern ohne Parameter hat sie offenbar die Form

$$\Phi = -\frac{A}{\delta^m} + \frac{B}{\delta^n} \qquad (\delta \text{ Gitterkonstante}). \tag{6}$$

Der wichtigste Fall ist der des Ionengitters; hier ist $m = 1$ (COULOMBsches Potential) und bei schwer kompressiblen Ionen ist n sehr hoch. $n = \infty$ würde heißen, daß die Ionen wie starre Kugeln zu behandeln sind. Die gesamte Gitterenergie würde dann von den elektrostatischen Kräften herrühren. In Abb. 1 sind als Funktion des Abstandes nächstbenachbarter Ionen die Kräfte aufgetragen, die eine weitere Komprimierung des Gitters fördern bzw. hemmen. Der schraffierte Flächeninhalt stellt die Gitterenergie dar. Je steiler die Kurve der Abstoßungskräfte verläuft (je größer n), desto geringer ist offenbar der Fehler, den man begeht, indem man die Gitterenergie durch den Beitrag der COULOMBschen Kräfte zur Gitterenergie ersetzt.

Bei Gittern ohne Parameter existiert nur die eine Gleichgewichtsbedingung

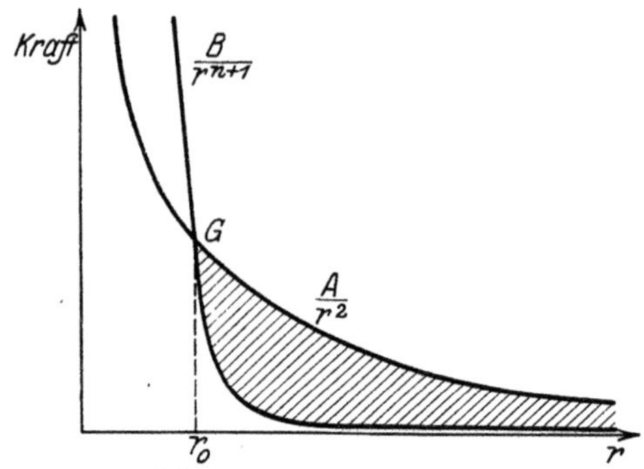

Abb. 1. Elementarkräfte.

$$\frac{d\Phi}{d\delta} = 0, \tag{7}$$

die man zur Elimination der Konstante B aus dem Ausdruck für die Gitterenergie benutzen kann. Dann ergibt sich für diese

$$\Phi = -\frac{n-m}{n} \frac{A}{\delta^m}. \tag{8}$$

Bei Ionengittern ist $m = 1$ und die Konstante A läßt sich exakt berechnen, da die Elementarkräfte bei elektrostatischer Kohäsion bekannt sind (COULOMBsches Gesetz). Der Abstoßungsexponent n ist dann die einzige Unbekannte, welche in die Gitterenergie eingeht. Dieser steht nun, wie BORN und LANDÉ (27) erkannten, in enger Beziehung zur kubischen Kompressibilität $\varkappa$, welche durch

$$\frac{1}{\varkappa} = \frac{1}{9v\delta} \cdot \frac{d^2\Phi}{d\delta^2} \qquad (\Delta = v\delta^3) \tag{9}$$

gegeben ist. Offenbar ist nämlich

$$\frac{1}{\varkappa} = m(n-m) \cdot \frac{A}{9v\delta^{m+3}}, \tag{10}$$

$$-\Phi = 9v\delta^3 \cdot \frac{1}{mn} \cdot \frac{1}{\varkappa}. \tag{11}$$

Die Beziehung des Abstoßungsexponenten zur Kompressibilität ist sehr einleuchtend. Wären die Ionen starre Kugeln ($n = \infty$), so wäre die Kompressibilität null. Daß die Berechnung von $\varkappa$ schon mit Hilfe des unverzerrten Gitters gelingt, liegt natürlich daran, daß bei allseitiger Kompression das Gitter ähnlich deformiert wird, wobei die Struktur erhalten bleibt. Die Beziehung (11) ist schon von GRÜNEISEN (58) abgeleitet worden. Bei einatomigen Gittern, deren Partikel nicht ionisiert sind, ist die Gitterenergie $-\Phi$ mit der Sublimationswärme beim absoluten Nullpunkt identisch und die Beziehung (11) läßt sich direkt mit der Erfahrung vergleichen. Bei Ionengittern dagegen ist die experimentelle Ermittlung der Gitterenergie sehr schwierig. Wir führen zwei Beispiele für die Verknüpfung der Gitterenergie eines Salzes mit expermentell bestimmbaren Daten an.

Die Gitterenergie Φ_{NaCl} (alle angeführten Größen werden positiv gerechnet) ist die Arbeit, die nötig ist, um das $NaCl$-Gitter in ein Gas aus Na^+ und Cl^--Ionen zu sublimieren. Nach einem von BORN (*12*) angegebenen Kreisprozeß leisten wir diese Arbeit in folgenden Stufen:

1. Unter Aufwendung der Bildungswärme Q_{NaCl} zerreißen wir das Gitter in festes Na und gasförmiges Cl_2;
2. unter Aufwendung der Sublimationswärme S_{Na} wird das feste Na zu einatomigem Na-Gas verdampft;
3. den Na-Atomen wird unter Aufwendung der Ionisierungsspannung J_{Na} ein Elektron entrissen;
4. die Cl_2-Moleküle werden unter Aufwendung der Dissoziationswärme D_{Cl} in neutrale Cl-Atome gespalten;
5. den Cl-Atomen wird ein Elektron zugeführt, wobei die der Elektronenaffinität E_{Cl} entsprechende Energie frei wird.

Die Gleichung dieses Prozesses lautet offenbar

$$\Phi_{NaCl} = Q_{NaCl} + S_{Na} + J_{Na} + D_{Cl} - E_{Cl}. \tag{12}$$

Eine entsprechende Betrachtung für gasförmiges HCl führt zu der Gleichung

$$J_{HCl} = Q_{HCl} + D_H + J_H + D_{Cl} - E_{Cl}; \tag{13}$$

J_{HCl} ist die Ionisierungsenergie des gasförmigen HCl, das heißt die Arbeit, die nötig ist, um von dem HCl-Molekül den Wasserstoffkern abzuspalten; Q_{HCl} die Bildungswärme des gasförmigen HCl aus H_2 und Cl_2; D_H die Dissoziationswärme des H_2. Aus den beiden letzten Gleichungen folgt

$$\Phi_{NaCl} = Q_{NaCl} + J_{HCl} - Q_{HCl} + S_{Na} + J_{Na} - D_H - J_H. \tag{14}$$

Die Größen Q_{NaCl}, Q_{HCl}, S_{Na} sind thermochemisch meßbar, J_{HCl} ist nach der Methode des Elektronenstoßes bestimmbar, J_{Na} aus den optischen Daten zu entnehmen, J_H aus der BOHRschen Theorie des Wasserstoffatoms zu berechnen, D_H ist um etwa 10 *k cal* unsicher. Beim Vergleich der so aus empirischen Daten errechneten Gitterenergien mit den theoretisch nach der Formel (8)

$$\Phi = -\left(1 - \frac{1}{n}\right)\frac{A}{\delta} \tag{15}$$

berechneten (n aus der Kompressibilität entnommen), kam BORN bei den Alkalihalogeniden zu guten Resultaten (vgl. *16*, Tab. XVII, S. 751).

Eine andere Anwendung der Gitterenergie haben BORN und HEISENBERG (*22*) gemacht. Sie zerlegen den Prozeß der Sublimation des Gitters in seine Ionen folgendermaßen:

1. Das Gitter wird unter Zufuhr der Sublimationswärme S_{NaCl} in gasförmiges $NaCl$ übergeführt;
2. die Molekel $NaCl$ wird in ihre Ionen gespalten, wobei eine gewisse Arbeit V_{NaCl} zu leisten ist.

Die Gleichung dieses Prozesses ist

$$\Phi_{NaCl} = S_{NaCl} + V_{NaCl}. \tag{16}$$

V_{NaCl} berechnen BORN und HEISENBERG theoretisch aus dem Potential der Ionen aufeinander; dies beherrschen sie mit hinreichender Genauigkeit, nachdem es ihnen gelungen war, den Einfluß der Polarisierbarkeit der Ionen rechnerisch zu erfassen. Der Vergleich mit dem nach der letzten Gleichung aus der theoretisch berechneten Gitterenergie Φ_{NaCl} und der gemessenen Sublimationswärme S_{NaCl} gewonnenen Wert für V_{NaCl} ergab bei allen Alkalihalogeniden vorzügliche Übereinstimmung (vgl. *22*, Tab. 14, S. 406).

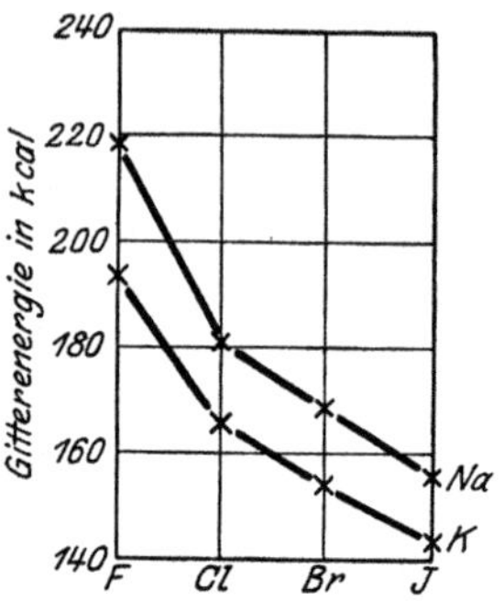

Abb. 2. Gitterenergie der Alkalihalogenide.

Bei wenig kompressiblen Salzen verhalten sich die Ionen fast wie starre Kugeln von festem Radius ($n = \infty$). In diesem Falle kann man, wie Abb. 1 oder Gl. (15) lehrt, den Beitrag der Abstoßungskräfte zur Gitterenergie vernachlässigen. Die elektrostatische Gitterenergie aber nimmt mit wachsenden Ionenabständen (Ionenradien) ab. Dies wird durch Abb. 2 illustriert, in der einige empirisch gewonnene Gitterenergien dargestellt sind.

Berechnung der Gitterenergie. Dem Gliede $-\frac{a_{kk'}}{r^m}$ des elementaren Potentials (5) entspricht in der Gitterenergie pro Zelle der Anteil

$$\Phi^{(m)} = -\frac{1}{2}\sum_{kk'} a_{kk'} \sideset{}{'}\sum_{l} \frac{1}{|\mathfrak{r}_{kk'}^{l}|^m}. \tag{17}$$

Dabei ist

$$\mathfrak{r}_{kk'}^{l} = \mathfrak{r}_k^l - \mathfrak{r}_{k'}, \tag{18}$$

und der Strich am Summenzeichen bedeutet das Fehlen der Indizeskombination $k = k'$, $l = 0$. Derartige Gittersummen lassen sich für $m > 3$ durch direktes Summieren berechnen, für kleinere Werte von m aber sind sie bedingt konvergent und ihre Auswertung erfordert besondere Methoden.

Von besonderem Interesse ist der Fall $m = 1$, der bei der Berechnung der elektrostatischen Energie eines Ionengitters vorkommt. Die Gittersumme konvergiert in diesem Falle nur, wenn die Basis des Gitters neutral ist:

$$\sum_k e_k = 0\,, \tag{19}$$

dagegen ist z. B. die Gitterenergie eines Gitters aus lauter positiven Ionen divergent. Wie die Neutralität des Gitters die Konvergenz der Summe erzwingt, wollen wir uns am Beispiel des Steinsalzgitters klar machen. Abb. 3 stellt einen Würfel von der Kantenlänge des kleinsten vorkommenden Ionenabstandes im Steinsalzgitter dar. Seine Ecken sind abwechselnd von positiven und negativen Ionen besetzt. Er hat als Ganzes weder eine Ladung noch ein Dipolmoment noch ein Quadrupolmoment. Das niedrigste elektrische Moment, das er aufweist, ist ein Oktopol (Moment 3. Ordnung). Zwei solche Würfelchen wirken also in hinreichender Entfernung mit einem Potential proportional $\frac{1}{r^7}$ aufeinander ($7 = 3 + 3 + 1$), ihr Potential nimmt mit wachsender Entfernung rasch ab.

Das Problem der Berechnung elektrostatischer Gitterpotentiale ist schon von APPELL (*3*) im Anschluß an die Theorie der elliptischen Funktionen gelöst worden. APPELLS Resultate wurden von den Physikern nicht beachtet und später von MADELUNG (*83*), der von der Kristallphysik her auf das gleiche Problem stieß, wiedergefunden. Die sehr anschauliche Methode MADELUNGS zur Berechnung der Gitterenergie von Ionengittern ist jedoch nur anwendbar, wenn sich das Gitter aus neutralen Netzebenen, die wiederum aus neutralen Punktreihen bestehen, aufbauen läßt. ORNSTEIN und ZERNIKE (*88*) gaben eine ähnliche Methode an. Allgemein anwendbar ist die von EWALD (*47*) entwickelte Darstellung der elektrostatischen Gitterenergie mit Hilfe von ϑ-Funktionen. BORN (*14*) führte die Berechnung der Gitterenergie kubischer Kristalle auf die Kenntnis *einer* Funktion dreier Variabler, des *Grundpotentials*, zurück. Dieses ist von EMERSLEBEN (*43*) tabuliert worden.

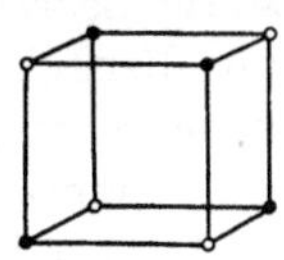

Abb. 3. Steinsalzwürfel.

Die EWALDsche Methode ist von KORNFELD (*75*) auf Dipolgitter ($m = 3$) und Quadrupolgitter ($m = 5$) übertragen worden. EMERSLEBEN (*43*) hat die EWALDsche Methode erweitert für beliebigen Exponenten des Elementarpotentials, dabei treten allgemeine EPSTEINsche ζ-Funktionen auf, von denen die von EWALD benutzten ϑ-Reihen einen Spezialfall darstellen. Mit Hilfe von ζ-Funktionen haben JONES und INGHAM (*74*) die Potentiale einiger kubischer Gitter für Exponenten von 4 bis 30 numerisch berechnet.

Oberflächenenergie. Man denke sich das unendliche Gitter durch eine Ebene in zwei Halbgitter zerschnitten und die beiden Hälften unendlich langsam voneinander entfernt bis ins Unendliche. Die dabei pro Flächeneinheit der Schnittfläche geleistete Arbeit sei 2σ. Damit ist die spezifische Oberflächenenergie σ definiert. Ihre numerische Berechnung bietet bei Ionengittern ähnliche und ähnlich zu überwindende Schwierigkeiten wie die Berechnung der Gitterpotentiale.

MADELUNG (*84*) hat die durch die einseitige Beanspruchung der Oberflächenionen hervorgerufene Verzerrung der Oberflächenschicht rechnerisch untersucht. Er findet, daß z. B. bei einer Würfelebene des Steinsalzes etwa die *Na*-Schicht gegenüber der *Cl*-Schicht etwas in das Kristallinnere hineingezogen ist, und daß außerdem die Netzebenen in der Oberflächenschicht etwas dichter liegen als innen im Kristall. Daß an der Oberfläche die *Na* nicht gleichberechtigt mit den *Cl* auftreten, liegt daran, daß die Abstoßungskräfte *Na* ⟷ *Na* und *Cl* ⟷ *Cl* etwas verschieden sein werden, soweit sie von den äußeren Elektronenhüllen herrühren. An der Oberfläche kann sich dieser Unterschied auswirken, während im Gitter beide Partikelsorten sich auf eine gemeinsame Gitterkonstante einigen müssen. Die theoretisch vorhandene elektrische Doppelschicht auf der Kristalloberfläche konnte MADELUNG experimentell nicht nachweisen. Daß die Oberflächenverzerrung sehr gering sein muß, hat BORN (*9*) an einem eindimensionalen Modell, einer beiderseitig begrenzten Punktreihe, klar gemacht. Nimmt man hier an, daß nur benachbarte Teilchen Kräfte aufeinander ausüben, so ergibt sich keine Verzerrung der Enden.

Numerische Berechnungen der Oberflächenenergie der Ebenen (100) und (110) beim Steinsalztyp haben BORN und STERN (*28*) ausgeführt. Den elektrostatischen Anteil haben sie nach der MADELUNGschen Methode (*83*) berechnet, den Abstoßungsexponenten 9 aus der Kompressibilität entnommen. Die berechneten Werte sind viel höher, bis doppelt so groß als die an der Schmelze beobachteten. BORN und STERN sehen den Grund darin, daß die Formeln für den absoluten Nullpunkt der Temperatur gelten, während die Beobachtungen beim Schmelzpunkt angestellt sind. EITEL (*42*) hat einige Ebenen der Zinkblende berechnet. YAMADA (*111*) hat eine Methode angegeben, welche geeignet ist, die Energie von Ebenen mit einem Index 0 bei kubischen Kristallen zu berechnen, wenn die Energie der Würfelfläche (100) bekannt ist. Sein Gedanke ist, die Energie solcher Flächen (Abb. 4) zusammenzusetzen aus der Energie der (100)-Ebenen und der Energie der Stufen *s*. Die „Stufenenergie" ist im wesentlichen die Energie zweier Halbebenen aufeinander. Neuerdings hat BIEMÜLLER (*4*) die EWALDsche Methode zur Berechnung von Oberflächenenergien verwandt und dabei die Deformierbarkeit der Ionen in Rechnung gezogen.

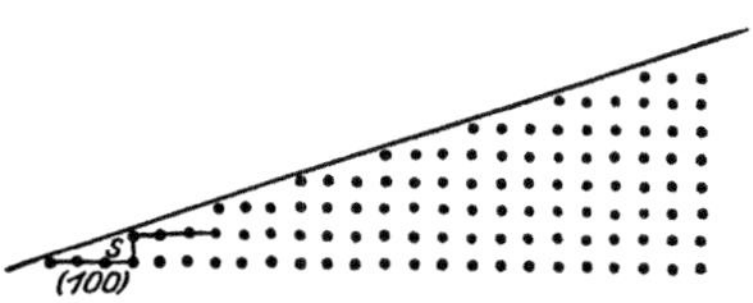

Abb. 4. Oberflächen- und Stufenenergie nach YAMADA.

Zweites Kapitel.

Das deformierte Gitter. (Mechanik und Elektrostatik.)

Die homogene Verzerrung. Die deformierenden Kräfte, die auf ein Volumelement eines festen Körpers einwirken, lassen sich darstellen als Zugspannungen bzw. Drucke längs dreier zueinander senkrechter Achsen, den Hauptachsen des elastischen Spannungstensors. Diese Spannungen rufen in einem elastisch isotropen Körper Dilatationen bzw. Kompressionen längs der Achsen des Spannungstensors hervor. Ein Punkt $\mathfrak{r} = \{x, y, z\}$ erleidet dabei eine Verrückung $\mathfrak{u}$, die in einem beliebigen rechtwinkligen Koordinatensystem durch

$$\mathfrak{u}_x = \sum_y u_{xy} \cdot y \tag{20}$$

dargestellt werden kann. Dabei ist die Abkürzung

$$\sum_x f(x) = f(x) + f(y) + f(z) \tag{21}$$

verwandt worden. In der Elastizitätstheorie spielen Drehungen des undeformierten Körpers, also die Größen $u_{yz} - u_{zy}$, ... keine Rolle, vielmehr treten nur die Größen

$$x_x = u_{xx}, \; y_z = z_y = u_{yz} + u_{zy} \tag{22}$$

auf, welche einen symmetrischen Tensor, den Deformationstensor, darstellen. In anisotropen Medien brauchen die Achsen des Deformationstensors nicht mit denen des Spannungstensors zusammenzufallen. In einem aus mehreren einfachen Translationsgittern aufgebauten Kristall kann eine weitere Komplikation eintreten, wie ein Blick auf Abb. 5 lehrt. Wird die Zinkblende längs der Raumdiagonale des Würfels komprimiert, so werden zwar die *Zn*-Ebenen einander um denselben Betrag genähert wie die *S*-Ebenen. Das Abstandsverhältnis 3 : 1 bleibt jedoch nicht erhalten, vielmehr bleibt der Netzebenenabstand $^1/_4$ nahezu unverändert und die ganze Verkürzung erfolgt auf Kosten des Netzebenenabstandes $^3/_4$. So entsteht eine Deformation, die sich nicht mehr durch den Ansatz (20) beschreiben läßt; es kommt noch eine sog. „innere Verrückung“, eine Verrückung des *Zn*-Gitters gegen das *S*-Gitter hinzu. Born (7) macht daher für die Verschiebung $\mathfrak{u}_k^l$ des Gitterpunktes $\mathfrak{r}_k^l = \{x_k^l, y_k^l, z_k^l\}$ den Ansatz

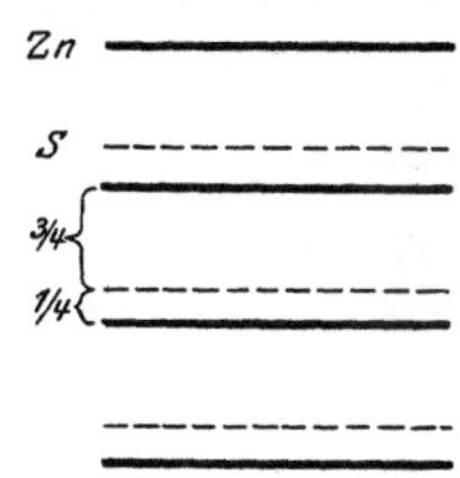

Abb. 5. Oktaederebenen bei Zinkblende.

$$\mathfrak{u}_{kx}^l = \mathfrak{u}_{kx} + \sum u_{xy}\, y_k^l . \tag{23}$$

Eine solche Deformation bezeichnet er als homogene Verzerrung. Die inneren Verrückungen $\mathfrak{u}_k$ und die Komponenten $u_{xx}, \ldots, u_{yz}, \ldots$ der elastischen Deformation bestimmen die homogene Verzerrung.

Die Summe der an der Basis angreifenden äußeren Kräfte muß null sein, wenn durch diese eine homogene Verzerrung des Gitters hervorgebracht werden soll. Ist nämlich diese Bedingung nicht erfüllt, wie z. B. bei der Schwere, so werden die unten liegenden Zellen stärker deformiert, weil auf diesen das Gewicht der darüber liegenden lastet. Dagegen kann ein homogenes elektrisches Feld ein Ionengitter mit neutraler Basis homogen verzerren; dabei wirkt auf die Basis im ganzen keine Kraft, da das Feld Anionen und Kationen in entgegengesetzten Richtungen angreift.

Die physikalischen Eigenschaften des homogen verzerrten Gitters gewinnt man aus der Entwicklung der potentiellen Energie des Gitters nach den Komponenten der homogenen Verzerrung. Dabei treten keine Glieder erster Ordnung auf (wegen der Gleichgewichtsbedingungen). Die Glieder zweiter Ordnung ergeben die in diesem Abschnitt behandelten Erscheinungen. Symmetrieeigenschaften des Gitters haben Beziehungen zwischen den Koeffizienten der Energieentwicklung zur Folge. Bei zweiatomigen Diagonalgittern z. B. hat die Energiedichte nach BORN *(11)* die Form

$$\begin{aligned} U = \frac{A}{2}(x_x{}^2 + +) + B\,(y_y z_z + +) + \frac{B}{2}(y_z{}^2 + +) \\ - C\,\{y_z(\mathfrak{u}_{1x} - \mathfrak{u}_{2x}) + + \} + \frac{D}{2}(\mathfrak{u}_1 - \mathfrak{u}_2)^2. \end{aligned} \tag{24}$$

Die Koeffizienten A, B, C, D bestimmen die elastischen und elektrostatischen Eigenschaften des Kristalls. Im allgemeinen Fall ist die Anzahl der Koeffizienten natürlich viel größer. Sie hängen von den Elementarkräften ab und sind aus der Energie durch Differentiationen zu gewinnen. Diese Berechnung ist allgemein von HECKMANN *(65)* ausgeführt worden unter Zugrundelegung des Elementarpotentials

$$\varphi_{kk'}(r) = \frac{e_k e_{k'}}{r} + \frac{b_{kk'}}{r^n}. \tag{25}$$

Elastizität. Die elastischen Spannungen

$$-X_x = \frac{\partial U}{\partial x_x}, \ldots \qquad -Y_z = \frac{\partial U}{\partial y_z} \ldots \tag{26}$$

sind lineare Funktionen der Verzerrungskomponenten:

$$\left.\begin{array}{l} -X_x = c_{11}\,x_x + c_{12}\,y_y + c_{13}\,z_z + c_{14}\,y_z + c_{15}\,z_x + c_{16}\,x_y \\ \cdots\cdots\cdots\cdots\cdots\cdots \\ -Y_z = c_{41}\,x_x + c_{42}\,y_y + c_{43}\,z_z + c_{44}\,y_z + c_{45}\,z_x + c_{46}\,x_y \\ \cdots\cdots\cdots\cdots\cdots\cdots \end{array}\right\} \tag{27}$$

(HOOKE*sches Gesetz*). Das Schema der Elastizitätskonstanten ist symmetrisch:

$$c_{ij} = c_{ji}, \tag{28}$$

so daß im allgemeinen Fall 21 Elastizitätskonstanten existieren. Die Symmetrieeigenschaften des Kristalls reduzieren diese Anzahl, beim kubischen Kristall ergibt sich, wie man sich leicht anschaulich klar macht, folgendes Schema:

$$\begin{array}{cccccc} c_{11} & c_{12} & c_{12} & 0 & 0 & 0 \\ & c_{11} & c_{12} & 0 & 0 & 0 \\ & & c_{11} & 0 & 0 & 0 \\ & & & c_{44} & 0 & 0 \\ & & & & c_{44} & 0 \\ & & & & & c_{44}, \end{array}$$

also 3 Elastizitätskonstanten.

Die Deutung der elastischen Erscheinungen auf Grund der Gittervorstellung geht auf CAUCHY (*35*) zurück. CAUCHY kam, vom einfachen Translationsgitter ausgehend, nicht zur vollen Anzahl Elastizitätskonstanten, sondern gelangte im allgemeinen Fall zu 6, beim kubischen Gitter zu *einer* Beziehung zwischen den Elastizitätskonstanten. Deren Anzahl wird durch diese CAUCHY*schen Relationen* von 21 bzw. 3 auf 15 bzw. 2 herabgesetzt (*Rarikonstantentheorie*). Die 6 bzw. 1 Relationen sind jedoch im allgemeinen in der Natur nicht erfüllt. POISSON (*92*) gelang es, auf Grund besonderer Annahmen, die *Multikonstantentheorie* (mit 21 Konstanten) abzuleiten. Er dachte sich die Gitterpartikel als polyedrische Körper, die nicht nur Zentralkräfte, sondern auch Drehmomente aufeinander ausüben. VOIGT (*104*) hat diese Theorie weitergeführt. Die Ableitung der Multikonstantentheorie aus der Gittertheorie *punktförmiger* Kraftzentra gelang erst BORN (*7*). Er zerstörte die CAUCHYschen Relationen, indem er mehrere einfache Translationsgitter ineinanderstellte und die inneren Verrückungen berücksichtigte. Solche inneren Verrückungen infolge elastischer Kompression sind immer dann zu erwarten, wenn die zur Druckrichtung senkrechten Netzebenen unsymmetrisch von ihren Nachbarn umgeben sind. Wird z. B. Zinkblende (vgl. Abb. 5) längs der Würfeldiagonale komprimiert, so wird eine innere Verrückung auftreten, im Gegensatz zu Steinsalz (Abb. 6), wo jede Oktaederebene symmetrisch von den Nachbarebenen umgeben ist. Wie das Auftreten der inneren Verrückungen infolge elastischer Deformationen das elastische Verhalten kompliziert, ist im Fall zweiatomiger Diagonalgitter leicht aus der Energiegleichung (24) zu sehen. Aus dieser ergibt sich

Abb. 6. Oktaederebenen bei Steinsalz.

$$\left.\begin{array}{l} -X_x = A \cdot x_x + B(y_y + z_z) \\ \dots\dots\dots\dots\dots\dots \\ -Y_z = B y_z - C(\mathfrak{u}_{1x} - \mathfrak{u}_{2x}) \\ \dots\dots\dots\dots\dots\dots \end{array}\right\} \qquad (29)$$

Würde das Glied mit der inneren Verrückung fehlen, so ergäbe sich für die Elastizitätskonstanten

$$\left.\begin{aligned} c_{11} &= A \\ c_{12} &= B \\ c_{44} &= B, \end{aligned}\right\} \tag{30}$$

es würde also die CAUCHYsche Relation

$$c_{12} = c_{44} \tag{31}$$

bestehen. Wie groß die infolge einer elastischen Deformation $x_x, \ldots,$ $y_z, \ldots$ entstehende innere Verrückung ist, ergibt sich aus der Bedingung

$$\frac{\partial U}{\partial \mathfrak{u}_{1x}} = 0. \tag{32}$$

Man findet

$$\mathfrak{u}_{1x} - \mathfrak{u}_{2x} = \frac{C}{D} \cdot y_z, \tag{33}$$

also

$$c_{44} = B - \frac{C^2}{D}, \tag{34}$$

womit die CAUCHYsche Relation aufgehoben ist. Bei zweiatomigen Diagonalgittern mit Symmetriezentrum verschwindet die Konstante C. Demnach ergibt sich beim Steinsalz- und Cäsiumchloridtyp die CAUCHYsche Relation $c_{12} = c_{44}$. In der Tat hat sie sich durch Messungen an Steinsalz und Sylvin (Steinsalztyp) bestätigt. Für den Zinkblendetyp dagegen ergeben sich 3 elastische Konstanten. Beim Zinkblendetyp ist jede Partikel von 4, beim Steinsalz von 6, beim Cäsiumchlorid von 8 Nachbarn umgeben. Zinkblende hat also eine geringere innere Symmetrie als die beiden anderen Kristalle, gleichwohl sind sie alle kubisch. Die innere Symmetrie ist es, welche die weitere Reduktion der Elastizitätskonstanten von 3 auf 2 bewirkt. Es ist klar, daß ein einfaches Translationsgitter die CAUCHYschen Relationen liefern mußte; ein solches besitzt ja eine besonders hohe innere Symmetrie, da jede Partikel Symmetriezentrum ist. Daß die CAUCHYsche Relation bei einatomigen Metallen nicht bestätigt wird, deutet darauf hin, daß diese, wegen der besonderen Rolle der Valenzelektronen bei ihrem Aufbau, nicht als einfache Gitter aufgefaßt werden können. Bei Diagonalgittern ergibt die Gittertheorie

2 Elastizitätskonstanten für	3 Elastizitätskonstanten für
den kubisch flächenzentrierten,	den Diamant-,
den kubisch körperzentrierten,	den Zinkblende-,
den Steinsalz-,	den Flußspat-,
den Cäsiumchloridtyp.	den Cuprittyp.

Piezoelektrizität. Wird ein Kristall elastisch deformiert, so entsteht in ihm ein elektrisches Moment, pro Volumeinheit

$$\left.\begin{aligned} \mathfrak{P}_x &= e_{11}\, x_x + e_{12}\, y_y + e_{13}\, z_z + e_{14}\, y_z + e_{14}\, z_x + e_{16}\, x_y \\ &\ldots\ldots\ldots\ldots\ldots\ldots \end{aligned}\right\} \tag{35}$$

Im allgemeinen bestehen also 18 piezoelektrische Konstanten e_{ij}, bei kubischen Kristallen lautet das Schema

$$\begin{matrix} 0 & 0 & 0 & e_{14} & 0 & 0 \\ 0 & 0 & 0 & 0 & e_{14} & 0 \\ 0 & 0 & 0 & 0 & 0 & e_{14}, \end{matrix}$$

die Anzahl 18 wird auf 1 reduziert. Die Anzahl der piezoelektrischen Konstanten in den verschiedenen Kristallsystemen hat VOIGT (*105*) untersucht.

Es ist anschaulich klar, daß ein Kristall (Ionengitter), welcher im unverzerrten Zustande kein elektrisches Moment hat, z. B. ein Diagonalgitter, auch durch gleichmäßige Kompression längs irgendeiner Richtung kein elektrisches Moment bekommen kann. Ein solches kann vielmehr nur durch innere Verrückung der verschiedenen Ionengitter gegeneinander erzeugt werden. Die inneren Verrückungen bilden den Schlüssel zur Piezoelektrizität der Kristalle ebenso wie zur Multikonstantentheorie der Elastizität. BORN (*7*) hat diesen Zusammenhang aufgedeckt, während ältere Theorien besondere Hypothesen zur Deutung der Piezoelektrizität heranziehen mußten. Bei zweiatomigen Diagonalgittern wird pro Volumeinheit das Moment

$$\mathfrak{P}_x = \frac{ze}{\Delta}(\mathfrak{u}_{1x} - \mathfrak{u}_{2x}) = \frac{ze}{\Delta} \cdot \frac{C}{D}\, y_z \qquad (36)$$

durch die Scherung y_z hervorgerufen (ze Ladung des ersten Ions, $-ze$ des zweiten), so daß sich für die piezoelektrische Konstante der Wert

$$e_{14} = \frac{ze}{\Delta} \cdot \frac{C}{D} \qquad (37)$$

ergibt. Ein Gitter, in welchem die CAUCHYschen Relationen gelten, also keine inneren Verrückungen infolge elastischer Deformation auftreten können, kann offenbar nicht piezoelektrisch sein. Das Umgekehrte gilt nicht: ein Gitter, in dem solche inneren Verrückungen möglich sind, also die CAUCHYschen Relationen nicht gelten, braucht nicht piezoelektrisch zu sein. Ein Beispiel hierfür ist Flußspat; dieser befriedigt nicht die CAUCHYsche Relation $c_{12} = c_{44}$ und ist trotzdem nicht piezoelektrisch. Den Grund zeigt ein Blick auf Abb. 7. Eine Kompression längs der Würfeldiagonale wird allerdings eine innere Verrückung erzeugen, die beiden F-Gitter erfahren eine entgegengesetzt gleiche Verrückung gegen das Ca-Gitter. Aber diese innere Verrückung hat kein elektrisches Moment. Die einzigen piezoelektrischen Diagonalgitter sind Zinkblende und Cuprit.

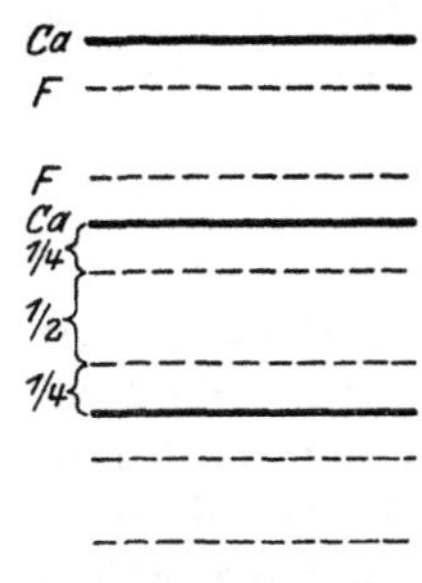

Abb. 7. Oktaederebenen bei Flußspat.

Außer dieser vektoriellen piezoelektrischen Erregung gibt es noch eine tensorielle Piezoelektrizität. Sie besteht in dem Auftreten von elektrischen Momenten 2. Ordnung (Quadrupolen) in einem längs einer Richtung komprimierten Ionengitter. Es ist klar, daß z. B. Steinsalz, wenn es längs einer Würfelkante komprimiert wird, ein Quadrupolmoment bekommen muß. Überhaupt müssen alle Kristalle die tensorielle Piezoelektrizität zeigen. Sie wird sich jedoch nur nachweisen lassen bei solchen, die nicht schon von 1. Ordnung (vektoriell) piezoelektrisch sind. Voigt (*106*) hat nach diesem theoretisch zu erwartenden Effekt gesucht und seine Existenz wahrscheinlich gemacht. Die theoretische Deutung ergibt sich nach der Bornschen Gittertheorie ohne Schwierigkeit (vgl. *16*, § 12) aus dem Studium des elektrischen Momentes 2. Ordnung (Gl. (4)). Wir gehen jedoch hierauf nicht ein, da quantitative Messungen nicht vorliegen, eine empirische Prüfung der Theorie also nicht möglich ist.

Dielektrische Erregung. Ein homogenes elektrisches Feld erzeugt in einem Ionengitter innere Verrückungen, da die an den Anionen- und Kationengittern angreifenden Kräfte entgegengesetzt gerichtet sind. Dadurch entsteht ein elektrisches Moment, welches pro Volumeinheit durch

$$\mathfrak{P} = \frac{1}{\Delta} \sum_k e_k \mathfrak{u}_k \tag{38}$$

gegeben ist, es ist eine lineare Funktion des elektrischen Feldes $\mathfrak{E}$:

$$\left.\begin{array}{l} \mathfrak{P}_x = a_{11}\,\mathfrak{E}_x + a_{12}\,\mathfrak{E}_y + a_{13}\,\mathfrak{E}_z \\ \cdots\cdots\cdots\cdots\cdots \\ \cdots\cdots\cdots\cdots\cdots \end{array}\right\} \tag{39}$$

Das Schema der Dielektrizitätskonstanten ist symmetrisch:

$$a_{ij} = a_{ji}, \tag{40}$$

so daß im allgemeinen 6 Dielektrizitätskonstanten bestehen. Die kubische Symmetrie reduziert diese Anzahl auf 1, das Schema sieht dann so aus:

$$\begin{matrix} a_{11} & 0 & 0 \\ 0 & a_{11} & 0 \\ 0 & 0 & a_{11}. \end{matrix}$$

Aus dem bereits Gesagten geht hervor, daß die dielektrische Erregbarkeit des Kristalls von der Verschiebbarkeit der verschiedenen einfachen Translationsgitter gegeneinander abhängt. Bei asymmetrischer Gitterstruktur wird diese in verschiedenen Richtungen verschieden sein. Bei zweiatomigen Diagonalgittern wird sie durch die Konstante D bestimmt. Die Erscheinung der dielektrischen Erregung gewinnt man in diesem Falle leicht aus der Energieentwicklung (24), indem man die elastischen Deformationen x_x, y_z streicht und die vom äußeren Felde $\mathfrak{E}$ herrührende Energie $-\frac{ze}{\Delta}(\mathfrak{E}, \mathfrak{u}_1 - \mathfrak{u}_2)$ hinzufügt:

$$U = \frac{1}{2} D (\mathfrak{u}_1 - \mathfrak{u}_2)^2 - \frac{ze}{\Delta}(\mathfrak{E}, \mathfrak{u}_1 - \mathfrak{u}_2). \tag{41}$$

Die innere Verrückung ergibt sich aus der Bedingung, daß U ein Minimum annimmt, zu

$$\mathfrak{u}_1 - \mathfrak{u}_2 = \frac{z e}{\Delta} \cdot \frac{1}{D} \cdot \mathfrak{E}. \tag{42}$$

Die dielektrische Konstante a_{11}, welche mit der gewöhnlichen Dielektrizitätskonstante ε nach

$$a_{11} = \frac{\varepsilon - 1}{4\pi} \tag{43}$$

zusammenhängt, hat demnach den Wert:

$$a_{11} = \frac{z e}{\Delta} \cdot \frac{1}{D}. \tag{44}$$

Die hier mitgeteilte gittertheoretische Deutung der dielektrischen Erregung steckt schon in einer Arbeit von DEHLINGER (*40*). Mit voller Klarheit ist sie, wie alles, was zwanglos aus der Berücksichtigung der inneren Verrückungen folgt, von BORN in seiner Dynamik der Kristallgitter (*7*) ausgesprochen worden.

Beziehungen zwischen den physikalischen Konstanten. Einfluß der Ionendeformierbarkeit. Wegen ihres engen Zusammenhanges mit der dielektrischen Erregbarkeit wollen wir hier eine Erscheinung vorwegnehmen, die ausführlicher im nächsten Abschnitt behandelt wird, die Schwingung der verschieden geladenen einfachen Gitter gegeneinander in Resonanz mit dem elektrischen Wechselfelde einer ultraroten Lichtwelle. Da die Wellenlänge der hier in Frage kommenden ultraroten Reststrahlen 1000 bis 100000mal so groß ist als die Gitterkonstante, darf man das elektrische Feld der Welle als homogen betrachten. Es wird also wie bei der dielektrischen Erregung innere Verrückungen der verschiedenen Ionengitter gegeneinander hervorbringen. Nur ist es jetzt sehr schnell veränderlich. Für die Resonanzfrequenzen sind natürlich außer den Kräften, welche die verschiedenen einfachen Translationsgitter in ihre relative Gleichgewichtslage binden (bei zweiatomigen Diagonalgittern die Konstante D) die Trägheitseigenschaften der Ionen maßgebend. Die Gittertheorie ergibt, wie zuerst DEHLINGER (*40*) erkannte, für zweiatomige Diagonalgitter *eine* utrarote Eigenfrequenz

$$\omega_0 = \Delta D \left(\frac{1}{m_1} + \frac{1}{m_2} \right), \tag{45}$$

wo m_1 und m_2 die Ionenmassen sind.

Ebenso wie dielektrische Erregung und ultrarote Eigenschwingung auf demselben Mechanismus beruhen, sahen wir oben eine starke Verwandtschaft zwischen der Erzeugung eines piezoelektrischen Momentes und der Zerstörung der CAUCHYschen Relationen. Beide beruhen nämlich auf dem Auftreten innerer Verrückungen infolge elastischer Deformation. Durch die Erkenntnis dieses Zusammenhanges wurde BORN (*11*) dazu geführt, nach Beziehungen zwischen den physikalischen

Konstanten zu fragen. In der Tat müssen bei zweiatomigen Diagonalgittern zwei derartige Beziehungen bestehen, da die 4 Größen $c_{12}-c_{44}$, e_{14}, ε und ω_0 ihrem physikalischen Ursprung gemäß allein durch die beiden Konstanten C (Neigung zu innerer Verrückung bei elastischer Deformation) und D (Widerstand gegen innere Verrückung) bestimmt werden. Die gesuchten Relationen lauten:

$$\frac{\varepsilon-1}{4\pi}\cdot\omega_0{}^2=\frac{z^2e^2}{\Delta}\left(\frac{1}{m_1}+\frac{1}{m_2}\right), \tag{46}$$

$$\frac{\varepsilon-1}{4\pi}(c_{12}-c_{44})=e_{14}{}^2. \tag{47}$$

Die erste hat schon DEHLINGER (*40*) ausgesprochen. BORN (*11*) hat vier Jahre später, ohne die Arbeit von DEHLINGER zu kennen, beide Beziehungen entwickelt. Man kann jedoch eine empirische Bestätigung dieser Relationen nicht erwarten, da die dielektrische Polarisierbarkeit der Ionen nicht berücksichtigt worden ist. In diesen Beziehungen steckt vielmehr die Voraussetzung, daß der zu einem Ionengase sublimierte Kristall die Dielektrizitätskonstante 1 habe. Nun kann man aber den Beitrag ε_0 der Ionen zur Dielektrizitätskonstante aus dem Brechungsindex im sichtbaren Gebiet, wo die ultrarote Eigenfrequenz noch nicht von Einfluß ist, entnehmen. BORN versuchte daher, die Polarisierbarkeit der Ionen zu berücksichtigen, indem er in den beiden letzten Gleichungen $\varepsilon-1$ durch $\varepsilon-\varepsilon_0$ ersetzte. Dann fand er die erste Beziehung bei den Alkalihalogeniden und bei Zinkblende gut bestätigt, nicht erfüllt bei den Silber- und Thalliumsalzen. Die zweite Beziehung, zu deren Prüfung das Material nur bei Zinkblende vorliegt, versagte völlig (vgl. *17*).

BORN hat mehrfach (*11*, *13* und *17*) die Vermutung geäußert, daß der Grund dieses Versagens in der Polarisierbarkeit der Ionen zu suchen sei, deren Einfluß er nur bei der Dielektrizitätskonstante in Rechnung gesetzt hatte. Dieser ist ja im Brechungsindex direkt meßbar, während der Einfluß der Ionendeformierbarkeit auf die anderen physikalischen Konstanten nur durch Vermittlung des Gitters zustande kommt und nur durch eine eingehendere Rechnung geklärt werden kann. Für zweiatomige Diagonalgitter ist diese Rechnung von HECKMANN (*66*) durchgeführt worden, nachdem HEYDWEILLER (*68*), WASASTJERNA (*107*), FAJANS und JOOS (*51*), sowie BORN und HEISENBERG (*22*) quantitative Feststellungen über die Deformierbarkeit edelgasähnlicher Ionen gemacht hatten. HECKMANN fand, daß die Elastizitätskonstanten c_{11} und c_{12} (bzw. die Kompressibilität $\varkappa$) durch die Ionendeformierbarkeit nicht beeinflußt werden. Das war zu erwarten, da diese Elastizitätskonstanten sich auf eine gleichmäßige Dilatation des Gitters beziehen, bei der die Ionen nicht einseitig beansprucht werden. Alle anderen physikalischen Konstanten aber werden in mehr oder weniger komplizierter Weise modifiziert. Vor allem werden die Konstanten C und D

verkleinert, indem ihr elektrostatischer Anteil vergrößert wird. Vom Felde der Ionen induzierte Dipole bewirken nämlich immer eine Stärkung der zwischen den Ionen wirksamen elektrostatischen Kräfte, wie Abb. 8 zeigt, in der unter den Ionen die induzierten Dipolmomente schematisch dargestellt sind. Die Verkleinerung von C und D bedeutet eine Auflockerung der Bindung, mit der ein Gitterion an seine Gleichgewichtslage gebunden ist. Die Bindung zwischen benachbarten, entgegengesetzt geladenen Ionen wird zwar verfestigt, wenn die elektrostatischen Kräfte zwischen ihnen vergrößert werden. Eben dadurch aber wird die Bindung des Ions an seine *Ruhelage* gelockert: die von den Elektronenhüllen herrührende Abstoßungskraft hat jetzt außer der Ionenanziehung noch die Dipolanziehung zu überwinden, um das Ineinanderstürzen benachbarter Ionen zu verhindern und die Stabilität des Gitters durchzusetzen. Die Auflockerung der Bindung äußert sich physikalisch in einer Verkleinerung der ultraroten Eigenfrequenz. Eine weitere Folge der Ionendeformierbarkeit ist eine Steigerung der dielektrischen Erregbarkeit. Die durch das äußere Feld in den Ionen erregte (bereits von BORN in Rechnung gesetzte) Polarisation wird nämlich durch die ebenfalls vom äußeren Feld herrührende Polarisation des Gitters (Verrückung des Anionengitters gegen das Kationengitter) verstärkt, während die Ionenpolarisation ihrerseits wiederum die Gitterpolarisation vergrößert. Schließlich treten zu den Konstanten e_{14} und c_{44} (abgesehen von ihrer Modifizierung durch die Auflockerung der Gitterbindungen) neue Anteile hinzu, welche ohne relative Verrückung der Ionengitter zustande kommen und auf dem durch eine elastische Scherung y_z hervorgerufenen Felde beruhen. Die beiden Beziehungen zwischen ε, ω_0, e_{14} und $c_{12}-c_{44}$ werden abgeändert. Der Vergleich der neuen Beziehungen mit der Erfahrung zeigt jedoch: für die Induzierung eines Dipolmoments in einem Ion kommt das von den übrigen Ionen in seinem Schwerpunkt hervorgerufene Feld bei weitem nicht voll zur Geltung. Es wird durch andere Einflüsse zu einem großen Teil kompensiert, teilweise überkompensiert. Diese kann man in den Wechselwirkungen der äußeren Elektronenhüllen der Ionen vermuten. Indessen genügt schon ein kleiner Bruchteil der formal zu erwartenden Ionenpolarisation, um bessere Ergebnisse bei der Berechnung der physikalischen Konstanten, besonders $c_{12}-c_{44}$ und e_{14}, zu gewinnen. Diese erweisen sich nämlich als außerordentlich empfindlich schon gegen geringe Änderungen des Mechanismus. Man darf demnach BORNs Vermutung, die Ionendeformierbarkeit sei der Grund für das Versagen der oben angeführten beiden Beziehungen, als bestätigt ansehen.

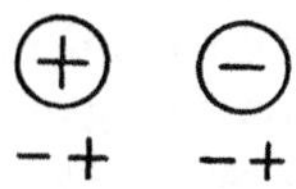

Abb. 8. Induzierte Dipole.

Zerreißfestigkeit. Zur Berechnung der Zerreißfestigkeit eines Kristalls hat man folgendermaßen zu verfahren. Man denke sich Steinsalz längs einer Würfelkante gedehnt. Dadurch wird der Ionenabstand in der Zugrichtung von δ (Gitterkonstante) auf x vergrößert. Gleichzeitig tritt eine Querkontraktion ein: der Ionenabstand senkrecht zur Zugrichtung wird von δ auf y erniedrigt. Die Gitterenergie U, vorher eine Funktion von δ allein, hängt jetzt von x und y ab. Da aber die Querkontraktion eine Folge der Dehnung ist, ist y eine Funktion von x, implizit gegeben durch

$$\frac{\partial}{\partial y} U(x, y) = 0 \tag{48}$$

und U hängt also nur von x ab. $\frac{dU}{dx}$ ist die Spannung, die nötig ist, um die Deformation $\delta \rightarrow x$ aufrecht zu erhalten. Diese wächst zunächst mit x, erreicht einen Maximalwert R, eben die Zerreißfestigkeit, und fällt dann rasch ab: das Zerreißen setzt ein. ZWICKY (*112*) hat die Zerreißfestigkeit für Steinsalz berechnet unter Zugrundelegung der COULOMBschen und der Abstoßungskräfte mit r^{-n}. Es ergab sich ein Wert für R, der den experimentellen etwa um das 400fache übertraf. Diesen Widerspruch zwischen Experiment und elektrostatischer Kohäsionstheorie der Kristalle glaubten JOFFÉ, KIRPITSCHEWA und LEWITZKI (*71*) zugunsten der Theorie aufklären zu können. Sie führen die außerordentlich hohe Erniedrigung der theoretischen Reißfestigkeit auf Oberflächeneffekte, kleine Risse, zurück. Beseitigen sie diese, indem sie den Kristall unter Wasser halten, so ermitteln sie R-Werte bis zu $^4/_5$ des theoretischen. Ihre Folgerungen und Ergebnisse werden jedoch von EWALD und POLANYI angefochten (vgl. *49*, *72* und *50*). Der wirkliche Zerreißvorgang dürfte auch infolge des Auftretens von Gleitungen komplizierter sein als der von ZWICKY studierte. Von Interesse ist noch die Frage, bei welcher Deformation das Zerreißen eintritt. ZWICKY berechnet, daß der Ionenabstand in der Zugrichtung beim Zerreißen 114 vH. des ursprünglichen beträgt, während er in der Querrichtung infolge der Kontraktion auf 97,7 vH. herabgesetzt ist.

GRIFFITH (*56*), POLANYI (*93*), SMEKAL (*100*) und ANTONOFF (*2*) haben die Zerreißfestigkeit mit der Oberflächenenergie in Zusammenhang gebracht.

Drittes Kapitel.

Gitterschwingungen. (Akustik und Optik.)

Eigenschwingungen. Auf das Studium der Schwingungsvorgänge im Gitter wies schon der vorletzte Paragraph hin: die ultrarote Reststrahlschwingung wurde gestreift und ihr Zusammenhang mit der dielektrischen Erregbarkeit erörtert. Vom Standpunkte dieses Kapitel und der Optik aus betrachtet, können wir diesen Zusammenhang dahin formulieren, daß die Theorie der dielektrischen Erregung bereits den

Beitrag der ultraroten Eigenfrequenzen zur Doppelbrechung erfaßt. Die Dynamik des Gitters beruht auf dem Studium ebener Wellen, da sich alle Bewegungen des Gitters durch Superposition ebener Wellen darstellen lassen.

Das einfachste Problem ist das der freien Schwingung. Gegeben sei die Richtung der Wellenebene, charakterisiert durch die Normale $\mathfrak{s}$ (Einheitsvektor), und eine bestimmte Wellenlänge λ. Die Frage ist: Können sich Wellen von der Wellenlänge λ in der Richtung $\mathfrak{s}$ durch das Gitter fortpflanzen? Welche Frequenzen haben sie und wie bewegen sich die Gitterpartikel bei der Schwingung?

Überlegen wir uns zunächst, durch wieviel Bestimmungsstücke der Schwingungsvorgang charakterisiert ist und wieviel Schwingungsgleichungen demnach zu erwarten sind. Die Schwingung wird zeitlich durch die Frequenz ω (Anzahl der Schwingungen in 2π Sekunden) charakterisiert, geometrisch durch die Amplituden der einzelnen Teilchen. Da physikalisch identische und geometrisch gleichberechtigte Teilchen dieselben Bewegungen ausführen müssen, kommen nur die s Amplitudenvektoren $\mathfrak{U}_k$ der Basispartikel vor. Das sind $3s$ geometrische Bestimmungsstücke, für die sich $3s$ Schwingungsgleichungen ergeben. Diese lauten

$$\omega^2 m_k \mathfrak{U}_{kx} + \sum_{k'} \sum_{y} \begin{bmatrix} kk' \\ xy \end{bmatrix} \mathfrak{U}_{k'y} = 0. \tag{49}$$

Der lineare Charakter rührt her von der Annahme kleiner Schwingungsamplituden, bei denen die Kräfte, die das Gitter in seinen Gleichgewichtszustand zurückzubringen suchen, als quasielastische angesehen werden können. Für die optischen Erscheinungen, die in diesem Abschnitt behandelt werden, reicht diese Annahme aus. Gewisse, im nächsten Abschnitt zu besprechende thermische Erscheinungen beruhen indessen gerade darauf, daß die großen Amplituden der thermischen Schwingungen Kräfte hervorrufen, die nicht mehr als quasielastisch angesehen werden können. Die Annahme quasielastischer, den Amplituden proportionaler Kräfte bringt es mit sich, daß nur die Verhältnisse, nicht die absolute Größe der Amplituden durch die Schwingungsgleichung festgelegt werden: durch proportionale Vergrößerung oder Verkleinerung aller Amplituden werden eben auch die Kräfte im selben Verhältnis geändert. Die Koeffizienten $\begin{bmatrix} kk' \\ xy \end{bmatrix}$ hängen zunächst von dem elementaren Potential $\varphi_{kk'}(r)$ ab, genauer von dessen zweiten Ableitungen, da die potentielle Energie des quasielastisch schwingenden Gitters in den Verrückungen quadratisch ist. Außerdem müssen sie zum Ausdruck bringen, daß die Kraft zwischen zwei schwingenden Partikeln (k, l) und (k', l') noch abhängt von dem Phasenunterschied zwischen ihren Schwingungszuständen. Anders ausgedrückt: von dem in Einheiten der Wellenlänge gemessenen Wege $(\mathfrak{s}\mathfrak{r}^{l\,-\,l'}_{kk'})$, den die ebene

Welle zu durchlaufen hat, um von der einen Partikel zur anderen zu gelangen. Es ergibt sich nach BORN (*16*):

$$\begin{bmatrix} kk' \\ xy \end{bmatrix} = \underset{l}{S} (\varphi^l_{kk'})_{xy}\, e^{-i\tau(\mathfrak{s}\mathfrak{r}^l_{kk'})}, \tag{50}$$

wo

$$\tau = \frac{2\pi}{\lambda} \tag{51}$$

und zur Abkürzung

$$(\varphi^l_{kk'})_{xy} = \left(\frac{\partial^2 \varphi_{kk'}(r)}{\partial x\, \partial y}\right)_{\mathfrak{r} = \mathfrak{r}^l_{kk'}} \tag{52}$$

gesetzt ist. Die Determinante der Schwingungsgleichungen muß verschwinden. Das ergibt eine Gleichung $3s$-ten Grades in ω^2. Zu einer vorgegebenen Wellenrichtung $\mathfrak{s}$ und Wellenlänge λ gibt es also $3s$ mögliche Gitterschwingungen, deren Frequenzen als Wurzeln einer Säkulargleichung bestimmt sind. Die Amplitudenverhältnisse ergeben sich dann aus den Schwingungsgleichungen. Da Wellenlänge und -richtung

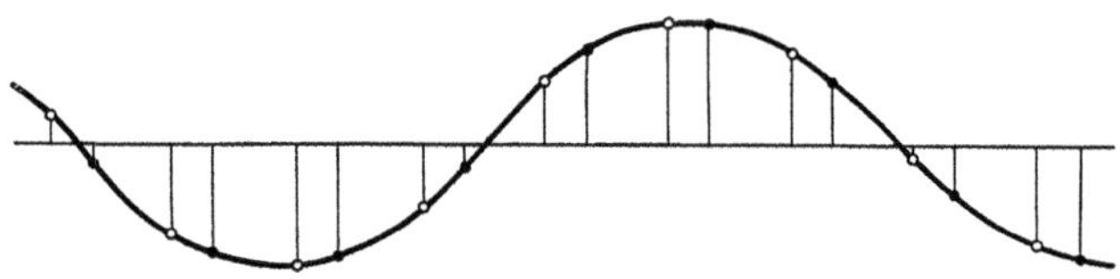

Abb. 9. Akustische Schwingung.

durch 3 Parameter bestimmt sind, haben wir also $3s \cdot \infty^3$ Eigenschwingungen erhalten. Da hat seinen Grund darin, daß wir mit dem dreifach unendlich ausgedehnten Gitter gerechnet haben. Ein endlicher Kristall von N Zellen hat $3sN$ Eigenschwingungen, die man jedoch mangels eines Ansatzes für die Randbedingungen nicht angeben kann. Wie man in der Grenze sehr vieler Zellen zu einer Übersicht über die Verteilung der Eigenschwingungen längs der Frequenzskala gelangt, wird im nächsten Abschnitt erörtert.

BORN und v. KÁRMÁN (*23*) erkannten, daß die Eigenschwingungen in zwei Klassen zerfallen, die sich nach ihrem physikalischen Verhalten deutlich unterscheiden. Während bei der einen Art von Eigenschwingungen die Partikel einer Zelle ihre relative Lage kaum verändern, weil sie alle nach derselben Richtung ausschwingen ($\mathfrak{U}_k = \mathfrak{U}$), spielen bei der anderen Art innere Verrückungen in der Zelle eine Hauptrolle, und der Zellschwerpunkt kann in erster Näherung als ruhend angesehen werden. Die Schwingungen erster Art sind die elastischen oder *akustischen*. Die Schwingungsform ist in Abb. 9 für ein zweiatomiges eindimensionales Gitter dargestellt. Je nach der Wellenlänge kann man dabei eine mehr oder weniger große Zahl benachbarter Zellen zu einem Komplex zusammenfassen, dessen Teilchen während der Schwingung ihre relativen Lagen kaum verändern. Offenbar — man stelle sich etwa die Ionen als dicht gepackte Kugeln vor — leisten die im Gitter wirksamen Kräfte einer solchen Schwingung gegenüber geringeren Widerstand als gegenüber einer Schwingung zweiter Art, bei der die nächsten Nachbarn gegeneinander verschcben werden. Die Kraft der quasielastischen Bindung ist bei einer Schwingung erster Art kleiner als bei einer Schwingung zweiter Art. Die akustischen Schwingungen sind also langsamer als etwa die Schwingungen entgegengesetzt geladener Ionen gegeneinander. In der Grenze unendlich langer Wellen würde das Gitter als Ganzes bewegt werden. Von einer quasielastischen Bindung kann man in diesem Falle nicht mehr sprechen, die Frequenz ω ist null. Analytisch drückt sich das so aus, daß die Potenzreihenentwicklung einer akustischen Frequenz ω_j, die nach (50) Funktion von τ ist, mit dem linearen Gliede beginnt:

$$\omega_j = c_j \tau + \cdots . \tag{53}$$

c_j kann noch von der Wellenrichtung $\mathfrak{s}$ abhängen. Es gibt immer drei solche „Nullfrequenzen", die mit wachsender Wellenlänge dem Grenzwert 0 zustreben. Die ihnen entsprechenden Schwingungsformen sind die Translationen des Gitters nach drei nicht in einer Ebene liegenden Richtungen. Die c_j sind die *Schallgeschwindigkeiten* für lange Wellen. Es ist klar, daß die akustischen Schwingungen auch in einem Ionengitter weder durch ein elektrisches Wechselfeld (optisch) angeregt werden können, da ein elektrisches Feld Ionen entgegengesetzter Ladung nach entgegengesetzten Richtungen zieht, noch auch nach außen hin optisch wirksam sein können, da die Strahlungsfelder entgegengesetzt geladener und gleich ausschwingender Teilchen sich aufheben.

Die Schwingungen zweiter Art sind die „*optischen*" Schwingungen. Allerdings sind nicht alle Schwingungen der verschiedenen Ionengitter gegeneinander optisch anregbar oder optisch wirksam, sondern nur diejenigen, die ein elektrisches Moment haben. BRESTER (*33*) unterscheidet demgemäß aktive und inaktive Schwingungen. Inaktiv ist z. B., wie Abb. 7 zeigt, beim Flußspat die Schwingung der beiden *F*-Gitter mit entgegengesetzt gleicher Amplitude gegeneinander. Da bei den optischen Schwingungen die stärksten Kräfte beansprucht werden, die im Kristall auftreten, nämlich die zwischen benachbarten Ionen verschiedenen Vorzeichens, sind sie schneller als die akustischen. In der Grenze langer Wellen schwingen die Ionengitter als starre Gebilde gegeneinander. Die Grenzfrequenz für lange Wellen ist also keineswegs null, sondern sehr hoch, entsprechend der starken quasielastischen Bindung (Konstante D bei zweiatomigen Diagonalgittern, s. Formel 45). Die Potenzreihenentwicklung nach τ beginnt

$$\omega_j = \omega_j^0 + \cdots \tag{54}$$

im Gegensatz zu (53). Die Wellenlängen, welche diesen Eigenfrequenzen entsprechen, liegen im ultraroten, sind also sehr groß gegen die Gitterkonstante. Daher können die optischen Eigenfrequenzen für viele Zwecke durch ihre Grenzfrequenzen für lange Wellen ersetzt und als unabhängig von der Wellenlänge und der Wellenrichtung angesehen werden. Abb. 10 zeigt die Schwingungsform einer solchen ultraroten Eigenschwingung für ein zweiatomiges eindimensionales Gitter.

Abb. 11 gibt die beiden Zweige der Frequenzfunktion für eine mit zwei verschiedenen Massen, einer kleinen μ und einer großen m, äquidistant (Abstand δ) besetzte Punktreihe wieder (nach BORN und v. KÁRMÁN, *23*). Sie zeigt, daß bei sehr verschiedenen Massen der optische Zweig nahezu monochromatisch ist (Gl. 54). Die Konstante α ist ein Maß für die quasielastische Bindung der Teilchen. — Den Zusammenhang der verschiedenen Typen von Gitterschwingungen hat BORN (*7*) geklärt.

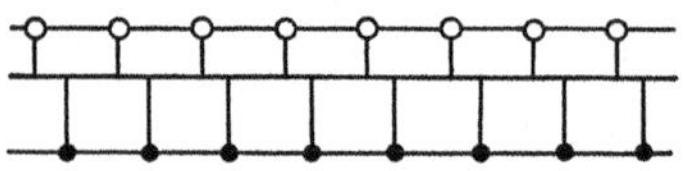

Abb. 10. Ultrarote Schwingung.

Eigenfrequenzen und Kristalleigenschaften. Verteilungsgesetz. Die ultraroten Eigenfrequenzen machen sich im Spektrum als Stellen starker Absorption bemerkbar. Die Lichtenergie wird dabei in kinetische Energie der Gitterschwingung umgesetzt. Da mit hoher Absorption hohes Reflexionsvermögen verbunden ist, treten die ultraroten Eigenfrequenzen auch als Reststrahlen in Erscheinung. Ihre physikalische Deutung ist zuerst von MADELUNG (*82*) gegeben worden, der die Ionenstruktur der Salzkristalle erkannte und zwei Jahre vor Entwicklung der Röntgenstrukturforschung das Gitter des Steinsalzes voraussagte. Die ultraroten Frequenzen zerfallen in zwei Gruppen: eine kurzwellige (10 bis 20 μ) rührt her von inneren Schwingungen einzelner Ionengruppen, wie CO_3^{--}, SO_4^{--}; die eigentlichen Gitterschwingungen sind langwelliger (30 bis 150 μ). MADELUNG hat die ultrarote Eigenfrequenz zweiatomiger regulärer Kristalle zur Kompressibilität $\varkappa$ in Beziehung gebracht. Er fand auf Grund verschiedener Modellbetrachtungen

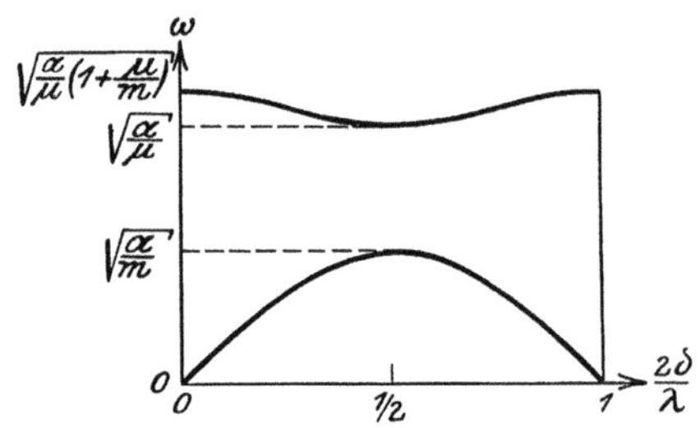

Abb. 11. Elastisches Spektrum der Punktreihe nach BORN und v. KÁRMÁN.

$$\lambda = C \cdot \varkappa^{1/2} M^{1/3} \varrho^{1/6}, \tag{55}$$

wo C eine empirisch zu bestimmende Konstante, ϱ die Dichte,

$$M = \frac{(M_1 M_2)^{3/2}}{(M_1 + M_2)^2} \tag{56}$$

und die M die Atomgewichte sind. Unabhängig von ihm kamen SUTHERLAND (*102*) und EINSTEIN (*41*) zu derselben Formel. Die Gittertheorie liefert, wie wir oben sahen, keine Beziehung zwischen der Reststrahlfrequenz und der Kompressibilität, da für diese die Konstanten A und B, für jene die Konstante D maßgebend ist. Da jedoch physikalisch sowohl die Kompressibilität wie die quasielastische Bindung D wesentlich durch die Abstoßungskräfte zwischen den eng angenäherten Ionen bestimmt wird, so erscheint der Zusammenhang plausibel. MADELUNG und EINSTEIN fassen ihre Formel auch nur als Dimensionsformel auf. Die empirische Prüfung bei den Alkalihalogeniden ergibt gute Übereinstimmung mit der Erfahrung.

In der theoretischen Erklärung der Dispersion leistet die Gittertheorie nur insofern mehr als die Theorie von DRUDE, als sie die ultraroten Dispersionsfrequenzen aus der Gitterstruktur und den Elementarkräften zu berechnen gestattet.

Entsprechend den $3(s-1)$ inneren Freiheitsgraden des Gitters gibt es ebensoviel ultrarote Eigenfrequenzen im allgemeinen Fall, nämlich $3s$ abzüglich der drei akustischen Frequenzen. Daß es in einem einfachen Translationsgitter nur die akustischen Frequenzen gibt, ist anschaulich klar. Bei Diagonalgittern gibt es wegen der Gleichberechtigung der drei Koordinatenachsen nur $s-1$ utrarote Frequenzen. Wie die Kristallsymmetrie die Anzahl der ultraroten Frequenzen reduziert, wie die Schwingungsformen im einzelnen aussehen, welche Schwingungen aktiv und welche inaktiv sind usw., ist in voller Allgemeinheit, auch für endliche Punktsysteme, von BRESTER (*33*) untersucht worden. BORN (*8*) hatte diese Frage früher schon für den Fall regulärer Kristalle behandelt, DEHLINGER (*40*) noch früher für zweiatomige Diagonalgitter.

Zur Anregung elastischer Schwingungen in einem Kristallstäbchen bedienten sich CADY (*34*) und PIERCE (*91*) der Piezoelektrizität bzw. ihres Umkehreffektes, der Elektrostriktion. Wird beispielsweise eine geeignet orientierte Quarzplatte von wenigen Millimetern Dicke auf beiden Seiten versilbert und an die Seitenflächen eine Wechselspannung angelegt, so wird die Platte zu elastischen Schwingungen in der Längsrichtung angeregt. Auf diese Weise lassen sich elastische Eigenfrequenzen messen. WYNN-WILLIAMS (*110*) gründet darauf die Konstruktion eines piezoelektrischen Oszillographen.

Die Schallgeschwindigkeiten c_j hängen bekanntlich mit den Elastizitätskonstanten zusammen. Eine Dimensionsbetrachtung zeigt schon, daß das Quadrat einer Schallgeschwindigkeit im wesentlichen dem Quotienten aus einer linearen Kombination der Elastizitätskonstanten und der Dichte gleich ist. Welche Kombination der Elastizitätskonstanten in Frage kommt, hängt von der Fortpflanzungsrichtung und Schwingungsform der elastischen Welle ab (ob longitudinal oder transversal). BORN und v. KÁRMÁN (*24*) haben in einem speziellen Fall diesen Zusammenhang genauer studiert.

Für die Theorie der spezifischen Wärme ist es notwendig, eine Übersicht über die Verteilung der $3s\,N$ Eigenschwingungen des Gitters längs der Skala der Frequenzen zu gewinnen, da sich der Beitrag einer Eigenschwingung zur spezifischen Wärme nur nach der Frequenz bemißt. DEBYE (*37*) hat dies Problem für die *elastischen* Eigenschwingungen eines Kontinuums (mit unendlich vielen Eigenschwingungen) behandelt. Die gittertheoretische Behandlung, welche auch die optischen Eigenschwingungen umfaßt, beginnt mit einer Arbeit von BORN und v. KÁRMÁN (*25*). Das Problem läßt sich streng nicht lösen, weil es von der Oberflächenform des Kristalls abhängt. Bei großen Kristallen ($N \to \infty$) werden jedoch die Oberflächeneinflüsse relativ gering sein. WEYL (*108*) hat bewiesen, daß die asymptotische Verteilung der Eigenschwingungen bei großem N von der Oberflächenform unabhängig ist. Die Existenz der Kristalloberfläche gibt zur Ausbildung *stehender* Wellen Veranlassung. Bei einer schwingenden Saite z. B. müssen die festgehaltenen Enden immer mit der Amplitude null schwingen, auf die ganze Länge der Saite muß also eine ganze Zahl von Wellenlängen entfallen. Betrachten wir nun einen Kristall, welcher in seiner Gestalt der Zelle $\{\mathfrak{a}_1, \mathfrak{a}_2, \mathfrak{a}_3\}$ des Gitters ähnlich ist, etwa aus n^3 Zellen aufgebaut ist. Die Enden der zu $\mathfrak{a}_1$ parallelen Kristallkante (von der Länge $n \,.\, |\mathfrak{a}_1|$) mögen z. B. dauernd mit der Amplitude null schwingen. Wenn die Welle über diese Kristallkante hinläuft, legt sie den Weg $n \,.\, (\mathfrak{s}\mathfrak{a}_1)$ zurück. Dieser muß also ein ganzes Vielfaches der Wellenlänge betragen:

$$n \cdot (\mathfrak{s}\mathfrak{a}_1) = p_1 \cdot \lambda \tag{57}$$

oder

$$\varphi_1 = \tau\,(\mathfrak{s}\mathfrak{a}_1) = 2\,\pi \cdot \frac{p_1}{n}\,. \tag{58}$$

p_1 kann dabei alle ganzen Zahlen bis n durchlaufen. $p_1 > n$ würde offenbar bedeuten, daß die Wellenlänge kleiner als der Netzebenenabstand in der Wellenrichtung wäre, was keinen Sinn hat. Analoge Bedingungen gelten für φ_2 und φ_3, so daß alle Kombinationen von Wellenlänge und Wellenrichtung, welche möglichen Eigenschwingungen des Gitters entsprechen, in dem Würfel $-\pi \leqq \varphi_1, \varphi_2, \varphi_3 \leqq +\pi$ des „Phasenraumes" $\varphi_1, \varphi_2, \varphi_3$ *gleichmäßig* verteilt sind, nämlich als Punkte eines kubischen Gitters von der Maschenlänge $\frac{2\pi}{n}$; und zwar gehören zu jedem Gitterpunkt $\varphi_1, \varphi_2, \varphi_3$ $3\,s$ Eigenschwingungen. Deren Frequenzen sind bestimmt durch die Werte, welche die $3\,s$-Zweige ω_j der Frequenzfunktion $\omega\,(\mathfrak{s}, \tau) = \omega\,(\varphi_1, \varphi_2, \varphi_3)$ in dem betreffenden Gitterpunkt annehmen. *Im Volumelement* $d\varphi = d\varphi_1\, d\varphi_2\, d\varphi_3$ *des Phasenraums liegen demnach unabhängig von seiner Lage* $\frac{N}{(2\pi)^3}\,d\varphi$ *Eigenschwingungen eines jeden Zweiges* ω_j *der Frequenzfunktion* ($j = 1$ bis $3\,s$). Dies *Verteilungsgesetz der Eigenschwingungen* wurde für einfache Translationsgitter zuerst in der zitierten

Arbeit von BORN und v. KÁRMÁN (*25*), später für gewisse zweiatomige Gitter von DEHLINGER (*40*), allgemein in BORNS Dynamik der Kristallgitter (*7*) bewiesen. Einen neuen sehr eleganten Beweis hat BORN in seinem Enzyklopädieartikel (*16*) gegeben. Die Randbedingungen für den begrenzten Kristall sind dabei durch geeignete Periodizitätsforderungen im unendlichen Gitter ersetzt.

Will man die Verteilung der Eigenschwingungen in der Frequenzskala bestimmen, so muß man die Funktionen $\omega_j(\varphi_1, \varphi_2, \varphi_3)$ kennen. Betrachtet man die ultraroten Eigenfrequenzen in erster Näherung als konstant

$$\omega_j = \omega_j^0 \tag{59}$$

(vgl. Gl. 54), so entfallen auf jede solche Frequenz N Eigenschwingungen. Bei den akustischen Schwingungen kann man nach BORN und v. KÁRMÁN (*24*) folgendermaßen verfahren. Es ist

$$d\varphi_1 \cdot d\varphi_2 \cdot d\varphi_3 = \varDelta\, d(\tau\mathfrak{s}_x) \cdot d(\tau\mathfrak{s}_y) \cdot d(\tau\mathfrak{s}_z), \tag{60}$$

da $\varDelta$ Transformationsdeterminante der linearen Transformation

$$\left.\begin{array}{l} \varphi_1 = \mathfrak{a}_{1x} \cdot \tau\mathfrak{s}_x + \mathfrak{a}_{1y} \cdot \tau\mathfrak{s}_y + \mathfrak{a}_{1z} \cdot \tau\mathfrak{s}_z \\ \dots\dots\dots\dots\dots\dots \\ \dots\dots\dots\dots\dots\dots \end{array}\right\} \tag{61}$$

ist. Führt man statt der rechtwinkligen Koordinaten $\tau\mathfrak{s}_x$, $\tau\mathfrak{s}_y$, $\tau\mathfrak{s}_z$ die entsprechenden Polarkoordinaten τ, $\mathfrak{s}$ ein, so folgt weiter

$$d\varphi = \varDelta\tau^2 d\tau\, d\Omega\,. \tag{62}$$

Hier ist $d\Omega$ das Oberflächenelement der Einheitskugel, deren Punkte die Wellenrichtungen $\mathfrak{s}$ bestimmen. Benutzt man nun für die akustischen Frequenzen die erste Näherung

$$\omega_j = 2\,\pi\,\nu_j = c_j\,\tau \tag{63}$$

(vgl. Gl. 53), so liegen nach dem Verteilungsgesetz im Frequenzintervall $d\nu$ und Richtungselement $d\Omega$

$$dz = \frac{V}{c_j^3}\,\nu^2 d\nu \cdot d\Omega \tag{64}$$

Eigenschwingungen *eines* akustischen Zweiges.

$$V = N\varDelta \tag{65}$$

ist das Volumen des Kristalls. In isotropen Körpern hängen die Schallgeschwindigkeiten c_j nicht von der Richtung ab. Dann enthält das Frequenzintervall $d\nu$

$$dz = 3\,VF\nu^2 d\nu \tag{66}$$

Eigenschwingungen aller drei akustischen Zweige zusammen. Dabei bedeutet

$$F = \frac{4\pi}{3}\left(\frac{1}{c_1^3} + \frac{1}{c_2^3} + \frac{1}{c_3^3}\right). \tag{67}$$

Die Formel 66 ist zuerst in der zitierten Arbeit von DEBYE (*37*) abgeleitet worden. In der Nähe der Maximalfrequenzen ν_m (Minimalwellenlänge = Gitterkonstante bezw. Netzebenenstand) liegen danach die Eigenschwingungen besonders dicht.

Doppelbrechung. Da nach der MAXWELLschen Theorie der Brechungsindex n durch die Beziehung

$$n^2 = \varepsilon \tag{68}$$

mit der Dielektrizitätskonstante verknüpft ist, ist in der Theorie der dielektrischen Erregung die Erklärung der Brechung mit enthalten. Bei nichtregulären Kristallen ist die Dielektrizitätskonstante durch einen Tensor zu ersetzen, woraus dann die Doppelbrechung wie in der Kontinuumstheorie der Kristalloptik folgt. Die oben dargestellte Theorie der dielektrischen Erregung erfaßt jedoch nur denjenigen Anteil, der von den relativen Verrückungen der Ionengitter gegeneinander herrührt. Für die Doppelbrechung macht dieser sich wegen der Trägheit der schweren Ionen erst im Ultraroten bemerkbar. Die formale Behandlung dieses „ultraroten" Anteils an der Brechung findet sich bei BORN (*7* und *16*).

Für die Brechung im sichtbaren Gebiet sind Schwingungen der im Atom gebundenen Elektronen verantwortlich. Das Atom selbst ist dielektrisch erregbar und nehme in einem homogenen elektrischen Felde $\mathfrak{E}$ ein Dipolmoment

$$\mathfrak{p} = \alpha \mathfrak{E} \tag{69}$$

an. α ist ein Maß für die Polarisierbarkeit des Atoms. Eine Reihe Autoren (oben zitiert, vgl. *68*, *107*, *51* und *22*) haben aus dem Brechungsindex die α-Werte für verschiedene Ionen ermittelt. Die gesamte dielektrische Polarisation $\mathfrak{P}$ pro Volumeinheit ist

$$\mathfrak{P} = N\alpha\,(\mathfrak{E} + \overset{\circ}{\mathfrak{E}}), \tag{70}$$

wo N die Zahl der Atome pro Volumeinheit und $\overset{\circ}{\mathfrak{E}}$ dasjenige Feld ist, das von der Polarisation der übrigen Atome herrührt. Nach LORENTZ (*81*) ist bei ungeordneter Verteilung der Atome

$$\overset{\circ}{\mathfrak{E}} = 4\frac{\pi}{3}\mathfrak{P} \quad \text{(LORENTZsche Kraft).} \tag{71}$$

Im Kristallgitter sind zweierlei neue Einflüsse zu erwarten.

1. Die Abweichung von der ungeordneten Verteilung kann eine Modifikation der LORENTZschen Kraft bedingen („Anisotropie der Lage").

2. Da die Ionen infolge anisotroper Lagerung im Gitter durch dessen Feld bereits verzerrt sind, werden sie nicht weiter isotrop deformierbar sein; die Deformierbarkeit α hängt von der Richtung ab („Anisotropie der Bindung").

Die Gittertheorie der Doppelbrechung hat die Aufgabe, wenn der α-Wert des freien Ions bzw. Atoms gegeben ist, die beiden genannten Einflüsse rechnerisch zu erfassen.

Der erste bringt die *strukturelle Doppelbrechung* hervor. Betrachten wir z. B. ein rechteckiges Gitter (Abb. 12). Wenn die Dipole der kurzen Seite parallel schwingen, so werden zwei nächstbenachbarte Dipole sich gegenseitig verstärken, während sie sich schwächen, sobald sie der langen Seite parallel schwingen. Die weit entfernten Dipole kommen in ihrem Einfluß demjenigen regellos verteilter nahe, werden also als LORENTZsche Kraft wirksam werden. Die Gitterstruktur wird sich also bei der Schwingung Abb. 12a in einer Stärkung, bei der Schwingung Abb. 12b in einer Schwächung der LORENTZschen Kraft und damit der dielektrischen Erregung und Brechung äußern, also zu einer Doppelbrechung Veranlassung geben. EWALD (*44*) hat die strukturelle Doppelbrechung eines einfachen rhombischen Dipolgitters (die Zelle ist ein Quader) be-

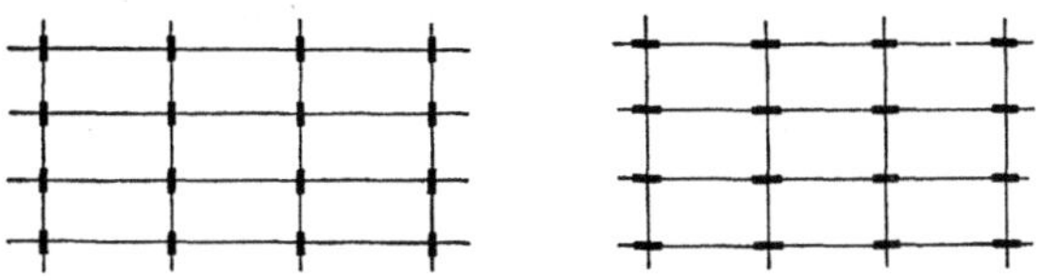

Abb. 12. Dipolschwingungen eines rechteckigen Gitters.

rechnet und fand der Größenordnung nach Übereinstimmung mit der beim rhombischen Kristall Anhydrit ($CaSO_4$) beobachteten Doppelbrechung. Mehr konnte nicht erwartet werden, da die Sauerstoffatome, welche den Hauptanteil an der Brechung liefern, sicher nicht in einem einfachen Translationsgitter angeordnet sind. BORN (*16*) zeigte, daß in gewissen regulären Kristallen, z. B. in allen Diagonalgittern die Wirkung aller Partikel auf eine exakt durch die LORENTZsche Kraft gegeben ist. Im Falle eines einfachen Würfelgitters übersieht man in der Tat leicht anschaulich, daß die nächsten Nachbarn keine Kraft auf eine Partikel ausüben. Man denke sich nämlich in einem solchen Gitter Dipole $\mathfrak{p}$ parallel einer Würfelkante erregt. Da die potentielle Energie zweier paralleler Dipole aufeinander $\frac{1}{r^3}\left\{p^2 - \frac{3}{r^2}(\mathfrak{r}\mathfrak{p})^2\right\}$ beträgt, so wirken die Dipole mit der Energie $-2\frac{p^2}{r^3}$ aufeinander, sobald sie parallel zur Verbindungslinie $\mathfrak{r}$ orientiert sind, während bei senkrechter Orientierung die Energie $+\frac{p^2}{r^3}$ beträgt. Das negative Zeichen bei der parallelen Orientierung zeigt eine Anziehung, das positive bei der senkrechten Orientierung eine Abstoßung an. Im Würfelgitter befinden sich unter den 6 nächsten Nachbarn eines Dipols 2 mit paralleler und 4 mit senkrechter Orientierung; die Energie der 6 Nachbardipole auf einen ist also null. Wie die LORENTZsche Kraft bei nicht regulären Gittern zu verallgemeinern ist, hat EWALD (*44*) für das rhombische, BORN (*7*) für das allgemeinste Gitter angegeben.

In letzter Zeit hat BRAGG (*32*) sehr interessante numerische Berechnungen zur Doppelbrechung ausgeführt. Die Refraktion der von ihm untersuchten Kristalle (Karbonate, Nitrate, Korund) beruht zum größten Teil auf einer O_3-Gruppe. Bei den Karbonaten und Nitraten bilden die CO_3^{--} bzw. NO_3^{-}-Gruppen sehr fest gebaute Gebilde, gleichseitige Dreiecke mit O^{--} als Eckpunkten und C^{++++} bzw. N^{+++++} im Mittelpunkt. Daß die Doppelbrechung wesentlich auf der O_3-Gruppe beruht, zeigt schon ein Vergleich der Brechungsindizes der beiden $CaCO_3$-Modifikationen Kalkspat und Aragonit:

Kalkspat (einachsig)

$\mathfrak{E} \perp O_3$-Ebene,	außerord. Strahl,	$n = 1{,}486$
$\mathfrak{E} \parallel O_3$-Ebene,	ordentl. Strahl,	$n = 1{,}658$,

Aragonit (zweiachsig)

$\mathfrak{E} \perp O_3$-Ebene,	$\parallel$ c-Achse,	$n = 1{,}530$
$\mathfrak{E} \parallel O_3$-Ebene	$\parallel$ a-Achse,	$n = 1{,}681$
	$\parallel$ b-Achse,	$n = 1{,}686$.

Der Betrag der Doppelbrechung von rund 0,16 rührt offenbar von der O_3-Gruppe her. In der Tat sieht man leicht, daß innerhalb einer solchen Gruppe die induzierten Dipole sich schwächen, wenn sie senkrecht, sich verstärken, wenn sie parallel zur Dreiecksebene gerichtet sind. Die Verminderung der LORENTZschen Kraft im ersten Fall bedingt eine Verkleinerung, die Vergrößerung der LORENTZschen Kraft im zweiten Fall eine Vergrößerung des Brechungsindex. Die feineren Unterschiede zwischen Kalkspat und Aragonit kommen von der relativen Lage der CO_3-Gruppen im Kristall. Auch diese Feinheiten gibt die theoretische Berechnung in guter Übereinstimmung mit der Erfahrung wieder. Bei den Nitraten $NaNO_3$ (Kalkspattyp) und KNO_3 (Aragonittyp) ist die molekulare Doppelbrechung nahezu doppelt so groß wie bei den Karbonaten, obwohl sie auch bei den Nitraten von der O_3-Gruppe herrührt. BRAGG berechnet nun die von der O_3-Gruppe erzeugte Doppelbrechung als Funktion des Abstandes $O \rightarrow$ Dreiecksmittelpunkt M und findet eine sehr starke Abhängigkeit. Da das Potential zweier Dipole mit $1/r^3$ geht, bedingt nämlich eine relativ geringe Annäherung der O schon eine beträchtliche Steigerung ihrer Wechselwirkung. BRAGG berechnet umgekehrt aus der Doppelbrechung den Abstand MO und findet für das Karbonat 1,24 Å in genauer Übereinstimmung mit dem röntgenometrisch ermittelten Wert, für das Nitrat 1,09 Å. Dieser Wert ist röntgenometrisch nicht geprüft, doch ist die Verkleinerung der O_3-Gruppe im Nitrat wegen der höheren Ladung des N zu erwarten. Bemerkenswert ist, daß eine Änderung des Abstandes MO um 13 vH. bereits eine

Verdoppelung der molekularen Doppelbrechung bedingt. Auch die geringe molekulare Doppelbrechung des Korund (Al_2O_3) kann nach BRAGG rein strukturell erklärt werden. Diese beträgt nur rund 3 vH. von derjenigen der Karbonate. Die O-Ionen, auf die es auch hier wesentlich ankommt, sind beinahe in der hexagonalen dichtesten Kugelpackung angeordnet; nur sind in jeder Schicht jeweils drei O-Ionen einem Zentrum M ein wenig genähert (Abb. 13), so daß der Abstand MO statt 1,58 Å (Kugelpackung) 1,45 Å beträgt. Für die Beeinflussung eines O durch die Dipole der anderen kommen hier die 12 Nachbarn der Kugelpackung fast gleichmäßig in Frage. BRAGG berechnet die Brechungsindizes des ordentlichen und außerordentlichen Strahles (gemessen $n_o = 1{,}771$, $n_a = 1{,}763$) für verschiedene MO-Werte mit dem Ergebnis:

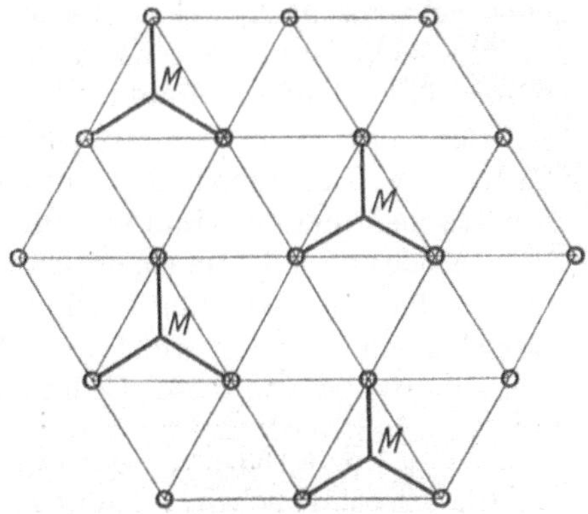

Abb. 13. O_3-Ebenen des Korund. Oberhalb und unterhalb M liegt je ein Al^{+++}.

MO	n_o	n_a
1,58 Å	1,765	1,766
1,45 Å	1,774	1,765
1,30 Å	1,796	1,731

Die Röntgenanalyse ergibt $MO = 1{,}45$ Å. Die Übereinstimmung ist ausgezeichnet.

Die BRAGGschen Ergebnisse führen uns auf den zweiten, von der Anisotropie der Bindung herrührenden Anteil an der Doppelbrechung. Für diesen fehlt bisher jeder theoretische Ansatz. Um so erfreulicher ist es, daß er praktisch gegenüber der strukturellen Doppelbrechung keine große Rolle zu spielen scheint. Während nämlich EWALDS Rechnung am Anhydrit wegen des zu groben Modells keine Entscheidung darüber zuließ, wie groß der Anteil der Gitterstruktur an der Doppelbrechung ist, läßt sich diese Entscheidung nach BRAGGS Rechnungen fällen. Da nämlich BRAGG rein strukturell den Hauptanteil der Doppelbrechung erklären kann, obwohl eine starke Anisotropie des O in der CO_3- bzw. NO_3-Gruppe sicher vorhanden ist, muß man schließen, daß die Anisotropie der Elektronenbindung nicht von großem Einfluß auf die Doppelbrechung ist.

Strenge Theorie der Kristalloptik. Die referierte Theorie der dielektrischen Erregung und Brechung ist ein Gemisch aus Atomistik und Kontinuumsphysik. Die in der Kontinuumsphysik des Diektrikums auftretende Polarisation $\mathfrak{P}$ deutet man auf Grund des atomistischen Bildes vom Kristall anschaulich als das elektrische Moment der erzwungenen Schwingungen, welche die Gitterteilchen unter dem Einfluß eines äußeren elektrischen Wechselfeldes $\mathfrak{E}$ ausführen. Nach dieser Vorstellung läßt sich $\mathfrak{P}$ als Funktion von $\mathfrak{E}$ berechnen. Sodann übernimmt man den kontinuumstheoretischen Zusammenhang zwischen $\mathfrak{P}$ und $\mathfrak{E}$, welcher den Brechungsindex enthält, vergleicht ihn mit dem gittertheoretischen und gewinnt so eine Formel für den Brechungsindex. Diese Ableitung läßt die eigentliche Bedeutung des Brechungsindex als eines für die Fortpflanzungsgeschwindigkeit einer Lichtwelle im Kristall maßgebenden Faktors offenbar außer acht. Die strenge Theorie der Kristalloptik hat von dieser Bedeutung des Brechungsindex auszugehen und zunächst die Frage zu klären: Wie kommt es, daß eine elektromagnetische Welle sich im Kristall mit einer geringeren Geschwindigkeit fortzupflanzen scheint, obwohl sie im leeren Raum zwischen den Gitterpartikeln den MAXWELLschen Gleichungen gemäß mit Vakuumlichtgeschwindigkeit läuft? Sodann ist zu zeigen, daß sich infolge der Reaktion der Gitterpartikel auf die elektromagnetische Welle im Kristall eine dielektrische Polarisation ausbildet, welche mit dem elektrischen Felde vermittelst des Brechungsindex so zusammenhängt, wie es die MAXWELLsche Theorie des Dielektrikums fordert.

Diese Fragen sind von EWALD (*44*) geklärt worden. Die Reaktion einer Gitterpartikel auf das elektromagnetische Feld setzt er als eine von ihr ausgehende Dipolkugelwelle an. Beim unendlichen Kristall hat es keinen Sinn, von einer von außen einfallenden Welle zu sprechen, die das Gitter zu erzwungenen Schwingungen anregt. Der Grundgedanke der EWALDschen Theorie überwindet diese Schwierigkeit, indem nicht die erzwungenen Schwingungen des Systems „Gitter", sondern die freien Schwingungen des Systems „Gitter plus Äther zwischen den Gitterpunkten" studiert werden. Dabei sind als „Koordinaten" eines Gitterpunktes seine Verrückungen, als „Koordinaten" eines Ätherpunktes etwa die Komponenten der dort herrschenden Feldstärke anzusehen. Man sieht sofort, daß dieses System trotz der Periodizitätseigenschaften im Gitter unendlich (und zwar kontinuierlich) viele Freiheitsgrade hat. EWALD studiert seine Eigenschwingungen, indem er für die Dipolschwingungen der quasielastisch gebundenen Partikel eine ebene Welle ansetzt. Es ergibt sich zunächst, daß die von den Gitterpartikeln ausgestrahlten Kugelwellen sich auch zu einer ebenen Welle überlagern, deren Phase sich mit derselben Geschwindigkeit durch den Kristall fortpflanzt wie die Welle der Dipolschwingungen. Die Änderung dieser Phasengeschwindigkeit gegenüber der Vakuumlichtgeschwindigkeit ist ein verwickelter Interferenzeffekt. Wenn nämlich die ebene Lichtwelle auf eine Netzebene des Kristalls fällt, so überlagern sich die von den Netzebenenteilchen sekundär fortgestrahlten Dipolkugelwellen der ursprünglichen Welle in einer Weise, die makroskopisch einem Phasensprung der Welle beim Durchgang durch die Netzebene ähnlich sieht. Die Berechnung des makroskopischen räumlichen Mittelwertes $\overline{\mathfrak{E}}$ des im Gitter periodischen mikroskopischen elektrischen Feldes als Funktion des elektrischen Momentes der Dipolschwingungen, durch deren Strahlung ja das elektrische Feld erzeugt wird, ergibt den von der MAXWELLschen Theorie verlangten Zusammenhang zwischen $\overline{\mathfrak{E}}$ und $\mathfrak{P}$. Damit ist jene Anleihe bei der Kontinuumsphysik gerechtfertigt.

Äther und Gitterteilchen werden nun zu einem einzigen dynamischen System zusammengefaßt durch die Forderung, daß die Gitterteilchen durch das zugestrahlte Feld der Dipolkugelwellen zu ihren Schwingungen angeregt werden. Der Mannigfaltigkeit seiner Freiheitsgrade entsprechend entspricht *jeder* Frequenz und Wellenrichtung eine mögliche Eigenschwingung des Systems. Die erwähnte dynamische Forderung ergibt eine Bedingung zwischen Phasengeschwindigkeit der Welle, Frequenz und Wellenrichtung. Damit hat man einerseits die Abhängigkeit des Brechungsindex (Fortpflanzungsgeschwindigkeit) von der Frequenz (Dispersionsformel), andererseits die Abhängigkeit der Fortpflanzungsgeschwindigkeit von der Wellenrichtung (formale Gesetze der Kristalloptik). In der üblichen Dispersionstheorie hat man es bei den Dispersionsfrequenzen mit Resonanz gegenüber der von außen einfallenden Lichtwelle zu tun. In der EWALDschen Theorie kann von Resonanz nicht die Rede sein, da die „äußere Welle" mit zum System gehört. Es verhält sich hier so, daß die Eigenschwingungen des Systems „Gitter plus Äther" im allgemeinen mit kleinen Amplituden der Gitterteilchen vor sich gehen und nur in der Nähe gewisser Frequenzen, nämlich der Eigenfrequenzen des Systems „Gitter" beträchtliche Amplituden der Gitterschwingungen auftreten. Für Wellenlängen, die mit der Gitterkonstante vergleichbar sind, ergibt sich die v. LAUEsche Theorie der Röntgeninterferenzen, wie EWALD (*44*) gezeigt hat.

BORN (*7*) hat die EWALDsche Theorie in einen weiteren Rahmen gestellt, indem er die bei EWALD als quasielastisch und isotrop angesetzte Bindung der Partikel an ihre Gleichgewichtslagen ersetzte durch die Kräfte $\varphi_{kk'}(r)$, die alle Gitterpartikel miteinander koppeln. Zu diesen Fernkräften treten die mit Lichtgeschwindigkeit übermittelten elektromagnetischen Wechselwirkungen. Ferner rechnet BORN mit dem allgemeinsten Gitter. Er findet (vgl. *16*, § 43), daß die auf eine Gitterpartikel ausgeübte Kraft aus drei Anteilen besteht:

1. dem räumlichen Mittelwert $\overline{\mathfrak{E}}$ des elektrischen Feldes; $\overline{\mathfrak{E}} = 0$ ergibt den Fall der akustischen $\overline{\mathfrak{E}} \neq 0$ den der optischen Schwingungen;

2. den elektromagnetischen Kräften, die von den anderen Partikeln herrühren (LORENTZsche Kraft bzw. deren Verallgemeinerung); diese enthalten die elektrostatischen Kräfte;

3. einem als elektromagnetische Trägheit zu deutenden Anteil, der praktisch nicht in Betracht kommt.

EWALD (*44*) hat auch die Theorie der Reflexion und Brechung begründet, indem er freie Schwingungen des Systems „Halbgitter plus Äther" untersucht hat. Er findet, daß es zu jeder Wellenrichtung und Wellenlänge einer auf die Grenzfläche des Halbgitters auffallenden Welle eine Lösung des Problems gibt. Und zwar pflanzt sich im Innern des Kristalls eine mit Dipolschwingungen verbundene Welle fort, die gebrochene; sie entspricht der Welle im unbegrenzten Kristall, ihre Richtung entspricht dem Brechungsgesetz, ihre Geschwindigkeit ist wie im unbegrenzten Kristall durch den Brechungsindex bestimmt. Die Randschichten bewirken einmal das Auftreten einer zweiten Welle im Kristallinnern; diese hat Vakuumlichtgeschwindigkeit c, dieselbe Richtung und entgegengesetzte Phase wie die einfallende Welle, kompensiert also diese im Kristallinnern. Dieser *Auslöschungssatz* wurde schon vor EWALD von BOTHE (*29*) und OSEEN (*90*) für isotrope Körper aufgestellt. Zweitens entsenden die Randschichten die reflektierte Welle von der Geschwindigkeit c und der durch das Reflexionsgesetz geforderten Richtung. Für kubische Kristalle hat EWALD die Gültigkeit der FRESNELschen Formeln über Amplitude und Phase des reflektierten und gebrochenen Strahles auf Grund seiner Theorie bestätigt. Die Behandlung desselben Problems für Röntgenstrahlen führte EWALD (*45*, *46* und *48*) auf Abweichungen von der BRAGGschen Reflexionsformel. Experimentelle Untersuchungen von STENSTRÖM (*101*), HJALMAR (*69*), den beiden BRAGG (*30* und *31*), SIEGBAHN (*96*a), DAVIS, TERRIL und v. NARDROFF (*36*a, *36* und *86*) haben diese bestätigt.

Die Berechnung der elektromagnetischen Wechselwirkungen im Gitter führt auf ähnliche mathematische Schwierigkeiten wie sie bei den elektrostatischen Gitterpotentialen auftreten. Sie sind von EWALD (*47*) mit Hilfe von ϑ-Funktionen gelöst worden.

Optische Aktivität. Während ältere Theorien besondere, ad hoc erfundene Voraussetzungen machten, um die optische Aktivität ableiten zu können (z. B. schraubenförmige Bewegung der Elektronen, drehende Kräfte eines elektrischen Feldes auf die Elektronen), gingen BORN (*7*) und OSEEN (*90*) von dem Gedanken aus, daß die Struktur der Molekel bzw. des Gitters den optischen Resonanzelektronen die Tendenz zu einer Bewegung längs Schraubenlinien aufzwingen kann. Es gelang ihnen unabhängig voneinander, das optische Drehungsvermögen ohne besondere Annahmen aus der Gitteroptik herzuleiten. Zwei Punkte sind wichtig für die Theorie:

1. Die schwingungsfähigen Partikel sind miteinander gekoppelt;

2. das Verhältnis Gitterkonstante durch Wellenlänge (δ/λ) wird nicht vernachlässigt.

Die Bedeutung des ersten Punktes ist klar: die dynamische Koppelung der Partikel macht die in der Gittergeometrie begründete Schraubungsstruktur dynamisch wirksam. Sie erzeugt im Verein mit der Gitterstruktur eine von der Isotropie derart abweichende Bindung der Resonanzelektronen, daß diese sich besonders leicht auf Schraubenlinien, und zwar in bestimmtem Sinne, verschieben. Das hat zur Folge, daß die Elektronen einem sie angreifenden elektrischen Felde nicht in dessen Richtung folgen, sondern eine Querverschiebung erleiden. Man kann sich anschaulich klarmachen (vgl. etwa DRUDES Lehrbuch der Optik), daß die mittlere Querverschiebung der Elektronen δ/λ proportional ist und für sehr große Wellenlängen verschwindet. Darin liegt die Bedeutung des zweiten oben genannten Punktes für die theoretische Ableitung der Drehung. Die Glieder nullter Ordnung in den Schwingungsgleichungen führen auf die Doppelbrechung, die Glieder erster Ordnung in δ/λ ergeben die optische Aktivität. Man bezeichnet diese auch als zirkulare Doppelbrechung. Sie kommt nämlich so zustande. Die erörterte Tendenz der Elektronen, einem angreifenden Felde nicht in dessen Richtung zu folgen, sondern z. B. für einen in der Wellenrichtung blickenden Beobachter nach rechts abgelenkt zu werden, hat offenbar zur Folge, daß eine rechtszirkular polarisierte Welle die Elektronen zu Schwingungen größerer Amplitude anregt als eine linkszirkulare Welle. Dies muß in einer Verschiedenheit der Brechungsindizes für rechts- und linkszirkular polarisiertes Licht zutage treten. Wird die mittlere Tendenz der Elektronen zur Rechtsablenkung in geeignetem Maß durch eine Größe g, den Parameter der Gryation, gemessen, so sind in einem regulären Kristall die beiden Brechungsindizes für rechts- bzw. linkszirkulares Licht durch

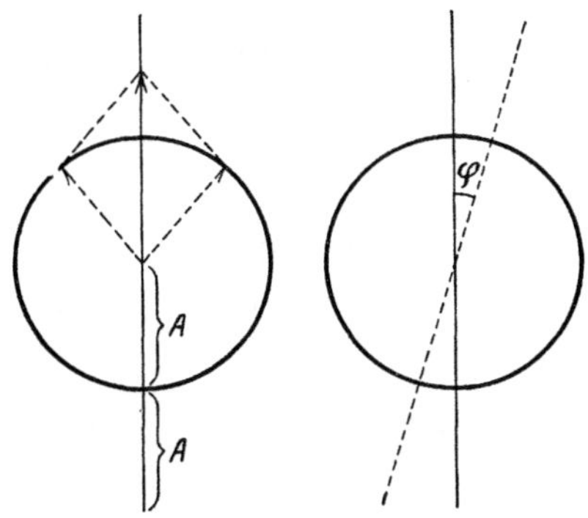

Abb. 14. Zirkulare Doppelbrechung nach FRESNEL.

$$n^2 = \varepsilon \pm g \tag{72}$$

gegeben. Diese Gleichung ist eine Verallgemeinerung der für reguläre inaktive Kristalle geltenden MAXWELLschen Beziehung (68). g ist von der Wellenrichtung $\mathfrak{s}$ abhängig, also ein Tensor und ist proportional δ/λ. Aus der zirkularen Doppelbrechung ergibt sich die Drehung der Polarisationsebene nach der bekannten, von FRESNEL angegebenen Konstruktion, welche eine lineare Schwingung von der Amplitude $2A$ in zwei entgegengesetzt zirkulare von der Amplitude A zerlegt (Abb. 14a). Ist während des Durchgangs durch den Kristall die rechtszirkulare Welle (↾)

um den Winkel φ in der Phase vorangeeilt, die linkszirkulare (↿) um φ zurückgeblieben, so wird lineares Licht (↑) aus dem Kristall austreten, dessen Polarisationsebene gegenüber der des eintretenden Lichtes um φ gedreht ist (Abb. 14b).

Wie bei der gewöhnlichen, muß man auch bei der zirkularen Doppelbrechung zwei Anteile unterscheiden, einen von der Gitterstruktur herrührenden und einen anderen, welcher der schraubenförmigen Bindung der Elektronen in den Gitterbausteinen zukommt, wenn es sich z. B. um Molekelgitter handelt. Es gibt jedoch drehende Kristalle, deren Lösungen und Schmelzen inaktiv sind, deren Aktivität also rein strukturell bedingt ist. Dahin gehört z. B. $NaClO_3$, dessen Zelle in Abb. 15 dargestellt ist. Dieser Kristall ist noch dadurch ausgezeichnet, daß er regulär, also nicht doppelbrechend ist. An seinem Beispiel sei erläutert, wie die Natur eine schraubenförmige Struktur realisiert. Abb. 16 zeigt einige Oktaederebenen. Man blicke z. B. in der Richtung der Würfeldiagonale OO' Abb. 15. Durch O geht eine Oktaederebene, in deren Nähe Na^+-Ionen liegen. Würde $NaClO_3$ in den $NaCl$-Typ degenerieren, so wäre diese Oktaederebene mit Na^+-Ionen besetzt. Sie ist in der Abb. 16 nicht gezeichnet, da für die Optik des sichtbaren Lichtes in Frage kommende Resonanzelektronen sicher nur im ClO_3^--Ion vorhanden sind. $^1/_6$ Würfeldiagonale tiefer liegt die in Abb. 16 stark gezeichnete Ebene ABC. An den Endpunkten der Pfeile ⇞ ein wenig oberhalb der Ebene sind ClO_3^--Ionen zu denken, desgleichen senkrecht unter den Kreisen ◎. $^1/_6$ Würfeldiagonale tiefer liegt wiederum eine nicht gezeichnete Na-Ebene, dann folgt die in Abb. 16 mit einfachen Strichen dargestellte Ebene $A'B'C'D'E'F'$. Die Pfeile ⇞ sind wiederum etwas nach vorn aus der Ebene herausragend zu denken und tragen an der Spitze ein ClO_3, während die Kreise ◎ Pfeile andeuten, welche senkrecht nach unten weisen. Die nächste, $^1/_3$ Würfel-

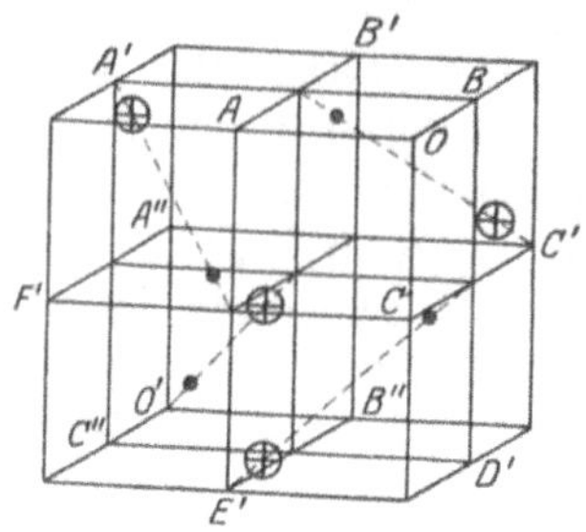

Abb. 15. Basiszelle von $NaClO_3$. • Na^+, ⊕ ClO_3^-.

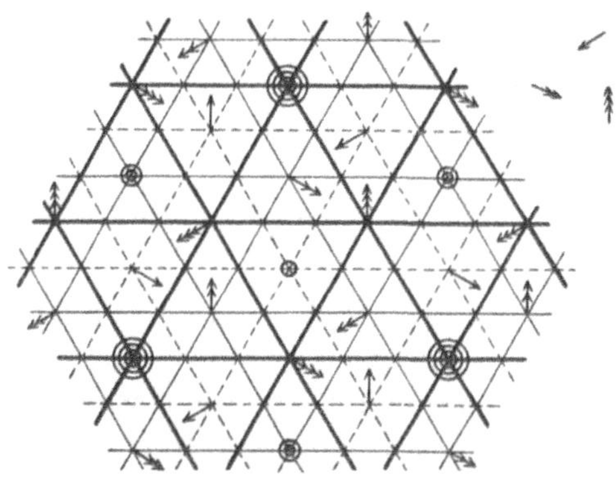

Abb. 16. Oktaederebenen von $NaClO_3$.

—— ◎ ⇞ Ebene ABC | der
—— ◎ ⇞ „ $A'B'C'D'E'F'$ | vorigen
······ ○ ↑ „ $A''B''C''$ | Abbildung.

diagonale unter dieser liegende ClO_3-Ebene ist $A''B''C''$, die gestrichelt mit Pfeilen ↑ und Kreisen ○ dargestellt ist, und so fort. Alle Pfeile der Abb. zeigen nach vorne. Die Bindung der Elektronen des ClO_3 ist in Richtung der Pfeile irgendwie ausgezeichnet, da diese alle auf ein nahe benachbartes Na^+ hinzielen. Nun sieht man leicht, daß je drei benachbarte Pfeile verschiedener Ebenen (Abb. 16 rechts) auf einer Schraubenlinie liegen, die für die Bewegung der Elektronen irgendwie ausgezeichnet sein muß, während die unter den Kreisen liegenden ClO_3 für die Schraubungsstruktur längs dieser Achse nicht in Frage kommen.

Natürlich ist zur Herstellung einer solchen Schraubungsstruktur ein gewisses Mindestmaß von Asymmetrie des Gitters erforderlich. Z. B. sind Kristalle mit Symmetriezentrum inaktiv. Ferner ist z. B. zur Aktivität erforderlich, daß nicht alle elektrischen Momente der optischen Eigenschwingungen des Gitters parallel sind, so daß also alle Gitter mit nur einer optischen Eigenfrequenz inaktiv sein müssen. Ihren rechnerischen Ausdruck findet die Schraubungsstruktur in dem Tensor g. Dieser enthält die elektromagnetischen Wechselwirkungen zwischen den Gitterpartikeln, welche nach der EWALDschen Methode (*47*) berechnet werden können.

HERMANN (*67*) hat das Drehungsvermögen von $NaClO_3$ und $NaBrO_3$, welche im gleichen Typ kristallisieren, nach der BORNschen Theorie berechnet. Er kommt in die richtige Größenordnung, beim Bromat sogar zu recht befriedigender Übereinstimmung mit der Erfahrung, schon auf Grund folgender einfacher Annahmen. Das Ion ClO_3^- wird als punktförmige Ladung behandelt. Die optischen Resonanzelektronen denkt sich HERMANN quasielastisch isotrop an das ClO_3^- gebunden, Die Frequenz der quasielastischen Bindung entnimmt er der empirischen Dispersionskurve für den Brechungsindex. Auf demselben Wege bestimmt er die Anzahl der Resonanzelektronen sowohl beim ClO_3^- wie beim BrO_3^- zu 9. Auf den 9-fachen Resonator wirken außer der quasielastischen Bindung die elektromagnetischen Kräfte von den anderen Resonatoren sowie die elektrostatischen von den anderen Ionen. Beide werden nach der EWALDschen Methode berechnet.

Viertes Kapitel.

Gitterschwingungen mit endlicher Amplitude. (Thermodynamik.)

Spezifische Wärme. Die Theorie der spezifischen Wärme hat die thermische Energie als Funktion der Temperatur zu berechnen. Die thermische Energie ist die mittlere Energie der schwingenden Gitterpartikel. Die Gitterschwingungen beherrscht man dynamisch, sobald man die Eigenschwingungen des Gitters kennt. Eine Theorie der spezifischen Wärme fester Körper wird also an das Studium der Eigenschwingungen anzuknüpfen haben. Die Temperatur kommt in der Gitterdynamik noch nicht vor, sie kommt erst hinein, wenn man die (klassische oder Quanten-)Statistik auf die Gitterdynamik anwendet. Nach der statistischen Mechanik hängt nämlich die Wahrscheinlichkeit dafür, daß ein mechanisches System sich in einem Zustande bestimmter Energie befindet, von der Temperatur ab.

Wir erinnern kurz an die drei Stadien, welche die Theorie der spezifischen Wärme fester Körper bis zur Gittertheorie durchlief.

I. Nach dem Gleichverteilungssatz der klassischen statistischen Mechanik ergab sich für die Atomwärme fester Körper der Wert $3R$ (DULONG-PETIT*sches Gesetz*). $R = 1{,}985$ cal pro grad ist die Gaskonstante pro Mol.

II. Die EINSTEINsche Theorie verbindet die Auffassung der thermischen Energie der Festkörper als Schwingungsenergie mit der PLANCKschen Quantentheorie, wonach die Energie eines schwingenden Freiheitsgrades außer von der Temperatur noch von der Frequenz abhängt. Sie nimmt an, daß alle Teilchen mit derselben Frequenz

$$\nu = \frac{\omega}{2\pi} \tag{73}$$

schwingen (*monochromatische Theorie*) und kommt so zu dem Wert $3RE\left(\frac{\Theta}{T}\right)$ für die Atomwärme. Dabei ist

$$E(x) = \frac{x^2 e^x}{(e^x - 1)^2} \tag{74}$$

die in Abb. 17 veranschaulichte EINSTEIN*sche Funktion* und die *charakteristische Temperatur* Θ hängt nach

$$\Theta = \frac{h\nu}{k} \tag{75}$$

mit der Frequenz zusammen. $h = 6{,}54 \cdot 10^{-27}$ erg sec ist das PLANCKsche Wirkungsquantum, $k = 1{,}346 \cdot 10^{-16}$ erg pro grad die BOLTZMANNsche Gaskonstante pro Molekel.

III. Die DEBYEsche Theorie verläßt den monochromatischen Ansatz von EINSTEIN und berücksichtigt das gemäß Gl. (66) über die Frequenzskala verteilte elastische Spektrum. Da sie vom Kontinuum ausgeht, muß sie künstlich eine Maximalfrequenz ν_m (Minimalwellenlänge = Gitterkonstante) einführen. Der Verlauf der Atomwärme hängt wiederum allein von einer charakteristischen Temperatur

$$\Theta = \frac{h\nu_m}{k} \tag{76}$$

ab. Die Atomwärme ist $3RD\left(\frac{\Theta}{T}\right)$, wo

$$D(x) = \frac{12}{x^3}\int_0^x \frac{\xi^3\,d\xi}{e^\xi - 1} - \frac{3x}{e^x - 1} \tag{77}$$

die in Abb. 17 dargestellte DEBYE*sche Funktion* ist. Die Maximalfrequenz ν_m hängt mit der Größe F des Verteilungsgesetzes (66), also mit den Schallgeschwindigkeiten oder Elastizitätskonstanten des Körpers zusammen.

Die Ergebnisse von EINSTEIN und DEBYE stimmen überein in dem *Gesetz der korrespondierenden Zustände*: Der Temperaturverlauf der spezifischen Wärme ist, in Einheiten einer charakteristischen Temperatur Θ gemessen, für alle Stoffe derselbe. Ihre Ergebnisse gehen auseinander, insofern nach EINSTEIN C_v beim absoluten Nullpunkt exponentiell zu Null abfällt im Widerspruch mit der Erfahrung, während nach DEBYE die spezifische Wärme wie T^3 abnimmt. Dies DEBYE*sche* T^3*-Gesetz* wird empirisch bestätigt.

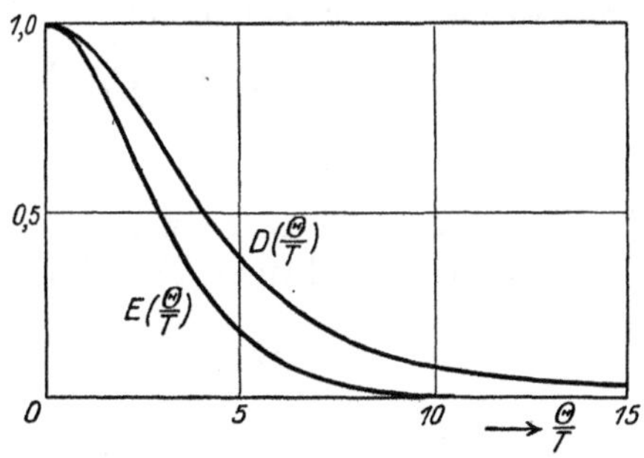

Abb. 17. Einstein- und Debyefunktion.

DEBYE berücksichtigt die atomistische Struktur der Körper, indem er das unendliche elastische Spektrum des Kontinuums bei der Maximalfrequenz abschneidet. Die ultraroten Eigenschwingungen, deren Beitrag zur spezifischen Wärme allerdings geringer ist, kann er nicht berücksichtigen, da er vom Kontinuum ausgeht. Im Prinzip streng ist die Gittertheorie der Atomwärme, von BORN und v. KÁRMÁN (*24*) zunächst für ein einfaches Translationsgitter (ohne ultrarote Eigenschwingungen), nachher von BORN (*7*) allgemein entwickelt. Diese gelangt von selbst zu der richtigen endlichen Anzahl von Eigenschwingungen, die nach dem S. 124 ausgesprochenen Verteilungsgesetz im Phasenraum der φ_i gleichmäßig verteilt sind. Da nach der EINSTEINschen Theorie eine Eigenschwingung von der Frequenz ν_j zur spezifischen Wärme den Beitrag $k\,E\left(\frac{\Theta_j}{T}\right)$ liefert, wo

$$\Theta_j = \frac{h\nu_j}{k} \tag{78}$$

ist, ergibt sich für die Atomwärme nach der Gittertheorie

$$C_v = \frac{R}{(2\pi)^3}\sum_{j=1}^{3s}\int E\left(\frac{\Theta_j}{T}\right)d\varphi\,. \tag{79}$$

Die Summe ist über die 3 akustischen und die 3 $(s-1)$ ultraroten Zweige der Frequenzfunktion $\nu(\varphi_1, \varphi_2, \varphi_3)$, das Integral über den Würfel

$-\pi \leqq \varphi_i \leqq +\pi$ des Phasenraumes zu erstrecken. Wegen der komplizierten Wellenlängen- und Wellenrichtungsabhängigkeit der Frequenzen ist eine strenge Auswertung der Gl. (79) praktisch nicht durchführbar. BORN (*7*) ersetzt die ν_j durch die ersten Glieder ihrer Reihenentwicklung nach τ (vgl. Gl. 59 und 63):

$$\left.\begin{aligned} \nu_j &= c_j \cdot \frac{\tau}{2\pi} = \frac{c_j}{\lambda} \quad \text{(akustisch)} \\ \nu_j &= \nu_j^0 \quad \text{(ultrarot)}. \end{aligned}\right\} \tag{80}$$

Die Schallgeschwindigkeiten c_j sind Funktionen der Wellenrichtung, während die ultraroten Frequenzen in dieser Näherung auch von der Richtung nicht mehr abhängen. Geht man hiermit in (79) ein, so kann bei den akustischen Frequenzen die Integration nach τ in plausibler Näherung (vgl. die zitierten Arbeiten *24* und *7*) bei den ultraroten Frequenzen die ganze Integration exakt ausgeführt werden. Für die Atomwärme ergibt sich dann

$$C_v = R\left\{\sum_{\substack{j\\ \text{akustisch}}} \int D\left(\frac{\Theta_j}{T}\right)\frac{d\Omega}{4\pi} + \sum_{\substack{j\\ \text{ultrarot}}} E\left(\frac{\Theta_j}{T}\right)\right\}. \tag{81}$$

$d\Omega$ ist das Oberflächenelement der Einheitskugel, in welches die betreffende Wellenrichtung fällt. Die Θ_j haben die Werte

$$\left.\begin{aligned} \Theta_j &= \frac{h}{k} c_j \sqrt[3]{\frac{3}{4\pi\Delta}} \quad \text{(akustisch)} \\ \Theta_j &= \frac{h}{k} \cdot \nu_j^0 \quad \text{(ultrarot)}. \end{aligned}\right\} \tag{82}$$

Wie zu erwarten, liefern die akustischen Frequenzen wegen ihrer Wellenlängenabhängigkeit pro Zweig der Frequenzfunktion einen DEBYEschen Beitrag zur spezifischen Wärme, der ja seinen Ursprung immer einem ganzen Spektrum *akustischer* Frequenzen verdankt. Dagegen steuern die ultraroten Frequenzen je einen EINSTEINschen Anteil bei, da sie als monochromatisch behandelt sind. Ob diese Näherung Sinn hat, kann nur der Erfolg entscheiden. Die akustischen Θ-Werte entsprechen offenbar Minimalwellenlängen von der Größenordnung der Gitterkonstante $\delta = \sqrt[3]{\Delta}$. Die Ausführung der Richtungsmittelung bei den DEBYEschen Gliedern stößt auf erhebliche Schwierigkeiten. Verschiedene Näherungsverfahren von BORN und v. KÁRMÁN (*24*), THIRRING (*103*), HOPF und LECHNER (*70*) und FÖRSTERLING (*52*) zur expliziten Darstellung der DEBYEschen Glieder durch die Elastizitätskonstanten führten teilweise zu befriedigender Übereinstimmung mit der Erfahrung. In letzter Zeit hat sich herausgestellt, daß die Näherung der Formel (81) in manchen Fällen nicht mehr genügt.

GRÜNEISEN und GOENS (*60*) haben nämlich nach genauen Messungen der Elastizitätskonstanten der stark anisotropen hexagonalen Kristalle

Zn und *Cd* die spezifische Wärme nach der Formel (81) berechnet; die EINSTEINschen Glieder fallen dabei fort, da keine ultraroten Schwingungen vorhanden sind. Die Mittelung über die Einheitskugel führten sie mit großer Genauigkeit aus, indem sich die Integration nach dem zur hexagonalen Achse senkrechten Azimut direkt auswerten ließ, während die zweite Integration nach dem Winkel der Richtung mit der Achse durch eine Summe approximiert wurde. Die so berechneten spezifischen Wärmen fielen viel zu klein aus. GRÜNEISEN und GOENS erkannten den Grund dieses Versagens in der Unzulänglichkeit der Näherung (80), d. h. in der Vernachlässigung der Wellenlängenabhängigkeit der Schallgeschwindigkeiten. Die exakte Berechnung dieser *elastischen Dispersion* ist im allgemeinen bisher nicht gelungen; nur für den Fall einer längs der Würfelkante eines einfachen kubischen Gitters fortschreitenden Longitudinalwelle haben BORN und v. KÁRMÁN (*23*) die Dispersionsgleichung

$$\nu = \nu_m \sin \frac{\pi \delta}{\lambda} \tag{83}$$

ermittelt (δ Würfelkante; vgl. auch Abb. 11). Der Maximalfrequenz ν_m entspricht die Minimalwellenlänge 2δ und eine Schallgeschwindigkeit c_m. Offenbar ist die Schallgeschwindigkeit für unendlich lange Wellen

$$c_\infty = \frac{\pi}{2} c_m . \tag{84}$$

Die Vernachlässigung der elastischen Dispersion bedeutet also, daß mit zu großen c_j, also nach (82) zu großen Θ_j gerechnet wird, was nach Abb. 17 einen zu kleinen Ausfall der spezifischen Wärme nach sich ziehen muß. GRÜNEISEN und GOENS übernehmen die Dispersionsgleichung (83) für die hexagonalen Kristalle und beliebige Wellenrichtung, berücksichtigen ferner noch die starke Abhängigkeit der Minimalwellenlänge (Netzebenenabstand) von der Richtung und gelangen so zu einer guten Darstellung der vorliegenden Messungen der spezifischen Wärme.

Bei hohen Temperaturen müßte nach der bisher referierten Theorie die Atomwärme streng das DULONG-PETITsche Gesetz befolgen. Es zeigt sich jedoch ein weiterer, meist linearer Anstieg der Atomwärme. Dies Verhalten rührt her von den großen Amplituden, die die thermischen Schwingungen dann annehmen, und der damit verbundenen Abweichung von der quasielastischen Kraft. BORN und BRODY (*18*) einerseits und SCHRÖDINGER (*96*) andererseits haben den linearen Anstieg der Atomwärme theoretisch abgeleitet, indem sie der potentiellen Energie der Schwingungen Glieder von dritter und vierter Ordnung in den Verrückungen hinzufügten. Beiderlei Zusatzglieder führen auf einen in T linearen Zusatz zur spezifischen Wärme, die Glieder dritter Ordnung zu einem positiven (Anstieg), die vierter Ordnung zu einem negativen (Abfall). Die Beobachtungen zeigen, daß die Glieder dritter Ordnung im allgemeinen überwiegen.

Zustandsgleichung. Sind die geometrischen Bestimmungsstücke des Gitters beim absoluten Nullpunkt und ohne Einwirkung äußerer Kräfte gegeben, so kann jeder Zustand des Gitters durch seine Abweichungen von diesem Grundzustand charakterisiert werden. Diese zerfallen in makroskopische Deformationen und ungeordnete thermische Schwingungen. Die Deformationen wiederum setzen sich aus den elastischen Verzerrungen x_x, y_z und den inneren Verrückungen $\mathfrak{u}_k$ zusammen. Die letzteren treten physikalisch direkt nur in ihrem Beitrag zum elektrischen Moment $\mathfrak{P}$ des Kristalls hervor (vgl. Gl. 38). Die ungeordnete Bewegung der Partikel wird durch die *eine* Variable T bestimmt. Diese dreierlei Bestimmungsstücke des Kristalls in irgendeinem Zustand können durch geeignete mechanische oder thermische Arbeitsleistung unmittelbar von außen beeinflußt werden. Die elastischen Deformationen x_x, y_z sind durch elastische Spannungen X_x, Y_z direkt zu variieren, die inneren Verrückungen bzw. das elektrische Moment $\mathfrak{P}$ durch Anlegen eines äußeren Feldes $\mathfrak{E}$, die Temperatur T schließlich durch Zufuhr thermischer Energie dQ. Das folgende dreieckige Schema zeigt innen die Variablen des Kristalls, außen diejenigen „Kräfte", die zu ihrer unmittelbaren äußeren Beeinflussung geeignet sind. Die Wechselwirkung zwischen allen 6 Größen ergibt dieses Schema physikalischer Effekte:

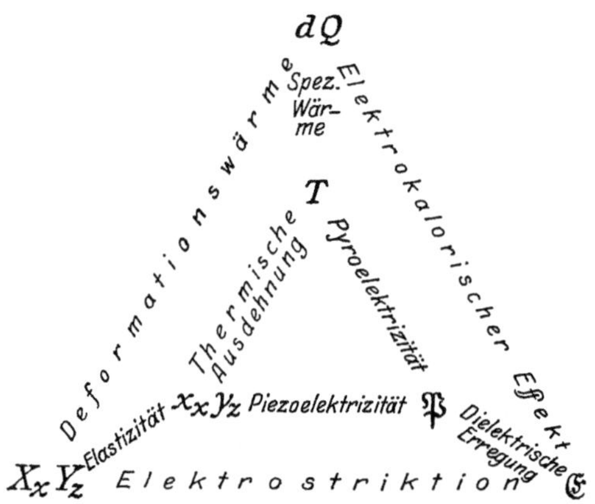

Diejenigen von ihnen, bei denen die thermischen Variablen nicht beteiligt sind, wurden oben behandelt. Die einzige Größe des Schemas, die keine Zustandsgröße ist, ist die zugeführte Wärme dQ, wie schon durch das Differential angedeutet wird. Die Theorie der Zustandsgleichung untersucht die Beziehungen zwischen den übrigen Größen, soweit die Temperatur dabei beteiligt ist. Offenbar hat sie es im wesentlichen mit den Erscheinungen der thermischen Ausdehnung und der Pyroelektrizität zu tun.

Der physikalische Zusammenhang zwischen den mechanischen makroskopischen Variablen und der Temperatur, d. h. den ungeordneten Schwingungen, wird natürlich durch die Gitterstruktur und die Elementarkräfte hergestellt. Diese werden also als Parameter in die Zustandsgleichung eingehen.

Die Charakterisierung der ungeordneten Wärmebewegung durch die Temperatur geschieht, wie gesagt, auf Grund irgendeiner aus der statistischen Mechanik zu entnehmenden Beziehung zwischen der mittleren Energie der ungeordneten Bewegung (der thermischen Energie) und der Temperatur. Für die Theorie der spezifischen Wärme braucht man sonst nichts, da hier die Kenntnis der thermischen Energie genügt. Die Theorie der Zustandsgleichung aber will die Umsetzungen zwischen mechanischer und thermischer Energie studieren, bedarf also noch des Formalismus der Thermodynamik, welcher diese Umsetzungen regelt. Es genügt die Kenntnis *einer* Größe, nämlich der *freien Energie.* Das ist die gesamte, zu mechanischer Arbeitsleistung verwertbare Energie. Sie besteht in unserem Fall aus zwei Anteilen, erstens der mechanischen (elastischen) Energie der makroskopischen Deformationen, die selbstverständlich zu mechanischer Arbeitsleistung verwertbar ist, zweitens dem *freien* Anteil der Energie der ungeordneten thermischen Bewegung.

Ratnowsky (*94*) und Ornstein (*87*) haben zuerst die freie Energie der thermischen Schwingungen durch Anwendung der Quantentheorie bestimmt. Diese ergibt nämlich für die freie Energie eines harmonisch schwingenden Freiheitsgrades den Wert $kT\mathsf{F}\left(\frac{h\nu}{kT}\right)$, wo

$$\mathsf{F}(x) = ln\,(1 - e^{-x})\,. \tag{85}$$

Auf Grund des S. 124 ausgesprochenen Verteilungsgesetzes der Eigenschwingungen ergibt sich hiernach für die freie Energie des Gitters pro Volumeinheit (d. h. pro $1/\varDelta$ Gitterzellen) der Wert

$$F = U_2 + \frac{kT}{\varDelta(2\pi)^3}\sum_{j=1}^{3s}\int \mathsf{F}\left(\frac{h\nu_j{}^*}{kT}\right)d\varphi\,. \tag{86}$$

Diese Gleichung ist der Gleichung (79) für die spezifische Wärme analog. U_2 ist die elastische Energie pro Volumeinheit (von zweiter Ordnung in den Deformationen), der Rest ist der thermische Anteil der freien Energie.

Die Frequenzen sind mit einem Stern versehen, um anzudeuten, daß es sich um die Eigenfrequenzen des (unter Aufwendung der Energie U_2) *deformierten* Gitters handelt. Sie werden also von den Deformationsgrößen abhängen. Diese Tatsache ist von prinzipieller Bedeutung, hier hat die Abhängigkeit der mechanischen Variablen von der Temperatur und damit die Theorie der Zustandsgleichung ihren physikalischen Grund. Betrachten wir z. B. die thermische Ausdehnung eines isotropen Körpers. Seine einzige geometrische Variable ist das Volumen V. Die elastische Energie U_2 hängt nur von V ab. Der thermische Teil F_t der freien Energie hängt nur von T und den Frequenzen ν^* ab. Ist kein äußerer Druck vorhanden, so besteht die Gleichgewichtsbedingung

$$\frac{\partial F}{\partial V} = \frac{d U_2(V)}{d V} + \frac{\partial F_t(T, \nu^*)}{d \nu^*} \frac{d \nu^*}{d V} = 0. \qquad (87)$$

Diese ergibt nur dann einen Zusammenhang zwischen V und T, wenn ν^* von V abhängt. *Die für die Frequenzen der thermischen Schwingungen maßgebenden Elastizitätskonstanten müssen also von der makroskopischen Deformation abhängen, wenn thermische Ausdehnung zustande kommen soll.* Hier macht sich die *Anharmonizität der thermischen Schwingungen*, die *Abweichung vom* HOOKE*schen Gesetz* geltend. Man muß also, um die Zustandsgleichung theoretisch zu begründen, Glieder von höherer als zweiter Ordnung in der Energieentwicklung nach den Verrückungen berücksichtigen, im einfachsten Fall Glieder dritter Ordnung, genauer solche, die quadratisch in den ungeordneten, linear in den makroskopischen Verrückungen sind. DEBYE (*38*) hat zuerst diesen Sachverhalt klargestellt.

Hier erhebt sich ein prinzipielles Bedenken. DEBYE wendet zur Berechnung der freien Energie der thermischen Schwingungen die Quantentheorie des harmonischen Oszillators an, obwohl er gerade diejenigen physikalischen Erscheinungen ableiten will, die auf der Anharmonizität der Schwingungen beruhen. Dies Verfahren wird durch einen Satz gerechtfertigt, der sich sowohl auf Grund der klassischen statistischen Mechanik wie auf Grund der Quantentheorie ableiten läßt. Er handelt von einem anharmonisch schwingenden System, dessen *potentielle* Energie also Glieder dritter Ordnung in den Verrückungen enthält. Die Koeffizienten dieser Glieder seien gewisse Größen a, die ein Maß für die Anharmonizität der Schwingungen darstellen. Der Satz besagt nun, daß die *freie* Energie des Systems, entwickelt nach den Anharmonizitätsparametern a, keine in a linearen Glieder enthält. Bei geringer Abweichung von der Harmonizität darf man demnach zur Berechnung der *freien* Energie die Statistik harmonischer Oszillatoren anwenden. Dieser Satz ist von BOGUSLAWSKI (*5*) für einen, von BORN und BRODY (*18*) und SCHRÖDINGER (*96*) für mehrere Freiheitsgrade bewiesen worden.

Die Ausgestaltung der von DEBYE und schon vor ihm von MIE (*85*) und GRÜNEISEN (*58*) für isotrope Körper entwickelten Theorie der Zustandsgleichung auf Kristalle ist von ORTVAY (*89*) begonnen und von einer Reihe von Autoren im Rahmen der Kontinuumsphysik weitergeführt worden. BORN (*15* und *19*) hat die Theorie in voller Allgemeinheit für Kristall*gitter* entwickelt. Bei ihm findet sich die Gleichung (86) und der thermische Teil der freien Energie ist dort bis auf Glieder erster Ordnung in den Deformationen x_x, y_z und $\mathfrak{u}_k$ entwickelt. Die Ableitung der physikalischen Eigenschaften erfolgt dann durch den thermodynamischen Formalismus. Auf die Haupterscheinungen gehen wir im nächsten Abschnitt ein.

Thermische Ausdehnung und Pyroelektrizität. GRÜNEISEN (*58*) hat aus seiner Zustandsgleichung für isotrope Körper die Folgerung gezogen, daß der Quotient thermischer Ausdehnungskoeffizient durch spezifische Wärme von der Temperatur unabhängig ist. Dies GRÜNEISEN*sche Gesetz* hatte er vorher (*57*) empirisch aufgestellt und an vielen Metallen im Gebiet von —150 bis etwa + 1000° C bestätigt. DEBYE, welcher den physikalischen Grund der thermischen Ausdehnung in der Anharmonizität der Schwingungen erkannte, hat in seinem Wolfskehlvortrag 1913 (*109*) die Wurzel des GRÜNEISENschen Gesetzes an dem Beispiel des anharmonischen Oszillators klargelegt. Dessen potentielle Energie ist

$$\varphi(x) = m\frac{\omega^2}{2}x^2 + ax^3, \tag{88}$$

und für die Verlagerung des Schwingungsmittelpunktes ergibt sich

$$\bar{x} = -\frac{3a}{m^2\omega^4}u, \tag{89}$$

wo

$$u = \frac{m}{2}\left(\dot{x}^2 + \omega^2x^2\right) \tag{90}$$

die Gesamtenergie bei Vernachlässigung des anharmonischen Zusatzgliedes ax^3 ist. Die Verlagerung des Schwingungsmittelpunktes ist also in erster Näherung der Energie proportional.

Die strenge Gittertheorie der thermischen Ausdehnung zeigt, daß allerdings jede *einzelne* Eigenschwingung zur spezifischen Wärme und zur thermischen Ausdehnung Beiträge liefert, die denselben Temperaturverlauf haben. Während aber der Beitrag einer Eigenschwingung zur spezifischen Wärme nur von der Frequenz abhängt, ist ihr Einfluß auf die *lineare* thermische Ausdehnung in einer bestimmten Richtung natürlich noch von der Schwingungsform und Wellenrichtung abhängig. GRÜNEISEN und GOENS (*61*) haben das an den stark anisotropen hexagonalen Kristallen *Zn* und *Cd* gezeigt. Ihre Messungen ergaben den in Abb. 18 veranschaulichten Verlauf der Koeffizienten $\alpha_{\|}$ der linearen thermischen Ausdehnung parallel der hexagonalen z-Achse und $\alpha_{\perp}$ senkrecht zur hexagonalen Achse. Sie erklären diesen Befund durch die starke elastische Anisotropie. Die für Dilatationen $\|$ bzw. $\perp$ zur hexagonalen Achse maßgebenden Elastizitätskonstanten sind nach GRÜNEISEN und GOENS (*59*) z. B. bei *Zn* $c_{33} = 5{,}42 \cdot 10^{11}$ bzw. $c_{11} = 16{,}1 \cdot 10^{11}$ dyn/cm², der Kristall ist also $\|$ der hexagonalen Achse leicht dehnbar. Dem entspricht, daß $\alpha_{\|}$ durchweg bedeutend größer ist als $\alpha_{\perp}$. Für den Beitrag der elastischen Schwingungen zur spezifischen Wärme sind nach (82) die Schallgeschwindigkeiten maßgebend. Die Fortpflanzungsgeschwindigkeit einer Longitudinalwelle (bei den Transversalwellen liegen die Verhältnisse verwickelter) ist nun $\|$ der hexagonalen Achse bedeutend geringer als $\perp$ dazu, entsprechend dem Unterschiede $c_{33} < c_{11}$. Nach (82) gilt auch für die entsprechenden Θ-Werte $\Theta_z < \Theta_x$ und man sieht aus Abb. 17, daß wegen des kleineren Θ_z die $\|$-Schwingungen schon bei niedrigen Temperaturen beträchtliche Beiträge zur spezifischen Wärme liefern, wenn die $\perp$-Schwingungen noch „eingefroren" sind. Wird also der Kristall vom absoluten Nullpunkt an erwärmt, so werden zunächst die Schwingungen $\|$ zur hexagonalen Achse angeregt und die thermische Ausdehnung längs dieser Achse setzt ein. Damit ist eine Querkontraktion verbunden ($\alpha_\perp$ negativ). Bei höherer Temperatur treten auch die Schwingungen $\perp$ zur hexagonalen Achse auf, auch in dieser Richtung beginnt die thermische Ausdehnung, die ihrerseits wieder die Ausdehnung parallel zur hexagonalen Achse hemmt und den Abfall von $\alpha_\|$ bei höheren Temperaturen hervorruft. Der Koeffizient $\alpha = \alpha_\| + 2\alpha_\perp$ der Volumausdehnung hat dagegen den Verlauf einer C_v-Kurve (Abb. 18) — nur unter 100° abs. fällt die spezifische Wärme etwas rascher ab —, da beim Volumeffekt die Richtungsabhängigkeit sich wegmittelt. Für die Volumausdehnung gilt also das GRÜNEISENsche Gesetz.

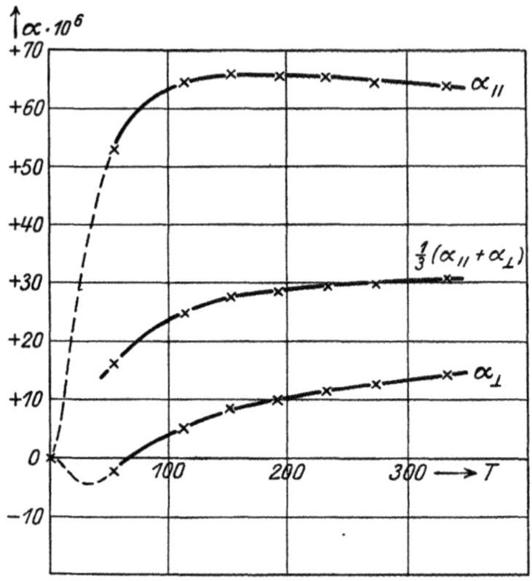

Abb. 18. Thermische Ausdehnung von Zink nach GRÜNEISEN und GOENS.

GRÜNEISEN und GOENS haben diesen Befund mit den Ergebnissen der Gittertheorie verglichen. Nach der BORNschen Theorie ergibt sich für den vorliegenden Fall:

$$\left.\begin{aligned} \alpha_\perp = \alpha_x &= (s_{11} + s_{12})\, q_x + s_{13}\, q_z \\ \alpha_\| = \alpha_z &= 2\, s_{13}\, q_x + s_{33}\, q_z , \end{aligned}\right\} \tag{91}$$

wo die s die Elastizitätsmoduln und die q die thermischen Spannungskoeffizienten sind. Diese betragen nach der Gittertheorie

$$\left.\begin{aligned} q_x &= \frac{k}{\Delta} \sum_{\substack{j \\ \text{akustisch}}} \int \gamma_x\, D\left(\frac{\Theta_j}{T}\right) \frac{d\Omega}{4\pi} \\ q_z &= \frac{k}{\Delta} \sum_{\substack{j \\ \text{akustisch}}} \int \gamma_z\, D\left(\frac{\Theta_j}{T}\right) \frac{d\Omega}{4\pi} . \end{aligned}\right\} \tag{92}$$

Der Faktor γ unter dem Integral ist von der Richtung und (longitudinalen oder transversalen) Schwingungsform der Welle abhängig und drückt aus, daß für die thermische Ausdehnung jede Eigenschwingung nicht nur nach der Frequenz zählt wie für die spezifische Wärme. Wären die γ konstant und $\gamma_x = \gamma_z$, so wären beide Spannungskoeffizienten q und damit auch beide Ausdehnungskoeffizienten α der spezifischen Wärme proportional, wie ein Vergleich mit dem DEBYEschen Anteil der spezifischen Wärme (81) zeigt. GRÜNEISEN und GOENS machen zur Auswertung der letzten Gleichungen die Näherung

$$\left.\begin{aligned} q_x &= \frac{3\,k}{\varDelta}\,\overline{\gamma}_x\, D\left(\frac{\overline{\Theta}_x}{T}\right) \\ q_z &= \frac{3\,k}{\varDelta}\,\overline{\gamma}_z\, D\left(\frac{\overline{\Theta}_z}{T}\right) \end{aligned}\right\}. \tag{93}$$

Darin steckt zunächst die Annahme, daß die Abhängigkeit der γ von der Schwingungsform nicht in Betracht kommt gegenüber ihrer Abhängigkeit von der Wellenrichtung. Ferner, daß für die thermische Spannung in der x-Richtung die Schwingung in der x-Richtung in erster Linie verantwortlich ist, also γ_x sein Maximum in der x-Richtung, entsprechend γ_z in der z-Richtung hat. Durch passende Wahl der 4 Parameter $\overline{\gamma}$, $\overline{\Theta}$ können GRÜNEISEN und GOENS die experimentell gefundenen α-Kurven vorzüglich darstellen. Wie zu erwarten, ist $\overline{\Theta}_z < \overline{\Theta}_x$, beim Zn sind diese Werte z. B. 200° und 320° absolut. Der eigenartige Verlauf der Kurven, das Minimum von $\alpha_\perp$ und das Maximum von $\alpha_\parallel$, wird durch zwei verschiedene, mit verschiedenen Faktoren multiplizierte und dann subtrahierte DEBYE-Funktionen hergestellt (in den Gl. 91 ist nämlich s_{13} negativ, $s_{11} + s_{22}$ sowie s_{33} positiv).

BORN und BRODY (*19*) haben den thermischen Ausdehnungskoeffizienten der Alkalihalogenide berechnet für höhere Temperaturen, bei denen die spezifische Wärme schon den DULONG-PETITschen Wert hat. Sie bekommen zu hohe Werte und führen dies auf die Unzulänglichkeit ihrer Näherung zurück. Diese besteht nach den Formeln (80) darin, daß die ultraroten Eigenfrequenzen als monochromatisch behandelt werden.

Für die Pyroelektrizität haben BORN und BRODY (*19*) ein dem GRÜNEISENschen analoges Gesetz abgeleitet, wonach bei tiefen Temperaturen das pyroelektrische Moment proportional T^4 zu null abfallen soll wie die thermische Energie. Dies widerspricht experimentellen Ergebnissen von ACKERMANN (*1*), welche einen flacheren Abfall des pyroelektrischen Momentes zeigen. Da die Pyroelektrizität wie die lineare thermische Ausdehnung ein linearer Effekt ist, vermute ich, daß diese Diskrepanz in ähnlicher Weise zu verstehen ist wie die von GRÜNEISEN und GOENS erklärte Abweichung zwischen $\alpha_\parallel$ und C_v.

Fünftes Kapitel.

Elektrische Theorie der Festkörper.

Ionengitter. Endziel der Theorie muß es sein, aus einfachen Hypothesen über die dynamische Wechselwirkung zwischen zwei Partikeln deren Aufbau zu einem Gitter bestimmter Struktur und die physikalischen Eigenschaften desselben zu deduzieren. Die elektrische Theorie der festen Körper sucht die elementaren Kräfte zwischen zwei Partikeln elektrisch zu deuten. Bisher ist man nur in einem Falle in der Lage, für das elementare Kraftgesetz einen einfachen Ansatz geben zu können, nämlich wenn es sich um *Ionen* handelt, deren Wechselwirkung in erster Linie durch das Coulombsche Gesetz beschrieben wird. Für den Aufbau eines Kristalls aus Ionen gibt es einige Kriterien. In günstigen Fällen kann die Größe der Ionenladung röntgenographisch festgestellt werden, wie Debye und Scherrer (*39*) am *LiF*, Gerlach und Pauli (*55*) am *MgO* gezeigt haben. Wie aus der theoretischen Deutung hervorgeht, sind Piezoelektrizität und Pyroelektrizität Kennzeichen für Ionengitter. Das wichtigste jedoch liefern die Reststrahlen und ultraroten Absorptionsstreifen. Drude hat bekanntlich aus der Erfahrungstatsache, daß die Absorptionsstellen vieler Kristalle im Ultravioletten und Ultraroten liegen, geschlossen, daß es schwere Ionen bzw. Elektronen sind, deren Schwingungen jene Absorptionen verursachen. Die Deutung der Reststrahlen als Eigenfrequenzen eines Ionengitters gab Madelung (*82*) noch vor der Laueschen Entdeckung. Er sagte damals die richtige Gitterstruktur des Steinsalzes voraus.

Die *elektrostatische Kohäsionstheorie* der Salzkristalle, welche die Elementarkräfte zwischen den Ionen des Gitters als elektrostatische zu deuten sucht, beginnt mit dem zuerst von Haber (*62*) unternommenen Versuch, die Coulombschen Kräfte zwischen den Ionen als hauptverantwortlich für die Kohäsion der Salzkristalle heranzuziehen. Die erfolgreiche mathematische Durchführung dieses Gedankens stammt von Born und Landé (*27*). Als Gitterbausteine legen sie Ionen zugrunde, deren Außenelektronen in Modellen bestimmter Symmetrie angeordnet sind. Die Wechselwirkung zwischen den äußeren Elektronenhüllen der Ionen ergibt die Abstoßungskraft, welche notwendig ist, um das Zusammenstürzen entgegengesetzt geladener Ionen zu verhindern. Eine befriedigende theoretische Ableitung dieser Abstoßungskräfte aus dem Atombau ist bisher nicht gelungen. Qualitativ sieht man leicht ein, daß die Abstoßungskraft mit einer um so höheren reziproken Potenz der Entfernung abnimmt, je symmetrischer das Ion ist. Man kann nämlich das Ion für seine elektrischen Wirkungen nach außen durch seine elektrischen Momente beschreiben (Moment nullter Ordnung = Ladung, erster Ordnung = Dipol, zweiter Ordnung = Quadrupol usw.). Bei einem sehr symmetrischen Ion fallen die elektrischen Momente niedriger Ordnung fort. Nun geht das Wechselwirkungspotential zweier elektrischer Momente p-ter Ordnung mit $r^{-(2p+1)}$, so daß der Abstoßungsexponent

$$n = 2p + 1 \tag{94}$$

mit der Symmetrie wächst. BORN und LANDÉ hatten ihren ersten Rechnungen ebene Ringmodelle (Quadrupole) zugrunde gelegt und demgemäß $n = 5$ erhalten. Aus der Tatsache, daß die Kompressibilitäten der Alkalihalogenide auf Abstoßungsexponenten in der Gegend von 9 hinweisen, schlossen BORN und LANDÉ auf räumliche Anordnungen der Elektronen. LANDÉ (*77*) hat Atommodelle mit Polyedersymmetrie konstruiert. Den Abstoßungsexponenten 9 konnten BORN (*10*) und SMEKAL (*99*) als Wechselwirkung würfelsymmetrischer Elektronenkonfigurationen (elektrischer Momente 4. Ordnung) theoretisch erklären.

Diese Überlegungen reichen jedoch nicht aus, um die Abstoßungskraft quantitativ befriedigend abzuleiten. BORN und LANDÉ setzen sie daher summarisch mit b/r^n an. Für symmetrisch gebaute Gitter ist dieser Ansatz damit zu rechtfertigen, daß wegen des hohen Abstoßungsexponenten noch höhere Glieder vernachlässigt werden können. BORN und LANDÉ erkannten den engen Zusammenhang des Abstoßungsexponenten mit der Kompressibilität. Nach (10) ist nämlich bei elektrostatischer Kohäsion ($m = 1$)

$$\frac{1}{\varkappa} = -(n-1)\frac{\Phi^{(e)}}{9\Delta}. \tag{95}$$

Dabei ist $\Phi^{(e)}$ die elektrostatische Gitterenergie, die man berechnen kann, sobald Gitterstruktur und Ionenladung bekannt sind. Nach dieser Formel sind Abstoßungsexponenten für eine Reihe von Kristallen ermittelt worden. Für die Alkalihalogenide ergeben sich nach BORN und LANDÉ (*27*) Werte in der Gegend von 9, für Flußspat nach BORMANN (*6*) 7, für Zinkblende nach BORN und BORMANN (*17*) 5. Was das Vorzeichen der Zusatzkraft br^{-n} betrifft, so ergaben Rechnungen von BORN und BORMANN (*17*) an Zinkblende, BORN und BRODY (*19*) an den Alkalihalogeniden und HECKMANN (*64*) am Flußspat übereinstimmend folgendes Ergebnis. Die Zusatzkraft ist anziehend bei physikalisch identischen und gittergeometrisch gleichberechtigten Ionen, sonst abstoßend. Sie verhält sich also in binären Salzgittern gerade umgekehrt wie die COULOMBsche Kraft. In der zitierten Arbeit von BORN und BRODY wird der Gedanke geäußert, daß die anziehende Zusatzkraft vielleicht auf Phasenbeziehungen zwischen den Elektronenbewegungen gleichartiger Partikel beruhe. Der Gedanke, daß Phasenbeziehungen für die Elementarkräfte im Gitter eine Rolle spielen, ist zuerst von LANDÉ in seiner unten zu besprechenden Diamantarbeit (*78*) geäußert worden. Nach BORN und HEISENBERG (*20*) sind solche Phasenbeziehungen quantentheoretisch plausibel. Wegen ihres physikalisch verschiedenen Verhaltens behandelte HECKMANN (*66*) die Kräfte zwischen ungleichartigen und gleichartigen Ionen getrennt, indem er von denjenigen physikalischen Konstanten ausging, die nur von den Wechselwirkungen ungleichartiger Ionen abhängen (Konstanten D und C in (24)), nämlich Reststrahl, Dielektrizitätskonstante, piezoelektrischer Konstante und Differenz $c_{12}-c_{44}$ der Elastizitätskonstanten. Er kam bei ZnS zu viel höheren Werten für den Abstoßungsexponenten als man aus der Kompressibilität ermittelt und konnte mit Hilfe der rechnerisch noch verfügbaren Kraft zwischen gleichartigen Partikeln die übrigen Elastizitätskonstanten nicht mehr befriedigend darstellen. Seine Rechnung zeigt überdies, wie empfindlich die genannten physikalischen Konstanten gegen kleine Änderungen im Mechanismus der Abstoßungskraft sind, so daß der grobe Ansatz eines Gliedes br^{-n} sicher ungenügend ist. Zu ähnlich hohen Werten für den Abstoßungsexponenten (bis 20) kommt JONES (*73*), der von einem Edelgase ausgeht und zunächst das Kraftgesetz zwischen zwei Edelgasatomen aus der empirisch gewonnenen Zustandsgleichung des Gases und den Beobachtungen über den Temperaturverlauf der inneren Reibung zu erschließen sucht. Das Ergebnis überträgt er dann auf die Ionen desselben Edelgastyps, indem er die COULOMBsche Kraft noch hinzunimmt. So kann er die Gitterkonstanten von KCl, CaS (A-ähnliche Ionen), NaF und MgO (Ne-ähnliche Ionen) ableiten, seine hohen Abstoßungsexponenten sind aber mit den Kompressibilitäten unverträglich. FRENKEL (*53*) hat versucht, die Abstoßungskraft zwischen Na^+ und Cl^- durch Mittelung über die Elektronenbewegungen unter bestimmten Annahmen über die Bahnen zu berechnen. Dabei kam er auf einen viel zu kleinen Wert für die Gitterkonstante des Steinsalzes. Auch seine Rechnung zeigt die Empfindlichkeit der Kräfte gegen kleine Änderungen des Mechanismus. Z. B. fällt der Koeffizient b der Abstoßungsenergie b/r^n eines Ionenpaares Na^+, Cl^- auf den 50. Teil, wenn man alle Ellipsenbahnen durch Kreise gleicher Hauptquantenzahl ersetzt. Von einer theoretischen Beherrschung der Abstoßungskräfte in einem Ionengitter kann also noch nicht die Rede sein. Über die Rolle der Ionendeformierbarkeit s. S. 116f.

Atom- und Molekelgitter. Die Art der Bindung der Partikel in Kristallen, welche nicht aus Ionen aufgebaut sind, ist sehr verschiedenartig. Eine Klassifizierung der verschiedenen Bindungstypen hat KOSSEL (*76*) vorgenommen. LEWIS (*80*) und LANGMUIR (*79*) haben ähnliche, von elektrostatischen Vorstellungen geleitete Überlegungen angestellt.

Der streng polaren Bindung in Ionengittern am nächsten steht ein Versuch von HABER (*63*), die Bindung in Metallen zu erklären. Dabei treten die Valenzelektronen der einwertigen Metallatome als negatives Elektronengitter an die Stelle der Halogenionen im Salzgitter. FRENKEL (*54*) setzt an die Stelle der starren Elektronengitter eine kontinuierlich zwischen den positiven Metallionen verteilte negative Flüssigkeit. Er gelangt zu einer Kohäsionsenergie proportional $1/\delta$ (δ Gitterkonstante) und zu einer Abstoßungsenergie proportional $1/\delta^3$. Die dann berechneten Werte der Kompressibilität und Sublimationswärme stimmen mit den empirischen nur größenordnungsmäßig überein.

Die Halogenwasserstoffe sind, wie schon qualitative Überlegungen von KOSSEL (*76*) und REIS (*95*) wahrscheinlich gemacht haben, nicht als streng polare Gitter, sondern als Molekelgitter aufzufassen. BORN und KORNFELD (*26*) stellten hier ein Mittelding zwischen streng polarer und eigentlich homöopolarer Bindung fest. Sie gingen von der Vorstellung aus, daß die Gitterbausteine, HCl-Molekeln, elektrische Dipole darstellen, deren elektrostatische Kohäsion das Gitter zusammenhält und gaben ein einfaches kubisches Translationsgitter an, in dem die Dipole so angeordnet sind, daß sich im ganzen eine Kohäsion ergibt. Die elektrostatische Energie dieses Gitters wurde von KORNFELD (*75*) berechnet und mit Hilfe der aus der Elektrostriktion der Gase und der Temperaturabhängigkeit der Dielektrizitätskonstante empirisch ermittelten Dipolmomente zur Deutung der Sublimationswärme herangezogen. Es ergab sich die richtige Größenordnung. Die später von SIMON und v. SIMSON (*97*) gemachte Feststellung, daß HCl nicht kubisch einfach, sondern kubisch flächenzentriert kondensiert, wird nichts daran ändern, daß die Vorstellung von BORN und KORNFELD einen erheblichen Teil der Sublimationswärme der Halogenwasserstoffe richtig erfaßt.

Das Problem der homöopolaren Bindung im Diamanten wurde durch den Gedanken von LANDÉ (*78*) aufgehellt, daß die Elektronenbewegungen in den verschiedenen C-Atomen gleichphasig vor sich gehen. Auf Grund spezieller Modellvorstellungen konnte er die Gitterkonstante bis auf 10 vH. ableiten. Für das Produkt der Exponenten des Kraftgesetzes bestimmte er empirisch nach der GRÜNEISENschen Formel (11) den Wert $mn = 27$, der mit seinem Modell vereinbar ist. FRENKEL (*53*) geht ebenfalls von dem LANDÉschen Würfelmodell des C-Atoms aus, in dem die 4 Außenelektronen gleichzeitig das Perihel und das Aphel ihrer Bahnen passieren. Aus der Forderung, daß die potentielle Energie zweier benachbarter C-Atome aufeinander ein Minimum sein soll, leitet er ihre gegenseitige Orientierung und die Phasenbeziehungen ihrer Elektronenbewegung ab. Er findet, daß die Symmetriewürfel benachbarter C-Atome parallel gestellt sind und die Elektronen benachbarter Atome in entgegengesetzter Phase laufen: wenn die Außenelektronen des einen Atoms im Perihel sind, sind die eines benachbarten im Aphel. Weiter zeigt er, daß von den vier Gittertypen: Diamant (jedes Atom hat vier Nachbarn), kubisch einfach (sechs Nachbarn), kubisch körperzentriert (acht Nachbarn) und kubisch flächenzentriert (zwölf Nachbarn) für die Anordnung LANDÉscher C-Atome der Diamanttyp energetisch zu bevorzugen ist. Bei der Berechnung von Gitterkonstante, Gitterenergie und Kompressibilität gelangt er in die Größenordnung der empirischen Werte, jedoch sind die Ergebnisse gegen kleine Modelländerungen sehr empfindlich, hängen z. B. wesentlich davon ab, ob zweiquantige Ellipsen oder zweiquantige Kreisbahnen der Elektronenbewegung zugrunde gelegt werden. Jedenfalls scheint LANDÉs Gedanke der Phasenbeziehungen das Prinzip starker homöopolarer Bindungen richtig getroffen zu haben.

Der Unterschied zwischen der starken Kohäsion im Diamanten und der viel schwächeren etwa im festen Argon beruht nach den von KOSSEL (*76*), LEWIS (*80*) und LANGMUIR (*79*) entwickelten Vorstellungen im wesentlichen auf der Abgeschlossenheit der Edelgasschale, während im Diamanten die Atome sich enger aneinander lagern, um ihre Schalen zu Achterschalen zu ergänzen. SIMON und v. SIMSON (*98*), welche das Gitter des festen Argon als kubisch flächenzentriert festgestellt haben, berechnen aus den spezifischen Wärmen C_p und C_v und der Sublimationswärme die Exponenten des Anziehungs- bzw. Abstoßungspotentials für Argon zu 9 bzw. 15. JONES (*73*) geht vom Gaszustand aus und berechnet die Konstanten des elementaren Kraftgesetzes aus der Zustandsgleichung und dem Temperaturverlauf der inneren Reibung des A-Gases. Er kommt auf den Exponenten 4 für die Anziehung und 14 für die Abstoßung und kann mit diesem Kraftgesetz die Gitterkonstante des Argon ableiten. Jedoch sind seine Ergebnisse nicht eindeutig.

BORN und HEISENBERG (*21*) haben das Problem der dynamischen Wechselwirkung von Atomen in einer Molekel in voller Allgemeinheit systematisch vom Standpunkt der Quantentheorie angegriffen. Dabei zeigen sich, wie es in Wirklichkeit auch der Fall sein wird, Kräfte, die gar nicht mehr unter das Schema von Zentralkräften fallen. Diese sehr verwickelten Rechnungen sind für die Gitterdynamik noch nicht nutzbar gemacht worden.

Literaturverzeichnis.

1. ACKERMANN, W.: Dissertation Göttingen 1914; Ann. d. Physik **46**, 197, 1915.
2. ANTONOFF, G. N.: Phil. Mag. **10**, 62, 1922.
3. APPELL, P.: Acta Math. **4**, 313, 1884; **8**, 265, 1886; Journ. de math. (4) **3**, 5, 1887; Palermo Rend. **22**, 361, 1906.
4. BIEMÜLLER, J.: Die Arbeit wird als Göttinger Dissertation erscheinen.
5. BOGUSLAWSKI, S: Physik. Zeitschr. **15**, 283, 569, 805, 1914.
6. BORMANN, E.: Zeitschr. f. Physik **1**, 55, 1920.
7. BORN, M.: Dynamik der Kristallgitter. Leipzig 1915.
8. — Verhandl. d. Dtsch. Phys. Ges. **19**, 243, 1917.
9. — Ebenda **20**, 224, 1918.
10. — Ebenda **20**, 230, 1918.
11. — Physik. Zeitschr. **19**, 539, 1918.
12. — Verhandl. d. Dtsch. Phys. Ges. **21**, 679, 1919.
13. — Ann. d. Physik **61**, 87, 1919.

14. Born, M.: Zeitschr. f. Physik **7**, 124, 1921.
15. — Ebenda **7**, 217, 1921.
16. — Atomtheorie des festen Zustandes, Leipzig 1923; auch Enzykl. d. math. Wiss. **V**, **25**.
17. — und Bormann, E.: Ann. d. Physik **62**, 218, 1920.
18. — und Brody, E.: Zeitschr. f. Physik **6**, 132, 1921; **8**, 205, 1922.
19. — — Ebenda **11**, 327, 1922.
20. — und Heisenberg, W.: Ebenda **14**, 44, 1923.
21. — — Ann. d. Physik **74**, 1, 1924.
22. — — Zeitschr. f. Physik **23**, 388, 1924.
23. — und Kármán, Th. v.: Physik. Zeitschr. **13**, 297, 1912.
24. — — Ebenda **14**, 15, 1913.
25. — — Ebenda **14**, 65, 1913.
26. — und Kornfeld, H.: Ebenda **24**, 121, 1923.
27. — und Landé, A.: Berlin. Ber. 1918, S. 1048; Verhandl. d. Dtsch. Phys. Ges. **20**, 210, 1918.
28. — und Stern, O.: Berlin. Ber. 1919, S. 901.
29. Bothe, W.: Dissertation Berlin 1914; Ann. d. Physik **64**, 693, 1921.
30. Bragg, W. H.: Proc. London Phys. Soc. **33**, 304, 1921.
31. — W. L.: Proc. Roy. Soc. **105**, 16, 1924.
32. — Ibid. **105**, 370, 1924; **106**, 346, 1924.
33. Brester, C. J.: Dissertation Utrecht; Zeitschr. f. Physik **24**, 324, 1924; Physica **4**, 113, 1924.
34. Cady, W. G.: Phys. Rev. **18**, 142, 1921; Proc. Inst. Radio Eng. **10**, 83, 1922.
35. Cauchy, A.: Exerc. de Math. **3**, 188, 1828; **4**, 129, 1829.
36. Davis, Bergen und Nardroff, R. v.: Proc. Nat. Acad. Soc. **10**, 60, 384, 1924.
36a. — und Terril, H. M.: Proc. Nat. Acad. of Sc. **8**, 357, 1922.
37. Debye, P.: Ann. d. Physik **39**, 789, 1912.
38. — Physik. Zeitschr. **14**, 259, 1913.
39. Debye, P. und Scherrer, P.: Ebenda **19**, 474, 1918.
40. Dehlinger, W.: Ebenda **15**, 276, 1914.
41. Einstein, A.: Ann. d. Physik **34**, 170, 590, 1911; **35**, 679, 1911.
42. Eitel, W.: Senckenbergiana **2**, 81, 1920.
43. Emersleben, O.: Physik. Zeitschr. **24**, 73, 97, 1923.
44. Ewald, P. P.: Ann. d. Physik **49**, 1, 117, 1916.
45. — Ebenda **54**, 519, 557, 1917.
46. — Physik. Zeitschr. **21**, 617, 1920. Zeitschr. f. Physik **2**, 332, 1920.
47. — Ann. d. Physik **64**, 253, 1921.
48. — Physik. Zeitschr. **26**, 29, 1925.
49. Ewald, W. und Polanyi, M.: Zeitschr. f. Physik **28**, 29, 1924.
50. — — Ebenda **31**, 746, 1924.
51. Fajans, K. und Joos, G.: Ebenda **23**, 1, 1924.
52. Försterling, K.: Ann. d. Physik **61**, 549, 1920.
53, Frenkel. J.: Zeitschr. f. Physik **25**, 1, 1924; **30**, 50, 1924.
54. — Ebenda **29**, 214, 1924.
55. Gerlach, W. und Pauli, O.; Ebenda **7**, 116, 1921.
56. Griffith, A. A.: Phil. Trans. Roy. Soc. London (A.) **221**, 163, 1920.

57. Grüneisen, E.: Ann. d. Physik **26**, 211, 1908.
58. — Ebenda **26**, 393, 1908; **39**, 257, 1912.
59. — und Goens, E.: Zeitschr. f. Physik **26**, 235, 1924.
60. — — Ebenda **26**, 250, 1924.
61. — — Ebenda **29**, 141, 1924.
62. Haber, F.: Verhandl. d. Dtsch. Phys. Ges. **13**, 1117, 1911.
63. — Berlin. Ber. **30**, 506, 990, 1919.
64. Heckmann, G.: Zeitschr. f. Physik **22**, 347, 1924.
65. — Ebenda **23**, 47, 1924.
66. — Zeitschr. f. Krist. **61**, 250, 1925.
67. Hermann, C.: Zeitschr. f. Physik **16**, 103, 1923.
68. Heydweiller, A.: Ann. d. Physik **41**, 499, 1913; **48**, 681, 1915; **49**, 653, 1916; Verhandl. d. Dtsch. Phys. Ges. **16**, 722, 1914.
69. Hjalmar, E.: Zeitschr. f. Physik **1**, 439, 1920; **15**, 65, 1923.
70. Hopf, L. und Lechner, G.: Verhandl. d. Dtsch. Phys. Ges. **16**. 643, 1914.
71. Joffé, A., Kirpitschewa, M. W. und Lewitzki, M. A.: Zeitschr. f. Physik **22**, 286, 1924.
72. — und Lewitzky, M.: Ebenda **31**, 576, 1924.
73. Jones, J. E.: Proc. Roy. Soc. **106**, 441, 463, 709, 1924; **107**, 157, 1925,
74. — und Ingham, A. E.: Ibid. **107**, 636, 1925.
75. Kornfeld, H.: Zeitschr. f. Physik **22**, 27, 1924.
76. Kossel, W.: Zeitschr. f. Physik **1**, 395, 1920.
77. Landé, A.: Verhandl. d. Dtsch. Phys. Ges. 1919 S. 2, 644, 653; Berlin. Ber. 1919, S. 101; Zeitschr. f. Physik **1**, 191, 1920; **2**, 83, 87, 380, 1920.
78. — Ebenda **4**, 410, 1921; **6**, 10, 1921.
79. Langmuir, J.: J. Amer. Chem. Soc. **41**, 868, 1543, 1919; J. of the Franklin Inst. March. 1919, p. 359.
80. Lewis, G. N.: Proc. Nat. Acad. Sc. **2**, 586, 1916; J. Amer. Chem. Soc. **38**, 762, 1916; Science N. S. **46**, 297, 1917.
81. Lorentz, H. A.: Verhandl. d. K. Akad. v. Wet. Amsterdam 18 (1879).
82. Madelung, E.: Göttinger Nachr. 1910, S. 43; Physik. Zeitschr. **11**, 898, 1910.
83. — Ebenda **19**, 524, 1918.
84. — Ebenda **20**, 494, 1919.
85. Mie, G.: Ann. d. Physik **11**, 657, 1903.
86. Nardroff, R. v.; Phys. Rev. **24**, 143, 1924.
87. Ornstein, L. S.: Proc. Amsterd. Akad. 1912, p. 983.
88. — und Zernike, F.: Amsterdam. Proc. **21**, 911, 1918.
89. Ortvay, R.: Verhandl. d. Dtsch. Phys. Ges. **15**, 773, 1913.
90. Oseen, C. W.: Ann. d. Physik **48**, 1, 1915; Physik. Zeitschr. **16**, 404, 1915.
91. Pierce, G. W.: Proc. Amer. Acad. **59**, 79, 1923.
92. Poisson, S. D.: I. Éc. Polyt. **20**, 8, 1831; Mém. de l'Acad. **18**, 3, 1839.
93. Polanyi, M.: Zeitschr. f. Physik **7**, 323, 1921.
94. Ratnowsky, S.: Ann. d. Physik **38**, 637, 1912; Verhandl. d. Dtsch. Phys. Ges. **15**, 75, 1913.
95. Reis, A.: Zeitschr. f. Physik **1**, 204, 294, 1920; **2**, 57, 1920; Zeitschr. f. Elektrochem. **26**, 412, 1920.
96. Schrödinger, E.: Zeitschr. f. Physik **11**, 170, 393, 1922.
96a. Siegbahn, M.: Zeitschr. f. Physik **9**, 68, 1922.

97. SIMON, F. und SIMSON, C. v.: Ebenda **21**, 174, 1924.
98. — — Ebenda **25**, 160, 1924.
99. SMEKAL, A.: Ebenda **1**, 309, 1920.
100. — Naturwissenschaften **10**, 799, 1922.
101. STENSTRÖM, W.: Exper. Unters. d. Röntgenspektra, Dissertation LUND 1919.
102. SUTHERLAND, W.: Phil. Mag. **20**, 657, 1910.
103. THIRRING, H.: Physik. Zeitschr. **14**, 867, 1913; **15**, 127, 180, 1914.
104. VOIGT, W.: Göttinger Abh. **34**, 1, 1887.
105. — Ebenda 1890, S. 14.
106. — Göttinger Nachr. 1905, S. 394. Physik. Zeitschr. **17**, 287, 307, 1916; **18**, 59, 1917.
107. WASASTJERNA, J. A.: Comm. Fenn. **1**, 7, 1913.
108. WEYL, H.: Math. Ann. **71**, 441, 1911; CRELLES, J.: **141**, 163, 1912; **143**, 177, 1914; Rend. Palermo **39**, 1, 1915.
109. WOLFSKEHL-Kongreß Göttingen 1913 (Leipzig 1913).
110. WYNN-WILLIAMS, C. E.: Phil. Mag. **49**, 289, 1925.
111. YAMADA, Mituo: Physik. Zeitschr. **24**, 364, 1923; **25**, 52, 1924.
112. ZWICKY, F.: Ebenda **24**, 131, 1923.

Die Quellung.

II. Teil.

Von **J. R. Katz**, Amsterdam.

Mit 19 Abbildungen.

I. Die unkomplizierte Quellung in (unvermischten) organischen Flüssigkeiten[1]).

1. *Welche Körper sind in organischen Flüssigkeiten quellbar?* Die drei allgemein bekannten Substanzen, die in organischen Flüssigkeiten quellen, sind Kautschuk, Nitrocellulose und Acetylcellulose. Alle diese drei Substanzen sind in ihren Eigenschaften recht verschieden, je nach Herkunft oder Darstellung der Substanz. Die Celluloseestern haben verschiedene chemische Zusammensetzung (geben z. B. verschiedene Mengen Säure bei der Verseifung); Kautschuk bekommt durch die Vulkanisierung eine sehr verschiedene Löslichkeit in organischen Flüssigkeiten; die künstlichen Kautschuke können aus verschiedenen Butadienen polymerisiert sein, oder sind je nach der Art des Polymerisierungsverfahrens recht verschieden. Hauptsächlich bei Varianten dieser drei Körper ist die Quellung beobachtet und studiert worden (nicht zum wenigsten deshalb, weil eben diese Substanzen technisch wichtig sind.

Aber daneben gibt es sicher noch zahllose andere Körper, welche in organischen Flüssigkeiten aufquellen können. Man hat nur bisher nicht nach ihnen gesucht. Doch wäre eine breite Übersicht, *wo* solche Quellung vorkommt und wo nicht, für die Beurteilung vom Wesen der Erscheinung von erheblicher Bedeutung. Besonders wichtig wäre die Frage, welche *Kristalle* in organischen Flüssigkeiten aufquellen können, ohne ihre Kristallnatur zu verlieren (ähnlich wie die im vorigen Jahre ausführlich besprochenen Kristalle, deren Wasser-

[1]) Leider bestehen über Quellung in unvermischten organischen Flüssigkeiten nicht so viele Untersuchungen, als erwünscht wäre, um eine gute Übersicht zu ermöglichen. Ich habe darum neben der Beschreibung der vorhandenen Ergebnisse Gewicht darauf gelegt, zu zeigen, welche neuen Tatsachen — meiner Ansicht nach — am wichtigsten wären, mit welchen Methoden diese Probleme am besten untersucht werden könnten, und welche quellbaren Körper am geeignetsten für diese Untersuchung sein könnten.

gehalt sich kontinuierlich ändern kann, ohne daß sie ihre Homogenität verlieren[1]).

Als typisch für die Quellung muß man auch bei organischen Flüssigkeiten — genau wie bei Wasser — an das *Zusammengehen* folgender drei Erscheinungen festhalten:

1. Die feste Substanz nimmt Flüssigkeiten zwischen ihren kleinsten Teilchen auf und bleibt dabei mikroskopisch homogen; auffällig ist die *große Geschwindigkeit*, mit der die Flüssigkeit einzudringen vermag in den festen Körper und mit der sie sich in demselben verteilt (solange nicht schon starke Quellung vorliegt).
2. Die Dimensionen des festen Körpers nehmen dabei entsprechend zu („Quellung").
3. Die Kohäsion des festen Körpers nimmt dabei ab[2]).

Bei Kautschuken, Nitrocellulosen und Acetylcellulosen liegt sicher echte Quellung vor.

Schwieriger ist es zu beurteilen, ob echte Quellung besteht bei den anderen Fällen, wo angeblich organische Flüssigkeiten in feste Körper aufgenommen werden. Sicher beruht das auch hier in vielen Fällen auf Quellung. Es sollen Polymerisationsprodukte aus trocknenden Ölen, sowie die Kondensationsprodukte solcher Öle, die beim Erhitzen mit Schwefel entstehen (sogenannte Faktis[3])), allerlei organische Flüssigkeiten aufnehmen. Guttapercha und Balata sind wohl sicher quellbar, bilden aber ein kompliziertes Gemisch von Kohlenwasserstoffen (Polyprene) und von verschiedenen Harzsubstanzen. Ob die bekannte Absorption organischer Dämpfe in festem Paraffin — es eignet sich deswegen oft als Exsikkatorsubstanz, um Körper von anhängenden organischen Flüssigkeiten zu befreien — auf Quellung beruht, ist noch nicht untersucht worden. Wahrscheinlich zeigen manche Harze (z. B. Schellack in Alkohol) echte Quellung, und zwar vielfach unbegrenzte Quellung. Lipoide sind sehr wahrscheinlich quellbar in vielen organischen Flüssigkeiten. Es quellen Seifen in gewissen (speziell chlorierten) organischen Flüssigkeiten (z. B. *Na*-Palmitat in Trichloräthan). Aber in den meisten dieser Fälle wäre noch eine nähere systematische Prüfung der Erscheinung nach den oben angegebenen Kriteria notwendig, bevor man

---

[1]) HÜTTIG spricht neuerdings in solchen Fällen über „frei im Gitter vagabondierendes" Wasser (Sammlung EUCKEN), ein trefflicher Ausdruck, der gut übereinstimmt mit dem, was sich vor 15 Jahren über die quellbaren Kristalle geschrieben habe. Siehe auch die wichtigen Untersuchungen von W. BILTZ (Kolloidzeitschrift **36** (ZSIGMONDY-Festschrift) 49—52, 1925 und Naturwissenschaften **13**, 500—506, 5. Juni 1925), auf die ich im III. Teile dieses Referates ausführlich zurückkommen werde.

[2]) Siehe J. R. KATZ: Die Quellung. I. Teil. Ergebn. d. exakten Naturwiss. Bd. 3, S. 319. 1924.

[3]) Dieselben sind als industrielle Zusätze zum Kautschuk allgemein bekannt.

sich über das genaue Wesen der in jedem Falle vorliegenden Erscheinung aussprechen kann. Besonders kurios, aber der Nachprüfung dringend erforderlich, sind gewisse ältere Beobachtungen von GRAHAM[1]), nach denen metallisches Palladiumblech nicht nur Wasserstoff, sondern eine ganze Reihe organischer Flüssigkeiten absorbieren sollte.

2. *Das Ausschließen sekundärer Komplikationen. Kautschuk in den gewöhnlichen Formen (roh oder vulkanisiert) darf nicht benützt werden für das Studium einer Quellbarkeit die frei von sekundären Komplikationen sein soll.* Ebenso wie bei der Quellung in Wasser muß auch bei der Quellung in organischen Flüssigkeiten die größte Aufmerksamkeit dem Umstand gewidmet werden, daß die Gesetze der Quellung nur an Körpern studiert werden, die frei von sekundären Komplikationen sind. Sonst läuft man bei der Mannigfaltigkeit der Erscheinungen Gefahr, das Wesentliche und Einfache zu übersehen.

Unter den Komplikationen, die man vermeiden soll, gibt es einmal solche, die inhärent sind, denen man durch geeignete Wahl der Objekte nicht aus dem Wege gehen *kann*. Eine solche Komplikation ist die *Hysterese*. Sie scheint hier — soweit das spärliche Tatsachenmaterial es zu beurteilen gestattet — ähnlich zu sein, wie bei den in Wasser quellenden Substanzen[2]). Gleichgewichte müssen daher von zwei Seiten (von einem möglichst gequollenen und von einem möglichst trockenen Zustande aus) bestimmt werden. Annäherungsweise darf man dann den Mittelwert dieser beiden Zahlen als den Gleichgewichtszustand betrachten. Über eine experimentelle Methode, um die Hysterese zu vermeiden und das echte Gleichgewicht zu erreichen — die unabhängig Variabeln in bestimmter Weise zwischen zwei naheliegenden Werten zu und abnehmen lassen — wird im Kapitel über Hysterese nächstes Jahr gesprochen werden.

Die Forderung, daß der Körper nur aus einem einzigen chemischen Individuum besteht, ist bei den gewöhnlichen quellbaren Körpern wohl am besten bei denjenigen Seifen erfüllt, die in organischen Flüssigkeiten aufquellen. Ziemlich gut ist sie vielleicht noch erfüllt bei denjenigen Celluloseestern, die — ihrer Zusammensetzung nach — ungefähr einer bestimmten chemischen Verbindung entsprechen. Man braucht aber eine Literaturübersicht über Celluloseester bloß einzusehen[3]), um sich zu vergewissern, daß die Eigenschaften der käuflichen Produkte nicht nur

[1]) Zitiert nach LEHMANN, O.: Molekularphysik, I, S. 290, 1888. Es sollen z. B. 1000 T. Palladiumfolie im Laufe einer Stunde die folgenden Flüssigkeitsmengen absorbieren: Süßmandelöl 18.4, Castoröl 10.2, Glyzerin 4.5, Alkohol 4.5, Benzol 3.5, Wasser 1.2 usw. Wie sich wohl die metallische, elektrische Leitfähigkeit des Palladiums ändert bei solchen Absorptionen von nicht leitenden Flüssigkeiten?

[2]) Diese Ergebnisse Bd. 3, S. 340. 1924 (unter II, 2).

[3]) Siehe z. B. SCHWALBE, G.: Chemie der Zellulose. Berlin: Bornträger 1912 und BECKER, F.: Die Kunstseide. Halle: W. Knapp, 1912.

von der Säurezahl abhängt, sondern noch von anderen, zum Teil schlecht bekannten Faktoren. Doch sind solche Estern vielfach das beste käufliche Material, das zurzeit besteht. Man löst sie am besten in einem organischen Lösungsmittel auf, und bekommt sie dann — nach schnellem Verdampfen desselben — als dünne homogene Films, von denen meistens anzunehmen ist (siehe dieses Kapitel unter 3), daß sie *amorph* sind. Von großer Wichtigkeit ist in diesem Zusammenhang die von K. HESS entdeckte Tatsache, daß sowohl Triacetylcellulose wie „Diacetylcellulose" in gut ausgebildeten Kristallen erhalten werden können; auf diese Tatsache komme ich bald (dieses Kapitel unter 4) ausführlich zurück. Stellt es sich heraus, daß hier reine, wohl definierte chemische Verbindungen vorliegen, deren Eigenschaften sich beim mehrmaligen Umkristallisieren nicht ändern[1]), so wäre ein großer Fortschritt erzielt worden. Denn zum ersten Male hätten wir dann quellbare Körper, von denen es als *sicher* feststeht, daß sie aus einem einzigen chemischen Individuum bestehen. Ich werde darum diese Kristalle, sowie die kristallisierten Kautschuke, ausführlich besprechen (unter 4).

Dagegen *ist Kautschuk in den gewöhnlichen Formen ungeeignet für das Studium einer Quellbarkeit, die frei von sekundären Komplikationen sein soll.* Kautschuk *scheint* zwar bei oberflächlicher Betrachtung ein homogener Körper zu sein, aber eingehenderes Studium hat gelehrt, daß er nicht einmal mikroskopisch homogen ist. Nur weil die verschiedenen Bestandteile einigermaßen den gleichen Brechungsindex haben, *scheint* er homogen zu sein. Bekanntlich entsteht der Kautschuk durch Koagulation des Latex. Im Latex bilden die Polyprene birnenförmige bis einige μ große Teilchen, die bei der Koagulation verkleben. H. FREUNDLICH und E. A. HAUSER[2]) haben kürzlich mit dem Mikromanipulator den exakten Beweis erbracht, daß *diese birnenförmigen Teilchen nicht homogen sind; sie bestehen aus einer festen Wandsubstanz und einem flüssigen Inhalt.* Diese Autoren glauben, daß dieser Unterschied in der Konsistenz vielleicht einem verschieden hohen Polymerisationsgrad des Polyprens entspricht oder daß der Inhalt ein konzentriertes wässeriges Sol eines Polyprens ist. WO. OSTWALD[3]) hat schon früher eine ähnliche Zusammensetzung der Latexteilchen und der

[1]) Beim Umkristallisieren kristallisierender Eiweißkörper hat man bekanntlich die Enttäuschung erlitten, daß sich bei jedem Umkristallisieren die chemische Zusammensetzung (Elementaranalyse) ändert. Es ließen sich daher diese Kristalle nicht zum Reindarstellen einer Eiweißart gebrauchen. Siehe über diese Schwierigkeiten die zusammenfassende Darstellung bei SCHULZ, FR. N.: Die Kristallisation der Eiweißkörper. Jena: Gustav Fischer 1900.

[2]) FREUNDLICH, H. und HAUSER E. A.: Zur Kolloidchemie der Kautschukmilchsäfte. Kolloid-Zeitschr. **36** (ZSIGMONDY-Festschr.). 15—36. 1925.

[3]) OSTWALD, WO.: Die Welt der vernachlässigten Dimensionen. 7. und 8. Aufl. Dresden: Th. Steinkopff, 1922.

des Rohkautschuks angenommen. Beim Mastizieren des Kautschuks (auf den Walzen) werden wahrscheinlich diese Hüllen zerrissen, sodaß der Inhalt austritt und die festeren Hüllen nicht länger prall gefüllt sind. *Beide Teile zeigen verschiedene Quellbarkeit.* Die äußeren Hüllen quellen nicht merklich in Benzol, lassen den Benzol aber durch; der Inhalt quillt sehr stark in Benzol, die Hülle beschränkt *mechanisch* ein sehr starkes Quellen des Inhalts. Rohkautschuk ist daher ein mechanisches Gemisch von wenigstens zwei verschiedenen Bestandteilen, welche verschiedene Quellbarkeit aufweisen, und von denen der eine teilweise in dem anderen eingeschlossen ist, so daß auch osmotische Einflüsse sich bei dieser „Quellung" geltend machen können.

Es gelang FREUNDLICH und HAUSER — nach einem Verfahren von SCHIDROWITZ — *die Polyprene schon im Latex zu vulkanisieren* und dabei die Konsistenzänderung der beiden Bestandteile zu verfolgen. *Dabei verliert der flüssige Inhalt der Latexteilchen seine flüssige Konsistenz, wird fest*[1]) — wie die Untersuchung mit dem Mikromanipulator deutlich gezeigt hat —, nachdem er in der *ersten* Phase der Einwirkung durchlässiger geworden war. Durch diese Untersuchungen wurde wiederum gezeigt, daß die Polyprene des Kautschuks bei der Koagulation des Latex wahrscheinlich eine wichtige Änderung erleiden.

Endlich machen die Untersuchungen von PUMMERER, KOCH und GROSS[2]) es sehr wahrscheinlich, daß sich im Rohkautschuk eine ganze Reihe verschiedener Polyprene vorfindet. Denn es gelang — wie wir sehen werden[3]) — eine Reihe verschiedener kristallisierter Polyprene aus demselben zu isolieren. Sogar die festen Bestandteile scheinen daher keine einheitliche Substanz zu sein.

Bedenkt man dann weiter, daß der gewöhnliche Kautschuk mehrere Prozente Harz enthält, und daß die Eiweißbestandteile desselben vielleicht in wichtiger Art seine Quellbarkeit beeinflussen[4]) (möglicherweise bilden sie Membranen oder etwas wie ein Eiweißskelett, das bei der Quellung dem ganzen einen gewissen Zusammenhalt gibt, eventuell dessen Quellung mechanisch beschränkt), so sieht man, daß *Kautschuk (roh oder vulkanisiert) eine durch viele Faktoren komplizierte Quellung haben muß, so daß dieser Körper ganz ungeeignet ist zum Studium der Gesetze der Quellung in der einfachsten Form.* Vom Standpunkte der *Kautschukforschung* ist die Untersuchung der Quellung des Kautschuks natürlich sehr wichtig; für das *Studium der Gesetze der Quellung* aber soll man lieber andere Substanzen wählen. Sonst könnte man sich hier

[1]) Loc. cit. S. 26.

[2]) PUMMERER, R. u. A. KOCH,: Ann. d. Chemie **438**, 599—617. 1924. — R. GROSS,: Ebenda 618—620.

[3]) Siehe dieses Kapitel unter 4a.

[4]) Siehe z. B. SPENCE, D. u. u. KRATZ, G. D.: Kolloid-Zeitschr **15**, 217—226. 1914.

in eine Reihe sekundärer Komplikationen verwirren und dieselben irrtümlicherweise als typisch für die Quellung in organischen Flüssigkeiten betrachten.

Die synthetischen Kautschuke sind in dieser Hinsicht viel günstiger. Doch ist auch hier Vorsicht notwendig, da sie oft ein Gemisch mehrerer Substanzen zu sein scheinen, welche verschiedenes Quellungsvermögen aufweisen[1]).

Endlich ist bei *allen* quellbaren Körpern zu kontrollieren, ob sie *in genügend dünnen* Schichten, bzw. in genügend kleinen Stückchen vorliegen, um eine Quellung zu ergeben, welche unabhängig ist von der Dicke des quellbaren Körpers. Haben ja einige Forscher feststellen können, daß bei Films aus Celluloseestern nicht nur die Quellungsgeschwindigkeit, sondern *auch die Lage des Quellungsmaximums von der Dicke der Platte abhängt*[2]). Kontrollversuche und Arbeiten mit nicht zu dicken Stücken oder Films sind daher notwendig, will man genügend sicher sein, daß diese sekundäre Komplikation nicht stört[3]).

3. *Die Unterscheidung, ob quellbare Körper welche keine typischen Kristallformen zeigen amorph oder kristallisiert sind.* Die Einführung der Röntgenspektrographie als neue Untersuchungsmethode gestattet auch bei den in organischen Flüssigkeiten quellbaren Substanzen eine bessere Unterscheidung, welche Substanzen amorph, welche kristallisiert sind.

a) *Amorphe quellbare Körper* sind — soweit meine jetzige Erfahrung reicht — die frisch hergestellten Substanzen (Celluloseestern und Kautschuk), welche durch Auflösen in einem geeignetem Lösungsmittel und schnelles Verdampfen desselben erhalten werden. Sogar die schön kristallisierende Triazetylcellulose nach K. Hess (siehe weiter) gibt unter diesen Umständen einen amorphen Film, der aber nach einiger Zeit Kristalle enthält.

Die technischen Präparate von Acetylcellulose — soweit es sich um solche handelt, die unter Verlust der Faserstruktur hergestellt worden sind — zeigen zwar ein amorphes Röntgenspektrum; doch habe ich zuweilen auch solche angetroffen, welche schwache Kristallinterferenzen zu zeigen schienen. Da solche Körper schlecht definiert sind, empfiehlt es sich, sie — wie oben angegeben[4]) — in die meistens amorphe Form dünner Films überzuführen.

---

[1]) Siehe H. Pohle: Kolloidchem. Beihefte, **13**, 1—61, 1921.

[2]) Siehe Hoffmann, A.: Über die Quellung von Zellulosederivaten und Kautschuk in organischen Flüssigkeiten. Diss. Berlin 1925. 11. — Arisz, L.: Kolloidchem. Beih. **7**, 1.—90, 1915, besonders S. 54, sowie Diss. Utrecht 1914.

[3]) Am besten verwendet man die Substanz in dünnen Films (Dicke 0.1—0,2 mm).

[4]) Siehe Knoevenagel, E.: Kolloidchem. Beih. **13**, 245. 1921.

b) *Cellulose ohne Verlust der Faserstruktur verestert.* Ein interessantes Röntgenspekrtum zeigen jene *Acetyl- und Nitrocellulosen, die ohne Verlust der Faserstruktur hergestellt worden sind.* Das Prinzip dieser Herstellung ist im allgemeinen, die Reaktion genügend stark zu mäßigen, wenn nötig z. B. durch Verdünnung des Reagenzes mit einer indifferenten Flüssigkeit. Hans Ambronn[1]) hat zuerst gezeigt, daß solche nitrierten Ramiefasern optische Anisotropie, und zwar Eigendoppelbrechung zeigen, die dem Zeichen nach verschieden ist von der der unveränderten Cellulose. Wahrscheinlich bilden sich also Kriställchen einer neuen chemischen Verbindung, die unter Pseudomorphosebildung aus den Cellulosekriställchen entstehen. Jedes Cellulosekriställchen reagiert dabei Molekül für Molekül durch mit dem Reagens unter Bildung eines Salpetersäureesters der Cellulose. A. Möhring, ein anderer Schüler H. Ambronns, zeigte dann[2]), daß ganz ähnliche Verhältnisse vorliegen, falls man ohne Verlust der Faserstruktur Ramie soweit acetyliert, daß sie chloroformlöslich wird.

Wie R. O. Herzog und seine Mitarbeiter gezeigt haben[3]), geben solche Nitroramien und Acetoramien kein amorphes Röntgenspektrogramm, aber ein Bild, das zwar an ein Faserdiagramm erinnert, aber doch anders ist. Voriges Jahr habe ich in Abb. 14 meines Referats über Quellung[4]) das Röntgendiagramm der Nitroramie nach Hans Ambronn abgebildet. Ich möchte in diesem Aufsatz das Röntgenspektrogramm einer chloroformlöslichen Acetoramie[5]) bringen (Abb. 1). Die Deutung dieses Röntgenspektrogramms ist sehr schwierig. Während Äquatorialinterferenzen wie bei einem Faserdiagramm vorliegen, besteht in der Faserrichtung ein eigenartiges, schwer zu beschreibendes baumartiges Gebilde; die ganze Mittellinie in der Faser-

[1]) Ambronn, Hans: Über die Änderung des optischen Verhaltens der Zellulose bei der Nitrierung. Diss. Jena 1914. Siehe dort auch die Vorschrift für die Bereitung solcher Nitroramie.

[2]) Möhring, A.: Über das optische Verhalten der Zellulose bei der Acetylierung. Zeitschr. f. Wiss. u. Industrie 2, 70—71. 1923. Eine gute Vorschrift zur Darstellung von solcher Acetoramie ohne Verlust der Faserstruktur nach D. R. P. 184201 Kl. 120 findet man z. B. in Becker, F.: Die Kunstseide. Halle: W. Knapp 1912. S. 321. (Oberes der beiden Rezepte.) Zweckmäßig nimmt man möglichst wenig Schwefelsäure, da sonst ein gemischter Ester entstehen kann, der auch Schwefelsäure enthält.

[3]) Siehe vor allem Herzog, R. O. u. Londberg, G.: Ber. d. dtsch. chem. Ges. 1924.

[4]) Diese Ergebnisse 3, 360. 1924.

[5]) Dargestellt nach dem vorher in der Fußnote erwähnten Rezept. Die Ramie wird gekocht mit Essigsäureanhydrid, welches mit 4 Teilen Benzol verdünnt worden ist; eine kleine Menge Schwefelsäure wird als „Katalysator" zugefügt. Es wird gekocht, bis die Ramie chloroformlöslich geworden ist. Die Verdünnung mit Benzol macht, daß die Faserstruktur erhalten bleibt.

richtung ist geschwärzt und mediane Interferenzen eigentümlicher Form kreuzen diese mediane Schwärzung.

Solche Röntgendiagramme erinnern an die mancher biologischen Faserstrukturen (Haare, Borsten, Sehnen, Muskeln). Die Lage der „Kristallite" ist zwar der Parallelität verwandt, aber offenbar doch wesentlich anders als in solchen Fasern, wo sie wirklich ungefähr parallel liegen (wie z. B. in Ramiefasern oder Seidenfasern). Auch ist es möglich, daß sie mehr als eine Art „reflektierender" Kristalle enthalten. Daß hier echte Kristalle vorliegen, scheint mir noch nicht sicher zu sein (siehe vorjähriges Referat I, 5; III, 1 und diesjähriges Referat I, 5). Vorläufig sind solche Röntgenspektrogramme daher noch recht schwierig zu deuten. Wie sich das Röntgenspektrogramm bei fortschreitender Esterifizierung ändert, ist noch nicht nicht genügend untersucht worden. Zu erwähnen ist noch, daß DENHAM[1]) Cellulosefasern ohne Verlust der Faserstruktur *methyliert* hat (aber nicht bis zu Trimethylcellulose).

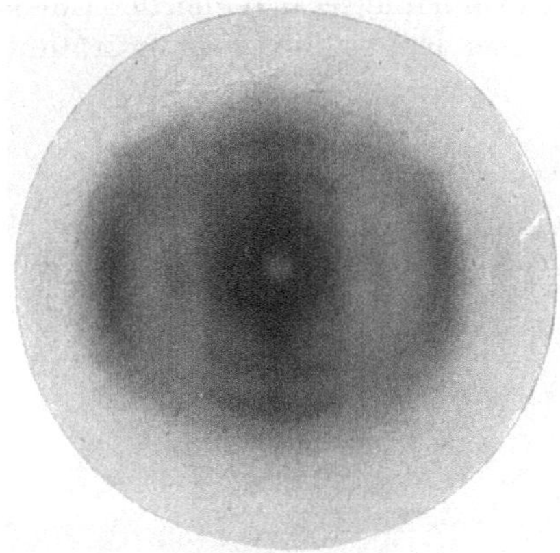

Abb. 1. Diagramm eines parallelen Bündels von Acetoramie. Faserrichtung liegt hier vertikal. Lufttrocken. Eigene Aufnahme. Abstand circa $30^1/_2$ m. M. Natürliche Größe.

c) *Die „kristallisierten" Rohkautschuke nach* J. R. KATZ und K. BING[2]). Gewisse Rohkautschuke (im besonderen smoked ribbed sheets und aus diesem Material hergestellte unvulkanisierte Patentgummiplatten) zeigen ein Röntgendiogramm, das fast nur aus scharfen Linien besteht. Solcher Kautschuk besteht daher wahrscheinlich zum großen Teil aus Kristallen (Abb. 2). Andere, z. B. manche crêpes[3]) zeigen sowohl den amorphen Ring des Kautschuks als auch die obengenannten Linieninterferenzen, bestehen also teilweise aus „amorpher", teilweise aus kristallinischer Substanz. Da wir vorher (dieses Kapitel unter 2) gesehen haben, daß Rohkautschuk eine so komplizierte Struktur besitzt, ist es um so bemerkenswerter, daß gewisse Kautschuke zum größten Teil aus Kristallen bestehen. Man kann nun durch Dehnung die Kreise des Debye-Scherrerdiagramms in die

[1]) DENHAM: Journ. Chem. Soc. **119**. *77*, 1920.

[2]) KATZ, J. R. u. BING, K.: Ist Rohkautschuk teilweise kristallisiert? Zeitschr. f. angew. Chem. **38**, 439—440. 1925.

[3]) Für den Unterschied zwischen sheets und crêpes siehe z. B. STAFFORD WHITBY, G.: Plantation rubber and the testing of rubber. London: Longmans Green and Co. 1920. S. 151—185.

Punkte eines Faserdiagramms spalten, und dadurch wahrscheinlich machen, daß die Kreise des Rohkautschuks alle einem einzigen Gitter angehören (wenigstens geben die Punkte des Faserdiagramms alle den gleichen Wert für die Intensitätsperiode in der Dehnungsrichtung). Solches Rohkautschuk hat lange gelagert und hat eine eigentümliche Konsistenz, ist hart, steif, wenig dehnbar. Ob diese Konsistenz durch das lange Lagern oder durch Kälte entstanden ist, oder ein Überbleibsel der starken mechanischen Beanspruchung des Materials bei der Herstellung von sheets oder Platten, ist noch ungenügend geklärt.

Aber offenbar beruht diese Konsistenz auf der kristallinischen Beschaffenheit der Substanz. Denn Steifheit und Kristallspektrum verschwinden unter den gleichen Umständen. Kurzes Erwärmen z. B. macht solchen Kautschuk in wenigen Minuten weich und dehnbar[1]); gleichzeitig verliert die Substanz ihr Kristallspektrum und bekommt statt dessen einen typischen „amorphen Ring" (Identitätsperiode etwa $4\frac{1}{2}$ Å.E.), vom gleichen Typus wie Flüssigkeiten und Gläser ihn zeigen. Abb. 3 zeigt das Röntgenspektrum des gleichen Kautschuks wie Abb. 2, aber nach kurzer Erwärmung.

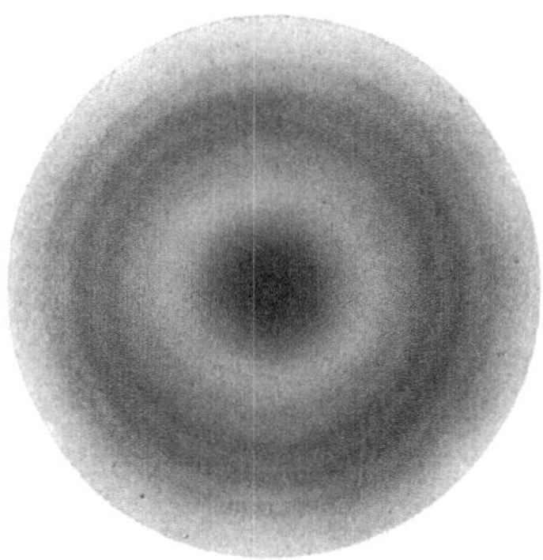

Abb. 2. Diagramm eines 1 m. M. dicken Plättchen aus Rohkautschuk (Para ribbed smoked sheets). Lufttrocken. Eigene Aufnahme. Abstand circa $40\frac{1}{2}$ m.M. Nat. Gr.

Der „Schmelzpunkt" dieser Kristalle ist ziemlich scharf und liegt bei etwa 20 bis 30° C[2]).

Das Kristallspektrum ist identisch mit dem, welches in amorphem Kautschuk durch die Dehnung entsteht. Ich komme auf diese Erscheinung in Abschnitt 5 dieses Kapitels zurück. Da es noch nicht sichergestellt ist, ob im letzteren Falle echte Kristallbildung vorliegt oder etwas anderes, ist es auch für die Kristalle im Rohkautschuk noch unentschieden.

d) *Trimethylcellulose*, welche durch erschöpfendes Methylieren der Cellulose als feines weißes Pulver erhalten wird[3]), zeigt ein Röntgen-

[1]) Die Technik kennt diesen Einfluß der Wärme längst. Deshalb werden Patentgummiplatten, bevor man sie verarbeitet, kurze Zeit auf dem Erwärmtisch erhitzt, dessen Hitze etwa 80° C betragen mag. Dadurch tritt in wenigen Minuten unter ziemlich bedeutender Schrumpfung die im Text genannte Änderung der Konsistenz ein; diese Änderung ist notwendig, um die Patentgummiplatten weiter verarbeiten zu können.

[2]) Siehe KATZ, J. R.: Hat Rohkautschuk einen scharfen Schmelzpunkt? Zeitschr. f. angew. Chemie 1925, wo genaue Zahlen mitgeteilt werden.

[3]) HESS, K. u. WELTZIEN, W.: Liebigs Ann. d. Chem. **44**, 442 und **46**, (im Druck). 1925.

spektrum, das einem Kristallspektrum gleicht. (Abb. 4.) Die Ringe werden bei diesem Präparat um so breiter, je größer der Ablenkungswinkel, was auf a- oder submikroskopische Größe der Kristallite schließen läßt. In anderen Präparaten derselben Substanz fehlt diese Verbreiterung oder ist viel schwächer. Trimethylcellulose (aus Cellulose A) ist in warmem Wasser begrenzt und in einigen organischen Flüssigkeiten und in kaltem Wasser unbegrenzt quellbar. Hier liegt eine relativ gut definierte chemische Substanz vor.

4. Die quellbaren Substanzen, welche in gut ausgebildeten Kristallformen auftreten. In allen den vorher erwähnten Fällen bleibt ein gewisser Zweifel bestehen, ob die Substanz, welche ein Linienröntgenogramm gibt, sicher kristallinisch ist (siehe dieses Kapitel unter 5 und 6).

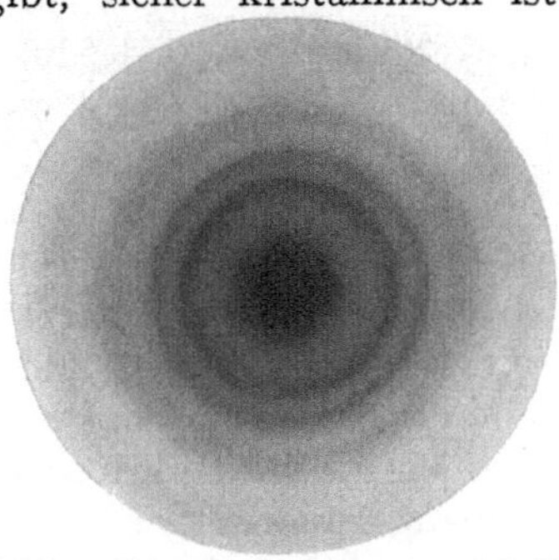

Abb. 3. Diagramm eines 1 m. M. dicken Plättchens aus Rohkautschuk nach dem Erwärmen (gleiches Plättchen wie in Abb. 2). Lufttrocken. Eigene Aufnahme. Abstand circa 32 m. M. Natürliche Größe.

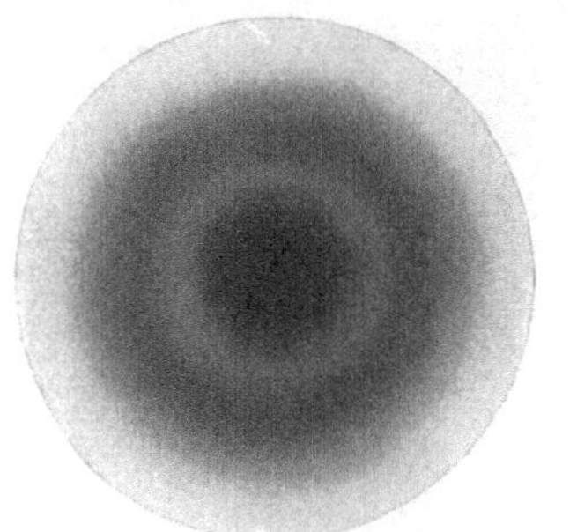

Abb. 4. Diagramm von pulverförmiger Trimethylcellulose nach K. HESS. Lufttrocken. Eigene Aufnahme. Abstand circa 22 m. M. Natürliche Größe.

Dieser Zweifel läßt sich zur Zeit nur dann ganz beheben, wenn es gelingt, den kristallinischen Körper in gut ausgebildeten Kristallen darzustellen. Dann können optische Messungen und Messungen der Kristallwinkel die röntgenspektrographischen Befunde kontrollieren und vervollständigen.

Es liegt dann überdies die Möglichkeit vor, falls typische Kristalle (welche ein Linienröntgenogramm geben) „*quellen*", (d. h. ohne Verlust der Homogenität größer werden und dabei an Konsistenz verlieren) den Schluß zu ziehen, daß hier echte intermolekulare Quellbarkeit vorliegt; diese Annahme könnte dann aus den Röntgenspektrogrammen des gequollenen Körpers näher geprüft werden. Deswegen sind solche Kristalle für die Theorie der Quellung von erheblicher Bedeutung.

Nun werde ich die bis jetzt bekannten, gut ausgebildeten Kristalle, welche in organischen Flüssigkeiten quellen, hier ausführlich beschreiben.

a) Kristallisierte Acetylcellulosen nach K. HESS. Auf der Naturforscherversammlung in Innsbruck (September 1924) teilte K. HESS die wichtige Entdeckung mit, daß es ihm gelungen sei, *eine Acetylcellulose in typisch ausgebildeten Krystallformen zu erhalten*[1]). Damit wurde zum ersten Male bewiesen, daß eine Celluloseverbindung wirklich kristallisieren kann[2]) — bis jetzt lagen nur die Doppelbrechung und Röntgenogramme bei Substanzen ohne äußere Kristallformen als Argumente vor (die noch nicht ganz überzeugend sind[3])). Überdies gibt ein solches Kristallisationsvermögen eventuell eine Handhabe, um wohldefinierte Acetylierungsstufen rein darzustellen. Wir könnten damit vielleicht zum ersten Male quellbare Körper erhalten, die sicher nicht Gemische sind.

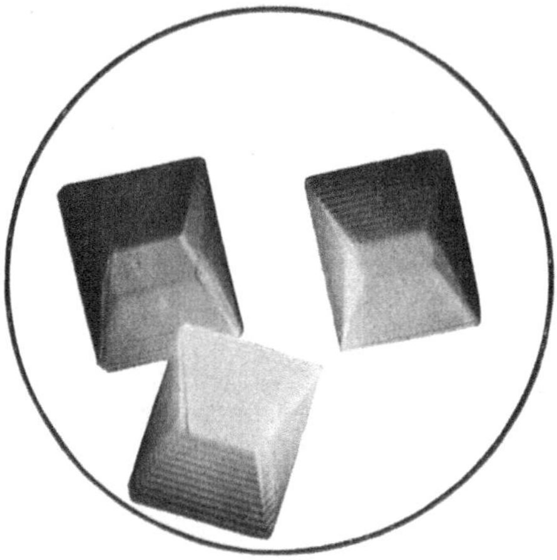

Abb. 5. Kristalle von Triacithylcellulose in Tetrachloräthan. Langsame Abscheidung (während zwölf Monate) aus einer sehr verdünnten Lösung. Etwa 60fache Vergrößerung. (Zwischen gekreuzten Nicols.) Aufnahme von K. Hess.

Die damals beschriebene kristallisierte Acetylcellulose ist ein *Triacetat* — und zwar eins, das bei der Verseifung *genau* drei Acetylgruppen enthält[4]). Eine bestimmte Acetylcellulose, deren Zusammensetzung ungefähr einem Triacetat entspricht, wird möglichst weitgehend von chemischen Abbauprodukten (wie Zuckerderivaten) befreit; diese Befreiung von Verunreinigungen scheint bei allen Acetylcellulosen[5]) von großer Wichtigkeit zu sein, will man gut kristallisierende Produkte erhalten[6]). Sie wird dann in Tetrachloräthan gelöst und in verdünnter Lösung zur Kristallisation hingestellt. Es scheiden sich im Laufe der Zeit Kristallnadeln ab, deren Länge bis zu 2 cm betragen kann. Häufig liegen Kristallaggregate mit paralleler Orientierung vor; aber oft sind es Einzelkristalle mit schön ausgebildeten Kristallwinkeln (Abb. 5). Diese Kristalle sind ziemlich hart und brechen leicht, zeigen keine stärkere Biegsamkeit. Hess machte nun gleich die interessante

[1]) Hess, K.: Neue Ergebnisse der Zelluloseforschung. Zeitschr. f. angew. Chem. **37**, 993—1004. 1924; besonders S. 997—999; dort auch Abbildung der Kristalle.

[2]) Siehe aber die (mir nicht ganz überzeugend scheinenden) älteren Versuche von E. Gilson: La Cellule **9**, 337—441. 1893.

[3]) Siehe diese Ergebnisse **3**, 362—364; **4**, (unter I, 5 und I, 6).

[4]) Also je $C_6H_{10}O_5$ drei Acetylgruppen.

[5]) Das gleiche gilt für die später zu beschreibende Diacetylcellulose.

[6]) Siehe die ähnliche Erfahrung Pummerers bei der Kristallisation des Kautschuks (dieses Kapitel unter 4 b).

Beobachtung, daß diese Kristalle bei der Ausscheidung Lösungsmittel enthalten und daß *dieses Lösungsmittel für den Aufbau des Kristallgebäudes wesentlich ist.* Denn verdampft dasselbe, so zerfallen die Kristallformen sofort (oft explosionsartig). Nach einiger Zeit *rekristallisiert* das Material unter Bildung anders gerichteter *Kristallnadeln* einer neuen Substanz. Diese ist wiederum Triacetat, das jetzt wenig oder kein Lösungsmittel enthält.

Später haben dann K. HESS und G. SCHULTZE[1]) auch *eine Acetylcellulose zur Kristallisation gebracht, die ungefähr die Zusammensetzung eines Diacetates besitzt.* Eine Acetylcellulose, deren Essigsäuregehalt nicht weit entfernt war von dem eines Diacetats, wurde bei 70° C in einem Gemisch gleicher Teile Benzol-Alkohol gelöst und der langsamen Abkühlung auf etwa 30° C überlassen. Es scheiden sich kompakte Massen verfilzter Nadeln mikroskopischer Größe ab, die sich durch vorsichtiges Umkristallisieren endlich in schöne diskrete mikroskopische Nadeln abscheiden liessen. Diese enthalten gleichfalls Lösungsmittel und zerfallen auch, wenn dasselbe verdampft. Im Gegensatz zu den vorigen sind sie sehr biegsam und vielleicht plastisch. Auch aus Essigester ließen sie sich erhalten und umkristallisieren; ebenso entstehen sie beim Anquellen des Rohmaterials in Chloroform. In allen diesen Fällen zerfallen sie schrumpfend beim Verdampfen des Lösungsmittels.

Welche Quellbarkeit die Kristalle — im Zustande ihrer Abscheidung aus der Mutterlauge — zeigen, steht noch nicht genügend fest, aber sie quellen sicher stark in verschiedenen Quellungsmitteln; und selbst sind sie gequollen. Das trockene *Triacetat* quillt begrenzt in verschiedenen organischen Flüssigkeiten, wie Azeton, Essigester, Äther usw.; in Chloroform, Pyridin usw. quillt es unbegrenzt. Das trockene „Diacetat" quillt begrenzt in Chloroform, Tetrachloräthan usw., unbegrenzt in Azeton, Essigester usw.

Daß hier wirkliche Celluloseverbindungen vorliegen, geht nach HESS aus dem Verhalten der Verseifungsprodukte (Drehwert im Kupferammin[2]), Röntgenspektrum usw.) hervor.

Die röntgenspektrographische Untersuchung[3]) der oben genannten Kristalle von Acetylcellulose wird sehr erschwert durch die Umstände, daß sie viel Flüssigkeit enthalten und den Kristallcharakter verlieren beim Verlust dieser Flüssigkeit. Man kann sie daher nur in geschlossenen Glasröhrchen (Wanddicke 0,01 mm) untersuchen; sie ergaben bisher kein sicheres Linienröntgenogramm. (Doch ist zu bedenken, daß die

---

1) HESS, K., SCHULTZE, G. u. MESSMER, E.: Über kristallisierte Azetylzellulosen. Liebigs Ann. d. Chem. 1925 (im Druck).

2) HESS, K., MESSMER, E. u. LJUBITSCH, N.: Zur Charakterisierung von Zellulosepräparaten. Liebigs Ann. d. Chem. 1925 (im Druck).

3) KATZ, J. R. u. HESS, K.: Über das Röntgenspektrum der kristallisierten Acetylcellulosen (in Vorbereitung).

reflektierende Substanz durch die Quellung der Kristalle verdünnt ist.) Sie könnten also den Eiweißkristallen analog sein, die kein Linienröntgenogramm geben[1]). Die rekristallisierte Triacetylcellulose zeigt einige scharfe Ringe, die trockene „Diacetylcellulose" ein undeutliches Linienröntgenogramm. Die Rolle der Flüssigkeit in diesen Kristallen ist ein merkwürdiges und noch schwer verständliches Problem.

b) Kristallisierter Kautschuk nach R. Pummerer *und* A. Koch[1]). Es gelang diesen Untersuchern, einen kristallisierten Kautschuk darzustellen. Pummerer und Koch[2]) lösten Plantagenkautschuk (smoked sheets) zu 4 vH. in Benzol; nach langem Stehen hatte diese Lösung sich endlich geklärt und wurde dann vom Bodensatz abgehebert. Alle weitere Bearbeitung geschah in einer Kohlensäureatmosphäre[3]). Die abgeheberte Lösung wurde durch Einlaufenlassen in Alkohol gefällt, die Fällung fein ausgewalzt und mit Azeton extrahiert (um das Harz zu entfernen). Nun wird sie in Benzol zur 3 proz. Lösung gelöst und ein Alkohol-Benzolgemisch (1 : 1) allmählich zugetröpft, um die sauerstoffhaltigen Bestandteile zu entfernen. Man fällt nämlich so weit aus, daß nach mehrstündigem Stehen am Boden eine dunklere, ölige, konzentrierte Kautschuklösung in Benzol sichtbar ist; diese enthält die sauerstoffhaltigen Verunreinigungen. Die überstehende gelbe Flüssigkeit wird abgetrennt. Diese Lösung ist nun weitgehend von den sauerstoffhaltigen Verunreinigungen befreit und scheint deshalb stark zur Kristallisation zu neigen.

Die abgeheberte Lösung wurde mit Alkohol ausgefällt; diese Fällung (K_1) wurde von der übrig bleibenden Lösung in Alkohol-Benzol (F_1) getrennt. Die Fällung K_1 wurde im Soxhlet nochmals mit Azeton extrahiert. Beim Abkühlen der mit Azeton extrahierten Masse blieb die Masse nicht durchscheinend, sondern es bildeten sich im Kautschukgel weiße Nester, die beim Anwärmen mit Azetondampf wieder verschwanden. Da die Vermutung nahe lag, der Kautschuk habe teilweise kristallisiert, übernahm R. Gross als Kristallograph die mikroskopische und kristallographische Prüfung des Präparats (K_1). Es gelang ihm zu zeigen, daß tatsächlich kristallinische Materie vorlag, aber *mindestens drei Kristallarten in sechs verschiedenen Ausbildungsformen*. Da Schmelzen bzw. Verschwinden der Doppelbrechung bei recht verschiedenen Temperaturen auftrat und auch die Symmetrien der verschiedenen Kristallarten nicht überall die gleichen waren, betrachten Pummerer und Gross es als unwahrscheinlich, daß bloß Modifikationsverschiedenheiten des gleichen Körpers vorliegen. Man muß, ihrer Meinung nach,

---

1) Diese Ergebnisse **3**, 324 und 361, 1924.

2) Pummerer, R. u. Koch, A.: Über einen kristallisierten Kautschuk und über Hydrokautschuk. Liebigs Ann. d. Chem. **438**, 599—617. 1924.

3) Ich kann hier nur eine abgekürzte Beschreibung der Bereitungsweise geben; für die genaue Beschreibung verweise ich auf das Original.

also *mehrere chemisch verschiedene Substanzen annehmen, die alle kristallisieren.* Wenn man annehmen darf, daß die Kristalle alle aus Polyprenen bestehen, müßte Kautschuk also ein *sehr kompliziertes Gemisch verschiedener Polyprene darstellen.* Wir haben in dem Abschnitt 2 dieses Kapitels gesehen, daß die mit ganz anderen Methoden unternommenen Untersuchungen von H. FREUNDLICH und E. A. HAUSER[1]) in die gleiche Richtung sprechen. Kautschuk ist also wohl sicher kein einfacher Körper, sondern ein kompliziertes Gemisch verschiedener chemischer Verbindungen.

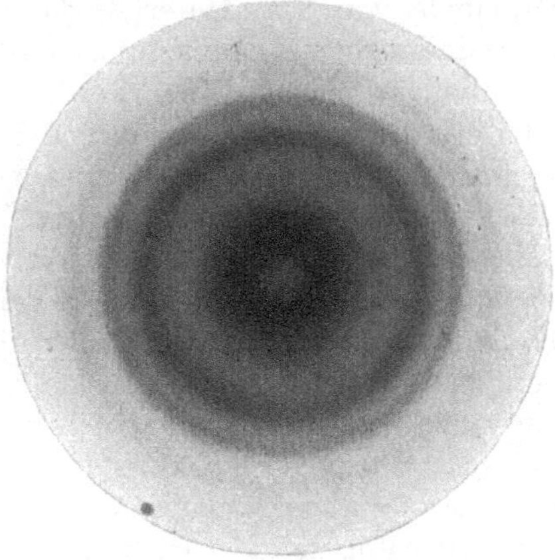

Abb. 6. Kristallisierter Kautschuk (Sphärolithe) nach PUMMERER und KOCH. Lufttrocken. Aufnahme von R. GROSS und mir. Abstand circa $40^1/_2$ m. M. Natürl. Größe.

Alle diese kristallinischen Formen von Kautschuk wurden nur gemischt und vom amorphem Kautschuk ungetrennt erhalten. Dagegen gelang es PUMMERER und KOCH, aus der vorher genannten Lösung (F_1) *restlos kristallisiertes Material zu erhalten.* Die Lösung ließ beim Stehen zunächst ölige Kautschukanteile fallen, die im Laufe von drei Wochen zu *gelblich-weißen Sphärolithen* kristallisierten[2]); diese waren noch in ein amorphes Kautschukgel eingebettet, konnten aber durch Waschen mit Äther davon befreit werden; sie hatten die Zusammensetzung eines Polyprens $(C_5H_8)_x$. Dieselben lösen sich in der Hitze leicht in Äther; beim Abkühlen erfolgt im Laufe von 3—24 Stunden reichliche Abscheidung undeutlich kristallisierter, doppelbrechender Formen (mit schwarzem Kreuz zwischen gekreuzten Nikols). Bei langsamem Erkalten erschienen manchmal sehr eigentümliche Wachstumsformen, die z. B. sehnenartig von einem Punkt der Kolbenwandung zu einem anderen gehen, auch Formen mit korkzieherartigen Windungen (von der Art des Baumwollsamenhaars)[3]). Daß diese Substanz wirklich kristallinisch ist, ergab sich aus den Röntgenaufnahmen, welche R. GROSS von diesem Präparat (in lufttrockener Form)

[1]) FREUNDLICH, H. u. HAUSER, E. A.: Zur Kolloidchemie der Kautschukmilchsäfte. Kolloid-Zeitschr. **36** (ZSIGMONDY-Festschr.), 15—36. 1925.

[2]) Für eine mikrophotographische Abbildung derselben siehe PUMMERER u. KOCH: loc. cit. S. 608, Abb. 7.

[3]) Man vergleiche dazu die Theorie, daß das Kautschukmolekül spiralförmig gebaut ist, und daß auf dieser Form desselben die starke Dehnbarkeit des Kautschuks beruhen sollte.

gemacht hat[1]). Leider zeigte nun eben diese Modifikation keine gut ausgebildete Kristallformen, sondern lag bloß in Sphärolithen vor.

Abb. 6 bringt eine Reproduktion einer solchen Aufnahme auf einer Platte. Wo die eigentümlich doppelbrechenden Körner dieses so scharfe Linienröntgenogramm zeigen, liegen wohl höchst wahrscheinlich Kristalle vor. Aber es wird Aufgabe der Zukunft sein, gut ausgebildete Kristalle in größeren Mengen darzustellen. Nimmt man eine solche Aufnahme von dem Material, das hier abgebildet, auf einen Film in der zylindrischen Kamera auf (so daß auch die Interferenzen mit großem Ablenkungswinkel sichtbar werden können), so sieht man vier starke Interferenzkreise nahe um den Primärfleck herum, *während alle mehr peripher gelegenen Interferenzen nur äußerst schwache Intensität aufweisen.* Dieser starke Intensitätsabfall hat vielleicht prinzipielle Bedeutung[2]), vielleicht aber rührt er nur davon her, daß das Gitter durch die Entquellung etwas in Unordnung geraten ist. Dieser Punkt würde sich durch Aufnahmen von Kristallen, die mit ihrer Mutterlauge noch in Berührung sind, leicht klären lassen. Solche Versuche wären wichtig, sind aber noch nicht gemacht worden. *Überhaupt soll man Kristalle, die sich in gequollenem Zustande aus ihrer Mutterlauge abgeschieden haben, immer zuerst feucht untersuchen bei den Röntgenaufnahmen,* da oft durch den Flüssigkeitsverlust wesentliche Änderungen auftreten. Am besten schließt man sie dazu in ein ganz dünnwandiges Glasröhrchen nach Keesom ein — Wanddicke 0,01 mm, Durchmesser 1,0 mm —, welches man beiderseitig mit der Flamme schließt; dann ist jedes Austrocknen unmöglich geworden[3]).

Kehren wir aber zu der oben abgebildeten Röntgenaufnahme der lufttrockenen Sphärolithen zurück. Gross konnte durch Photometrieren auch noch die schwachen peripheren Interferenzen ausmessen, und aus der Bestimmung der Ablenkungswinkel ϑ das Gitter berechnen. Es zeigte sich, daß sämtliche $\sin^2 \frac{\vartheta}{2}$ sich gut durch die quadratische Form eines *monoklinen* Gitters darstellen lassen. Die drei Kanten des Elementarparallelopipeds sind $a = 4{,}8$ Å.E., $b = 4{,}7$ Å.E., $c = 5{,}3$ Å.E. Der Winkel ist 77°. Die auf Grund dieses Gitters berechneten Werte für $\sin^2 \frac{\vartheta}{2}$ stimmen mit den beobachteten gut überein[4]).

Ich führe diese Messungen Gross' so ausführlich an, weil sie

---

[1]) Gross, R.: Röntgenphotographische Untersuchung des kristallisierten Kautschuks. Liebigs Ann. d. Chem. **438**, 618—620. 1924.

[2]) Siehe diesjähriges Referat unter I, 5 und 6.

[3]) Solche Röhrchen liefert jetzt die Firma Hanff & Buest, Luisenstraße 67, Berlin, in gebrauchsfähigem Zustand (dank der Initiative von Dr. H. Mark).

[4]) Siehe die Tabelle auf S. 619 der Grossschen Abhandlung.

meiner Ansicht nach, einer der interessantesten Ergebnisse der Röntgenspektrographie hochmolekularer Substanzen bilden; und weil seine Ergebnisse eben für die Theorie der Quellung so wichtig erscheinen. Denn dort, wo es nun mal gelingt, eine so typisch *hochmolekulare* Substanz wie Kautschuk zum Kristallisieren zu bringen, gibt sie *doch* eine kleine Elementarzelle. Dieselbe ist so klein, daß *die von* GROSS *ermittelte Elementarzelle bloß Raum für ein einziges Isoprenmolekül hat.* Daß Kautschuk wirklich ein nicht größeres Molekulargewicht haben sollte als Isopren — aus dem Kautschuk, wie man jetzt wohl allgemein annimmt, durch Polymerisation entstehen kann —, betrachte ich als höchst unwahrscheinlich (eventuell als unannehmlich). Ich nehme bei alledem an, daß wirklich ein kristallisierter *Kautschuk* vorliegt.

Ist dann vielleicht die Rechnung von GROSS unrichtig gemacht worden? Ich sehe nicht wie. Vielleicht wären etwas andere Werte für die Gitterkonstanten möglich, aber die *Größenordnung der Elementarzelle* — um die es sich hier handelt — würde dadurch nicht viel beeinflußt werden. Wohl aber ist es bei jeder Berechnung der Elementarzelle aus einem DEBYE-SCHERRER-Diagramm möglich, daß man zu kleine oder falsche Werte für das Gitter findet, wenn die innersten Interferenzen fehlen oder durch den Primärfleck überdeckt werden. Eben deswegen werden Drehaufnahmen um gewisse wohl definierte kristallographische Richtungen als Drehachsen (bzw. Faseraufnahmen) jetzt allgemein vorgezogen für die Berechnung der Gittergröße; denn dann läßt sich wenigstens in einer Richtung (der Dreh- oder Faserachse) die Identitätsperiode ziemlich sicher bestimmen. Und weil man die anderen Identitätsperioden aus jeder Schichtlinie berechnen kann und schlecht reflektierende Flächen mit schiefen Aufnahmen zum Reflektieren bringen kann[1]), ist es bei dieser Methode weniger wahrscheinlich, daß man die Flächen niederster Indizierung übersieht als bei DEBYE-SCHERRER-Aufnahmen. Aber beim kristallisierten Kautschuk, der bloß in mikroskopischen Sphärolithen vorliegt, sind Dreh- oder Faseraufnahmen unmöglich. Man kann nur versuchen festzustellen, ob die inneren Interferenzen auch fehlen bei langdauernden Belichtungen und bei großem Abstand zwischen Präparat und Platte. GROSS hat mir, um das zu kontrollieren, einen kleinen Teil seines Materials abgetreten. Auch mir gelang es nicht, derartige Interferenzen festzustellen (Abb. 6); wir versuchen jetzt äußerst feine Blenden.

Diese Kristalle werden bei etwa 60° durchscheinend und plastisch, schmelzen bei etwa 92° herunter. Unter dem Mikroskop sieht man, daß die ersten Anteile bei 44° isotrop werden, die Hauptmasse bei

[1]) Siehe POLANYI, M. u. WEISSENBERG, K.: Zeitschr. f. Physik **9**, 123—130. 1922; **10**, 44—53. 1922. Für die praktische Ausführung dieser Rechnungen siehe BRILL, R.: Diss. Berlin 1923 (nur in Maschinenschrift, aber zu leihen von der Universitätsbibliothek Berlin).

60—62°. Beim Abkühlen der Schmelze unter diese Temperatur trat bald wieder Kristallisation ein. Der kristallisierte Kautschuk *oxydiert sehr leicht,* so daß Vorsicht bei allen Versuchen notwendig ist.

Die reinen, aus Äther umkristallisierten Kautschukpräparate sind vollkommen farblos, *zeigen geringe Elastizität* und auffallend wenig „Nerv". Durch Zugabe von etwas Lösungsmittel (Äther, Benzol) quillt dieser Kautschuk, und *durch diese Quellung wird er bedeutend mehr dehnbar und elastisch.* Eine solche Änderung der Elastizität bei kristallinischer Materie erhebt die Frage, ob nicht *intermolekulare* Quellung vorliegt. Eine solche wäre wohl so gut wie bewiesen, wenn große Einzelkristalle bei der Quellung diese Änderung der Kohäsion aufweisen würden. Bei *submikroskopischen* Kristallen könnte aber auch intermizellare Quellung bestehen. Bei diesen Sphärolithen liegt doch eher der erstgenannte Fall vor. Es wäre aber sehr wichtig, an einzelnen gut ausgebildeten Kristallen der anderen Modifikationen diesen Sachverhalt sicherzustellen; denn solche Versuche würden den definitiven Beweis liefern können, daß es auch echte intermolekulare Quellung gibt[1]). Es ist daher sehr zu hoffen, daß bald auch die besser ausgebildeten Kristalle in größeren Mengen dargestellt werden.

c) *Kristallisierte Seifen.* Bekanntlich kristallisieren manche Seifen in schönen Kristallnadeln. Verschiedene Seifen quellen nun ziemlich gut in organischen Flüssigkeiten. Sie quellen am besten in chlorierten organischen Flüssigkeiten, z. B. in Trichloräthylen; die Quellungen sind nur mäßig stark, betragen vielleicht einige 10 vH. Die besonders wichtige Untersuchung, ob gut ausgebildete Einzelkristalle ohne Verlust ihrer Homogenität aufquellen, oder ob es sich um die Einlagerung von Flüssigkeit zwischen submikroskopischen Kriställchen handelt, wäre eben bei diesem Objekt besonders gut durchzuführen. Diese Frage ist aber bis jetzt noch nicht untersucht worden. Nach vorläufigen Versuchen, die ich zusammen mit H. Mark ausgeführt habe[2]), scheint das Röntgenspektrum von Natriumpalmitat (Kahlbaum) sich bei der Aufnahme von etwa 20 vH. Trichloräthylen nicht zu ändern; die Interferenzkreise des Debye-Scherrer-Diagramms sehen verbreitert aus, was auf das Vorliegen von Kristalliten submikroskopischer Größe schließen lassen würde. Doch ist eine exaktere Wiederholung dieser Versuche notwendig; ich bin mit derselben zur Zeit beschäftigt[3]).

---

[1]) Es ist mir nicht deutlich, warum Pummerer und Koch (loc. cit. S. 609) das Bestehen von Kristallisationsvermögen als Beweis für ein *niedriges* Molekulargewicht ihres Kautschuks betrachten. Kristallisiert doch Hämoglobin sehr schön, das — weil es wenigstens *ein* Atom Fe enthalten muß in seinem Molekül — wenigstens ein Molekulargewicht von 14000 hat.

[2]) Katz, J. R. u. Mark, H.: Physikal. Zeitschr. **25**, 431—435. 1924.

[3]) Bei den Seifen ist noch mit der Möglichkeit zu rechnen, daß sie sich nicht im eigentlichen kristallisierten Zustande befinden, sondern im so-

Wenn auch unsere Kenntnisse über die Quellung gut ausgebildeter Kristalle in organischen Flüssigkeiten noch recht dürftig sind, so ist es doch in erster Linie dieses Material, das für eine weitgehende Klärung der Quellungsprobleme geeignet scheint.

5. Ist es immer möglich, eine scharfe Grenze zu ziehen zwischen amorphen und kristallinischen quellbaren Körpern? Gibt es Zwischenstufen? Im vorjährigen Teile dieses Referates (I, 5) habe ich die Frage nach dem Aggregatzustand der sogenannten *organisierten* Körper eingehend erörtert (siehe dort auch III, 2). Solche organisch gewachsene Substanzen, wie Borsten, Sehnen, Muskeln usw., zeigen eine Anisotropie, die auf Eigendoppelbrechung und Ordnung ihrer kleinsten Teilchen schließen läßt. Röntgenspektrographisch steht oft noch nicht sicher fest, ob bei ihren „Kristalliten" *in drei Richtungen* eine Identitätsperiode vorliegt; *nur dann können es echte Kristalle sein.* Ist die Zahl der Identitätsperioden geringer, so liegt etwas anderes vor (so weit nicht ein teilweise unregelmäßig gewordenes Kristallgitter in Betracht kommt). Man muß dann in erster Linie an die Möglichkeit denken, daß *zwar eine gewisse Ordnung der Moleküle oder deren Bestandteile vorliegt, daß es aber keine eigentlichen Kristalle sind.* Die mangelhafte Beweglichkeit der Moleküle bewirkt eventuell, daß diese nicht durch die Wärmebewegung in die wahrscheinlichere ungeordnete Lage zurückkehren können. Schon 1917 in meiner Monographie „Die Gesetze der Quellung" habe ich diese Möglichkeit klar formuliert und die Frage gestellt, ob nicht die lebendige Substanz, in uns noch schwer verständlicher Weise, solche kristallähnliche Ordnungen der Moleküle zustande bringen kann[1]).

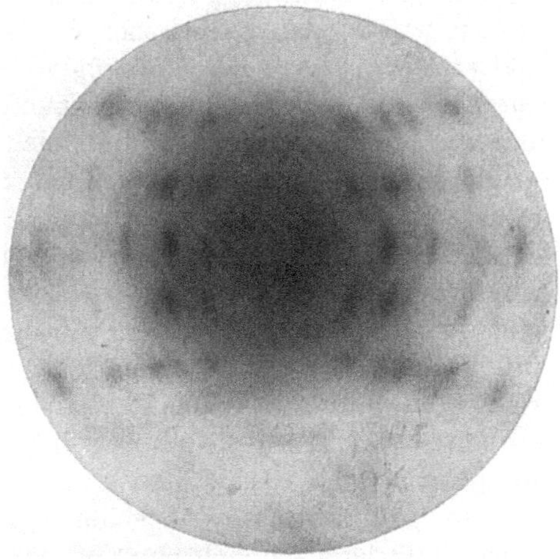

Abb. 7. Diagramm des gleichen (vorher erwärmten) Kautschuks wie in Abb. 3. Aber die Substanz ist jetzt im maximal gedehnten Zustande aufgenommen worden; die Dehnungsrichtung stimmt mit der vertikalen Richtung überein. Eigene Aufnahme. Abstand circa 30 m. M. Nat. Größe.

genannten smegmatischen Zustande (siehe FRIEDEL, Ann. de physique **18**, 273—483, 1922); dies kommt ungefähr überein mit dem, was O. LEHMANN den *fließend*-kristallinischen Zustand nannte (im Gegensatz zum flüssigkristallinischen).

[1]) Kolloidchem. Beih. 9, 17. 1917.

Neuerdings gibt K. Becker[1]) einem ähnlichen Zweifel Ausdruck und beschreibt Versuche, welche diesen Zweifel verstärken könnten. „Interferenzerscheinungen, wie sie an solchen organisierten Gebilden, wie Haaren, Muskeln und Sehnen, auftreten, dürfen nicht ohne weiteres mit Kristallinterferenzen verglichen werden, und Spekulationen über Ring- und Spiralfaserstruktur haben keinen anderen Sinn als den einer möglichen Erklärung dieses Effektes . . . *Denn in getrocknetem gepulvertem Zustande geben diese Körper ein typisch amorphes Bild.*“

Diese Gedankengänge fanden neuerdings eine Bestätigung, als gefunden wurde, daß natürlicher *Kautschuk, der ein amorphes Röntgenspektrum gibt, durch die Dehnung neben dem amorphen Ring „Kristallinterferenzen“ aufweist*[2]). Rohkautschuke verschiedener Art (aus *Hevea* und aus anderen Pflanzen) und leicht vulkanisierte natürliche Kautschuke haben — wenigstens wenn kurz vorher erhitzt — ein amorphes Röntgenspektrum (Abb. 3). Dehnt man solche Substanzen, so ändert sich bis zu einer gewissen Grenze — die beim unvulkanisierten Kautschuk etwa 100 vH. Dehnung beträgt — deren Röntgenspektrum nicht. Von da an treten „Kristallinterferenzen“ neben dem amorphen Ring auf, und zwar solche, die ein *Faserdiagramm*[3]) bilden. Ob schon bei kleineren Dehnungen solche Reflexionen bestehen, aber zu schwach sind, um den Schwellenwert der photographischen Platte zu überschreiten, oder ob sie prinzipiell fehlen, ließ sich aus diesen Röntgennegativen nicht ersehen. Auffällig ist, daß schon bei den Dehnungen, wo noch keine Kristallinterferenzen sichtbar sind, starke optische Anisotropie besteht, und daß die ersten Kristallinterferenzen bei zunehmender Dehnung ziemlich plötzlich auftreten. Von Anfang an ist es ein nahezu reines Faserdiagramm (fast) ohne Verschmierung zu *Debye-Scherrer*-Kreisen.

---

[1]) Becker, Karl: Die Röntgenstrahlen als Hilfsmittel für die chemische Forschung. Samml. Vieweg 1924 H. 72, S. 84 (Fußnote). Wiederholung und genaue Beschreibung dieser Versuche erscheint erwünscht.

[2]) Katz, J. R.: Röntgenspektrogramme von Kautschuk bei verschiedenen Dehnungsgraden (Eine neue Untersuchungsmethode für Kautschuk und seine Dehnbarkeit). Chemiker-Zeit. **49**, 353—354. 25. April 1925. — Röntgenspektrographische Untersuchungen am gedehnten Kautschuk und ihre mögliche Bedeutung für das Problem der Dehnungseigenschaften dieser Substanz. Naturwissenschaften **13**, 411—416, 8. Mai 1925. (Gibt eine kurze Zusammenfassung der vorläufigen Ergebnisse sowie Abbildungen von Röntgennegativen.) — Über die Ursachen der eigentümlichen Dehnbarkeit des Kautschuks. I und II. Kolloid-Ztschr. **36**, 300—307, Mai 1925 und **37**, 19—22, Juli 1925.

[3]) Das Diagramm enthält aber einige mediane Interferenzen (in der Faserachse), von denen es noch nicht sicher feststeht, ob sie einem reinen Faserdiagramm angehören. Es könnten eventuell eine weitergehende Ordnung der „Kristallite“ oder auch Anzeichen eines mesomorphen Zustandes (siehe weiter) vorliegen. Die komplette Durchrechnung des Diagramms wird hier bald Sicherheit bringen. Die genannten medianen Interferenzen sind auf Abb. 7 und Abb. 12 gut sichtbar.

Je stärker man jetzt dehnt, um so intensiver werden die „Kristallinterferenzen" (verglichen mit der Intensität des „amorphen Ringes")[1]. Bei den stärksten Dehnungen ist die Intensität der „Kristallinterferenzen" eine so große (verglichen mit dem „Reflexionsvermögen" kristallisierter organischer Verbindungen), daß die Substanz *zum großen Teil* aus „Kristallen" bestehen muß (Abb. 7). Bei starken Dehnungen werden manche Kautschuke milchig undurchsichtig. Immer bleibt dabei der „amorphe" Ring sichtbar. Würde das Auftreten des Faserdiagramms bloß auf der Gleichrichtung präexistenter Kristalle beruhen, so wäre es unverständlich, daß die Substanz auch nicht schon im ungedehnten Zustande Kristallinterferenzen gibt. Denn sie bilden ja einen bedeutenden Teil der Substanz. Daß das „Kristallspektrum" ein Faserdiagramm ist, hat eine doppelte Bedeutung. Einmal, daß die durch Dehnung doppeltbrechend gewordene Substanz nicht ein Einkristall ist, sondern aus vielen kleinen ähnlichen „Kristallen" besteht, die einander und der Dehnungsrichtung parallel liegen. Zweitens — und das ist bei weitem wichtiger —, daß *sich durch die Dehnung ein dreidimensionales Gitter gebildet hat,* d. h. ein solches, in dem eine gewisse Elementarzelle sich *in drei Dimensionen wiederholt*[2]. Daß ein solches *dreidimensionales* Gitter mit Identitätsperioden *in drei Richtungen* auftritt, ist eben das Überraschende und Unerwartete. Daß irgendeine Art Gleichrichtung von kleineren Elementen bei der Dehnung des Kautschuks auftritt, wußte man längst auf Grund der Tatsache, daß *der Kautschuk bei der Dehnung starke optische Anisotropie aufweist.* Diese Erscheinung war schon 1891 von BJERKÉN[3]) ausführlich untersucht worden,

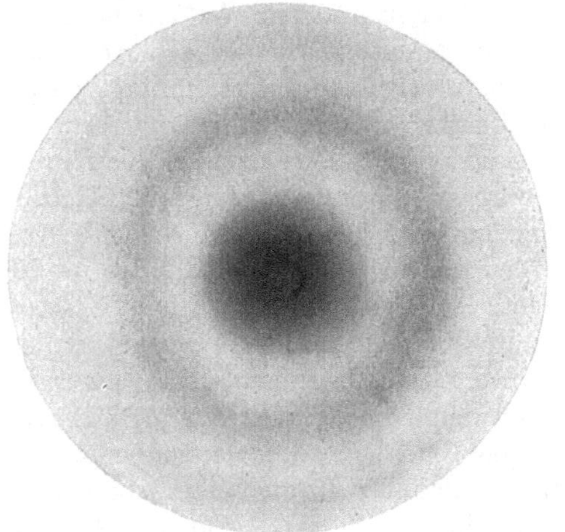

Abb. 8. Diagramm einer 40% gedehnten Gelatinescheibe (nach H. AMBRONN's Vorschrift). Aufnahme von O. GERNGROSS und mir. Lufttrocken. Abstand circa 39,5 m. M. Natürliche Größe. Die Dehnungsrichtung kommt mit der vertikalen Linie überein.

[1]) Es müssen also *um so mehr Teilchen (Mizellen?) der Substanz* gittermäßig werden, je stärker gedehnt wird.

[2]) Wenigstens sehe ich nicht ein, wie man das Auftreten eines Faserdiagramms anders deuten könnte.

[3]) BJERKÉN: Ann. d. Physik **43**, 808. 1891. Siehe auch H. AMBRONN Kolloid-Ztschr. **18**, 80 und 270. 1916.

wobei sich zeigte, daß eine sehr starke Doppelbrechung bei der Dehnung des Kautschuks auftritt, die pro 10 vH. Verlängerung anfänglich viel schwächer ist als bei starken Dehnungen. Die Röntgenspektrogramme lehren nun, daß beim Anfang der Dehnung das Kristallspektrum nicht sichtbar ist, bei den stärkeren Dehnungen bringt jede Verlängerung der Substanz eine Verstärkung der Intensität desselben zustande. Die Röntgenspektrogramme lehren weiter, daß die sich parallel richtenden Elemente *die Moleküle oder deren Bestandteile* sind (daneben auch die größeren Einheiten, die „Kristallite").

Die Frage erhebt sich, ob nicht *zwei verschiedene Prozesse sich übereinander lagern, die beide optische Anisotropie herbeiführen;* beim einen würde *bloß eine Parallelrichtung* der Moleküle oder deren Elemente bestehen, während beim anderen *sich ein Gitter bildet, in dem die Moleküle* (*und eventuell deren Elemente*) *in drei Dimensionen regelmäßig geordnet liegen.*

Das erstgenannte System von parallelgerichteten Molekülen wird im allgemeinen *keine Identitätsperioden haben.* Die Moleküle würden etwa liegen wie die einzelnen Bleistifte in einem Bündel Bleistifte, in dem sie zwar parallel liegen und gleich lang sind, aber aus dem sie verschieden weit herausstecken (siehe Abb. 10); solche Bündel werden — wenn sie selber nicht in ganz bestimmter Weise geordnet sind — keine Identitätsperiode im Sinne einer *Kristall*interferenz aufweisen[1]). Doch könnte eine solche Gleichrichtung vielleicht Änderungen des Röntgenspektrogramms bedingen, z. B. *Intensitätsmaxima im amorphen Ring* in Richtungen, die mit der Dehnungsrichtung in einfacher Weise zusammenhängen. Möglicherweise kann man an den Röntgenspektrogrammen stark gedehnter Kautschuke sehen, daß die Intensität der amorphen Ringe in den beiden Polen der Dehnungsrichtung intensiver ist als senkrecht dazu. Doch sind exakte Photometrierungen — die hier besonders subtil sind[2]) — notwendig, bevor man das annehmen dürfte.

Man muß sich aber fragen, ob man immer so scharf unterscheiden kann zwischen Gleichrichtung der Moleküle einerseits und Bildung eines dreidimensionalen Gitters andererseits. *Könnten nicht gelegentlich Zwischenstufen auftreten?* Wenn auch der ungedehnte Kautschuk ein „amorphes" Röntgenspektrum gibt, so ist es doch schwierig anzunehmen, daß er wirklich ganz amorph ist, d. h. wirklich ganz regellose Verteilung seiner Moleküle besitzt. Denn *wie sollte dann jedes Kautschukteilchen seinen eigenen Platz zurückfinden, wenn der gedehnte „kristallisierte" Kautschuk entspannt wird* und der Körper seine vorherige Form wiederum annimmt? Das deutet doch darauf hin, daß der Kautschuk, auch im

[1]) Doch könnte der mittlere Abstand der Moleküle (der Striche in Abb. 10, der Bleistifte im Bündel) eine Interferenz geben, die unter Umständen ziemlich scharf sein könnte.

[2]) Bei gedehntem Kautschuk ist die Frage deswegen so schwierig zu beurteilen, weil man mit der Möglichkeit rechnen muß, daß eine mediane Kristallinterferenz teil nimmt an den ev. medianen Verstärkungen des amorphen Ringes.

ungedehnten, scheinbar amorphen Zustande, noch eine besondere Molekularstruktur besitzt. Man muß wohl annehmen, daß *bei der Entspannung etwas zurückbleibt von derjenigen Ordnung, die sich im gedehnten Zustande als ein dreidimensionales Gitter zeigt.* Wie man sich das genau vorzustellen hat, läßt sich zurzeit noch nicht gut präzisieren. Man könnte z. B. annehmen, daß die Ketten von Molekülen (oder Teile derselben), die im gedehnten Zustande in der Dehnungsrichtung liegen, sich zu „Fäden" oder „Platten" voneinander lösen, welche sich bei der Entspannung krümmen und eventuell gegenseitig durchdringen, aber *in denen der Abstand der einzelnen Elementarteile doch innerhalb des Fadens oder der Platte unverändert bleibt* (*Molekülfäden* bzw. Molekülplatten). Dehnung würde dann diese einzelnen Fäden oder Platten strecken, parallel richten und endlich dieselben so ineinander einschnappen lassen, daß ein dreidimensionales Gitter entsteht. Dieses konkrete Bild ist möglicherweise viel zu einfach. Aber *irgendeine* solche Struktur muß doch im ungedehnten Kautschuk bestehen geblieben sein, da sonst nicht zu erklären ist, daß der gedehnte Körper bei der Entspannung seine alte Form annimmt[1])[2]).

Bei natürlichen Kautschuken sind bis jetzt keine Röntgenbilder erhalten worden, die auf eine kleinere als *drei*dimensionale Ordnung der Moleküle (oder deren Teile) schließen lassen. Aber bei einigen anderen Körpern verwandter Natur, bei gewissen *synthetischen Kautschuken* und bei gewissen Mustern von *Guttapercha*[3]) *wurden bei bestimmten Dehnungsgraden Röntgenspektra gefunden, welche man als solche Zwischenstufen deuten könnte.* Es würde zu weit führen, in diesem Verbande ausführlich auf diese merkwürdige und verwickelte Erscheinung einzugehen.

---

[1]) Es ist diese verborgene Molekularstruktur des „*amorphen*" Kautschuks, der jetzt am meisten verdient näher erforscht zu werden. Ähnliche Strukturen scheinen auch bei anderen Substanzen, wie Gelatine usw., vorzuliegen. Die Frage erhebt sich, ob etwa *ganz allgemein in amorphen und flüssigen Substanzen gewisse Verkettungen von Molekülen vorliegen, welche als erste (gewissermaßen versuchsweise) Anfänge der Kristallbildung aufzufassen sind,* aber die noch nicht zu der Bildung eines eigentlichen Kristallkeimes (mit einem in *drei* Richtungen geordneten Gitter) führen. Möglicherweise ist auch die Tatsache wichtig, daß eben die Substanzen, welche bis jetzt typische Änderungen des Röntgenspektrogramms bei der Dehnung zeigten, *Moleküle haben, die möglicherweise aus kleinen Einheiten (Grundkörpern) aufgebaut sind* (siehe nächsten Abschnitt dieses Kapitels). Vielleicht wird *das assoziierte Molekül bei der Dehnung in seiner Form verändert* (bzw. gestreckt), während es sonst eher geknäuelt, spiralförmig oder sonst gekrümmt liegt (möglicherweise unter Absättigung anderer Nebenvalenzen). Die Annahme solcher *fädenförmigen Moleküle* hätte manches für sich (vgl. H. STAUDINGER's, Untersuchungen über Polymerisation).

[2]) Über das Röntgenspektrum der Kautschuke bei der Anwendung sehr feiner Blenden werde ich bald an anderer Stelle berichten.

[3]) KATZ, J. R., Über die Änderungen im Röntgenspektrum des Guttapercha bei der Dehnung (erscheint bald).

Interessant in diesem Zusammenhange — wie für die Theorie der Quellung überhaupt — sind gewisse Änderungen im Röntgenspektrogramm der *Gelatine* bei der Dehnung, welche ich zusammen mit O. GERNGROSS festgestellt habe [1]). Dieselben treten aber nur dann auf, wenn die Gelatine durch Quellung in Wasser eine bedeutend erhöhte Dehnbarkeit bekommen hat. Es *scheint die Quellung die Beweglichkeit jener Teilchen zu erhöhen, die sich so verschieben, daß das Röntgenspektrum sich verändern kann.* Besonders schön findet man diese Veränderungen des Röntgenspektrums bei den Gelatineplättchen nach H. AMBRONN, die man (gequollen in 70 proz. Alkohol) im gedehnten Zustande hat trocknen lassen, und die sich dann im elektrischen und im magnetischen Felde wie Kristalle orientieren [2]) und doch bisher keine anderen Zeichen von Kristallinität zeigten. Das Röntgenspektrum einer sehr reinen, elektrolytfreien, isoelektrischen Gelatine besteht aus einem typischen breiten ,,amorphen" Ring (Identitätsperiode etwa 4 Å.E.), umgeben von einem ziemlich scharfen Kreis (Identitätsperiode bei erster Ordnung etwa 2.7 Å.E.), der (fast) wie eine Kristallinterferenz aussieht; vielleicht sieht man, um diesen herum, auf der Platte noch einen zweiten breiten ,,amorphen" Ring. Untersucht man Gelatineplättchen, welche mit 40 vH. Dehnung durch Trocknen in ihrer Länge fixiert worden sind, so bleibt der innere ,,amorphe" Ring ziemlich unverändert; aber *der scharfe Kreis bekommt zwei Intensitätsmaxima*, welche in der Richtung der Dehnung liegen. Bei genügend starken Dehnungen spaltet der Kreis sich in zwei *Sichel* — ohne verbindenden Kreis —, welche in den Dehnungspolen liegen (Abb. 8). Bei viel stärkeren Dehnungen *zeigt nun auch der innere ,,amorphe" Ring starke Veränderungen*; diese ließen sich gut als der Anfang einer bestimmten gittermäßigen Ordnung erklären. Ich verweise auf die bald erscheinende diesbezügliche Publikation. Der ziemlich scharfe Kreis könnte eine echte Kristallinterferenz sein. Gelatine wäre dann in der gewöhnlichen Form eine *kristallinische* Substanz, dessen Kristallgebäude aber hochgradig in Unordnung geraten ist [3]), aber die doch noch in *einer* Richtung eine richtige Identitätsperiode besitzt. Aber es wäre z. B. auch möglich, daß dieser Ring dem

[1]) KATZ, J. R. und GERNGROSS, O., Über die Änderungen im Röntgenspektrum der Gelatine bei der Dehnung (erscheint bald).

[2]) Diese Ergebnisse 3, 322. 1924, Fußnote. Die Versuche H. AMBRONNS sind beschrieben: Ber. d. sächs. Ges. d. Wiss. 1891. 394. Wie so viele Arbeiten AMBRONNS werden auch diese erst in ihrer vollen Bedeutung erkannt, wenn man die Röntgenbilder als Parallelen zur optischen Anisotropie heranzieht.

[3]) Man müßte dann annehmen, daß in dieser einen Richtung, welche die Identitätsperiode behält, das Gitter widerstandsfähiger ist als in den anderen Richtungen (so etwas kommt nach den Forschungen von G. AMINOFF u. A. tatsächlich bei der mechanischen Deformation gewisser Kristalle vor).

mittleren Abstande parallel gerichteter, aber nicht gittermäßig geordneter Elemente (vgl. den Abstand der Bleistifte im Bündel, der Striche in Abb. 10) entsprechen würde.

Unter diesen Umständen ist es nicht so einfach, zu entscheiden, ob die bei der Dehnung des Kautschuks entstehenden „Kristallinterferenzen" von einem echten Kristallgitter stammen oder von einem Zwangszustande, bei dem die Moleküle sich nicht nur gleichgerichtet haben, aber auch noch so ineinander eingeschnappt sind, daß sie ein komplettes Gitter mit Ordnung in drei Richtungen bilden. Die Hypothesen „echte Kristalle" oder „Pseudokristalle" (bzw. „Zwangskristalle") lassen sich beide verteidigen. Erwähnen will ich noch, daß nach starken Dehnungen unterhalb 20° C diese Zwangsstruktur mit ihrem typischen Faserdiagramm dauernd bestehen bleiben kann[1]), siehe Abb. 12). Oberhalb dieser Temperatur verschwindet sie wieder. Der Übergangspunkt ist ziemlich scharf; PAGE im Jahre 1847 und TAIT im Jahre 1879 haben gefunden[2]), daß unterhalb 21 °C der Kautschuk dauernd verlängert bleibt, sich oberhalb dieser Temperatur aber wiederum zusammenzieht. L. HOCK[3]) hat 1924 die

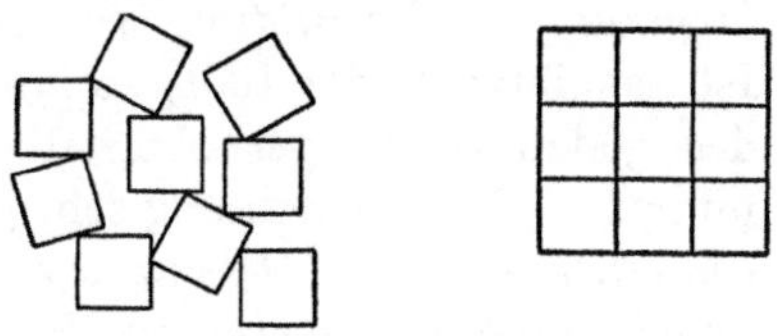

Abb. 9. Schema der Ordnung regellos verteilter Moleküle durch Zug. Wenn die Vierecke keinen besonderen Zusammenhang miteinander haben, wird sich das Ganze verkürzen, statt verlängern. Verlängerung bei der Dehnung wäre z. B. möglich, falls Gruppen von Vierecken an elastischen Schnüren gereiht wären.

[1]) Ein einfaches, altbekanntes Experiment, das den Einfluß der Abkühlung auf das Bestehenbleiben solcher elastischer Nachwirkungen zeigt, besteht darin, daß man Rohkautschuk schnell dehnt und dann in einem Strahl kalten Wassers schnell abkühlt. Der Kautschuk wird dazu in seiner Länge fixiert und behält bei Zimmertemperatur seine Verlängerung dauernd. Der gleiche Rohkautschuk, nicht gekühlt, verkürzt sich wiederum auf die alte Länge.

[2]) Zitiert nach O. LEHMANN, Molekularphysik, I, 532, 1888.

[3]) HOCK, L.: Beziehungen zwischen elastischer Nachwirkung und Temperatur bei Rohkautschuk und Vulkanisaten. Kolloid-Zeitschr. **35**, 40—47. 1924. In diesem Aufsatz erklärt HOCK die Verlängerung des Kautschuks durch eine *Gleichrichtung irgendwelcher Elemente* (ob Mizellen oder Moleküle bleibt unentschieden), die unter 20° wegen mangelhafter Beweglichkeit bestehen bleibt. Die Hypothesen, daß es dabei *die Moleküle (oder Teile derselben) sind, die sich parallel richten*, daß *nicht nur eine Gleichrichtung, sondern die komplette Ausbildung eines dreidimensionalen Gitters entsteht*, daß die Parallelrichtung der verschiedenen Elemente so weit geht, daß *eine komplette Faserstruktur* entsteht, sowie die *Erklärung des* JOULE-*Effekts aus dieser Gitterbildung* finden sich nicht in der HOCKschen Arbeit aus dem Jahre 1924. Diese Tatsachen habe *ich zuerst*, und zwar auf Grund der Röntgenspektrogramme, mitgeteilt (25. April in der Chemiker-Zeitung). Überhaupt enthält die HOCKsche Arbeit bloß *Vermutungen*. Es ist mir

gleiche Erscheinung für die dauernde Verlängerung wiederum gefunden; und ich habe sie für das Röntgenspektogramm feststellen können [1]). Diese ziemlich scharfe Temperaturgrenze liegt röntgenspektographisch zwischen 20 °und 25 °C bei den verschiedenen Rohkautschuken, die ich untersucht habe. L. HOCK gibt eine ähnliche Temperatur an für den Rückgang der Verlängerung. Wo Verlängerung und Bestehen von „Kristallinterferenzen" so genau zusammengehen, ist nicht zu bezweifeln, daß zwischen beiden ein Kausalnexus besteht. Wohl sicher entsteht das Faserdiagramm durch die Dehnung; aber sehr wahrscheinlich *beruht auch umgekehrt die Verlängerung auf der Bildung einer in drei Dimensionen geordneten Materie* [1]). Ist das letztere der Fall, so läßt sich — angesichts der Tatsache, daß der gedehnte Körper oberhalb 25° C seine alte Form wiederum annimmt — die Erscheinung sehr gut verstehen, wenn man annimmt, daß *von einem gewissen Dehnungsgrad an die schon gleichgerichteten Moleküle „einschnappen" in eine dreidimensionale Ordnung* und daß auf dieser Erscheinung die Verlängerung beruht. Jedenfalls bildet diese Annahme eine wertvolle *Arbeitshypothese* beim Studium der Ursachen der einzigartigen Dehnbarkeit des Kautschuks [2]). Ich habe das schon in den ersten Publikationen verglichen mit der Ordnung, welche in einer Fläche zerstreut liegende Sechsecke erfahren würden, wenn sie sich zu einer „Bienenwabe" ordnen [3]) oder von zerstreuten Vierecken, welche die dichteste Packung bekommen (Abb. 9); nur ist zu bedenken, daß in diesem Bilde eine zweidimensionale Ordnung vorliegt, während die Röntgenspektrogramme beweisen, daß im Kautschuk eine *dreidimensionale* Ordnung entsteht [4]). Unter diesen Umständen wird auch die

---

daher nicht gut verständlich, daß L. HOCK diese Auffassungen dann erst einen ganzen Monat später (3. Juni, eben wiederum in der Chemiker-Zeitung) mitteilt, als ob das neue Auffassungen wären, die von ihm stammen.

[1]) Nimmt man als Bild der Bindung, die zwischen Gruppen von Molekülen (oder Grundkörpern derselben) während der Entspannung übrig geblieben ist, Reihen von Kugeln oder Kuben, die an elastischen Schnuren angereiht sind, so wird ein diskontinuierliches „Einschnappen" in die geordnete Lage verständlich. Wir kommen hier wiederum zu der Hypothese von fädenförmigen Aggregaten von Molekülen oder von fädenförmigen Molekülen, welche aus kleineren sich stereotyp wiederholenden Elementen aufgebaut wären. Doch möchte ich bemerken, daß auch andere Bilder zu ähnlichen Erklärungen führen könnten. Weitere Untersuchungen sind hier notwendig.

[2]) KATZ, J. R.: Über den Einfluß der Temperatur auf das Röntgenspektrogramm von Kautschuk, der nach Dehnung dauernd verlängert geblieben ist (siehe Abb. 9).

[3]) KATZ, J. R.: Naturwissenschaften **13**, 416, 8. Mai 1925. Doch gibt dieses Bild keine Erklärung der Verlängerung. Es muß daher noch etwas Anderes im Spiel sein (siehe Abb. 9).

[4]) Eine solche Ordnung der Moleküle oder ihrer Teile müßte durch die Wärmebewegung in ihrer Parallelität gestört werden; tatsächlich fand ich die dann zu erwartende röntgenspektrographische Erscheinung: das Fehlen

von JOULE entdeckte *Wärmeentwicklung bei der Dehnung des Kautschuks* verständlich; denn jede Substanz entwickelt bekanntlich Wärme, wenn sie aus dem amorphen in den kristallinischen Zustand übergeht. Und der durch die Dehnung entstehende Zustand ist ja *wenigstens* sehr verwandt mit dem echten kristallinischen Zustande. Dagegen ist der „amorphe" Zustand des ungedehnten Kautschuks wahrscheinlich schon teilweise geordnet. Vielleicht gibt das die Erklärung der jedenfalls bemerkenswerten Tatsache, daß *die* JOULE-*Wärme bedeutend kleiner ist als der mittlere Wert der Schmelzwärme organischer Verbindungen*[1]). Zweitens wäre es hierdurch vielleicht verständlich, warum die Zunahme der spezifischen optischen Anisotropie pro 10 vH. Zunahme der Länge im Anfang der Dehnung bedeutend kleiner ist als bei den späteren Dehnungen: Im letzteren Falle beruht die Doppelbrechung hauptsächlich auf der Bildung der kristallähnlichen Materie. Daraus läßt sich aber die wichtige Schlußfolgerung ziehen, daß *die Größe der Wärmetönung und der Anisotropie im Laufe der Dehnung ein wenigstens annäherndes Maß bilden für die Menge der nach drei Dimensionen geordneten Substanz.* Wie wichtig diese Tatsache für die Theorie der Hysterese — jene bis jetzt noch so schwer verständliche Erscheinung — ist, werden wir im dritten Teile dieses Referats bei der Besprechung der Komplikationen der Quellung sehen[2]). Aber hier will ich hauptsächlich unterstreichen, daß bei der Dehnung des Kautschuks nun einmal ein klarer Fall vorliegt, wo es durchaus diskutabel ist, daß vielleicht ein Zustand besteht,

aller Interferenzen mit großem Ablenkungswinkel (loc. cit.). Man vergleiche aber die Tatsache, daß im kristallisierten Kautschuk nach PUMMERER und GROSS (siehe dort) die peripheren Interferenzen gleichfalls fehlen oder sehr schwach sind.

[1]) Die maximale Temperaturerhöhung bei der Dehnung von (vulkanisiertem) Kautschuk beträgt nach JOULE etwa 1,0° C, die spezifische Wärme organischer Körper bei Zimmertemperatur ist durchschnittlich 0,5. Nimmt man an, daß etwa die Hälfte des Kautschuks kristallinisch wird, so käme man bloß zu einer Wärmetönung von 1,0 kleine Kal. per Gramm Kautschuk; Auch wenn man aus verschiedenen Gründen ein mehrfaches dieses Wertes annimmt, bleibt die Wärmetönung doch klein verglichen mit der Schmelzwärme organischer Verbindungen, die durchschnittlich 13—48 Kal. beträgt. Auch Gelatine und Guttapercha entwickeln Wärme bei der Dehnung.

[2]) Die Röntgenbilder suggerieren direkt eine Theorie dieser Hysterese (siehe J. R. KATZ, Die Theorie der Hysterese bei der Dehnung des Kautschuks an der Hand der Röntgenbilder, in Vorbereitung). Wenn die neue Ordnung der Moleküle durch Spannung erst bei einer gewissen Spannung oder Deformation einschnappt und andererseits etwas von ihr übrig bleibt bei der Entspannung, wird ein teilweise gespannter Kautschuk bei zwei Änderungen der Spannung $+\Delta P$ und $-\Delta P$ Änderungen in seiner Länge und seiner freien Energie erfahren, die nicht — wie bei Gleichgewicht — bis auf das Zeichen gleich sind (vgl. P. DUHEM).

Es ist wiederholt bei Systemen mit Hysterese beschrieben worden, daß *das Bestehen der Hysterese eine obere, ziemlich scharfe Temperaturgrenze hat.* Auch das ließe sich eventuell erklären auf Grund der Theorie.

der zwar kristallähnlich, aber dennoch nicht eigentlich kristallinisch ist. Besonders wichtig ist in diesem Zusammenhang, daß die Elementarzelle des bei der Dehnung „kristallisierten" Rohkautschuks viel zu klein ist[1]), um das sicher recht große Kautschukmolekül enthalten zu können; dieselbe enthält ja bloß Platz für wenige Isoprenmoleküle[2]). Es werden dann wohl bei dieser Orientierung der kleinsten Teilchen *nicht oder nicht nur die* ***Moleküle*** *des Kautschuks in drei Richtungen geordnet, sondern irgendein stereotyp in denselben vorkommender Teil der Moleküle*[3]). Wie sollte man wohl einen solchen kristallähnlichen Zustand nennen? Ich möchte ihn *pseudokristallinisch-amorph* oder auch *zwangskristallinisch* nennen.

Ich muß jedoch betonen, daß es mir auch möglich erscheint, daß echte Kristalle vorliegen; gegen diese Hypothese spricht hauptsächlich, daß es eben so unverständlich wie vorher bleibt, warum der Kautschuk eine so starke und so eigentümliche Dehnbarkeit besitzt, während die andere Hypothese im Lichte der verschiedenen Tatsachen (Röntgenspektrum, Form der Dehnungskurve, Erklärung der Joule-Wärme, Verlauf der Anisotropie, Parallelität von elastischer Nachwirkung und Anisotropie)[4]) diese ganze so einzigartige Erscheinung verständlich machen könnte. Aber sonst erklärt diese Hypothese auch die beobachteten röntgenspektrographischen Tatsachen. Dagegen wird es dann schwer verständlich, warum ein Aufheben dieser Kristallbildung mit der starken Verkürzung des Kautschuks gepaart geht, und wie es kommt, daß jedes Kautschukteilchen bei der Verkürzung seinen eigenen Platz zurückfindet. Erwähnen will ich noch, daß gewisse Kautschuke bei der Dehnung deutlich trübe, weiß, undurchsichtig

Abb. 10. Schema eines Molekülbündels im *nematischen* Zustande. Die fadenförmigen oder langgestreckten Moleküle liegen einander parallel, aber haben keine gittermäßige Ordnung.

[1]) In meinem Aufsatz in den Naturwissenschaften ist für die Identitätsperiode in der Richtung des Gitters durch einen Druckfehler die Zahl 9 Å.E. abgedruckt worden; in der Kolloid-Zeitschr. ist die Zahl richtig als ungefähr 8 Å.E. angegeben worden.

[2]) Kolloid-Zeitschr. **36**, 300—307, Mai 1925.

[3]) Der Gedanke an fädenförmige Moleküle, in denen diese Einheiten sich wiederholen, liegt dann wiederum nahe, ohne aber die ausschließlich mögliche zu sein.

[4]) Siehe die interessanten Untersuchungen von Rossi über die Parallelität von elastischer Nachwirkung und Anisotropie (zitiert nach G. Stafford Whitby: Plantation rubber and the testing of rubber, London 1920, S. 476; dieses Buch gibt überhaupt eine bewundernswürdige Übersicht über die Physik der Dehnung des Kautschuks); nach Rossi geschehen die Abnahme der Spannung und die der Doppelbrechung bei der Aufhebung der elastischen Nachwirkung im gleichen Verhältnis.

werden, so daß eine Inhomogenität der Substanz entsteht oder sich vermehrt; bei anderen Kautschuken ist das weniger deutlich[1]).

Die Frage — auf die wir hier gekommen sind —, ob es Zwischenstufen gibt zwischen amorph und kristallinisch, läßt sich nicht besprechen, ohne kurz auf die flüssigen und fließenden Kristalle im Sinne O. LEHMANNS hinzuweisen. Diese umfangreiche Frage — die ich hier nur kurz streifen kann —ist durch die schönen Untersuchungen von G. FRIEDEL und seiner Schule[2]) in ein neues Stadium gekommen. Nach ihm gibt es *zwei* neue Aggregatzustände, Zwischenstufen zwischen amorph und kristallinisch; solche Zwischenstufen nennt er *mesomorphe* Zustände der Materie. In ihnen wirken die Kräfte — sagt FRIEDEL —, welche sonst das Kristallgitter zustande bringen, in abgeschwächtem Grade. Und zwar soll es nach ihm *bloß zwei* solcher Zwischenstufen geben, der *nematische* Zustand (ungefähr[3]) übereinstimmend mit den *flüssigen* Kristallen LEHMANNS) und der *smegmatische* Zustand (die *fließenden* Kristalle LEHMANNS). Zwischen diesen vier Aggregatzuständen soll es nie kontinuierliche, bloß diskontinuierliche Übergänge geben. Im nematischen Zustande sollen die Moleküle in parallelen Büscheln liegen (etwa wie Bleistifte in einem Bündel), zwar parallel, aber nichts mehr als das[4]); ein solches System besitzt röntgenspektrographisch *keine Identitätsperiode* (Abb. 10), welche zu Linieninterferenzen führen könnte[5]); der smegmatische Zustand dagegen soll *eine röntgenspektro-*

Abb. 11. Schema eines Molekülbündels im *smegmatischen* Zustande. In jedem Einzelbündel des Bündels liegen die fadenförmigen oder langgestreckten Moleküle einander parallel ohne ein Gitter zu bilden. Aber in der Länge des Bündels wiederholen die Einzelbündel sich regelmäßig und haben daher in dieser Richtung eine Identitätsperiode, und zwar eine, die ungefähr der Länge des Einzelmoleküls entspricht.

[1]) Diese Erscheinung wird näher untersucht.

[2]) Siehe die zusammenfassende Darstellung derselben, wo die Literatur ausführlich angeführt wird: FRIEDEL, G.: Les états mésomorphes de la matière. Ann. d. physique **18**, 273—483. 1922. Ich lenke auch die Aufmerksamkeit auf die schönen dort abgebildeten Mikrophotographien.

[3]) Die Cholesterylestern, welche nach FRIEDEL nicht immer smegmatisch sind (FRIEDEL: loc. cit. 276, Fußnote), sollen dann etwas noch nicht gut Erklärtes bilden, das aber doch zum nematischen Zustande gehört.

[4]) Man vergleiche dazu die „Molekülschwärme" von E. BOSE und W. NERNST.

[5]) Ob dem mittleren Abstande der „Bleistifte im Bündel" eine breitere „amorphe" Interferenz entspricht, bleibt näheren Untersuchungen vorbehalten.

graphische Identitätsperiode besitzen, welche zu Linieninterferenzen führen könnte, aber nur eine. Und zwar deshalb, weil die Moleküle in Büscheln liegen, in denen sie nicht nur parallel liegen, sondern innerhalb des Büschels wiederholt sich eine Gruppe paralleler Moleküle in der Längenrichtung (Abb. 11). Diese eine Identitätsperiode stimmt daher überein mit der Länge der Moleküle. In beiden Zuständen ist — soweit keine parallelrichtenden Kräfte wirksam sind — die Richtung der einzelnen Büschel regellos verteilt, wenigstens stellenweise verschieden orientiert. Die Röntgenbilder scheinen diese Auffassung zu bestätigen. Denn bei einer Reihe von nematischen Substanzen hat Hückel nachgewiesen, daß ihr Röntgenspektrum bloß ein amorpher Ring ist[1]), der ganz ähnlich aussieht wie bei Flüssigkeiten. Andererseits zeigten de Broglie und Friedel[2]), daß Oleate von Ammonium, Natrium und Kalium, welche sich bei gewöhnlicher Temperatur im smegmatischen Zustande befinden[3]), tatsächlich scharfe Ringe (und zwar drei) eng um den Durchstoßpunkt herum zeigen, welche den verschiedenen Ordnungen der „Reflexion" eines *eindimensionalen* Gitters entsprechen[4]). Die Identitäts-

[1]) Hückel, E.: Zerstreuung von Röntgenstrahlungen durch anisotrope Flüssigkeiten (Auszug aus der Göttinger Dissertation 1921). Physikal. Zeitschr. **22**, 561—563. 1921 (mit schönen Abbildungen der „amorphen" Ringe).

[2]) de Broglie und Friedel, G.: Cpt. rend. hebdom. des séances de l'acad. des sciences **176**, 738—740. 1923.

[3]) Bei welchem Wassergehalt?

[4]) Es wird aus der Beschreibung nicht klar, wie diese Autoren es fertiggebracht haben, mit der relativ so kurzwelligen Kupferstrahlung ($\lambda = 1{,}54$ Å. E.) Interferenzringe zu beobachten bei so großen Identitätsperioden. Dieselben würden bei der gewöhnlichen Versuchstechnik innerhalb des Primärflecks fallen. de Broglie und Friedel müssen daher wohl mit außerordentlich feiner Blende und entsprechend langer Expositionszeit gearbeitet haben (eine sehr unbequeme Methode). Um diese drei scharfen Ringe herum liegen — nach ihrer Beschreibung — zahlreiche größere sehr breite Ringe, welche sie als intramolekulare Interferenzen deuten. Diese Deutung erscheint aber doch fraglich; es könnte auch etwas viel Interessanteres vorliegen. Daß die scharfen Interferenzlinien des Gitters so große Identitätsperioden haben, während um sie herum unscharfe breite Ringe eines viel größeren Diameters (und einer viel kleineren Identitätsperiode) liegen, macht es doch fraglich, ob alle bisherigen Untersuchungen an *hochmolekularen* und an sogenannten *organisierten* Körpern in der richtigen Art ausgeführt worden sind. Hätte man nicht auch dort mit viel feinerer Blende arbeiten müssen? Besteht nicht die Möglichkeit, daß die eigentlichen Linieninterferenzen — wenn sie überhaupt da sind — übersehen worden sind, weil sie in den viel zu breiten Primärfleck fielen? Und daß die beobachteten — oft breiten und unscharfen — Kreissegmente mit den breiten Kreisen übereinstimmen, welche de Broglie und Friedel als intramolekulare Interferenzen zu deuten versucht haben? Haben wir ja gesehen, im Falle der gedehnten Gelatine, daß auch „amorphe Ringe" bei Orientierung der Moleküle sich in Kreissegmente aufspalten können.

Jedenfalls steht — meiner Meinung nach — fest, daß die sämtlichen Röntgenspektrogramme von hochmolekularen Körpern (speziell auch Kaut-

periode derselben wurde zu 43.5 Å.E. gefunden, eine Zahl, die — wenigstens der Größenordnung nach — übereinstimmt mit dem Werte des Ölsäuremoleküls, welcher mit anderen Methoden gewonnen worden war.

Noch zu erwähnen ist, daß — wie wir besonders den Arbeiten D. VORLÄNDERS verdanken[1]) —, alle Substanzen, welche in nematischen oder smegmatischen Zuständen vorkommen, *Moleküle haben, welche in **einer** Richtung sehr groß sind,* also mehr oder weniger *fadenförmig.* Es ist interessant, damit zu vergleichen, daß die organisierten Körper und überhaupt die quellbaren Körper möglicherweise oft sehr große Moleküle haben (siehe vorjähriges Referat I, 3 und diesjähriges Referat I, 6), und zuweilen eben fadenförmige Moleküle.

Wie bestrickend die Auffassungen von FRIEDEL auch sind — sie geben ein relativ einfaches Bild von einem so äußerst komplizierten Gebiet —, so scheint es mir doch, daß sie noch der Nachprüfung und Erweiterung bedürfen[2]). Besonders fragt es sich, ob die Übergangspunkte immer so scharf sind. Aber eine für die Theorie der Quellung höchst wichtige Tatsache muß ich noch erwähnen, daß nämlich nach Beobachtungen von O. LEHMANN *alle fließenden Kristalle (also alle Körper, welche sich im smegmatischen Zustande befinden)* ***quellbar*** *sind*[3]). Bei den Oleaten und beim Lecithin — Körper, welche sich bei Zimmertemperatur im smegmatischen Zustande befinden[4]) — ist die Quellbarkeit eine allgemein bekannte Tatsache.

Nimmt bei der Quellung die Identitätsperiode — also die Identitätsperiode, welche die Einzelbündel Moleküle im Bündel bilden — zu? Oder bleiben die Bündel unverändert und dringt das Quellungsmittel bloß zwischen die einzelnen Bündel ein? Hier bekommt die Frage, ob die Quellung im einzelnen Falle intermolekular oder intermizellar geschieht (vorjähriges Referat I, 10) eine neue, besonders einfache — und deswegen besonders interessante — Form. Ihre Beantwortung wäre in diesem Falle ungemein wichtig für das Quellungsproblem. Vorläufig liegen

---

schuk) neu gemacht werden müssen mit äußerst feinen Blenden, bevor man aus denselben Definitives folgern kann. Aus dem gleichen Grunde sind die älteren Röntgenspektrogramme smegmatischer Körper als veraltet zu betrachten; ich verzichte deswegen darauf, sie anzuführen.

[1]) Siehe z. B. seine zusammenfassende Darstellung: VORLÄNDER, D.: Kristallinisch-flüssige Substanzen. Stuttgart 1908.

[2]) Gewisse Einwände liegen nämlich nahe, besonders gegen die These, daß eine Substanz höchstens *eine* nematische und *eine* smegmatische Phase haben kann. Z. B. der auf diesem Gebiet so erfahrene Forscher D. VORLÄNDER (loc. cit.) beschreibt mehrere *Substanzen, die in mehr als zwei „flüssig-kristallinischen" Phasen vorkommen,* welche jedesmal durch scharfe Übergangspunkte voneinander getrennt sind.

[3]) LEHMANN, O.: Physikal. Zeitschr. **19**, 99. 1918 (unter Paragraph 46).

[4]) FRIEDEL, G.: loc. cit. S. 452 und 454.

hier nur die wichtigen Beobachtungen von JEAN PERRIN[1]) über die schwarzen Flecke in Seifenblasen vor. Weiterbauend an den alten Beobachtungen von JOHANNOTT[2]), welche zeigten, daß der schwarze Fleck einer Seifenblase Stellen verschiedener Dicke aufweist, fand PERRIN, daß — besonders wenn man eine fluoreszierende Substanz, wie 5—10 vH. Uranin der 1 ½ proz. Lösung von Natriumoleat zufügt — die Seifenblase bei mikroskopischer Betrachtung *kleine Inseln von Oleat aufweist, deren Dicke immer ein ganzes Vielfaches von 52 Å.E. ist* (aber ein verschiedenes Vielfaches, wechselnd von 1—40 mal und mehr). *Jede Insel einer bestimmten Dicke hat scharfe Umrisse.* Genauere Versuche von WELLS[3]) lehrten, daß die Dicke des Elementarblättchens bei Natriumoleat bloß 44 Å.E. beträgt. Diese interessanten Beobachtungen lehren weiter, daß in diesem Falle (1 ½ proz. Lösung von Natriumoleat in Wasser) *die Bündel eines smegmatischen Körpers zu Mizellen im Sinne* NÄGELIS *werden*[4]), wobei es deutlich ist, daß *doppeltbrechende Mizellen nicht immer **kristallinisch** zu sein brauchen.* Weiter sieht man aus der Vergleichung der röntgenspektrographischen Zahlen von DE BROGLIE und FRIEDEL und der optisch erhaltenen Zahlen von WELLS, daß eine Aufweitung des Abstandes der Molekülschichten im Bündel — wenn sie bei der Quellung auftritt — nicht besonders groß sein kann. Doch sind weitere Untersuchungen notwendig, bevor man hier eine genaue und sichere Aussage machen kann.

Erwähnen will ich noch, daß man bei der Röntgenspektrographie quellbarer Körper wiederholt auf Bilder stößt, bei denen man sich die Frage stellt, ob nicht Körper mit weniger Identitätsperioden als echte Kristalle vorliegen. Bei den organisch gewachsenen Fasersubstanzen wie Borsten, Muskeln usw. wurde diese Frage voriges Jahr im ersten Teile dieses Referates schon erwähnt[5]). Die gleiche Frage läßt sich stellen bei den Celluloseestern, die sich ohne Verlust der Faserstruktur aus Ramie gebildet haben[6]), und bei dem Diagramm von Ramiefasern, die in starker Alkalilauge gequollen haben[7]). In manchen dieser Fälle sieht es aus, als ob die Substanz bloß senkrecht zur Faserachse ein kristallisch-„reflektierendes" Gitter behalten hätte (also als ob Bündel, wie in

[1]) PERRIN, JEAN: La stratification des lames liquides. Ann. de physique **10**, 160—188. 1918.

[2]) JOHANNOTT: Philos. Mag. [6] **9**, 746—753. 1906.

[3]) WELLS, P. V.: Ann. de physique **16**, 68—110. 1921.

[4]) Ganz ähnliche Inseln mit scharf umrissenen Grenzen, deren Dicke immer ein Vielfaches von ungefähr 50 Å.E. betrug, beobachtete PERRIN (loc. cit. 169) bei leicht alkalischen, feinen Verteilungen in Wasser von Kolophonium und von Gummigutti (vgl. auch PERRIN, J. über deren Herstellung Ann. de chim. et de physique **18**, 35. 1909).

[5]) Diese Ergebn. **3**, 362, 1924; siehe Abb. 13 auf S. 360.

[6]) Diese Ergebn. **3**, 360 (Abb. 14), 1924; diesjähriges Referat, Abb. 1.

[7]) Diese Ergebn. **3**, 369, 1924 (siehe dort Abb. 19).

Abb. 11 abgebildet, senkrecht zur Faserachse gelegen die Substanz aufbauten und die Aequatorialinterferenzen geben. Schichtlinien fehlen; messen die medianen Sicheln den Abstand der „Bleistifte in Bündel"?). Doch mahnt die auffällige Festigkeit solcher Fasern eben in der Faserrichtung zu großer Vorsicht bei solchen Schlußfolgerungen. Es ist wohl zu unterscheiden zwischen mesomorphen Phasen, die sich spontan mit diesen wenigen Symmetrien abgeschieden haben, und zwischen deformierten Kristallgittern (Deformierung ev. Folge von Pseudomorphosebildung), bei denen die Deformierung in gewissen Richtungen stärker ist als in anderen[1])[2]).

6. *Auch die in organischen Flüssigkeiten quellbaren Körper scheinen meistens hochmolekular zu sein. Über den möglichen Zusammenhang von Quellbarkeit und Polymerisation (bzw. Assoziation).* Bei der Beschreibung der Quellung in Wasser habe ich erwähnt, daß die *typischen* in Wasser quellbaren Substanzen alle als hochmolekular gelten (Eiweißkörper, Polysaccharide, Kautschuk), wenigstens bis vor kurzem galten. Es ließe sich auch ein einfacher Grund angeben, weshalb eben hochmolekulare Körper quellbar sein könnten, weil nämlich *ihre Molekularinterstitien groß sein werden, verglichen mit denen der Quellungsflüssigkeit.* Das würde auch das schnelle Eindringen und die große Beweglichkeit des Quellungsmittels im gequollenen Zustande erklären, Tatsachen, die so auffällig im Bilde der Quellung hervortreten. In den letzten Jahren ist man sich aber bei all diesen Substanzen zweifelhaft gewesen, ob sie wirklich ein so hohes Molekulargewicht besitzen, wie bisher angenommen wurde. Man hat sie aufgefaßt als Substanzen mit niedrigem Molekulargewicht, deren Kristallgitter so fest gefügt sind, daß sie sich nur sehr schwierig molekular-dispers in einem Lösungsmittel verteilen, sondern sich bloß in submikroskopische bis amikroskopische Aggregate (Mizellen) aufspalten[3]). Durch diese Hypothese ließe sich ebensogut die Tatsache erklären, daß sie in ihren Lösungen nur geringen osmotischen Druck aufweisen. Auch die Ergebnisse der Röntgenspektrographie schienen in diese Richtung hinzudeuten. Denn überall wurde die röntgenspektrographische Elementarzelle (d. h. dasjenige Körperchen,

[1]) Überhaupt zeigen die hochmolekularen quellbaren Körper eine Tendenz zu etwas unregelmäßigen Gittern. Auffällig ist nämlich, daß bei vielen Substanzen dieser Art (Cellulose, Kautschuk, Nitroramie, acetylierte Ramie, Seidenfibroin, Kollagen, kristallisierter Kautschuk nach PUMMERER, „kristallisierter" gedehnter Kautschuk) *die peripheren Interferenzen überhaupt fehlen oder auffällig schwach sind.* In allen diesen Fällen scheint daher *irgendeine Unordnung des Gitters* vorzuliegen. Man vergleiche die Kristalle von Eiweißkörpern usw., die überhaupt keine Kristallinterferenzen aufweisen.

[2]) Man vgl. auch F. RINNE's *Parakristalle*, Naturwiss. **13**, 690—694, August 1925.

[3]) Für Polysaccharide verteidigt P. KARRER (z. B. in Zeitschr. f. angew. Chemie **35**, 85—90, 1922) diese Auffassung konsequent und ausführlich; vgl. auch K. HESS.

das sich in drei Richtungen regelmäßig wiederholt und dadurch das Gitter bildet) viel kleiner gefunden als einem sehr großen Molekül (Größenordnung 10 000 bis mehr) entsprechen würde. So wurde z. B. für das Gewicht einer Elementarzelle (als Vielfaches des Gewichtes eines Wasserstoffatoms[1]) gefunden:

Stärke[2])	162
Cellulose[3])	650
Seidenfibroin (Eiweißkörper)[3]) [4]) [9])	145 oder 600
Kautschuk (kristallisiert, PUMMERER und GROSS)[5])	68

Auch die durch Dehnung des amorphen Kautschuks entstehende „Kristalle"[6]), sowie die „Kristalle" in den „kristallisierten" Rohkautschuken[7]) haben nur einen kleinen Wert für das Gewicht der Elementarzelle (sie enthält nur Platz für wenige Isoprenmoleküle; Isopren = 68).

Die sicher festgestellte Tatsache, daß die röntgenspektrographische Elementarzelle aller dieser Substanzen so unerwartet klein ist, hat einige der frühesten Untersucher auf diesem Gebiete zu dem Schlusse geführt, daß diese Substanzen alle nur ein niedriges Molekulargewicht haben. Sie nahmen es eben als „selbstverständliche" Tatsache an (R. O. HERZOG[8]), R. BRILL[9]), daß die Elementarzelle nicht kleiner als das Molekül sein könne.

Gegen die Auffassung vom niedrigen Molekulargewicht wurde von der Seite der präparativen Chemiker energischer Protest eingelegt[10]). Dieselben hatten z. B. den fermentativen Abbau dieser Substanzen genau untersucht und gefunden, daß je weiter der Abbau vorschreitet, um so größer der osmotische Druck und die Diffusionsgeschwindigkeit werden und um so kleiner die Poren des Ultrafilters, das solche Substanzen eben noch durchläßt. Sollte ein *Ferment* die Tendenz der Substanz, sich in

---

[1]) Vgl. Fußnote 3 S. 185.

[2]) SPONSLER, O. L.: Journ. of gen. physiol. **5**, 757—776. 1923.

[3]) HERZOG, R. O. u. GONELL, W.: Naturwissenschaften **12**, 955—960, Nov. 1924.

[4]) BRILL, R.: Diss. Berlin 1923; Liebigs Ann. d. Chem. **434**, 204—217. 1924. Die nur in Maschinenschrift vorliegende Dissertation BRILLS kann von der Universitätsbibliothek Berlin geliehen werden.

[5]) GROSS, R.: Liebigs Ann. d. Chem. **438**, 618—628. 1924.

[6]) loc. cit.

[7]) KATZ, J. R. u. BING, K.: Zeitschr. f. angew. Chemie **38**, 439—440, Mai 1925, wiesen nach, daß das Röntgenspektrum der „kristallisierten" Rohkautschuke identisch ist mit dem des durch Dehnung „kristallisierten".

[8]) Vortrag für die Deutsche Chemische Gesellschaft, Mai 1923 (über Seidenfibroin); Vortrag auf der Faserstoffsitzung der Naturforscher-Versammlung in Innsbruck, September 1924 (über Cellulose).

[9]) BRILL, R.: Dissertation, Berlin 1923. In dieser Arbeit gab BRILL für Seidenfibrin sogar ein Gewicht der Elementarzelle von 125—165 an!

[10]) Z. B. auf der Versammlung der Deutschen Chemischen Gesellschaft, Mai 1923, in der Diskussion zu R. O. HERZOGS Vortrag.

kleine Sub- oder Amikronen zu spalten, vergrößern, je länger es eingewirkt hat? Und zwar ohne die Substanz graduell chemisch zu ändern? Das schien doch eine forcierte Hypothese. Ist es dann nicht viel wahrscheinlicher, daß die seit vielen Jahrzehnten angenommene Erklärung die richtige ist, daß die *Molekulargröße* dieser Substanzen sehr hoch sei und bei der Einwirkung der Fermente abnimmt?

Ebenso bleibt es bei Annahme so niedriger Molekulargewichte unklar, warum die *Synthese* dieser Substanzen (Stärke, Cellulose, Eiweißkörper) immer noch nicht gelungen ist. Körper vom Molekulargewicht 300—600 kann man heutzutage doch synthetisch darstellen. Und eben beim Kautschuk, wo die Synthese so ziemlich gelungen ist, hat man schwerwiegende Gründe, ein hohes Molekulargewicht anzunehmen.

Verschiedene Polysaccharidforscher — vor allem H. PRINGSHEIM [1]) — haben dann die Möglichkeit eines Kompromisses diskutiert, das bald nachher von E. ABDERHALDEN [2]) auch für die Eiweißkörper vorgeschlagen wurde, daß man nämlich eben bei *diesen* hochmolekularen Substanzen zwei verschiedene Größen unterscheiden müsse, einmal das eigentliche Molekulargewicht und zweitens das Gewicht der Elementarbausteine, aus denen das Molekül aufgebaut ist. Diese Elementarbausteine werde ich *Grundkörper* nennen. Alle auf diesen Gebieten tätigen Forscher sind darüber einig, daß die Teile dieser Grundkörper durch *Hauptvalenzen* zusammengehalten werden. Aber wie treten die Grundkörper zu größeren Einheiten zusammen? Das Molekül würde aus einer gewissen Zahl dieser Grundkörper aufgebaut sein. Ob dieselben dann durch Hauptvalenzen zum eigentlichen Molekül zusammengefügt sind — entsprechend der früheren Auffassungen bei Polysacchariden und Eiweißkörpern, wo man annahm, daß die Einheiten unter Wasseraustritt sich chemisch miteinander verbinden — oder ob man annimmt, daß die Grundkörper sich durch ihre Nebenvalenzen *assoziieren* zu größeren Molekülen, kann — meiner Ansicht nach — vorläufig meistens außer Betracht gelassen werden. Denn über die Nebenvalenzen wissen wir in diesem Falle noch so wenig Exaktes, daß wir doch — fürchte ich — in die Gefahr kommen, über *Worte* zu streiten, wenn wir diesen Punkt bei den Diskussionen zuviel in den Vordergrund rücken; nur wo diese Unterscheidung als *Arbeitshypothese* wichtig ist — wie bei gewissen Quellungsproblemen —, sollte man sie jetzt schon als wichtig behandeln.

Mit dieser Beschränkung scheint mir die Hypothese von H. PRINGSHEIM und E. ABDERHALDEN eine zur Zeit nicht unwahrscheinliche Lösung der Schwierigkeit und jedenfalls eine sehr fruchtbare Arbeitshypo-

[1]) PRINGSHEIM, H.: Die Polysaccharide. 2. Aufl. Berlin: Julius Springer, 1923; Naturwissenschaften **12**, 360—364, Mai 1924.

[2]) ABDERHALDEN, EMIL: Das Eiweiß als eine Zusammensetzung assoziierter, Anhydride enthaltender Elementarkomplexe. Naturwissenschaften **12**, 716—720, Sept. 1924.

these bei weiteren Untersuchungen. Ich habe dann darauf hingewiesen[1]) daß diese Hypothese auch die abnorm niedrigen Werte für das Gewicht der röntgenspektrographischen Elementarzelle erklären könnte, falls man als Hilfshypothese annimmt, daß — *wenigstens im kristallisierten Zustande — die Grundkörper innerhalb des Moleküls in drei (ev. auch in weniger) Richtungen geordnet liegen*[2]), welche mit den drei Hauptrichtungen des Kristalls zusammenfallen. Damit kämen wir zu *einer neuen Art Stereochemie.* Man muß sich nun die Frage stellen, ob *die gleiche Substanz — z. B. Cellulose oder Kautschuk — nicht in zwei verschiedenen Isomeren auftreten könnte: mit regellos liegenden und mit rhythmisch geordneten Grundkörpern, und ob sie dann verschiedene Eigenschaften aufweisen würde.* Auch kann nach dieser Auffassung die gleiche Substanz verschiedenen *Polymerisationsgrad* aufweisen, je nachdem die Kraft, mit der die Grundkörper im Molekül zusammengehalten werden, oder je nachdem deren Zahl im Molekül verschieden ist.

Vor einem Jahre, als ich den ersten Teil dieses Referats über Quellung schrieb, bestanden noch so wenige experimentelle Tatsachen, welche zur Unterstützung dieser Hypothese herangezogen werden konnten, daß ich bloß die *Möglichkeit,* die röntgenspektrographische Elementarzelle sei kleiner als das Molekül, unterstrichen habe[3]). Seitdem ist dann systematisch nach solchen Tatsachen gesucht und eine Reihe neuer Tatsachen gefunden worden, die sich gut mit dieser Hypothese in Übereinstimmung bringen ließen. Aber überall fehlt diesen Tatsachen vorläufig das Zwingende; d. h. sie können zur Zeit auch noch gut anders erklärt werden[4]). Fibrilläre Struktur erinnert übrigens an „Molekülfäden".

---

[1]) Katz, J. R.: Die Bedeutung der Röntgenspektrographie für die Quellungsprobleme. III. Abschnitt. Sind die Mizellen der quellbaren Körper als kleine Kristalle oder als große assoziierte Moleküle zu betrachten? Physikal. Zeitschr. **25**, 664—666. 1924; Neuere röntgenspektrographische Ergebnisse, welche möglicherweise hinweisen auf die Existenz verschieden hoch polymerisierter Cellulosen. Cellulosechemie **6**, 37—39. März 1925.

[2]) Auch F. Rinne (Das feinbauliche Wesen nach dem Vorbilde der Kristalle, 2.—3. Aufl. 1922, S. 56) hält grundsätzlich eine Periodizität im Bau großer Moleküle nicht für ausgeschlossen. Er nennt solche Moleküle neuerdings *parakristalline* Moleküle. Vgl. M. Polanyi, Naturw. **9**, 228, 1921.

[3]) Diese Ergebnisse **3**, 363. 1924.

[4]) Als Argumente für das Bestehen assoziierter Moleküle, die sich aus Grundkörpern aufbauen, könnte z. B. gelten:

a) Daß es beim Kautschuk gelingt, durch genügend starke Dehnung eine Änderung des Röntgenspektrogramms hervorzurufen, die eben übereinstimmt mit der, welche zu erwarten wäre, falls ein aus regellos liegenden Grundkörpern bestehendes Molekül übergeht in ein Molekül, in dem die Grundkörper nach *drei* Richtungen geordnet liegen. Es entstehen dann neben dem amorphen Ring des Kautschuks „Kristallinterferenzen", welche auf ein sehr kleines Gitter hindeuten (Elementarzelle enthält bloß Raum für zwei oder drei Isoprenmoleküle). Siehe Röntgenspektrographische Beobachtungen am gedehnten Kautschuk und ihre mögliche Bedeutung für

So bleibt diese Frage vorläufig offen. Aber auffällig ist, daß *eben diejenigen Substanzen, bei denen man solche polymerisierte oder assoziierte Moleküle angenommen hat (die aus sich wiederholenden Grundkörpern aufgebaut sein sollen), die typischen quellbaren Körper sind.* Eine solche Auffassung bringt auch die Frage, ob die Quellung intermizellar oder intermolekular ist, in eine neue Lage; sie schlägt gewissermaßen eine Brücke zwischen beiden und läßt die Frage aufwerfen, ob die „Mizellen" auch große assoziierte Moleküle sein könnten.

Beachtenswert ist noch, daß R. O. HERZOG[1]) kürzlich den Beweis zu erbringen versucht hat, daß die Mizellen der Cellulosefasern von der gleichen Größenordnung (5—10 $\mu\mu$) sind als die Einzelkriställchen, aus denen die Fasern aufgebaut sind. Die Größe der Mizellen wurde aus den Diffusionskoeffizienten gelöster Celluloseverbindungen geschätzt, die Größe der Kristallite aus der Halbwertbreite der Röntgeninterferenzen (nach P. SCHERRER[2]). Die Übereinstimmung der Größenordnungen ist interessant, wenn auch beide Untersuchungsmethoden zu den sehr subtilen gerechnet werden müssen.

7. Begrenzte und unbegrenzte Quellbarkeit. Bei dem Studium der Quellbarkeit der Celluloseestern ist zu bedenken, daß sie je nach der Menge Säure, die sie gebunden haben, eine verschiedene Quellbarkeit besitzen (sowie auch eine verschiedene Löslichkeit). Auch bei den künstlichen Kautschuken ist die Substanz — je nach der Herstellungsweise — verschieden. Die Quellbarkeit ist daher, je nach der Modifikation, verschieden. In allen diesen Fällen sind die Substanzen vor der Unter-

---

das Problem der Dehnungseigenschaften dieser Substanz. Naturwissenschaften, 8. Mai 1925; Was sind die Ursachen der eigentümlichen Dehnbarkeit des Kautschuks? Kolloid-Zeitschr. **36**, 300—307, Mai 1925 und **37**, 19—22, Juli 1925; siehe auch Chemiker-Zeit. 25. April 1925.

b) Daß der kristallisierte Kautschuk nach PUMMERER, dessen Gitter von R. GROSS röntgenspektrographisch bestimmt wurde, bloß Platz enthält für ein einziges Isoprenmolekül, während Kautschuk nun doch *sicher* ein höheres Molekulargewicht besitzt als Isopren! (siehe GROSS, R.: Liebigs Ann. d. Chem. **438**, 619. 1924).

c) Daß man bei *Cellulose* durch Quellung in Alkalilaugen geeigneter Konzentration und Auswaschen des Quellungsmittels, oder durch Regeneration aus Viskose, oder durch Lösen und Präzipitieren aus geeigneten Lösungsmitteln (Kupferoxydammoniak, gesättigte Rhodankalziumlösung z. B.) *das Gitter um mehrere Prozente* (bis zu 5 vH. bei den Interferenzen [020] nach POLANYIS Indizierung) vergrößern kann. Eine solche Gittervergrößerung wäre eben zu erwarten, wenn die Bindungsart der Grundkörper, z. B. die Kraft der sie zusammenhaltenden Nebenvalenzen, sich ändert (siehe KATZ, J. R.: Physikal. Zeitschr. 1924. 664—666; Zellulosechemie **6**, 37—39. 1925.

[1]) R. O. HERZOG, Zur Erkenntnis der Cellulosefaser, Ber. d. deutsch. chem. Gesellsch. **58**, 1254—1262, 8. Juli 1925, besonders S. 1257.

[2]) P. SCHERRER, in R. ZSIGMONDYS Lehrbuch der Kolloidchemie, 4. Aufl., 387—409, 1922; diese Ergebnisse **3**, 367, 1924.

suchung sorgfältig zu trocknen — im Vakuumexsikkator —, da sonst die kleinen Mengen Wasser bedeutende Störungen hervorrufen können.

Unvulkanisierte natürliche Kautschuke[1]) zeigen in den weitaus meisten Fällen unbegrenzte Quellung in organischen Flüssigkeiten. Nur von para hard cure Rohkautschuk wird angegeben, daß er begrenzt quellend in Flüssigkeiten ist, in denen sonst Rohkautschuk sich löst; doch quillt auch dieser Kautschuk unbegrenzt, nachdem er mastiziert worden ist[2]). Es zeigen aber alle Rohkautschuke begrenzte Quellung in Flüssigkeiten, wie Äthylalkohol oder Aceton, welche nur wenig aufgenommen werden. Vulkanisierung, soweit sie weit genug vorgeschritten ist, hebt die Löslichkeit des Rohkautschuks in seinen typischen Lösungsmitteln auf[3]), macht dadurch die Quellung in denselben zu einer begrenzten statt zu einer unbegrenzten[4]). Eine Tabelle von FLUSIN[5]) über die im Quellungsmaximum aufgenommene Menge Flüssigkeit[5]) teile ich hier mit, weil WO. OSTWALD[6]) an demselben einen gewissen Zusammenhang zwischen dieser Menge Flüssigkeit und der *Dielektrizitätskonstante* des Quellungsmittels nachgewiesen hat. Wenn auch Kautschuk eine durch viele Umstände komplizierte Quellung zeigt, so kann man doch schwierig annehmen, daß dieser Zusammenhang eine Folge der sekundären Komplikationen sein sollte. Es wird sich aber lohnen, die Beziehung an einfacheren Substanzen nachzuprüfen. Die hier wiedergegebenen Zahlen beziehen sich auf „schwach vulkanisierten" Kautschuk[7]).

---

[1]) Dieselben sind aber keine Beispiele unkomplizierter Quellung (siehe diesjähriges Referat I, 2).

[2]) SPENCE, D. u. KRATZ, G. D.: Beobachtungen in bezug auf die Quellung von Kautschuk in organischen Flüssigkeiten. Kolloid-Zeitschr. **15**, 217—226. 1924.

[3]) Über den Fortschritt des Unlöslichwerdens in Benzol bei der Vulkanisierung siehe z. B. bei G. STAFFORD WHITBY, loc. cit., S. 302 (speziell nach Messungen VAN HEURN's, Delft Communications S. 220).

[4]) Siehe über den Einfluß der Vulkanisation auf die Quellung noch KIRCHHOF, F.: Kolloidchem. Beih. **6**, 1—22. 1914. Mein Referat beabsichtigt nicht, eine irgendwie vollständige Literaturübersicht über die Quellung des Kautschuks zu geben, da bei dieser Substanz sekundäre Komplikationen vorliegen.

[5]) FLUSIN, G.: Ann. de chim. et de physique (8), **13**, 488. 1908.

[6]) OSTWALD, WO.: Zur Kenntnis der Kautschukquellung in verschiedenen Flüssigkeiten. Kolloid-Zeitschr. **29**, 100—105. 1921.

[7]) Die Vulkanisierung des Kautschuks besteht bekanntlich in einer Behandlung des Rohkautschuks mit Schwefel oder Schwefelchlorür. Bei der sogenannten *Heißvulkanisation* wird der mit Schwefel gut gemischte Kautschuk auf ± 140° C erhitzt. Bei der *Kaltvulkanisation* läßt man den Kautschuk kurze Zeit quellen in einer verdünnten Lösung von Schwefelchlorür in Schwefelkohlenstoff oder Tetrachlorkohlenstoff. Dabei findet wohl sicher eine chemische Bindung des Schwefels statt; doch ist der Prozeß außerordentlich verwickelt und noch ungenügend geklärt. Durch die Vulkanisierung bekommt der Kautschuk viel wertvollere technische Eigenschaften.

Maximale Quellung und Dielektrizitätskonstante.

Quellungsmittel	In 24 Stunden aufgenommene ccm Flüssigkeit per 100 g Kautschuk (Q)	Dielektrizitätskonstante (D)	$\sqrt{Q \cdot D}$	$\sqrt[3]{Q \cdot D}$	$\sqrt[4]{Q \cdot D}$
Chloroform	964	5,1	(159)	(47)	(123)
Schwefelkohlenstoff.	811	2,6	74	24	50
Toluol	740	2,3	63	21	49
Xylol	635	2,5	63	22	50
Benzol.	586	2,3	56	19	44
Terpentin	552	2,3	54	19	43
Äther	343	4,5	83	32	67
Äthylazetat	33	6,1	35	25	31
Azeton.	15	21	65	52	74
Essigsäure	12	21	73	48	66
Amylalkohol	0,5	16	47	41	43
Äthylalkohol	2,5	26	41	35	40
Methylalkohol . . .	2,0	32	45	40	44
96 proz. Alkohol . .	1,1	28	29	31	29
Wasser	0,5	8,1	58	64	59

Bedenkt man, welche Unsicherheiten in den beiden Zahlen, in der Reinheit der Flüssigkeiten usw. besteht, so ist ein Zusammenhang unverkennbar; das Produkt der Dielektrizitätskonstante und der 2.—3. Potenz der Menge Flüssigkeit, die im Quellungsmaximum imbibiert wird, ist immer von der gleichen Größenordnung. LEBLANC und KRÖGER[1]) haben diese Beziehung beim vulkanisierten Kautschuk bei einer viel größeren Anzahl Flüssigkeiten nachgeprüft und gefunden, daß sie zwar richtig ist innerhalb bestimmter Gruppen nahe verwandter Flüssigkeiten, daß aber daneben konstitutive Einflüsse sich sehr stark geltend machen. Ganz allgemein ist die Dielektrizitätskonstante also kein Kriterium für die Stärke der Quellung. Einführung von Halogen und Schwefel erhöht z. B. stark die Quellung; eine besonders starke Steigerung tritt vom dritten Halogen ab ein. Am geringsten quellen die sauerstoffhaltigen Verbindungen (abgesehen von den Äthern) usw.

Über die Größe des Quellungsmaximums bei Acetylcellulose und Nitrocellulose liegen Messungen von A. HOFFMANN vor[2]). Die von ihm untersuchte Acetylcellulose war gut löslich in Chloroform, gab bei der sauren Verseifung nach OST 62,4 vH. Essigsäure; sie enthielt 49,1 vH. C und 5,4 vH. H. Sie war daher der Hauptsache nach eine Triacetylcellu-

[1]) LEBLANC, M. und KRÖGER, M.: Beitrag zur Kautschukquellung. Kolloid-Zeitschr. 31, 168—176. 1923.

[2]) HOFFMANN, A.: Über die Quellung von Zellulosederivaten und Kautschuk in organischen Flüssigkeiten. Diss. Berlin 1925 (liegt nur in Maschinenschrift vor, kann aber von der Berliner Universitätsbibliothek geliehen werden). Siehe besonders S. 4—14.

lose[1]). Sie wurde vor dem Gebrauch im Vakuumexsikkator gut getrocknet, wobei die lufttrockene Substanz 1,4 vH. Feuchtigkeit abgab. Die *Nitrocellulose* enthielt 13,6 vH. Stickstoff, 25,4 vH. Kohlenstoff, 3,2 vH. Wasserstoff. Sie entsprach daher einer hochnitrierten Nitrocellulose[2]). Beim Trocknen im Vakuumexsikkator gab sie 2,0 vH. Feuchtigkeit ab. Beide Präparate wurden in die Form von 0,1—0,2 mm dicken Films gebracht, welche (siehe diesjähriges Referat unter I, 3) eine gleichmäßige und von der Dicke des Films unabhängige Quellung sicherten.

Um das Quellungsmaximum zu bestimmen, ließ Hoffmann diese Films 24 Stunden in der untersuchten Flüssigkeit quellen; Vorversuche hatten ergeben, daß bereits in dieser Zeit das Quellungsmaximum erreicht worden war. Alle Versuche geschahen in duplo bei 20° C im Thermostaten; die Proben wurden mehrmals gut aber vorsichtig hin und her bewegt. Nach den 24 Stunden wurden die gequollenen Körper rasch durch Abschleudern von der an ihrer Oberfläche haftenden Flüssigkeit befreit. Zu diesem Zwecke diente eine Zentrifuge, die jedesmal bei konstanter Tourenzahl genau 5 Minuten lief; am Boden des verkorkten Zentrifugenrohres befand sich etwas Watte zum Aufsaugen der abgeschleuderten Flüssigkeit. Dann wurden sie gewogen. In dieser Weise wurden gut *vergleichbare* Resultate gefunden; die Methode erwies sich darin als praktischer als Abtrocknen der Films mit Filtrierpapier oder ähnlichem Papier[3]). Aber für die Bestimmung des *genauen* Wertes des Quellungsmaximums ist die Methode weniger geeignet. Kontrollversuche ergaben, daß keine Substanz während der Quellung in Lösung gegangen war. So wurde gefunden[4]) (siehe S. 193)

Alle diese Angaben gelten nur für die bestimmten Modifikationen der genannten Estern, die oben beschrieben wurden[5]). Die Angaben, daß Substanzen unbegrenzt quellen oder daß sie nicht quellen, sind nur als orientierende Angaben zu betrachten. Dennoch mag die Übersicht, welche diese Tabellen gestatten, nützlich sein. Man sieht aus ihnen, daß *irgendein einfacher Zusammenhang zwischen Quellbarkeit und Zusammensetzung des Quellungsmittels nicht besteht.* Im besonderen scheinen *kleine Änderungen in der Zusammensetzung der Flüssigkeiten zu bestimmen, ob der Körper in ihnen begrenzt oder unbegrenzt quillt.* Es steht darin mit der Quellbarkeit also ungefähr wie mit der Löslichkeit.

---

[1]) Diese Acetylcellulose war von der Aktiengesellschaft für Anilinfabrikation (Agfa) bezogen worden (D. R. P. 198482).

[2]) Diese Nitrocellulose war von den Deutschen Celluloidwerken in Eilenburg bezogen worden.

[3]) Diese letztere ist die zuerst von F. Hofmeister zur Bestimmung des Quellungsmaximums angegebene Methode (Arch. f. exp. Pathol. u. Pharmakol. **27**, 395, 1890.

[4]) Eine Vergleichung mit der Dielektrizitätskonstante fehlt leider.

[5]) Über die Quellung von Celluloseestern siehe noch Mardles: Journ. of the Soc. of Chem. Ind. **42**, 127. 1922; und Mosenthal: Ebenda **23**, 292. 1904.

Quellungsmaxima von Acetyl- und Nitrocellulose (in den beschriebenen Modifikationen).

Quellungsmittel	Acetylcellulose g Flüssigkeit pro 100g trockener Substanz	Nitrocellulose g Flüssigkeit pro 100g trockener Substanz
Äthylalkohol (abs.)	—	28,8
Äthylenchlorid	615	46,0
Acetylendichlorid	293	24,2
Acetylchlorid	215	270
Trichloräthylen	81,3	14,9
Tetrachlorkohlenstoff	14,7	—
Chloroform	—	29,7
Ameisensäure	—	44,6
Amylalkohol	—	177
Paraldehyd	—	76,9
Benzol	47,2	14,7
Toluol	27,3	—
Xylol (Ortho-)	10,8	—
Anilin	—	60,5
Chlorbenzol	29,9	—
Nitrobenzol	143	—
Benzylalkohol	47	—
Benzylchlorid	37,9	—

Unbegrenzte Quellung		Keine oder nur schwache Quellung	
Acetylcellulose in	Nitrocellulose in	Acetylcellulose in	Nitrocellulose in
Aceton	Aceton	Äthylalkohol (abs.)	Tetrachlorkohlenstoff
Äthylenchlorhydrin	Acetessigäther	Amylalkohol	Pentan
Acetylentetrachlorid	Acetaldehyd	Amylacetat (Iso-)	Hexan
Ameisensäure	Amylacetat (Iso-)	Methylalkohol	Schwefelkohlenstoff
Chloroform	Essigsäure (abs.)	Methylacetat	Benzylalkohol
Essigsäure (abs.)	Methylalkohol	Pentan	Benzylchlorid
Epichlorhydrin	Methylacetat	Hexan	Chlorbenzol
Benzaldehyd	Benzaldehyd	Schwefelkohlenstoff	Toluol
	Nitrobenzol		Xylol (Ortho-)
	Pyridin		

Endlich hat HANS POHLE[1]) bei synthetischem Kautschuk gefunden, daß man *vielleicht nicht immer eine so scharfe Grenze zwischen begrenzter und unbegrenzter Quellung ziehen kann*, als ich im vorhergehenden getan habe. Z. B. durch sogenanntes Mastizieren (Kneten zwischen Walzen bei erhöhter Temperatur) läßt sich unter Umständen ein begrenzt quellbarer synthetischer Kautschuk in eine Form bringen, die unbegrenzt quellbar ist; freilich ist die entstandene „Lösung" nicht viel mehr als eine

1) POHLE, HANS: Beiträge zur Kenntnis der Kautschuke, insbesondere zweier Dimethylkautschuke. Kolloidchem. Beih. **13**, 1—61. 1921.

Suspension von Bruchstücken, die vorher einen zusammenhängenden Körper bildeten. Daß solche Übergänge auftreten *können*, ist von vornherein anzunehmen; besonders könnte der quellbare Körper aus Mizellen bestehen, die unverändert — nur voneinander getrennt — in der „Lösung" weiter bestehen. Ob aber die Versuche Pohles den experimentellen Nachweis dieses Überganges schon bringen, scheint mir aber doch noch fraglich. Was Mastizieren bewirkt, versteht man übrigens noch sehr wenig. Der gewöhnliche Kautschuk kann — wie schon Harries[1]) gezeigt hat — in mehreren Modifikationen auftreten, die durch verschiedene Eigenschaften (z. B. Quellbarkeit) gekennzeichnet sind und die ineinander übergeführt werden können. Pohle fand bei synthetischen Kautschuken ähnliche, aber andere Modifikationen, die er ausführlich studiert hat, und welche verschiedene Quellbarkeit und Löslichkeit aufweisen. Vielleicht beruht der Unterschied mancher dieser Modifikationen auf einem verschiedenen Polymerisationsgrad, vielleicht auf Unterschieden zwischen „kristallinisch" und „amorph". Das alles muß weiter untersucht werden.

Besonders interessant wäre der Fall, daß ein kristallisierter quellbarer Körper — oder wenigstens einer der ein Kristallspektrum gibt — unbegrenzte Quellbarkeit in einer rein amorphen Flüssigkeit zeigen würde. Ein solcher Fall wäre auf Grund der oben stehenden Betrachtungen möglich.

8. Die Röntgenspektrographie der Quellung in organischen Flüssigkeiten. Über dieses Thema ist noch so wenig bekannt, daß es zur Zeit unmöglich ist, eine Übersicht zu geben, in welchen Fällen der Abstand der Moleküle sich bei der Quellung ändert und wo nicht[2]).

Dagegen ist eine andere Erscheinung bei diesen Quellungen schon besser untersucht worden[3]), nämlich *das Unscharfwerden oder Verschwinden des Linienröntgenspektrums bei starken Quellungen, welche der Auflösung der Substanz nahekommen, bzw. vorangehen.* Unterwirft man einen quellbaren Körper, welcher ein typisches Röntgenspektrum gibt, einer Quellung, die fortschreitend endlich die Substanz in Lösung bringen würde (Rohkautschuk in Schwefelkohlenstoff, Nitrocellulose in Amylacetat usw.) und untersucht man das Röntgenspektrum der gequollenen Substanz, kurz bevor der feste Körper seinen Zusammenhang verliert, oder auch das Diagramm desjenigen Teiles, der ungelöst geblieben ist,

[1]) Harries: Liebigs Ann. d. Chem. **383**, 191. 1911.

[2]) Daß die intermolekulare Quellung eine wichtige Erscheinung ist, wird bestätigt durch die schönen Untersuchungen von W. Biltz über die Aufweitung des Kristallgitters durch fremde Substanzen (zusammengefaßt in: Biltz: Zur chemischen Mechanik der Reaktionen fester Körper, Naturwiss. **13**, 500—506, 5. Juni 1925).

[3]) J. R. Katz, Änderungen im Röntgenspektrogramm bei der Quellung, welche der Mizellarzertrümmerung im Sinne Nägelis entsprechen (im Druck).

so findet man eine Abschwächung (oder zuweilen eine Vergröberung, Verwaschung) der Interferenzen bis zum völlig „amorphen" Spektrum.

Daß das nicht etwas Selbstverständliches ist sieht man sofort ein, wenn man diese Erscheinungen vergleicht mit der Auflösung gewöhnlicher, nicht quellbarer Kristalle, z. B. Chlornatrium in Wasser. Wenn man ein Kristall dieser Substanz zum größeren Teile auflöst und den Rest pulverisiert, so zeigt derselbe ein durchaus unverändertes DEBYE-SCHERRER-Diagramm; eine Substanz aber, die bei der Quellung in Auflösung übergeht, hat kurz vorher oft ein durchaus verändertes Dia-

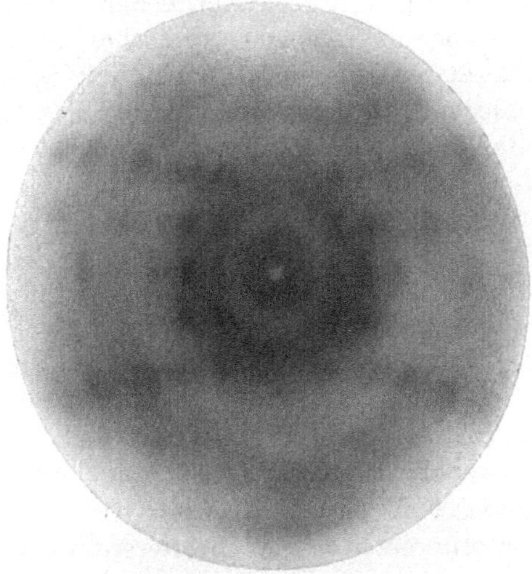

Abb. 12. Diagramm eines Fadens aus Rohkautschuk, der durch Abkühlen im gedehnten Zustande seine Verlängerung dauernd behalten hat, Eigene Aufnahme. Abstand circa 26½ m. M. Natürliche Größe.

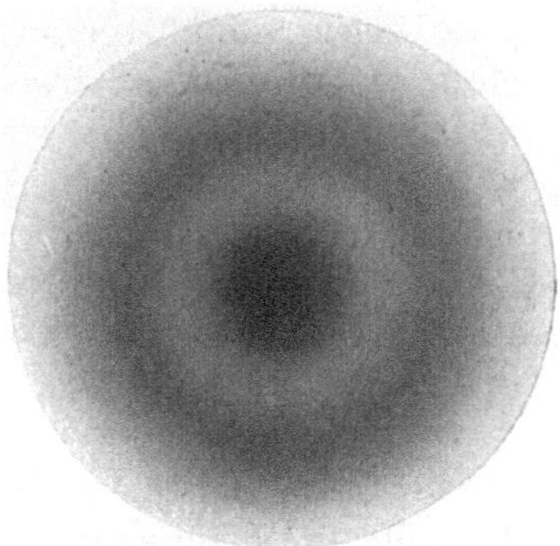

Abb. 13. Diagramm des gleichen Fadens wie in Abb. 10, aber nach 30 Sekunden Quellung in Schwefelkohlenstoff und schneller Verdampfung des Quellungsmittels. Eigene Aufnahme. Abstand circa 38 m. M. Natürliche Größe.

gramm (auch nach Verdunsten des Quellungsmittels). Wäre die Quellung nichts anderes als ein Eindringen von Flüssigkeit zwischen die einzelnen Mizellen, welche kleine Kriställchen sind die dem Wesen nach mit gewöhnlichen Kristallen identisch sind, so ist es nicht ohne weiteres verständlich, daß die gequollene und dann wiederum entquollene Substanz diese Veränderung ihres Röntgenspektrums zeigt. Wohl könnte man eine Aufhebung der Parallelordnung (oder der sonstigen Ordnung) der Kristallite erwarten, also etwa einen Übergang eines Faserdiagramms in ein DEBYE-SCHERRER-Diagramm. Dieser Übergang läßt sich dann auch in vielen dieser Fälle feststellen. Daneben aber wird die Substanz amorph, oder ihre Mizellen bekommen wenigstens ein mehr oder weniger in Unordnung geratenes Gitter.

Ein völliges Amorphwerden läßt sich bei der Quellung der Kautschuke, die nach starker Dehnung kristallinisch geblieben sind beobachten. Abb. 12 bringt das Röntgenspektrogramm des gleichen Rohkautschuks, dessen Kristallspektrum in Abb. 7 reproduziert worden war; aber jetzt war der gedehnte Kautschuk durch schnelles Abkühlen dauernd in seinem verlängerten Zustande geblieben. Abb. 13 zeigt das Diagramm eines Teiles der so behandelten Substanz, der als 1 mm dicker Faden 30 Sekunden in Schwefelkohlenstoff gequollen und nachher in dem Luftstrom eines elektrischen Ventilators vom Schwefelkohlenstoff befreit worden war[1]). Jede mechanische Deformation in der durch Quellung weich gewordenen Substanz war sorgfältig vermieden worden. Das typische Kristallspektrum war aber in ein eben so typisches „amorphes" Spektrum übergegangen. Läßt man diesen Rohkautschuk einige Minuten länger im Schwefelkohlenstoff liegen, so löst er sich ganz. Ebenso wird „kristallisierter" Rohkautschuk durch Quellung (und ev. Entquellung) „amorph". Aber in diesen Fällen ist es zweifelhaft, ob echte Kristalle vorlagen.

Ganz ähnliche Erscheinungen zeigt Nitroramie (welche ohne Verlust der Faserstruktur nitriert worden war), bei der Quellung in Amylazetat oder Azeton.

Interessante Änderungen wurden (als Parallelen) auch bei Quellungen in wäßrigen Lösungen beobachtet, z. B. wenn man Zellulose in Kupferoxydammoniak oder in Natriumhydroxid und Schwefelkohlenstoff quellen läßt, und entweder die Quellung rechtzeitig unterbricht, mit nachfolgendem Auswaschen des Quellungsmittels, oder die ungelöst gebliebene Substanz untersucht. Die Interferenzen sind zuweilen vergröbert, verwaschen usw.

Um die Zwischenstufen zu untersuchen, wählt man am besten *Gleichgewichtszustände,* damit keine ungleichmäßige Einwirkung untersucht wird; wo die Quellung bei einem bestimmten Quellungsgrad haltmacht, ist das erhaltene Produkt viel eher gleichmäßig. Solche Zustände lassen sich erreichen, entweder indem man das Quellungsmittel verdünnt mit einer indifferenten Flüssigkeit, die nicht quellen macht, oder besser, indem man das Quellungsmittel als Dampf einwirken läßt, wenn man über den quellbaren Körper einen Luftstrom streichen läßt, dem eine genau regulierbare, konstant gehaltene Menge Dampf zugefügt wird[2]). Man kann in beiden Fällen den Übergang des Kristallspektrums in ein amorphes Diagramm Schritt für Schritt verfolgen.

In allen diesen Fällen ist mit dem Verlust des Kristallspektrums auch ein Verlust (oder wenigstens eine wesentliche Verminderung) der optischen Anisotropie gepaart; wobei freilich zu bedenken ist, daß auch die Parallelordnung gestört wird. Schon Nägeli hat beide Erschei-

[1]) Der Faden verliert dabei seine Verlängerung.

[2]) Ein solcher Luftstrom läßt sich leicht konstant erhalten mit der im II, 1 dieses Referates beschriebenen Apparatur.

nungen unterschieden und die erstgenannte als *Mizellarzertrümmerung* beschrieben. Die Verkleisterung der Stärke hat er als ein typisches Beispiel derselben aufgefaßt. Vorläufig bleibt diese Erscheinung ungeklärt, besonders bei der Quellung in organischen Flüssigkeiten, wo Pseudomorphosebildung nicht so leicht in Betracht kommt[1]). Zeigt das Röntgenspektrum, daß schon im deutlich kristallinischen Zustande der Abstand der Moleküle bei der Quellung zunimmt (Vergrößerung der Identitätsperioden), dann freilich ist Mizellarzertrümmerung die logische Konsequenz einer zu starken Aufweitung des Gitters. Läßt sich aber eine solche nicht nachweisen, so bleibt die Erscheinung rätselhaft. Hat eine aus dem Verbande isolierte Mizelle vielleicht die Tendenz, ihre Gitterstruktur zu verlieren? Oder „schmelzen" die Kristalle?

II. Die Abhängigkeit der thermodynamisch wichtigen Eigenschaften vom Quellungsgrade bei der Quellung in (unvermischten) organischen Flüssigkeiten.

1. *Die Dampfspannung.* Die Bestimmung der Isothermen ist auch hier wiederum von besonders großer Bedeutung, weil die relative Dampfspannung[2]) h des gequollenen Körpers eng zusammenhängt mit der *freien Energie* bei der Quellung, die ein Maß ist für die Affinität des teilweise gequollenen Körpers zum Quellungsmittel. Es ist nämlich die freie Energie gleich

$$-RT \ln h.$$

Bei Messungen dieser Art ist die Exsikkatormethode nach GAY LUSSAC-VAN BEMMELEN viel weniger praktisch als bei Wasser, weil es bei organischen Flüssigkeiten keine so geeigneten Flüssigkeitsgemische gibt wie die Schwefelsäure-Wassermischungen. Schwefelsäure hat bei Zimmertemperatur eine so kleine eigene Dampfspannung, daß sie in weitaus den meisten Fällen nicht stört. Schwefelsäure ist eine wohldefinierte Substanz, so daß ein Gemisch von gegebenen Teilen Schwefelsäure und Wasser immer die gleiche, wohldefinierte Dampfspannung besitzt. Schwefelsäure und Wasser sind in allen Verhältnissen mischbar. Und endlich sind die Wasserdampfspannungen dieser Gemische in ihrer Abhängigkeit von der Zusammensetzung wohlbekannt. Es sind das Vorzüge, welche die Methode bei Wasser so besonders brauchbar machen.

Bei organischen Flüssigkeiten liegt alles viel weniger günstig. Schon das Ausfindigmachen geeigneter Flüssigkeiten, die sich mit dem unter-

[1]) Man vergleiche aber das Amorphwerden der Kristalle von Acetylcellulose bei Verlust des Quellungsmittels.

[2]) Wie im ersten Teile dieser Abhandlung (Ergebn. d. exakt. Naturwiss. 3, 372) ist der reduzierte Dampfdruck h die Dampfspannung des gequollenen Körpers, dividiert durch die Dampfspannung der reinen Quellungsflüssigkeit bei der gleichen Temperatur. Acetylcellulose und Nitrocellulose haben keine nachweisbare eigene Dampfspannung bei Zimmertemperatur.

suchten flüchtigen Quellungsmittel in allen Verhältnissen mischen, die aber selber keine nachweisbare Dampfspannung besitzen, ist oft nicht leicht oder gelingt überhaupt nicht. Glycerin, Öl und Paraffinöl kommen da in erster Linie in Betracht. Besitzt diese Flüssigkeit aber doch noch etwas Dampfspannung, so ist mit der Möglichkeit großer Störungen zu rechnen, da auch sie dann vom quellbaren Körper absorbiert werden kann; sorgfältige Kontrollversuche sind in jedem einzelnen Falle notwendig, um das Bestehen dieser Möglichkeit auszuschließen. Aber auch dann besteht noch ein großer Nachteil, verglichen mit Wasser: man kennt meistens gar nicht die Dampfspannungen der verschiedenen Gemische, man muß dieselbe mühsam für jedes einzelne Gemisch bestimmen. Besonders ist das notwendig, wenn die nichtflüchtige Flüssigkeit, mit der man das Quellungsmittel mischt, eine nicht genau definierte Zusammensetzung besitzt (Öl, Paraffinöl)[1]. Zusammenfassend kann man sagen: Hat man bei *einem* bestimmten Quellungsmittel sehr viele Dampfspannungsmessungen auszuführen, so lohnt sich eventuell die Exsikkatormethode; aber sonst ist sie bei organischen Quellungsmitteln nicht praktisch.

Unter den verschiedenen dann in Betracht kommenden Methoden hat sich am besten die dynamische Methode bewährt, bei welcher man einen Luftstrom, welcher teilweise mit dem Dampfe gesättigt ist und bei dem man die Partialspannung des Dampfes konstant hält und genau bestimmen kann, über die quellbare Substanz führt, bis dieselbe konstantes Gewicht bekommen hat. Freilich haben alle dynamischen Methoden den Nachteil, daß sie nur dann zuverlässige Werte geben, wenn man sicher sein darf, erstens daß die Dampfspannung während des ganzen Versuches konstant geblieben ist, zweitens daß sie wirklich die Größe hatte, die man glaubte. Wenn man z. B. einen Luftstrom durch Waschflaschen mit bekannten Schwefelsäure-Wassergemischen perlen läßt und dann über eine Substanz führt, so besteht eine ganze Reihe von *möglichen* Fehlerquellen, welche bei einer statischen Methode, wie die Exsikkatormethode, nicht vorkommen. Ich will dieselben kurz aufzählen, um die Gefährlichkeit der dynamischen Methoden bei *organischen* Flüssigkeiten zu beleuchten. Perlt der Luftstrom etwas zu schnell durch die Waschflaschen, so besitzt er nicht den berechneten Sättigungsgrad; kühlt das Schwefelsäure-Wassergemisch sich durch die Verdampfung des Wassers etwas ab, so ist die Wasserdampfspannung kleiner als man annimmt. Hat der Luftstrom nicht die gleiche Temperatur wie die Substanz, die mit ihm in Gleichgewicht kommen soll, so bekommt man falsche Werte. Und endlich wird das Schwefelsäure-Wassergemisch durch die Verdampfung des Wassers — die eine unvermeidliche Folge

[1]) Für Gemische von Glycerin und Alkohol hat J. S. Anderson (Zeitschr. f. physikal. Chem. **88**, 191, 1914; Diss. Göttingen 1914) die Dampfspannungen gemessen; hier sind beide Substanzen chemisch gut definiert.

der Methode ist — immer konzentrierter oder schwächer, je länger der Versuch dauert. Es erfordert die dynamische Methode deshalb eine ganze Reihe von Vorsorgen und eine strenge Selbstkritik des Experimentators, welche bei Anwendung der Exsikkatormethode nicht notwendig sind. Man wird darum immer die statischen Methoden, wo nur möglich, vorziehen und die Anwendung der dynamischen Methoden nicht anderen als gewissenhaften und erfahrenen Hilfskräften überlassen. Die Gefahren, die sonst entstehen, werden vielfach unterschätzt.

Bei den organischen Quellungsmitteln ist es nun aber — wie wir gesehen haben — aus anderen Gründen vorzuziehen doch die dynamische Methode anzuwenden. Wie soll man da dem Luftstrom am besten eine Menge Dampf von konstanter und genau bekannter Dampfspannung zufügen?

Schon bevor man solche Methoden zum Untersuchen der Quellung anzuwenden versuchte, wurden sie zu anderen Zwecken entwickelt. F. HENNING[1]) z. B. hat vorgeschlagen, den Luftstrom bei einer genau gemessenen niedrigeren Temperatur mit dem Dampf der reinen Flüssigkeit zu sättigen, diesen Luftstrom auf die Temperatur des zu sättigenden Körpers aufzuwärmen und dann die Gewichtszunahme desselben zu bestimmen. Die gekühlte reine Flüssigkeit und das Absorptionsgefäß befinden sich je in einem auf bestimmte Temperatur genau regulierten Thermostaten, dessen Temperatur ab und zu abgelesen wird zur Kontrolle. Es genügt nicht, daß die Thermostaten eine genau konstante Temperatur besitzen; es muß auch noch der Luftstrom in jedem der beiden Thermostaten so genau vorgekühlt bzw. vorgewärmt sein, daß der Luftstrom exakt die Temperatur des Thermostaten bekommt. Sobald die Temperaturdifferenz zwischen den beiden Thermostaten sehr groß wird, was bei kleinen relativen Dampfspannungen notwendig ist, können leicht Temperaturdifferenzen zwischen dem Luftstrom und den Kontaktkörpern entstehen; und dieselben machen dann die Methode unzuverlässig.

Viel besser ist die von BERL und ANDRESS[2]) ausgearbeitete Methode, welche den konstanten Wert der Dampfspannung herstellt durch einen geeigneten Mischhahn (oder durch zwei Feinstellhähne), indem trockene Luft gemischt wird mit solcher, die mit dem Dampf gesättigt ist. Je nach dem Stande des Hahnes ist die relative Dampfspannung gegeben. Dieselbe wird dann abgelesen in einem Interferometer nach HABER-LÖWE (Firma CARL ZEISS, Jena)[3]), und diese Ablesungen gestatten eine

[1]) HENNING, F.: Zeitschr. f. Instrumentenkunde **33**, 33. 1913.

[2]) BERL u. ANDRESS: Zeitschr. f. angew. Chem. **34**, 369 u. 377. 1921.

[3]) In der tragbaren Form, Länge 50 cm. Für die Beschreibung und Abbildung desselben siehe Zeitschr. f. Instrumentenkunde **30**, 321. 1910; Zeitschr. f. angew. Chem. **23**, 1393. 1910; sowie Katalog der Firma CARL ZEISS, Jena.

große Genauigkeit. Die ganze Apparatur, einschließlich des wegbaren Gefäßes mit der Substanz, welche den Dampf absorbieren soll, befindet sich in einem Thermostaten. Diese Methode wurde von BERL und ANDRESS ausgeabreitet, um die Isothermen der Adsorption organischer Dämpfe an die Oberfläche aktiver Kohle zu bestimmen.

Man kann sie ohne irgendwelche Änderung für die Bestimmung der Quellungsisothermen anwenden. Man braucht bloß die Trommelteile zu eichen für die betreffende Flüssigkeit, um eine Isotherme der Quellung eines Körpers in derselben aufnehmen zu können. Bekanntlich mißt man mit dem Interferometer den Unterschied im Brechungsindex zwischen trockener Luft und solcher, die eine gewisse Menge des Dampfes enthält; und zwar so, daß durch die Gaskammer des Interferometers die zwei Luftströme geführt werden und man den Gangunterschied desselben polychromatischen Lichtes, das durch die beiden Kammern gegangen ist, an der Trommel als Trommelteile abliest. Für unsere Zwecke ist es gar nicht notwendig, daraus den Unterschied der Brechungsindizes zu berechnen. Es genügt zu wissen, daß dieser Unterschied, also die Zahl Trommelteile, in erster Annäherung der Konzentration des Dampfes proportional ist[1]). Der Dampfdruck des Dampfes beträgt

$$p = a \cdot T \cdot k,$$

wo a die zur Kompensation des Unterschiedes der Brechungsexponenten nötige Zahl Trommelteile ist, T die absolute Temperatur, und k eine Konstante, die für jede Flüssigkeit experimentell bestimmt werden muß. Sie beträgt z. B. für

Benzol 0,000264,
Trichloräthylen . . . . . 0,000337.

Der Gang der Untersuchung ist wie folgt. Durch eine Wasserstrahlpumpe wird ein Luftstrom erzeugt, dessen Druck konstant gehalten wird und dessen Geschwindigkeit mittels Differentialmanometer kontrolliert wird. Er wird durch mehrere Waschflaschen mit Schwefelsäure geleitet um ihn zu trocknen. Dann teilt sich der Luftstrom und wird einerseits durch mehrere mit der Flüssigkeit gefüllten Waschflaschen, andererseits durch solche mit konzentrierter Schwefelsäure geführt. Beide Teile des Luftstromes werden nun bei einem bestimmten Stande des Mischhahnes (der Feinstellhähne) miteinander gemischt in einem mit kleinen Glasperlen angefüllten Gasmischrohr. Der in dieser Weise regulierbar gemischte Luftstrom gelangt jetzt durch einen Zweiweghahn entweder in das mit der quellbaren Substanz angefüllte Wegeröhrchen (in das ein Thermometer hereinragt, um zu kontrollieren, ob

[1]) Für den Fall, daß diese Proportionalität nicht angenommen werden darf, haben BERL und ANDRESS ein besonderes Eichungsverfahren ausgearbeitet (loc. cit.).

die Temperatur des Luftstromes *genau* auf $^1/_{10}{}^\circ$ übereinstimmt mit der des Thermostaten, in den die ganze Apparatur eingebaut worden ist); oder der Luftstrom gelangt bei dem anderen Stande des Zweiweghahnes direkt durch die Gaskammer des Interferometers ins Freie. Durch die Vergleichskammer des Interferometers wird genau beim gleichen Drucke trockene Luft geleitet. Gummiverbindungen sind, wenn möglich, ganz zu vermeiden; statt dessen bläst man am besten die Glasstücke an ihren Enden zusammen[1]).

Es wird nun zuerst der Zweiweghahn so gestellt, daß der Luftstrom aus dem Mischrohr *direkt* in die Gaskammer des Interferometers gelangt. Die gewünschte Dampftension wird mittels Regulierens der Feinstellhähne hergestellt, bis sie konstant bleibt (unter Kontrolle mit dem Interferometer). Dann wird der Zweiweghahn umgestellt, bis der Luftstrom wieder die ursprüngliche Dampftension angibt; dann ist der Versuch beendet und das Wegeröhrchen wird von neuem gewogen. Ab und zu wird durch Umstellen des Zweiweghahnes kontrolliert, ob die Dampftension des Luftstromes unverändert geblieben ist (bzw. wird er etwas nachreguliert). Erneutes Überleiten bei anderen Spannungen führt zu weiteren Punkten der Dampfdruckisotherme. Eine Reihe von Bestimmungen der mit unvermischtem Quellungsmittel bei verschiedenen Temperaturen gesättigten Luft gestattet die Umrechnung auf *h*-Werte.

Diese schöne, von Berl und Andress vorzüglich ausgearbeitete Methode hat nun A. Hoffmann[2]) auf meinen Vorschlag für die Bestimmung der Isothermen quellbarer Körper angewandt und die erhaltenen Kurven mit den an den gleichen Substanzen bestimmten Quellungswärmen verglichen. Irgendwelche besondere Umänderung des Verfahrens von Berl und Andress hat sich nicht als notwendig herausgestellt. Das Substanzrohr (welches vor dem Einwegen im leeren Zustand zweckmäßig längere Zeit im Dampfe von der Quellungsflüssigkeit gelassen wird, um das Leergewicht im dampfgefüllten Zustande festzustellen), wird mit etwa 1—2 g von *absolut trockener*[3]) Acetyl- oder Nitrocellulose[3]) gefüllt und genau gewogen. Am Ende des Versuches wird es von neuem gewogen; die Gewichtsdifferenz mißt den Quellungsgrad, der mit der Dampftension des Versuches im Gleichgewicht ist. Auch hier[4]) ist es dringend notwendig, daß die organischen Substanzen absolut trocken sind, da sonst wesentlich andere Werte gefunden wer-

[1]) Eine Abbildung der Apparatur findet sich bei Berl und Andress, loc. cit.

[2]) Hoffmann, Alfred: Über die Quellung von Zellulosederivaten und Kautschuk in organischen Flüssigkeiten. Diss. Berlin 1925. (Leider nur in Maschinenschrift, aber leihbar von der Universitätsbibliothek Berlin).

[3]) Absolute Trockenheit ist notwendig; siehe diesjähriges Referat unter I, 7.

[4]) Hoffmann, A.: loc. cit. S. 42.

den. Das Wasser wird am besten durch längeres Trocknen im Vakuumexsikkator entfernt.

Hoffmann bestimmte in dieser Art die Isothermen von Acetylcellulose in Benzol und in Trichloräthylen und von Nitrocellulose in diesen beiden Flüssigkeiten, alles bei etwa 20° C [1]). Er gebrauchte dafür diese Estern in denselben Modifikationen, welche ihm für seine Messungen des Quellungsmaximums gedient hatten. Auch hier wurden sie in frisch hergestellten, 0,1—0,2 mm dicken Films untersucht, die wahrscheinlich amorph gewesen sind. Alle Isothermen Hoffmanns zeigten starke Hysterese; das Gleichgewicht, von der trocknen oder von der gequollenen Seite her bestimmt, zeigte Kurven ähnlicher Form, aber mit verschiedenen Zahlen, und zwar zeigen durchweg die *entquellenden* Substanzen höhere Werte für den Quellungsgrad als die von der trockenen Seite her bestimmten (genau wie bei Wasser). Leider hat Hoffmann darauf verzichtet, das Gleichgewicht von beiden Seiten her annähernd zu bestimmen und den Mittelwert beider Zahlen zu nehmen; die später zu besprechende Prüfung der thermodynamischen Beziehung zwischen Quellungswärme und Isotherme wäre dann weit sicherer möglich gewesen. Überdies bleibt es unter diesen Umständen doch ein wenig zweifelhaft, ob die Form der so bestimmten Isothermen dieselbe ist wie die Form der Gleichgewichtskurven.

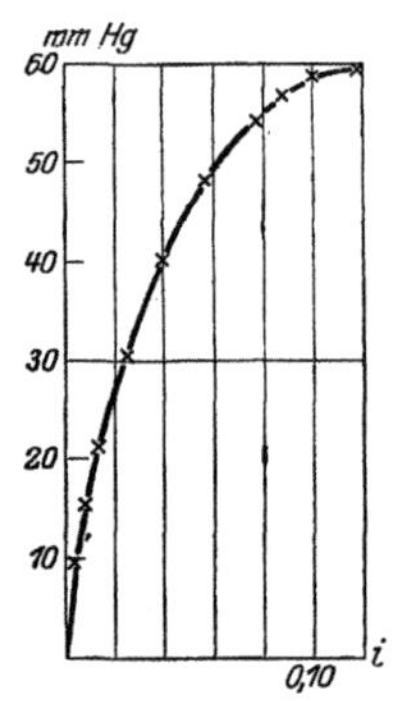

Abb. 14. Isotherme der Quellung von Nitrocellulose in Benzol.

Der Grund, warum Hoffmann auf die beiderseitige Bestimmung verzichtet hat, war der folgende. Es stellte sich nämlich heraus, daß *die Entquellung ein viel langsamer verlaufender Vorgang ist als die Quellung.* Während bei Quellung 8—9 Stunden genügen, um zum Endzustande zu kommen, *erfordert die Entquellung die vier- bis fünffache Zeit.* Die gleiche merkwürdige Erscheinung hatten E. Knoevenagel[2]) und H. Pohle[3]) bei künstlichen Kautschuken gefunden. Diese Tatsache macht, daß die Bestimmung der Hysterese auf Kosten der Genauigkeit geht, da es sehr schwierig ist, den Dampfdruck mehrere Tage lang genau konstant zu erhalten. Deswegen hat Hoffmann sich darauf beschränkt, die Kurven nur von der ungequollenen Seite her zu bestimmen. Doch ist eine Einstellungszeit von 8—10 Stunden für eine Quellung im Dampfe etwas kurz. Den-

[1]) Rohkautschuk wurde auch von A. Hoffmann untersucht, aber die Quellung dieser Substanz ist durch zu viele sekundäre Umstände kompliziert, als daß ich diese Messungen hier nicht anführen möchte (siehe I, 2).

[2]) Knoevenagel, E.: Kolloidchem. Beih. **18**, 1923.

[3]) Pohle, H.: Kolloidchem. Beih. **13**, 54. 1920.

noch liegen hier sicher gute Annäherungen an die Form der Gleichgewichtslinien vor. Abb. 14 zeigt die erhaltene Form der Isotherme für die Quellung von Nitrocellulose in Benzol. Kurven ganz ähnlicher Form erhielt er für die Quellung von Nitrocellulose in Trichloräthylen und von Acetylcellulose in Benzol.

Die Form dieser Isothermen weicht, wie man sieht, prinzipiell ab von denen, welche allgemein bei der Quellung in Wasser gefunden wurden[1]) Während dort die Kurve bei kleinen *i* fast horizontal anfängt, zuerst die konvexe Seite nach unten kehrt, dann einen Wendepunkt bekommt, um bei größeren *i* die konvexe Seite nach unten zu kehren

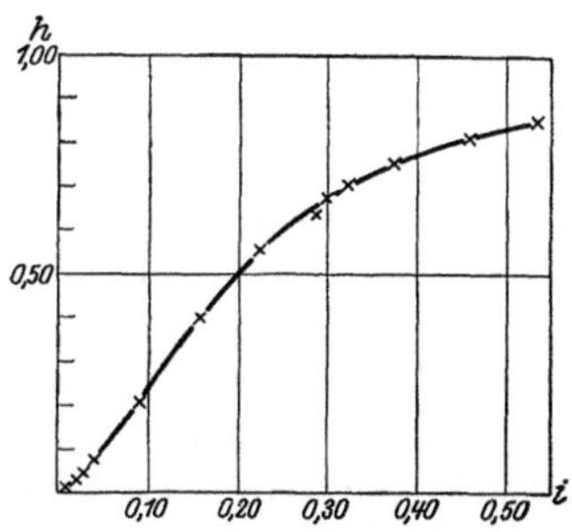

Abb. 15. **Isotherme der Quellung von Acetylcellulose in Trichloräthylen.**

Acetylcellulose in Trichloräthylen (von der trockenen Seite her).

i	*h*
0	0
0,009	0,015
0,021	0,030
0,029	0,043
0,044	0,074
0,090	0,204
0,157	0,401
0,225	0,555
0,276	0,640
0,302	0,675
0,326	0,703
0,373	0,750
0,458	0,811
0,535	0,849

und endlich asymtotisch zur horizontalen Linie zu enden, *wendet bei den untersuchten organischen Flüssigkeiten die Kurve vom Anfang an die konkave Seite nach unten.* Nur bei der Quellung von Acetylcellulose in Trichloräthylen scheinen der konvexe Anfangsteil und der Wendepunkt eben noch vorhanden zu sein. Ich bilde diese interessante Isotherme hier ab und ich gebe auch die Zahlenwerte (da wir dieselben später für thermodynamische Rechnungen gebrauchen werden).

2. Die Quellungswärme. Bei allen bis jetzt untersuchten quellbaren Körpern, die keine besonderen Komplikationen aufweisen, ist *die Wärmetönung bei der Quellung in organischen Flüssigkeiten positiv.* Doch fehlt es noch an der genügenden Erfahrung, um hier mit der erwünschten Sicherheit eine allgemeine Aussage machen zu können. Bisher liegen auf diesem Gebiete fast nur die Untersuchungen vor, die

[1]) Diese Ergebnisse **3**, 375—377. 1924.

Hoffmann[1]) ausgeführt hat; er untersuchte die Quellung von Acetylcellulose in Trichloräthylen, in Benzylchlorid und in Benzylalkohol und von Nitrocellulose[2]) in Ameisensäure und in absolutem Äthylalkohol. Er hat überall positive Quellungswärmen gefunden.

Was die Versuchstechnik betrifft, so halte ich auch hier die eiskalorimetrische Bestimmung für die beste Methode; denn sie allein berücksichtigt, daß die Quellung ein Zeitprozeß ist, dessen letzte Teile nur sehr langsam verlaufen[3]). Aber abgesehen von der komplizierteren Versuchstechnik hat diese Methode bei organischen Flüssigkeiten noch den Nachteil, daß manche derselben, z. B. Benzol, bei 0° C erfrieren; wodurch das Verfahren dann unbrauchbar wird.

Bei der thermometrischen Kalorimetrie wendet man zweckmäßig das gleiche Verfahren an, das ich voriges Jahr für die Quellung in Wasser beschrieben habe. Nur ist bei Flüssigkeiten mit größerem Dampfdruck der ganze Kalorimeter möglichst hermetisch zu schließen (damit nicht die Verdampfung derselben den Gang der Temperatur vergrößert; die Quellung bewirkt man dann, indem das dünnwandige Glasgefäß, in welchem sich der ungequollene Körper befindet, zerbrochen wird, nachdem Temperaturausgleich eingetreten ist. Als Kalorimeterflüssigkeit gebraucht man entweder die Quellungsflüssigkeit selber, oder taucht das hermetisch schließende Gefäß, das dieselbe enthält, in Quecksilber, das jetzt als Kalorimeterflüssigkeit dient. Bei letzterer — von Hoffmann gewählter — Versuchstechnik besteht aber weniger Garantie, daß Temperaturausgleich während des Versuches eintritt. Er untersuchte nur begrenzt quellende Systeme.

Nach der thermometrischen Methode hat er z. B. die folgenden Zahlen (s. S. 205) bekommen (alles in kleinen Kalorien):

Abb. 16 und Abb. 17 zeigen den Verlauf von zwei Kurven dieser Art.

Auch hier können — wie bei der Quellung in Wasser — die Versuchsergebnisse in erster Annäherung durch eine rechtwinklige Hyperbel

$$W = \frac{Ai}{B + i}$$

oder durch eine Kurve dritten Grades

$$W = \frac{Di}{(E + i)^2}$$

dargestellt werden[4]). Bei der Quellung in organischer Flüssigkeit scheinen aber die Abweichungen von der rechtwinkligen Hyperbel bedeutend

[1]) Hoffmann, A.: loc. cit. S. 26—36.

[2]) Wiederum die gleichen Formen der Ester in der Form von ähnlichen Films wie bei den früheren Versuchen.

[3]) Siehe diese Ergebnisse 3, 380. 1924.

[4]) Diese Ergebnisse 3, 379. 1924.

Acetylcellulose in Trichloräthylen

i	W (in Kal.)
0	0
0,012	1,2
0,029	2,0
0,052	3,1
0,081	3,7
0,138	5,3
0,219	6,8
0,323	8,2
0,377	8,8
0,480	9,7
0,675	11,2
0,832	11,4

Acetylcellulose in Benzylalkohol

i	W (in Kal.)
0	0
0,031	2,2
0,059	3,6
0,087	4,8
0,112	5,6
0,151	6,2
0,185	6,7
0,265	7,3
0,432	8,2

Nitrocellulose in Ameisensäure

i	W (in Kal.)
0	0
0,044	2,2
0,095	3,5
0,157	4,7
0,222	5,4
0,449	6,8

Nitrocellulose in abs. Äthylalkohol

i	W (in Kal.)
0	0
0,031	1,2
0,055	1,9
0,090	2,8
0,162	4,1
0,301	5,5

größer zu sein als bei der Quellung in Wasser; doch ist zu bedenken, daß die von HOFFMANN gebrauchte Versuchstechnik — wie gesagt — nicht ganz zweifelsfrei ist.

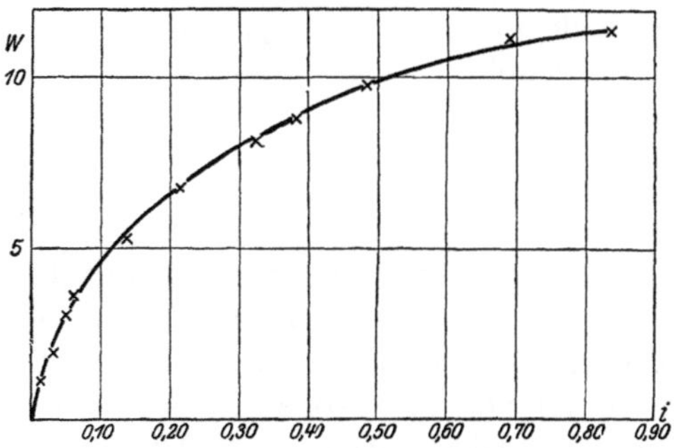

Abb. 16. Qellungswärme von Acetylcellulose in Trichloräthylen.

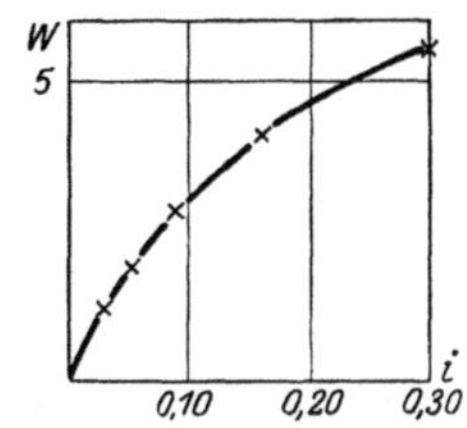

Abb. 17. Quellungswärme von Nitrocellulose in Aethylalkohol.

Jedenfalls stellt sich aber heraus, daß *die Wärmetönung bei der Quellung in organischen Flüssigkeiten durchschnittlich bedeutend kleiner ist als die bei der Quellung in Wasser,* wie aus den folgenden beiden Tabellen hervorgeht[1]).

[1]) Siehe Gesetze der Quellung, Kolloidchem. Beih. 9, 1917.

Wärmeentwicklung bei der maximalen Quellung von 1 g trockener Substanz[1]).

Kasein in Wasser	25,4 Kal.
Nuklein in Wasser	23,4 ,,
Inulin in Wasser	21,8 ,,
Künstliche Stärkekörner in Wasser . . .	33,3 ,,
Veränderte Holzfaser in Wasser	16,9 ,,
Edestin-Krystalle	18,7 ,,
Cellulose in Wasser	10,7 ,,
Acetylcellulose in Trichloräthylen	11,4 ,,
Acetylcellulose in Benzylchlorid	8,1 ,,
Acetylcellulose in Benzylalkohol.	8,2 ,,
Nitrocellulose in Ameisensäure	6,8 ,,
Nitrocellulose in Äthylalkohol	5,5 ,,

Erste Quellungswärme[2]) $\left[\frac{dW}{di}\right]_{i=0}$

Kasein in Wasser	265 Kal.
Nuklein in Wasser	310 ,,
Zellulose in Wasser	390 ,,
Inulin in Wasser	420 ,,
Künstliche Stärkekörner in Wasser . . .	315 ,,
(Veränderte) Holzfaser in Wasser	265 ,,
Edestinkristalle in Wasser.	200 ,,
Acetylcellulose in Trichloräthylen[3]). . . .	108 ,,
Acetylcellulose in Benzylchlorid	76 ,,
Acetylcellulose in Benzylalkohol	69 ,,
Nitrocellulose in Ameisensäure	60 ,,
Nitrocellulose in abs. Äthylalkohol . . .	87 ,,

Wie man sieht, sind sowohl die Wärmeentwicklung bei maximaler Quellung wie auch die „erste Quellungswärme“ durchschnittlich bedeutend kleiner als bei der Quellung in Wasser. Die letztgenannte Größe, die für die Vergleichung mit der Form der Isotherme besonders wichtig ist, beträgt im Mittel etwa ein Drittel von der Größe, die sie bei der Quellung in Wasser hat. Ziemlich groß ist sie noch bei Acetylcellulose

[1]) In allen Systemen, welche in dieser Tabelle zusammengestellt worden sind, handelt es sich um *begrenzt* quellende Körper.

[2]) Über die Bedeutung der „ersten Quellungswärme“ siehe diese Ergebnisse **3**, 381. 1924.

[3]) Die Zahlen für die „erste Quellungswärme“ in organischen Flüssigkeiten hat Hoffmann mit Hilfe der Formel $W = \frac{Ai}{B+i}$ berechnet, die aber — wie gesagt — nur mäßig stimmte. Aber die Größenordnung muß doch richtig sein.

in Trichloräthylen (108 Kal.). Bei allen anderen Quellungen in organischen Flüssigkeiten ist sie kleiner, und zwar von der Größenordnung 60—90 Kal. Immerhin ist 60—90 Kal. noch eine bedeutende Wärmeentwicklung.

3. Der Zusammenhang zwischen der Dampfspannung und der ersten Quellungswärme. Bei der Quellung in Wasser haben wir gefunden, daß ein empirischer Zusammenhang zwischen diesen beiden Größen besteht, und zwar so, daß die freie Energie bei der Quellung ($-RT \ln h$) und die Wärmetönung $\frac{dW}{di}$ von der gleichen Größenordnung oder sogar annähernd gleich groß sind. Daraus ließen sich wichtige Schlußfolgerungen ziehen für den Zusammenhang zwischen Form der Isotherme und erster Quellungswärme. Und zwar muß die S-förmige Gestalt der Isotherme mit dem horizontalen Anfangsstück und dem Wendepunkt um so ausgeprägter sein, je größer die erste Quellungswärme. Diese Erwartung wurde vom Versuch gut bestätigt. Wie steht es in dieser Hinsicht mit der Quellung in organischen Quellungsmitteln? Die Vergleichung wird durch zwei Umstände erschwert, einmal dadurch, daß die Formel der rechtwinkligen Hyperbel $W = \frac{Ai}{B+i}$ bei der Quellung in organischen Flüssigkeiten viel weniger gut stimmt, so daß die Berechnung der differentialen Quellungswärme $\frac{AB}{(B+i)^2}$ bedeutend unsicherer ist. Andererseits, weil HOFFMANN das Gleichgewicht bei den Isothermen nur von *einer* Seite her bestimmt hat. Doch erscheint eine Vergleichung der beiden Werte sehr der Mühe wert, wenn man sich auf kleine Quellungen beschränkt wo die Hysterese klein ist.

h	i	$\frac{1252}{18} \log^{10} \frac{h_2}{h_1}$	$\frac{dW}{di}$	$w_1 - w_2$ $\left(\text{aus } W = \frac{Ai}{B+i}\right)$
0,0426	0,029	17	70	12
0,0739	0,044	31	58	23
0,204	0,090	20,5	35	15
0,401	0,157		20	

Die Zahlen für freie Energie und Wärmetönung sind also auch hier wiederum von der gleichen Größenordnung. Aber es sieht aus als ob die freie Energie immer etwas größer wäre. Ist das ein zufälliger Fehler, weil der Differentialquotient $\frac{dW}{di}$ berechnet worden ist aus einer Formel, die schlecht stimmt? Oder liegt ein systematischer Einfluß vor? Das läßt sich zur Zeit nicht beantworten; denn bei der Ungenauigkeit der Messungen wäre eine bessere Übereinstimmung kaum zu erwarten, selbst wenn die Formel ganz exakt gültig ist. Jedenfalls aber besteht annähernde Gleichheit. Auch ist sehr auffällig, daß hier, wo die ersten Quellungswärmen soviel kleiner sind als bei der Quellung in Wasser, eben der konvexe Anfangsteil und der Wendepunkt fehlen, während bei der einen Quellung, wo dieselben eben noch da zu sein scheinen, diese Wärmetönung am größten ist (108 Kal.).

Alle diese Tatsachen zusammen weisen darauf hin, daß sicher auch bei der Quellung in organischen Flüssigkeiten *freie Energie und Wärmetönung annähernd gleich sind*, daß also auch hier die Quellung hauptsächlich durch die Anziehung der beiden Substanzen zustande kommt und nicht durch den Diffusionsdrang des Quellungsmittels[1]).

4. Die Volumkontraktion. Bis jetzt bestehen leider, soweit mir bekannt, keine Untersuchungen, welche feststellen, ob auch bei der Quellung in organischen Flüssigkeiten eine Volumkontraktion auftritt. Es wäre besonders wichtig, zu untersuchen, ob dieselbe (wenn vorhanden) der Wärmetönung proportional ist. Sie müßte dann ziemlich groß sein. Denn die merkwürdige Proportionalität von Wärmetönung und Volumkontraktion bildete bei der Quellung in Wasser wohl die interessanteste der Analogien in den Gesetzen von Quellung und Mischung (weil sie schwer anders als durch eine innere Verwandtschaft zu erklären wäre). Bekanntlich wurde gefunden[2]), daß die Volumkontraktion dividiert durch die Wärmetönung $\left[\frac{c}{W}\right]_{i=0}$ bei wärigen Quellungen immer zwischen 10×10^{-4} und 32×10^{-4} lag, ungeachtet der recht verschiedenen Natur dieser Substanzen (Polysaccharide, Eiweißkörper); während sie bei den vergleichbaren mischbaren Substanzen (Schwefelsäure, Phosphorsäure, Glycerin) zwischen den Grenzen 10×10^{-4} und 25×10^{-4} lag, also praktisch gleichgroß war.

Leider ist es eben bei der Quellung in organischen Flüssigkeiten schwierig, die geeignete Pyknometerflüssigkeit zu finden. Bei der Quellung in Wasser bestand der günstige Umstand, daß Benzin und ähnliche Kohlenwasserstoffe nicht merklich von Polysacchariden und Eiweißkörpern aufgenommen werden. Welche Flüssigkeit sollte ähnliches

[1]) Übrigens hat schon NERNST, der diese Beziehung zwischen freier Energie und Wärmetönung bei gewissen wäßerigen Lösungen (die besonders starke Wärmetönung geben) zuerst aufgefunden hat (ideale konzentrierte Lösungen), davor gewarnt, einfach $\frac{1252}{18} \log {}^{10}h$ gleichzusetzen mit $-w$. Das geht schon deshalb nicht, weil man dann das Gebiet der idealen verdünnten Lösungen — wo die Beziehung sicher *nicht* gilt — mit aufnimmt in die Betrachtungen. Es ist interessant, zu untersuchen, *welche* Abweichungen sich bei der genannten Gleichsetzung ergeben; aber daß solche da sein müssen, ist auch bei gequollenen Körpern wahrscheinlich.

[2]) KATZ, J. R.: Gesetze der Quellung. Kolloidchem. Beih. 9, 130. 1916; Zitt. Verslagen d. Afdeeling Natuurkunde, Königl. Akad. d. Wiss., Amsterdam, Nov. 1910.

leisten bei Acetylcellulosen, Nitrocellulosen, oder synthetischem Kautschuk? Wasser kommt nicht in Betracht, weil diese Substanzen schon im lufttrockenen Zustande bedeutende Wassermengen enthalten (für die im vorigen genannten Modifikationen der Substanzen betrug diese Menge bei Acetylcellulose 1,4 vH., bei Nitrocellulose 2,0 vH.; bei gewissen Rohkautschuken leicht 10 vH. und mehr). Bei den Celluloseestern würden vielleicht flüssige Kohlenwasserstoffe etwas leisten. Aber die Wahrscheinlichkeit ist groß, daß man nur mit Quecksilber als Pyknometerflüssigkeit auskommen wird. Da diese Flüssigkeit so schlecht benetzt und die quellbare Substanz leicht Spalten usw. aufweist, wird es eine heikle Aufgabe sein, die Volumänderungen bei der Quellung quantitativ zu verfolgen. Ich möchte aber auf die Wichtigkeit einer solchen Untersuchung hinweisen.

5. Die Analogie zwischen Quellung und Mischung, nach den quantitativen Gesetzen beurteilt. Hier ist die Aufgabe der Vergleichung viel schwieriger als bei der Quellung in Wasser. Denn die Mischung organischer Flüssigkeiten bildet eine Erscheinung, über die zwar viel gearbeitet worden ist, aber über die noch keine genügende *Übersicht* vorliegt. Welche Gemische sollte man hier als mit der Quellung vergleichbar bezeichnen? Bei der Quellung in Wasser nahm ich als vergleichbare Gemische solche, bei denen (wie bei der Quellung) die eine Komponente fast nicht flüchtig ist, die andere aber stark, und bei denen Wärmetönung und Volumkontraktion stark ausgeprägt und positiv sind. Es wäre rationell, ähnliche Gemische organischer Flüssigkeiten zum Vergleich mit der Quellung in organischen Quellungsmitteln heranzuziehen. Aber leider ist es mir nicht gelungen, solche zu finden, bei denen genügende Zahlenwerte bekannt sind, um die Vergleichung mit den Gesetzen der Quellung durchführen zu können.

Es liegt überhaupt, ungeachtet der vielen Untersuchungen, doch nur ein relativ kleines Tatsachenmaterial vor, weil das Gebiet der binären Gemische so außerordentlich ausgebreitet ist[1]); sodaß nur ein kleiner Teil vorliegt von dem, was zur Übersicht erwünscht wäre. Eine *theoretische* Übersicht gibt die VAN DER WAALSsche Theorie der binären Gemische; aber sie bildet jedenfalls nur eine erste Annäherung. Ich will erst versuchen, an Hand des vorliegenden *experimentellen* Materials einen Vergleich zwischen Quellung und Lösung organischer Substanzen durchzuführen, und will dann noch kurz erwähnen, was die VAN DER WAALSsche Theorie hier lehren würde.

[1]) Eine kurze Übersicht der bekannten Daten und der Literatur der binären Gemische organischer Flüssigkeiten findet man in der 5. Auflage von LANDOLT-BÖRNSTEINS Physikalisch-chemischen Tabellen (Berlin: Julius Springer 1924); Dampftensionen S. 1378—1381; Wärmetönungen S. 1565 bis 1568; Volumkontraktion S. 443—477. Die dort angegebenen Daten müssen meistens umgerechnet werden, um mit den hier über Quellung mitgeteilten Zahlen vergleichbar zu werden.

Soweit ich das vorliegende Tatsachenmaterial übersehe, kann man die Gesetze der Gemische, welche den Quellungen noch am nächsten kommen, wie folgt zusammenfassen:

a) *Isothermen*. Da bei den vorliegenden Untersuchungen meistens *beide* Flüssigkeiten flüchtig sind, gibt es für jedes Flüssigkeitspaar zwei Isothermen, die Partialdruckkurven. Man findet dann, daß in weitaus den meisten Fällen die Isotherme eine ähnliche Form hat, wie HOFFMANN sie bei den meisten Quellungen in organischen Flüssigkeiten gefunden hat, d. h. *die Kurve kehrt vom Anfang an die konkave Seite nach unten, zeigt keinen Wendepunkt*. In der Abb. 18[1]) ist eine der beiden Isothermen für Aceton-Schwefelkohlenstoff (bei 35° C) abgebildet[2]). Eine ähnliche Form zeigen Dutzende von Isothermen.

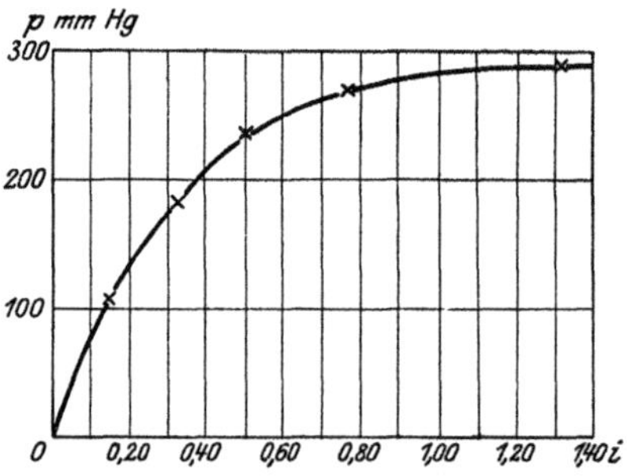

Abb. 18. Isotherme (Partialdruck) des Schwefelkohlenstoffs in der Mischung mit Aceton.

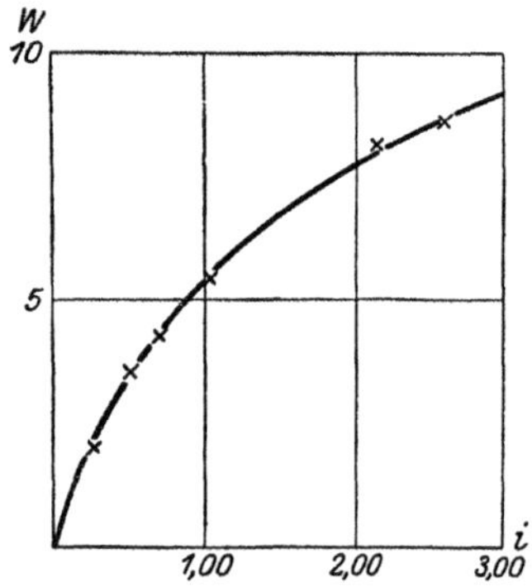

Abb. 19. Mischungswärme von (1 g) Anilin mit (*i* g) Xylol.

b) *Wärmetönung bei der Mischung*. Für die Wärmetönung, welche 1 g Flüssigkeit bei der Mischung mit großen Mengen einer anderen Flüssigkeit gibt, findet man vielfach Werte, die sehr gut mit denen der Quellung in organischen Quellungsmitteln übereinstimmen. Wie dort, liegen diese Wärmemengen oft um 10 Kal. herum. Die Form dieser Kurven ist auch hier oft einer rechtwinkligen Hyperbel ähnlich. In Abb. 19 ist die Kurve der Wärmetönung wiedergegeben, welche auftritt, wenn 1 g Anilin 1 g Xylol aufnimmt[3]). Daneben stelle ich hier die Zahlen-

[1]) Beide Partialdruckkurven sind durchaus gleichwertig. Eine Unterscheidung in Lösungsmittel und gelöste Substanz — die bei der Quellung wegen des verschiedenen Aggregatzustandes eine gewisse Berechtigung hat — ist bei den binären Gemischen eine ganz willkürliche.

[2]) ZAWIDZKI, Jan von: Zeitschr. f. physikal. Chemie **35**, 154, 1900.

[3]) CLARK, B. M.: Physikal. Zeitschr. **6**, 154—159. 1905; besonders schön ist dort an den Zeichnungen CLARKS zu sehen, daß ganz offenbar zwischen Wärmetönung und Volumkontraktion ein enger Verband besteht. Denn die Kurven, welche beide Größen in ihrer Abhängigkeit von der Zusammen-

werte für die Wärmetönung dieses Gemisches auf, sowie für die Mischungswärme von 1 g Äthylalkohol mit i g Schwefelkohlenstoff. Das erstgenannte Gemisch ist wichtig, weil für dasselbe auch die *Volumkontraktion* bestimmt wurde, so daß die Größe $\frac{c}{W}$ (wenigstens ihrer Größenordnung nach) angegeben werden kann.

Mischungswärme, wenn 1 g Äthylalkohol i g Schwefelkohlenstoff aufnimmt [1])

i	W
0	0
0,111	0,86
0,250	1,76
0,429	2,75
0,667	3,70
1,00	5,00
1,50	6,29
2,53	7,69
4,00	10,53

Mischungswärme, wenn 1 g Anilin i g Xylol aufnimmt

i	W
0	0
0,271	0,02
0,515	3,46
0,724	4,29
1,05	5,46
2,15	8,14
2,62	8,62

Volumkontraktion, wenn 1 g Anilin i g Xylol aufnimmt

i	c [2])	$\frac{c}{W}$
0	0	40×10^{-4}
0,150	0,0055	44×10^{-4}
0,572	0,019	51×10^{-4}
0,838	0,028	57×10^{-4}
1,67	0,048	66×10^{-4}
4,15	0,077	—

Eine deutliche Analogie zwischen Quellung und Mischung besteht insoweit, als in beiden Fällen maximale Wärmetönungen der gleichen Größenordnung erreicht werden (5—10 Kal.); und insoweit, als die Form der Linien den gleichen Typus aufweist.

Aber ein Unterschied besteht in der Größe der *ersten Mischungswärme* $\left[\frac{dW}{di}\right]_{i=0}$, die hier viel kleiner ist, nämlich bloß von der Größenordnung 10—20 Kal. (statt 60—100 Kal.). Möglicherweise liegt das nur daran, daß nicht die geeigneten mischbaren Substanzen zum Vergleich mit den quellbaren Substanzen gewählt wurden; möglicherweise hat der Unterschied prinzipielle Bedeutung. Die erstere Annahme ist wohl die wahrscheinlichere [3]). Aber eben hier fühlt man es als eine schmerzliche Lücke in unseren Kenntnissen, daß wir so wenig *übersehen* können, *wovon* es abhängt, welchen Wert solche Größen besitzen. Interessant ist noch, daß z. B. bei Anilin und Xylol das Verhältnis $\left[\frac{c}{W}\right]_{i=0}$ etwa 40×10^{-4}

setzung zeigen, sehen einander zuweilen zum Verwechseln ähnlich; siehe z. B. CLARKS Abb. 3a und 3b für Äthylalkohol—Wasser; 4a und 4b für Anilin—Xylol; 5a und 5b für Propylalkohol—Wasser.

[1]) WINKELMANN, A.: Pogg. Ann. **150**, 592, 1872.

[2]) In Kubikzentimeter, wenn 1 g Anilin i g Xylol aufnimmt.

[3]) Wie wir sehen werden läßt die Anwendung der VAN DER WAALSschen Theorie vermuten, daß der Unterschied daran liegt, daß nicht die geeigneten Substanzen für die Vergleichung gewählt worden sind.

beträgt, also in Größenordnung zwar ziemlich gut übereinstimmt, mit den Mischungen in Wasser, aber doch deutlich größer ist; dort ist diese Größe bekanntlich bloß 10×10^{-4} bis 25×10^{-4}.

Man könnte noch versuchen, die hier so wünschenswerte *Übersicht* aus einer *Theorie* der binären Gemische abzuleiten. Als solche kommt dann bloß die Theorie der binären Gemische von VAN DER WAALS[1]) in Betracht. Freilich läßt sie die Assoziation und deren Änderung bei der Mischung assoziierender Flüssigkeiten außer Betracht. Überdies ist sie eigentlich nicht für den *flüssigen* Zustand abgeleitet worden, sondern mehr für ziemlich verdichtete Gase. Ihre Anwendung führt zu nicht integrierbaren Differentialgleichungen, aus denen sich aber doch noch manches Wichtige ableiten läßt. Ein Versuch, sie auf binäre Systeme bei Flüssigkeiten, *deren Molekulargewicht und Flüchtigkeit sehr verschieden ist*, anzuwenden — eben als Vergleichung mit den quellbaren Körpern —, hat PH. KOHNSTAMM[2]), der langjährige Mitarbeiter VAN DER WAALS, gemacht. Ich verweise auf seine interessante Abhandlung. Ich will hier nur kurz daraus zitieren, daß eben eine Reihe der charakteristischen Eigentümlichkeiten, welche der Verlauf der Quellung aufweist — wie z. B. die eigentümliche Form der beschränkten Mischbarkeit, die starke Volumkontraktion, die starke Wärmetönung, der ungefähr konstante Wert von $\frac{c}{W}$ bei verschiedenen Systemen, die Formen der Kurven (nach denen Dampfspannung, Wärmetönung, Volumkontraktion von dem Verdünnungsgrad abhängen) usw., von der VAN DER WAALSschen Theorie vorausgesagt werden für Flüssigkeiten, bei denen das *Molekulargewicht* und die *Flüchtigkeit der beiden Komponenten sehr stark verschieden* sind. Bei Quellungen in Wasser und anderen assoziierenden Flüssigkeiten kommen durch die Assoziation und deren Änderungen bei der Mischung so viele sekundäre Komplikationen hinzu, daß man nicht sicher weiß, welchen Wert man diesen Erklärungen zuschreiben muß (wie KOHNSTAMM selber schon bemerkte)[3]). Es ist aber auffällig wieviel sie erklären kann; bei Qellungen in organischen, nicht assoziierenden Flüssigkeiten bilden diese Betrachtungen KOHNSTAMMS daher wahrscheinlich doch eine wertvolle Arbeits-

---

[1]) VAN DER WAALS, J. D.: Die Kontinuität des gasförmigen und flüssigen Zustandes. Zweiter Teil. Leipzig: J. A. Barth.

[2]) KOHNSTAMM, PH.: Über Dampfdrucklinien binärer Gemische bei sehr stark verschiedenen Dampfdrucken der Komponenten (Betrachtungen nach Versuchen von Herrn J. R. KATZ); Zitt. Verslagen d. Afdeeling Naturkunde, Königl. Akad. d. Wiss., Amsterdam **21**, 65—82. 1912.

[3]) So läßt diese Theorie z. B. voraussehen, daß die „erste Mischungswärme" und die „erste Volumkontraktion" bei solchen Flüssigkeitspaaren besonders groß sein muß. Sie gibt für den Wert von $\frac{c}{W}$ bei organischen Lösungsmitteln größere Werte als bei Wasser usw.

hypothese, wenigstens im qualitativ-quantitativen; darum möchte ich auf dieselben hinweisen. Besonders für die Frage, *was* hier vergleichbare Gemische sind, könnten sie wichtig sein. Interessant ist, daß auch hier wiederum (siehe diesjähriges Referat unter I, 6) das große Molekulargewicht quellbarer Körper eine gewisse Beziehung zu ihrer Quellbarkeit zu haben scheint.

c) Endlich findet die von Wo. OSTWALD angegebene Regel für den Zusammenhang zwischen Quellungsmaximum und Dielektrizitätskonstante eine Parallele in dem von WALDEN [1]) angegebenen Zusammenhang zwischen *Löslichkeit* (seiner Normalelektrolyte) und Dielektrizitätskonstante. Wie Wo. OSTWALD [2]) mit Recht bemerkt, ist aber nicht die Löslichkeit, sondern vielmehr deren reziproker Wert Q (ccm Flüssigkeit per g gelöster Substanz z. B.) mit dem Flüssigkeitsgehalt im Quellungsmaximum vergleichbar. Nach WALDEN ist nun das Produkt $\sqrt[3]{Q \cdot D}$ bei verschiedenen Flüssigkeiten von der gleichen Größenordnung. Es scheint also auch in dieser Hinsicht eine Parallele zwischen Quellung und echter Auflösung zu bestehen.

Bei der Quellung in organischen Flüssigkeiten bedauert man — noch viel mehr als bei der Quellung in Wasser —, wie lückenhaft unsere Kenntnis der Tatsachen noch ist. Aber indem ich versucht habe, auf die geeignete Versuchstechnik und auf die zu vermeidenden sekundären Komplikationen hinzuweisen, könnte vielleicht diese Übersicht dazu beitragen, daß man in rationeller Art versucht, diese Lücken auszufüllen. Nächstes Jahr hoffe ich den dritten und letzten Teil meines Referates über Quellung zu bringen.

---

[1]) WALDEN, P.: Siehe z. B. Zeitschr. f. physikal. Chem. **61**, 633, 1908; **70**, 602, 1910.

[2]) OSTWALD, Wo.: Kolloid-Zeitschr. **29**, 100—105. 1921.

Die magnetische Beeinflussung der Resonanzfluoreszenz.

Von **W. Hanle**, Göttingen.

Mit 14 Abbildungen.

Unter Resonanzfluoreszenz versteht man den einfachsten Fall der Fluoreszenzstrahlung, bei welchem das anregende Licht dieselbe Wellenlänge besitzt wie die Eigenschwingung des Atoms. In der Bohrschen Theorie entsteht jede Spektrallinie nicht durch eine definierte Eigenschwingung eines Atoms, sondern durch einen Übergang zwischen zwei energetisch verschiedenen Zuständen. Die Lichtabsorption besteht darin, daß ein Atom von einem energiearmen Zustand in einen energiereicheren Zustand, die Lichtemission darin, daß es von dem energiereicheren in einen energieärmeren Zustand übergeht. Die bei der Lichtemission ausgestrahlte Frequenz ν ergibt sich aus der Bohrschen Frequenzbeziehung $h\nu = E_2 - E_1$, wo E_1 und E_2 die Energie des Atoms im Grundzustand und im Anregungszustand und h eine universelle Konstante bezeichnet. Der Vorgang bei der Resonanzfluoreszenz spielt sich nun so ab, daß unter Lichtabsorption ein Atom in den dem Normalzustand nächst höheren Zustand übergeht, dort einige Zeit bleibt (Verweilzeit) und dann unter Ausstrahlung wieder in den Normalzustand zurückfällt. Die Resonanzfluoreszenz ist bei Quecksilber, Natrium und den anderen Alkalien, sowie Tallium und Blei untersucht. Die Hg-Resonanzlinie 2536,7 Å entspricht einem Übergang von einem $2\,p_2$ Zustand (Anregungszustand)[1]) in einen $1\,S$ Zustand (Normalzustand). Diese Linie ist bei Anregung mit linear polarisiertem Licht selbst nahezu vollkommen linear polarisiert (*1*). Bei Natrium besteht die Resonanzlinie aus einem Dublett, der D_1- und D_2-Linie, welche den Übergängen $1\,s - 2\,p_2$ und $1\,s - 2\,p_1$ entsprechen. Bei Anregung mit linear polarisiertem Licht ist die D_2-Linie in der Fluoreszenz zu 24 vH. polarisiert, die D_1-Linie unpolarisiert (*2*). Regt man Natriumdampf von niedrigem Druck mit einer der D-Linien an, so erscheint wieder nur diese eine Linie in Fluoreszenz (*3*). Dies hat seinen Grund darin, daß ein Übergang von einem $2\,p_2$-Zustand in einen $2\,p_1$-Zustand oder umgekehrt durch spontane Ausstrahlung nicht vorkommt, wohl aber durch Stoß. Wenn daher durch Einstrahlung ein Übergang von $1\,s$ nach $2\,p_2$ erfolgt ist, so kann bei der Ausstrahlung wiederum nur der Übergang von $2\,p_2$ nach $1\,s$ stattfinden.

---

[1]) Wegen der Bezeichnung der Terme sei auf Sommerfeld: „Atombau und Spektrallinien" verwiesen.

Die Resonanzfluoreszenz ist schon bei ganz niedrigem Dampfdruck recht intensiv. Bei der Quecksilberfluoreszenz genügen schon 10^{-4} mm (Quecksilbersäule), bei Natrium sogar schon 10^{-5} mm (Quecksilbersäule). Die Resonanzfluoreszenz stellt die einfachste und sauberste Anregungsmöglichkeit dar, da es sich dabei nur um eine Wechselwirkung zwischen einer monochromatischen Strahlung mit einer einzigen Atomsorte handelt, wobei die Wechselwirkung der einzelnen Atome unter sich wegen der hohen Verdünnung kaum in Betracht kommt. Daher ist die Resonanzfluoreszenz geeignet, uns über den Leuchtvorgang wichtige Aufschlüsse zu geben.

Die Einwirkung eines Magnetfeldes auf ein Atom besteht darin, daß das Atom eine Präzessionsbewegung um die Feldachse macht. Die Periode dieser Bewegung ist durch die Größe des Feldes gegeben. In der Anwendung magnetischer Felder haben wir also die Möglichkeit, dem Atom eine neue Periode aufzuzwingen, deren Größe wir vollständig in der Hand haben. Wie wichtig solche Untersuchungen sind, ersieht man z. B. aus der Bedeutung, welche die normalen und anomalen Zeemaneffekte für das Ordnen des spektroskopischen Tatsachenmaterials haben. Bei diesen Untersuchungen handelt es sich immer um sehr große Felder (einige 10 000 Gauß und mehr). Bei der magnetischen Beeinflussung der Resonanzfluoreszenz haben wir es auch mit Zeemaneffekten zu tun, aber hier sind es gerade die kleinen Felder, deren Wirkung besonders interessant ist. Um diese Tatsache zu begründen, gehen wir so vor, daß wir, von der Einwirkung der starken Felder ausgehend, auf immer kleinere Felder zu sprechen kommen.

Der Zeemaneffekt besteht in einer Aufspaltung der Spektrallinien im Magnetfeld. Beim normalen Zeemaneffekt zerfällt jede Spektrallinie in drei Komponenten. Die klassische Lorentzsche Theorie erklärt dies dadurch, daß ein Elektron, welches quasielastisch gebunden um seine Ruhelage Schwingungen ausführt, im Magnetfeld noch dazu eine Präzessionsbewegung um die Feldrichtung beschreibt. Diese komplizierte Bewegung kann man durch mathematische Methoden in drei einfache Bewegungen zerlegen, eine lineare Schwingung parallel zur Feldrichtung und zwei zirkulare Schwingungen senkrecht dazu, welche sich durch einen der Feldstärke proportionalen Frequenzbetrag unterscheiden. Auf diese Weise spaltet jede Spektrallinie im Magnetfeld in drei verschieden polarisierte Linien auf.

In der Quantentheorie gehören, wie oben ausgeführt, zu jeder Spektrallinie ein Übergang und zwei Zustände. Die Einwirkung eines Magnetfeldes erstreckt sich nun primär nicht auf die Übergänge, sondern auf die Zustände des Atoms. Die den Zuständen zugeordneten Terme (Energieniveaus) spalten im Magnetfeld in verschiedene Niveaus auf. Bei Hg z. B. spaltet der $2p_2$-Term in drei einzelne Terme auf (s. Abb. 1). Der $1S$-Term spaltet im Magnetfeld nicht auf. In der Systematik der Zeemaneffekte ordnet man den Aufspaltungsniveaus des $2\,p_2$-Terms des Hg die „magnetischen" Quantenzahlen $m = +1$, 0 und -1 zu, dem unaufgespaltenen S-Term die magnetischen Quantenzahl 0. Die Aufspaltungskomponenten der Linie erhält man, wenn man die von den Aufspaltungsniveaus des $2\,p_2$-Zustandes nach dem 1 S-Niveau möglichen Übergänge betrachtet. Hier sind drei Übergänge möglich, bei denen sich die magnetische Quantenzahl um $+1$, 0 und -1 ändert. Eine Änderung um 0 ergibt für die Ausstrahlung parallel zum Feld polarisiertes Licht (π Komponente, in Abb. 1 bezeichnet durch ||), eine Änderung um $+1$ bzw. -1 rechts bzw. links zirkular polarisiertes Licht (σ-Komponenten, in Abb. 1 bezeichnet durch ⊥, das bedeutet senkrecht zum Feld schwingend).

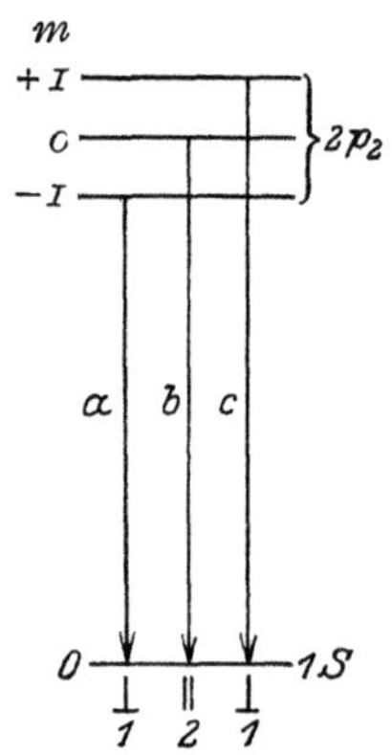

Abb. 1. Zeemaneffektaufspaltung der Resonanzlinie von Hg.

Dieses quantentheoretische Termschema gibt für die normale Zeemanaufspaltung nichts anderesals die klassische Lorentzsche Theorie. Neben diesen normalen Zeemaneffekten treten oft sehr komplizierte Aufspaltungsbilder auf. Man bezeichnet diese Fälle als anomalen Zeemaneffekt Der anomale Zeemaneffekt ist klassisch nur auf recht komplizierte Weise durch Einführung von Koppelungen zwischen den Bewegungen mehrerer Elektronen zu deuten. Hier ist die Deutungsweise der Quantentheorie viel einfacher und übersichtlicher. Ohne daß hier auf Einzelheiten eingegangen werden kann (s. den Artikel von Landé: „Fortschritte beim Zeemaneffekt", Ergebn. d. exakt. Naturwiss. Bd. II, S. 147), wollen wir daher für den anomalen Zeemaneffekt, wie er bei den beiden D-Linien vorliegt, das Termschema der Quantentheorie allein verwenden.

Nun sind die einzelnen Aufspaltungskomponenten beim Zeemaneffekt nur dann getrennt zu beobachten, wenn die Aufspaltung größer ist als die Linienbreite. Als Linienbreite gilt hier die natürliche Breite der Linie, gleichgültig ob diese durch Strahlungsdämpfung, Stoßdämpfung, Dopplereffekt oder Starkeffektverbreiterung bedingt ist. Bei kleineren Feldern wird die Aufspaltung kleiner und die Linien werden nur verbreitert, wobei im longitudinalen Feld die Mitte der Linien, wo die zirkularen Komponenten sich überlagern, unpolarisiert ist, während die Ränder links bzw. rechts zirkular polarisiert sind. Diese Randpolarisation hat z. B. Hale (*4*) benutzt, um das Magnetfeld der Sonne auszumessen. Er löschte durch polarisationsoptische Methoden zuerst den links zirkular polarisierten Anteil aus, dann verschob sich der Schwerpunkt der Linie. Aus der Verschiebung erhielt er die Aufspaltung, und da die Größe der Aufspaltung aus Laboratoriumsversuchen bei großen Feldstärken bekannt ist, aus der Aufspaltung das Magnetfeld, welches sie hervorgerufen hatte. Mit dieser Methode konnte er bei schmalen

Linien noch Magnetfelder von 60 Gauß ausmessen. Dies entspricht einer Aufspaltung von 3×10^{-4} Å.

Eine Methode, um durch ein Magnetfeld hervorgebrachte sehr kleine Verbreiterungen selbst nachzuweisen, hat zuerst MALINOWSKI (*5*) angegeben. Durch die Strahlung einer Quecksilberlampe *Q* (Abb. 2) wird in einem mit einem Tropfen Quecksilber gefüllten evakuierten Resonanzgefäß aus Quarzglas (*R*) Fluoreszenz der Linie 2536,7 erzeugt und die Intensität dieser Fluoreszenz mit der Photozelle *P* gemessen. Hierbei ist nur ein kleiner Bruchteil des von der Quecksilberlampe ausgesandten Lichtes wirksam, da die Linie 2536,7 in der Quecksilberlampe sehr breit, die Resonanzlinie 2536,7 in dem Resonanzgefäß hingegen sehr schmal ist (ihre Breite ist nur durch den Dopplereffekt gegeben). Durch ein Magnetfeld wird die Resonanzlinie, solange noch keine Aufspaltung erfolgt, verbreitert, dadurch steigt die Absorption und damit auch die Stärke der Fluoreszenz. Die emittierte Linie ist ebenfalls verbreitert. Läßt man nun die Fluoreszenzstrahlung durch ein mit Quecksilberdampf gefülltes Absorptionsrohr *A*, das sich nicht in einem magnetischen Feld befindet, gehen, so wird der Kern der Linie herausabsorbiert und nur die Randpartien bleiben übrig. Wird also die Resonanzfluoreszenz durch ein Magnetfeld verbreitert, so steigt die Intensität des durch das Absorptionsgefäß hindurchgehenden Lichtes sehr stark an. Bringt man umgekehrt das Absorptionsgefäß in ein Magnetfeld, so wird die Absorptionslinie verbreitert und die Intensität des durchgehenden Lichtes geschwächt. Mit der Photozelle kann man noch sehr kleine Intensitätsunterschiede messen und damit Verbreiterungen erkennen, die, wenn die Linie unendlich schmal wäre, einer Aufspaltung von 5×10^{-5} Å entsprechen würden (das entspricht einer Feldstärke von 10 Gauß).

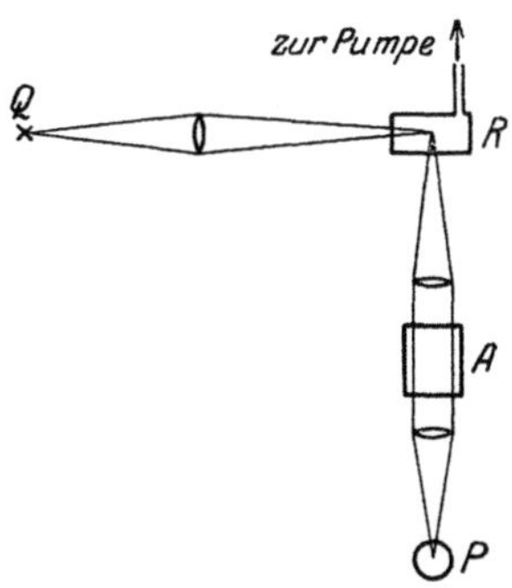

Abb. 2.

Will man noch kleinere Zeemanaufspaltungen in der Resonanzfluoreszenz nachweisen, so versagt die Methode von MALINOWSKI. Hier muß man wieder zu polarisationsoptischen Methoden greifen. Die Beeinflussung der Polarisation der Resonanzfluoreszenz durch minimale magnetische Felder hat zuerst WOOD (*6*) beobachtet, als er den Polarisationsgrad der Quecksilberfluoreszenz näher untersuchte. Die Messungen, die bis dahin vorlagen, hatten unter sich ganz verschiedene Werte für den Polarisationsgrad ergeben. WOOD bemerkte nun, daß das Erdfeld, dessen Größe $^1/_2$ Gauß beträgt, die Polarisation sehr stark beeinflußt, und zwar in ganz verschiedener Weise, je nach der Anordnung der Apparatur gegenüber der Richtung des Erdfeldes. Dies war früher nie beobachtet worden, und daher konnten die Messungen des Polarisationsgrades nicht übereinstimmen. Wood kompensierte nun das Erdfeld durch eine große Spule und erhielt bei Anregung mit linear polarisiertem Licht 90 vH. Polarisation [1]). Wäre Quecksilber als ein isotroper Oszillator zu betrachten, so würde man 100 vH. Polarisation erwarten müssen. Daß diese 100 vH. experimentell nicht zu erreichen sind, liegt entweder daran, daß diese Voraussetzung nicht erfüllt ist, oder daß trotz sorgsamen Arbeitens noch nicht alle Störungen vermieden waren. Als Störungen kommen hierbei nicht Zusammenstöße der Quecksilberatome unter sich in Betracht, sondern sekundäre und tertiäre Fluoreszenz. Schließlich ist auch noch an Störungen durch Restgase zu denken. Eine wie große Rolle Störungen für den Polarisationsgrad spielen, kann man daran erkennen, daß überhaupt die Fluoreszenz nur zu 90 vH. polarisiert ist, wenn man den Quecksilberdampfdruck auf 10^{-4} mm erniedrigt, sonst ist der Polarisationsgrad noch kleiner.

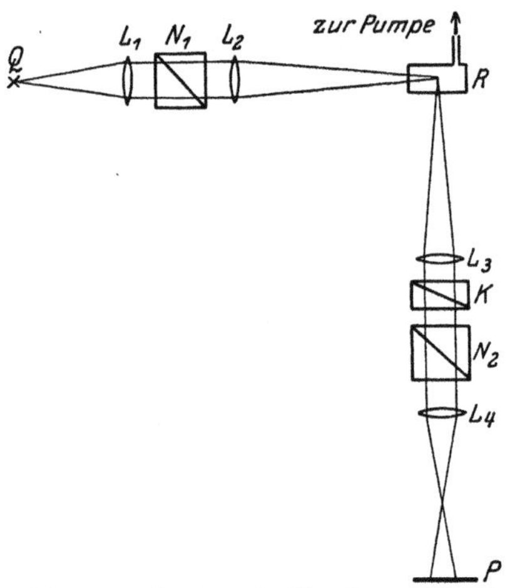

Abb. 3. Q Quecksilberlampe, L_1 Quarzlinse, N_1 Nikol, L_2 Flußspatlinse, R Resonanzgefäß, L_3 Flußspatlinse, K Drehquarzkeil bzw. Babinet, N_2 Nikol, L_4 Quarzlinse, P Kamera.

Wir wollen nun etwas ausführlicher auf die Art der Beeinflussung der Polarisation durch kleine Magnetfelder eingehen. Solche Versuche sind zuerst von Wood und Ellet (*1*) ausgeführt. Hierzu kann etwa folgende Versuchsanordnung dienen (Abb. 3).

Die Strahlung einer Quecksilberlampe wird durch einen Nikol polarisiert. Dann fällt sie auf ein evakuiertes Quarzrohr, welches einen Tropfen Quecksilber enthält, so daß der Quecksilberdampfdruck gleich dem Sättigungsdruck bei Zimmertemperatur wird, also 10^{-3} mm. Dieses Gefäß sendet unter dem Einfluß der Strahlung der Quecksilberlampe Licht der Quecksilberresonanzlinie 2536,7 aus, dient also als Resonanzlampe. Diese Resonanzlampe befindet sich im Mittelpunkt einer großen Spule, welche zur Kompensation des Erdfeldes dient. Das senkrecht zur Einstrahlrichtung emittierte Licht wird auf seine Polarisation hin untersucht. Will man den Polarisationsgrad messen, so bedient man sich eines Doppelsichtprismas, welches je ein Bild von dem horizontal schwingenden und ein Bild von dem vertikal schwingenden Strahl gibt. Vergleicht

[1]) Bezeichnet man die Amplituden der Schwingungen in zwei zueinander senkrechten Ebenen mit X und Y, so wird der Polarisationsgrad gewöhnlich definiert als $\pi = \frac{X^2 - Y^2}{X^2 + Y^2}$.

man beide Bilder miteinander, so erhält man den Polarisationsgrad. Zur Messung kleiner Polarisationsgrade eignet sich sehr gut ein Glasplattensatz. Für die ultraviolette Resonanzfluoreszenz von Quecksilber kommt er jedoch nicht in Betracht. Er wurde bei den später zu besprechenden analogen Versuchen bei Natrium verwandt. Will man auch Drehungen der Polarisationsebene messen, so benutzt man einen Drehquarzkeil. Derselbe besteht aus einer Kombination von einem links und einem rechts drehenden Quarzkeil, welche senkrecht zur optischen Achse geschnitten sind und mit einem Nikol zusammen im polarisierten Licht Streifen zeigen, aus deren Intensität man auf den Polarisationsgrad und aus deren Verschiebung man auf Drehungen der Polarisationsebene schließen kann. Als Marke dient ein auf der Kristallfläche angebrachtes Fadenkreuz. Zur Messung von Elliptizitäten bedient man sich eines Babinets statt des Drehquarzkeiles.

Je nach der gegenseitigen Lage der Richtung des elektrischen Vektors des einfallenden Strahles, der Magnetfeldrichtung und der Beobachtungsrichtung erhält man in einem Magnetfeld von etwa 2 Gauß verschiedene Polarisationserscheinungen. Wir greifen zwei Beispiele heraus, die besonders interessant sind.

Im ersten Beispiel schwingt der elektrische Vektor des anregenden

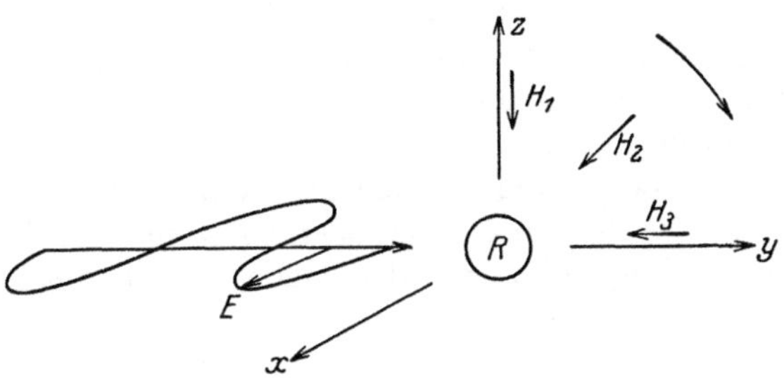

Abb. 4.

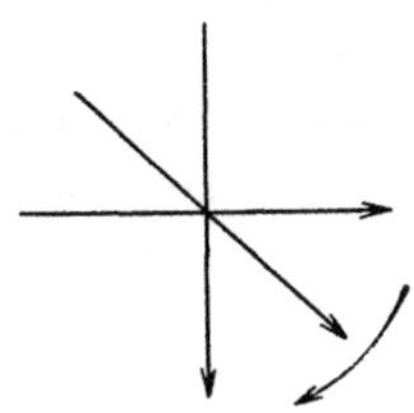

Abb. 5.

Lichtes horizontal (parallel der x-Richtung). Die Beobachtungsrichtung sei ebenfalls parallel der x-Richtung (Abb. 4). Ein isotroper Oszillator würde in dieser Richtung gar nicht ausstrahlen, tatsächlich beobachtet man eine ganz schwache und unpolarisierte Strahlung, welche vermutlich dieselbe Ursache hat, wie die Abweichung des Polarisationsgrades von 100 vH. bei Anregung mit Licht, welches in der Vertikalebene schwingt. Durch ein Magnetfeld parallel zur z-Achse wird die Ausstrahlung in der Beobachtungsrichtung verstärkt und vollständig polarisiert. Die Ebene der Polarisation liegt horizontal (parallel der X-Y-Ebene). Dreht man das Magnetfeld in der in Abb. 5 bezeichneten Richtung, so dreht sich die Ebene der Polarisation des Fluoreszenzlichtes mit, ohne daß dessen Intensität oder Polarisationsgrad geändert wird. In diesem Fall wirkt also das Magnetfeld polarisierend. Man kann aber auch eine ursprünglich vorhandene Polarisation der Fluoreszenzstrahlung durch das Magnetfeld zerstören. Dies soll an dem zweiten Beispiel erläutert werden. Der elektrische Vektor des anregenden Lichtes schwinge jetzt

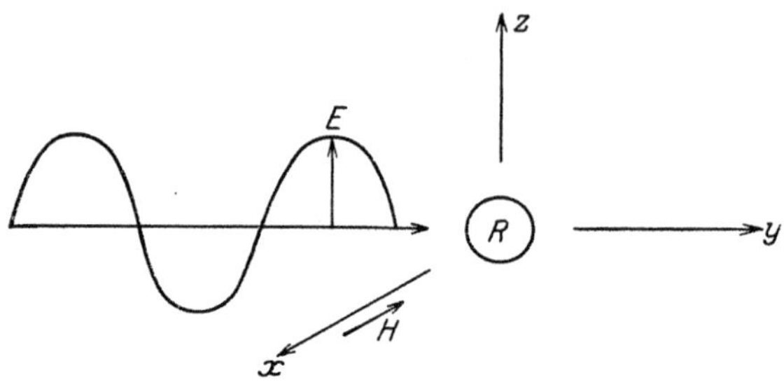

Abb. 6.

in der Vertikalebene (parallel z, Abb. 6). Dann ist die in der x-Richtung beobachtete Fluoreszenz im feldfreien Fall zu 90 vH. polarisiert, durch ein Magnetfeld in der x-Richtung wird sie vollständig depolarisiert.

Die Deutung dieser Polarisationserscheinungen als Zeemaneffekte [1]) ist nun sehr einfach. Sowohl im ersten wie im zweiten Beispiel regt der elektrische Vektor des einfallenden Strahles einen Oszillator an, welcher senkrecht zur Feldachse schwingt. Dieser Oszillator beschreibt im Magnetfeld eine rosettenförmige Figur. Wir können diese Bewegung auch in eine rechts und links zirkulare Schwingung von etwas verschiedener Frequenz zerlegen. Genau das gleiche ergibt sich aus unserem Termschema. Der elektrische Vektor des erregenden Lichtes schwingt senkrecht zur Feldachse, daher können nur die beiden σ-Komponenten (a und c, Abb. 1) angeregt und die Aufspaltungsterme mit den magnetischen Quantenzahlen $m = +1$ und $m = -1$ erreicht werden. In der Fluoreszenzstrahlung können dann wieder nur die beiden σ-Komponenten vorhanden sein, von denen die eine links und die andere rechts zirkular polarisiert ist. In unserem ersten Beispiel liegt die Beobachtungsrichtung in der Ebene der zirkularen Schwingungen, also beobachtet man linear polarisiertes Licht in Fluoreszenz. Im zweiten Beispiel steht die Beobachtungsrichtung senkrecht auf der Ebene der zirkularen Schwingungen, also beobachtet man links und rechts zirkular polarisiertes Licht, das zusammen wegen seiner verschiedenen Frequenzen wie unpolarisiertes Licht wirkt.

Bei der Natriumfluoreszenz liegen die Verhältnisse viel komplizierter. Dies hat darin seinen Grund, daß der Zeemaneffekt bei den D-Linien anomal und nicht mit einem einfachen klassischen Bild zu behandeln

[1]) WOOD hat die von ihm entdeckte Beeinflussung der Resonanzfluoreszens durch kleine Magnetfelder nicht als Zeemaneffekte erkannt. In einer Reihe von Arbeiten haben HANLE (*6*), PRINGSHEIM (*7*), JOOS (*8*), BREIT (*9*), GAVIOLA und PRINGSHEIM (*10*) diese Deutung gegeben. Siehe ferner RUARK, FOOTE und MOHLER (11) sowie F. WEIGERT (12).

ist[1]). Wir arbeiten daher sofort mit dem Bilde der Quantentheorie. Wir greifen wieder die beiden Beispiele heraus, welche wir schon bei der Quecksilberfluoreszenz betrachtet haben und welche wir jetzt für die D_2-Linie durchdiskutieren wollen.

Im ersten Beispiel (Abb. 4) schwingt der elektrische Vektor des einfallenden Lichtes senkrecht zum Magnetfeld. Also werden die σ-Komponenten (a, b, e, f im Termschema Abb. 7) angeregt und alle vier Niveaus des Anregungszustandes erreicht, jeder mit einer aus der Wahrscheinlichkeit des Übergangs zu berechnenden Intensität. Bei der Ausstrahlung sind nun alle Übergänge zwischen den oberen und unteren Aufspaltungsniveaus möglich. Die Fluoreszenzstrahlung enthält sowohl π- wie σ-Komponenten, doch überwiegt die Intensität der σ-Komponenten über die der π-Kompenonten. In der Beobachtungsrichtung sind die π-Komponenten in der Vertikalebene polarisiert, falls das Feld vertikal steht, die σ-Komponenten in der Horizontalebene. Wegen des Intensitätsunterschiedes zwischen π- und σ-Komponenten ist die Gesamtstrahlung in der Horizontalebene teilweise polarisiert, und zwar zu 30 vH., während sie ohne Magnetfeld unpolarisiert ist.

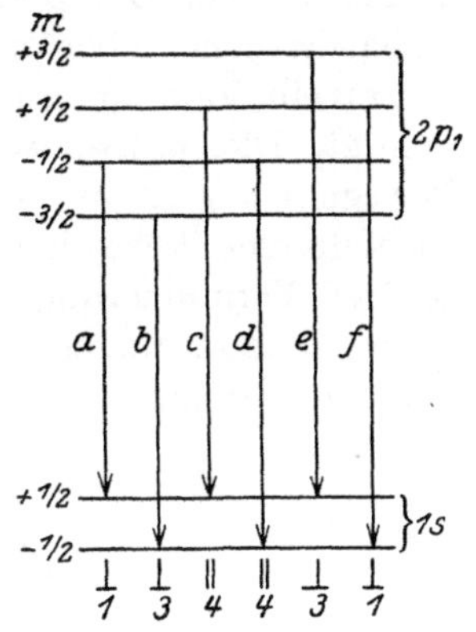

Abb. 7.

Im zweiten Beispiel (Abb. 6) werden ebenfalls die σ-Komponenten angeregt und π- und σ-Komponenten ausgestrahlt. In der x-Richtung (Beobachtungsrichtung) strahlen die π-Komponenten überhaupt nicht, die σ-Komponenten links und rechts polarisiertes Licht von etwas verschiedener Frequenz, welches zusammen unpolarisiertes Licht ergibt, während ohne Magnetfeld die Fluoreszenz zu 24 vH. polarisiert ist. Also auch bei der D_2-Linie von Natrium kann ein Magnetfeld Polarisation erzeugen oder zerstören.

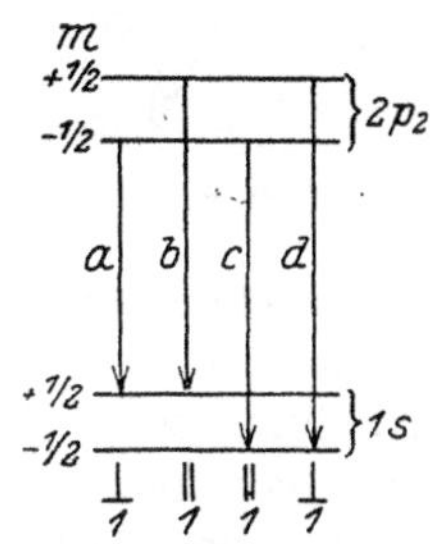

Abb. 8.

Bei der D_1-Linie (Abb. 8) liegen die Verhältnisse insofern anders, als bei Anregung der π-Komponenten in der Fluoreszenzstrahlung die π-Komponenten mit derselben Intensität wie die σ-Komponenten auftreten. Daher ist die Fluoreszenz der D_1-Linie immer unpolarisiert, wie auch Feldrichtung und Beobachtungsrichtung stehen.

[1]) Auch bei der Resonanzlinie von Quecksilber ist der Zeemaneffekt nur scheinbar normal, in Wirklichkeit ist er anomal. Die Aufspaltung der Komponenten ist nämlich nicht gleich der klassischen Aufspaltung, sondern $^3/_2$ mal so groß. Nur die Zahl und Polarisation der Aufspaltungskomponenten ist dieselbe wie beim normalen Zeemaneffekt; näheres siehe weiter unten.

Die Feldstärke, welche notwendig ist, um etwa in unserem zweiten Beispiel völlige Depolarisation zu erzeugen, beträgt bei Hg etwa 2 Gauß, bei Natrium 100 Gauß. Dieser Unterschied hängt nun mit der verschieden großen Dämpfung der Oszillatoren bei der Quecksilber- und der Natriumfluoreszenz zusammen. In unseren bisherigen Überlegungen hatten wir eine Dämpfung der Oszillatoren, wie sie etwa in den Wienschen Versuchen über die Abklingung des Leuchtens von Kanalstrahlen, die in ein Vakuum hineingeschossen werden, auftritt, nicht berücksichtigt. Dies müssen wir jetzt tun. Wir fragen uns also, was für eine Bewegung macht ein gedämpfter Oszillator im Magnetfeld. Er macht ebenfalls eine Präzessionsbewegung um das Magnetfeld, aber unter gleichzeitiger Verminderung seiner Amplitude. Speziell beschreibt ein ursprünglich zum Magnetfeld senkrecht schwingender Oszillator im Magnetfeld eine gedämpfte Rosette. Die sich für verschieden starke Felder er-

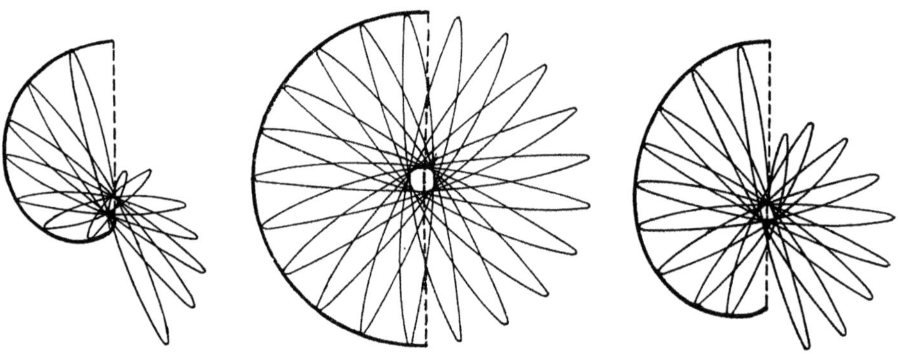

Abb. 9. Abb. 10. Abb. 11.

gebenden Verhältnisse sind in Abb. 9 bis 11 dargestellt. Bei ganz schwachem Feld ist die Umlaufszeit groß gegenüber der Halbwertszeit der Abklingung; z. B. kann die Amplitude der Schwingung nach einem Umlauf von 180° praktisch abgeklungen sein (Abb. 9). Bei wachsender Feldstärke wird die Rosettenbewegung immer vollständiger (Abb. 10). Wird endlich die Umlaufszeit klein gegenüber der Halbwertszeit der Abklingung, so wird ein Umlauf der Rosette beschrieben wie bei einem ungedämpft schwingenden Elektron (Abb. 11). Die Ausstrahlung läßt sich für jeden Fall leicht angeben. Sie ist teilweise polarisiert, und zwar nimmt der Polarisationsgrad ab, je schneller bei konstanter Dämpfung die Umlaufsbewegung des Elektrons wird, je größer also das Feld ist. Wird die Umlaufszeit klein gegenüber der Halbwertszeit der Abklingung, so spielt diese Abklingung keine Rolle mehr für die Ausstrahlung, da dann das Fluoreszenzlicht immer depolarisiert ist. Dann braucht man also die Dämpfung überhaupt nicht zu berücksiehtigen, und es bleiben unsere früheren Überlegungen bestehen. Dieser Fall tritt bei Quecksilber bei

Feldern von 2 Gauß ab ein, bei Natrium infolge der größeren Dämpfung erst bei 100 Gauß.

Zugleich mit der Depolarisation tritt in kleinen Magnetfeldern noch ein zweiter Effekt auf. Die Ebene der maximalen Schwingungsintensität, die Ebene also, in welcher der polarisierte Anteil des Fluoreszenzlichtes schwingt, ist aus ihrer ursprünglichen Lage, der Vertikalebene, herausgedreht. Beide Erscheinungen, sowohl die Depolarisation, wie die Drehung der Polarisationsebene in kleinen Magnetfeldern, sind beobachtet, erstere zuerst von WOOD (1), letztere zuerst vom Verfasser (13) und von WOOD und ELLET (17). Auch quantitativ stimmt die Abhängigkeit der Depolarisation und der Drehung der Polarisationsebene von der Feldstärke, wie sie aus der Bewegung eines gedämpften Oszillators im Magnetfeld berechnet werden kann, für Quecksilber ganz gut mit den Experimenten überein. Die Drehung der Polarisationsebene geht zuerst linear mit der Feldstärke, dann langsamer und erreicht für große Feldstärken einen Grenzwert bei 45° (siehe Abb. 12, in welcher als Abszisse das Verhältnis der Lamorpräzession zu der Dämpfungskonstanten (reziproker Wert der mittleren Verweilzeit) aufgetragen ist. Die entsprechende Kurve für den Polarisationsgrad (π) ist in Abb. 13 dargestellt.

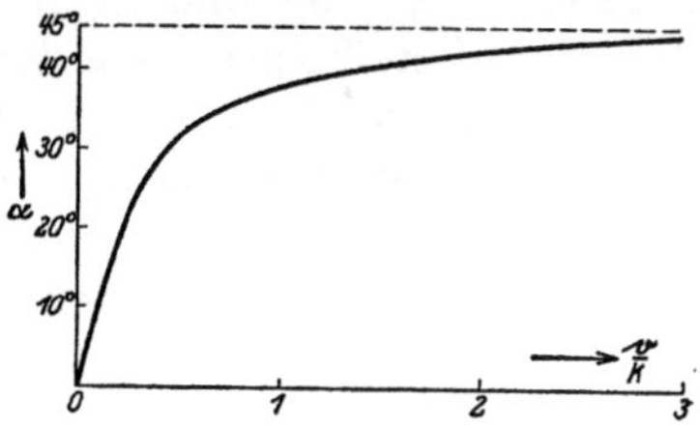

Abb. 12.

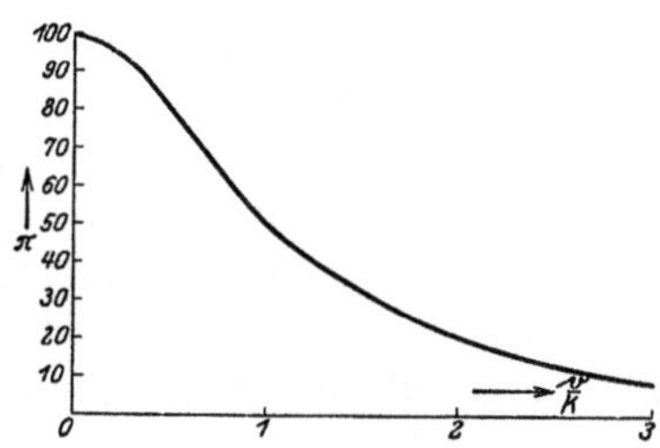

Abb. 13.

Eine exakte Berechnung des Polarisationsgrades und der Drehung der Polarisationsebene muß aber auch die Einwirkung des Strahlungsfeldes berücksichtigen. Bis jetzt haben wir immer so getan, als ob ein einmal angeregter Resonator gedämpft ausschwinge. In Wirklichkeit vollführt er erzwungene Schwingungen im Strahlungsfeld. Der Resonator spricht nun nicht nur auf seine Eigenfrequenz an, sondern eben wegen seiner Dämpfung auch auf benachbarte Frequenzen, nur entsprechend schwächer. Berücksichtigt man das, so berechnet sich genau derselbe Polarisationsgrad und dieselbe Drehung der Polarisationsebene, wie sie sich auch bei Vernachlässigung der Einwirkung des Strahlungsfeldes ergibt.

Die Messungen des Polarisationsgrades und der Drehung der Polarisationsebene bieten beide eine Möglichkeit, die Halbwertszeit der Abklingung (nach der Auffassung der Qauntentheorie also die mittlere Verweilzeit, s. weiter unten) zu berechnen. Mit beiden Methoden erhält man für Quecksilber den gleichen Wert, nämlich $1 \cdot 10^{-7}$ sec (Lebensdauer des $2\,p_2$-Zustandes). Bei dieser Berechnung ist das $^3/_2$fache der klassischen

Präzessionsgeschwindigkeit eingesetzt worden, da die Linie 2536,7 $^3/_2$ normal aufgespalten ist[1]). Der gefundene Wert stimmt mit den direkten Messungen von Wien, die an Quecksilberkanalstrahlen gewonnen sind, überein.

Auch bei der Natriumfluoreszenz ist die Drehung der Polarisationsebene und die mit dem Feld wachsende Depolarisation gemessen. Der hieraus berechnete Wert für die Halbwertszeit der Abklingung beträgt $1{,}4 \cdot 10^{-8}$ sec. Der Gang der Drehung der Polarisationsebene mit der Feldstärke stimmt auch sehr gut mit der für den klassischen Oszillator berechneten Kurve überein. Sehr schlecht hingegen stimmt die Abhängigkeit der Depolarisation von der Feldstärke im Bereich ganz kleiner Felder. Diese Unstimmigkeit ist bis jetzt nicht behoben. Abgesehen davon sind die Folgerungen der klassischen Theorie vollkommen erfüllt.

Es fragt sich nun, wie die Drehung der Polarisationsebene und die Depolarisation im Magnetfeld in der Quantentheorie wiedergegeben werden. Wie oben näher ausgeführt, setzt die Quantentheorie an Stelle eines schwingenden Elektrons den Übergang von angeregten Zuständen in nicht angeregte Zustände. An die Stelle der Dämpfung tritt die mittlere Lebensdauer des Anregungszustandes. Statt daß man bei bekannter Feldstärke aus der Drehung der Depolarisationsebene oder dem Polarisationsgrad einen Schluß auf die Dämpfung der Resonatoren macht, ergibt sich aus der Quantentheorie die mittlere Lebensdauer des Anregungszustandes. Soweit würde es keine Schwierigkeit machen, die klassische Deutung durch eine quantentheoretische zu ersetzen. Es besteht aber noch ein anderer wesentlicher Unterschied zwischen der klassischen Theorie und der Quantentheorie, durch den wir in bezug auf die Deutung des Dreheffektes und des Polarisationsgrades in eine schwierige Lage gebracht werden. Es wird sich zeigen, daß wir gezwungen sind, in dem betreffenden Punkt ergänzende Annahmen zur Quantentheorie zu machen, die aber aus einem schon lange von Bohr aufgestellten Prinzip folgen. Wir wollen dies zuerst am Dreheffekt besprechen.

Dieser Unterschied zwischen klassischer Theorie und Quantentheorie besteht im folgenden. In der klassischen Theorie wird die Aufspaltung einer Spektrallinie in ihre Komponenten beim Zeemaneffekt als durch die komplizierte Bewegung eines einzigen Oszillators entstanden angesehen, die man nach mathematischen Methoden in verschiedene Frequenzen zerlegen kann. In der Quantentheorie entstehen die Aufspaltungskomponenten durch Übergänge zwischen den verschiedenen Anfangs- und Endniveaus. Z. B. entsteht bei der Quecksilberlinie 2536,7 die eine zirkulare Aufspaltungskomponente durch einen Übergang (*a*) aus dem Aufspaltungsniveau des $2\,p_2$-Zustandes mit der magnetischen

[1]) Siehe Anm. S. 221.

Quantenzahl $m = +1$ in den hier nicht aufgespaltenen 1 S-Zustand, die andere zirkulare Komponente durch einen Übergang (c) von dem Aufspaltungsniveau mit der magnetischen Quantenzahl $m = -1$ ebenfalls in den 1 S-Zustand. Da ein Atom nicht gleichzeitig in zwei Anregungszuständen sein kann, müssen diese beiden Komponenten von zwei verschiedenen Atomen ausgesandt werden. Außer durch ihre Energiedifferenz unterscheiden sich diese beiden Komponenten auch durch ihre Polarisation, die eine ist links zirkular polarisiert, die andere rechts zirkular polarisiert. Dies rührt daher, daß sich der Aufspaltungszustand mit der magnetischen Quantenzahl $m = +1$ von demjenigen mit $m = -1$ außer durch die Energie noch durch die verschiedene Einstellung in bezug auf die Feldachse (magnetische Richtungsquantelung) unterscheidet. Ganz allgemein werden die verschiedenen Aufspaltungskomponenten einer Spektrallinie beim Zeemaneffekt von verschiedenen Atomen ausgesandt, die sich durch ihren Energiegehalt und ihre Einstellung in bezug auf die Feldachse unterscheiden. Für größere Magnetfelder und dadurch bewirkte größere Aufspaltung sind diese beiden von der Qantentheorie geforderten Behauptungen erwiesen. Erstere dadurch, daß man, was allerdings nur für natürliche Aufspaltung (Dubletts) gezeigt wurde, nur eine Linie erhält, wenn man den Atomen die zur Emission der Linie nötige Energie zuführt (sowohl durch Elektronenstoß, als auch durch Lichtanregung; s. Einleitung). Die zweite Behauptung ist durch die Ablenkung von Atomstrahlen durch STERN und GERLACH eindeutig bewiesen (s. W. GERLACH: „Magnetismus und Atombau". Ergebn. d. exakt. Naturwiss. Bd. II, S. 147). Nimmt man an, daß diese Behauptungen auch noch für kleine Felder gelten, so sollen bei den früher diskutierten Versuchen mit kleinen Magnetfeldern etwa beim longitudinalen Zeemaneffekt der Quecksilberlinie 2536,7 zwei zirkular polarisierte Komponenten von etwas verschiedener Frequenz von zwei verschiedenen Atomen ausgesandt werden. Die Zahl derjenigen Atome, welche sich bei diesen Versuchen zu gleicher Zeit im Anregungszustand befinden, ist nun sehr klein und ihr gegenseitiger Abstand viel größer als eine Wellenlänge. Um die Drehung der Polarisationsebene zu erhalten, müßte man also ein Zusammenwirken der zirkular polarisierten Emissionen zweier Atome annehmen, die sich in einem Abstand befinden, der groß ist gegenüber einer Wellenlänge. Dies steht in Widerspruch mit den elementarsten Vorstellungen der Interferenztheorie.

Es bleibt daher nur die Annahme, daß bei den kleinen Feldstärken weder die Richtungsquantelung noch die energetische Aufspaltung der angeregten Atome in zwei Terme vollkommen bestehen geblieben ist. Wir kommen vielmehr zu dem Schluß, daß man gezwungen ist, einen speziellen allmählichen Übergang von richtungsgequantelten und damit energetisch verschiedenen Atomen für starke Magnetfelder zu nicht richtungsgequantelten Atomen beim Felde 0 anzunehmen. Dieses

Resultat steht somit im Widerspruch zu der gewöhnlichen Annahme, daß auch beim Feld o die Richtungsquantelung vollkommen bestehen bleibt und nur die Aufspaltung o wird.

Von dem bei kleinen Feldern allmählichen Verschwinden der Aufspaltung und Richtungsquantelung kann man sich unter Benutzung eines Prinzips von BOHR, auf welches weiter unten eingegangen wird, folgende Vorstellungen machen. Die Einwirkung eines Magnetfeldes auf ein Atom besteht darin, daß zu den natürlichen Perioden der feldfreien Schwingung des Elektronensystems noch eine Zusatzperiode hinzutritt. Die Größe dieser Periode können wir beliebig variieren. Nun sind in der Quantentheorie die Spektralterme nicht scharf, sondern sie sind nur bis auf eine Breite von der Größe der Dämpfungsbreite bestimmt. Ist nun die durch das Magnetfeld zu erwartende Aufspaltung kleiner als diese Dämpfungsbreite, so überlappen sich die Aufspaltungsterme zum Teil. Dann aber können mehrere Übergänge zum Teil von demselben Aufspaltungsniveau ausgehen. In Abb. 14 sind die Terme „breit" eingezeichnet. Die Abbildung veranschaulicht den Fall, in dem bei der Quecksilberresonanz die Aufspaltungsniveaus des oberen Zustandes, von denen die beiden σ-Komponenten ausgehen, sich zum Teil überlappen. Außer durch ihre Energie unterscheiden sich aber die Aufspaltungsniveaus für große Felder auch durch ihre verschiedene Einstellung in bezug auf die Feldachse. Diese Einstellung ergibt sich, wenn man die durch das Magnetfeld neu hinzukommende Periode quantelt (Richtungsquantelung). Für sehr kleine Felder wird nun die Periode groß gegenüber der mittleren Lebensdauer der Atome. Der mit der Ausstrahlung verbundene Quantenübergang erfolgt dann, noch ehe das Atom eine ganze Periode beschrieben hat. Nach Anschauungen, welche BOHR schon früher vertreten und neuerdings auf diese Fragen angewandt hat, hat aber die Quantelung einer Periode nur dann einen Sinne wenn die Periode klein ist gegenüber der mittleren Lebensdauer des Atoms. Wird sie größer, so wird die Quantelung unscharf. Man kann sich dies so vorstellen, daß dann die Atome nicht mehr vollständig eingestellt sind, sondern daß ihre Achsen in gewissen Winkeln um die bei vollkommener Richtungsquantelung ausgezeichnete Richtung verteilt sind.

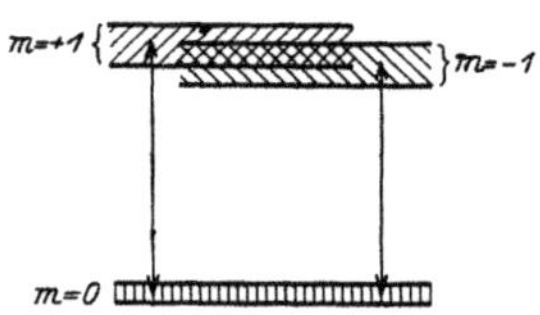

Abb. 14.

Auf diese Weise verschmelzen bei verschwindendem Magnetfeld die Aufspaltungsterme eines Zustandes allmählich ineinander, d. h. sie unterscheiden sich weder durch ihre Energie, noch durch ihre Einstellung in bezug auf die Feldachse, und dies um so weniger, je kleiner das Magnetfeld wird. Dann können die verschiedenen Übergänge auch bei ein und demselben Atom stattfinden und miteinander interferieren. In unserem Fall interferieren dann die beiden zirkularen Komponenten.

Hiermit läßt sich die Drehung der Polarisationsebene und die Depolarisation im Magnetfeld auch nach der Quantentheorie in gleicher Weise wie nach der klassischen Theorie zwanglos deuten.

Die hier entwickelten Anschauungen spielen auch bei der Deutung des Polarisationsgrades der Resonanzfluoreszenz ohne Magnetfeld eine Rolle. Versucht man nämlich, die extreme Quantentheorie auf die Berechnung dieses Polarisationsgrades anzuwenden, so kommt man in Widerspruch mit dem experimentellen Ergebnis bei Quecksilber. Nach der extremen Quantentheorie tritt unabhängig von der Feldstärke immer Richtungsquantelung ein. Wirkt kein äußeres Feld, so bleiben nur die von den Atomen selbst herrührenden Felder. Ihre Richtung wechselt zeitlich und räumlich regellos. Will man also den Polarisationsgrad ohne äußeres Feld erhalten, so muß man nach dieser Auffassung über alle möglichen Feldrichtungen mitteln. Auf diese Weise würde sich für *Hg* 27 vH. für die D_1-Linie 0 vH. und für die D_2-Linie 24 vH. Polarisation ergeben. Diese Werte stimmen mit den experimentellen Werten bei Natrium sehr gut überein, dagegen absolut nicht mit dem experimentellen Wert für Quecksilber (90 vH.). Was nun den bei *Hg* gemessenen Polarisationsgrad betrifft, so ist dieser eher zu klein als zu groß bestimmt. Die Folgerung der extremen Quantentheorie ist also sicher falsch. Dies zwingt uns genau wie bei der Deutung des Dreheffektes, auch in diesem Punkt den Standpunkt der extremen Quantentheorie zu verlassen.

Den Weg, welchen man einschlagen muß, um zu einem richtigen Polarisationsgrad für *Hg* zu gelangen, hat BOHR gewiesen. Seine Überlegungen laufen, wie weiter oben ausgeführt, darauf hinaus, daß Richtungsquantelung, d. h. Quantelung einer durch das Magnetfeld neu hinzukommenden Periode, nur dann einen Sinn hat, wenn diese Periode klein ist gegen die mittlere Lebensdauer des Anregungszustandes. Wird die Periode sehr lang, wie im äußeren Felde 0, so hört die Richtungsquantelung auf, d. h. wir haben es mit dem Übergang zu einem entarteten Falle zu tun. Diese Unbestimmtheit des Problems bringt es mit sich, daß wir für diesen Fall den Polarisationsgrad gar nicht mehr ohne weiteres berechnen können. Man muß vielmehr versuchen, diesen Fall der Entartung auf einen Fall der Nichtentartung zurückzuführen, für den sich der Polarisationsgrad ohne weiteres berechnen läßt. Dieses Problem kann durch eine Anlehnung an die klassische Theorie nach dem Korrespondenzprinzip gelöst werden. HEISENBERG (*19*) hat das Prinzip auf diesen Fall in folgender Weise angewandt.

In der klassischen Theorie wird die feldfreie Schwingung eines Oszillators durch das Feld dadurch geändert, daß ihm eine Präzessionsbewegung um die Feldachse aufgezwungen wird. Eine Änderung seiner Bewegung tritt nur dann nicht ein, wenn das Feld parallel seiner Schwingungsrichtung steht. In diesem Falle ist der Polarisationsgrad mit und ohne Feld derselbe. Man wird dann nach dem Korrespondenzprinzip annehmen können, daß auch bei anomalen Zeemanaufspaltungen der Polarisationsgrad ohne Feld der gleiche ist wie in einem Feld parallel zur Schwingung eines klassischen Oszillators. Denken wir uns, daß ein Magnetfeld in einer Richtung bestände, daß der klassische Oszillator in bezug auf seinen Polarisationsgrad nicht beeinflußt würde, dann werden in jedem Fall nur die π-Komponenten angeregt. Aus unserem Termschema lesen wir dann für den Fall des *Hg* ab, daß nur das Niveau mit der magnetischen Quantenzahl $m = 0$ erreicht wird, und für den Fall der D_1- und D_2-Linie, daß die beiden Niveaus mit $m + {}^1/_2$ und $- {}^1/_2$ erreicht werden. Bei *Hg* ist in der Fluoreszenzstrahlung dann wieder nur die π-Komponente vorhanden, daher ist die Polarisation vollständig. Bei der D_1-Linie gehen von jedem Niveau π und σ-Komponenten mit gleicher Intensität aus, daher ist die Fluoreszenz unpolarisiert. Bei der D_2-Linie treten die zwei π-Komponenten und zwei von den vier σ-Komponenten in einem Intensitätsverhältnis auf, welches 60 vH. Polarisation ergibt. Auf diese Weise ergibt sich zwanglos der hohe Polarisationsgrad der *Hg* Fluoreszenz. Dagegen scheint für D_2 eine große Diskrepanz zwischen dem theoretischen und experimentellen Wert zu bestehen, Man muß jedoch berücksichtigen, daß die Messungen des Polarisationsgrades bei Natrium sehr schwierig sind, weil kleine Verunreinigungen fast immer stark störend wirken. Es dürfte daher nicht ausgeschlossen sein, daß spätere Messungen doch einen höheren Polarisationsgrad für D_2 ergeben.

Die im vorangehenden beschriebene Möglichkeit, durch Wahl der Stärke des Magnetfeldes einem Atom Frequenzen beliebiger Werte erteilen zu können, gestattet es auch, diese vergleichbar zu machen einer mit makroskopischen Mitteln herstellbaren Frequenz eines magnetischen Wechselfeldes. Hierüber sind neuerdings Untersuchungen von Fermi und Rosetti (*20*) gemacht worden, sowie von Breit und Ellet (*21*), wie allerdings bisher nur aus einer kurzen Notiz zu entnehmen ist. Fermi und Rosetti beobachten die Depolarisation der Resonanzfluoreszenz von Quecksilber, die durch ein Magnetfeld von 2 Gauß hervorgebracht wird. Statt des konstanten Feldes, das bei den früheren Untersuchungen verwandt worden war, benutzen sie ein magnetisches Wechselfeld. Auch in diesem tritt die Depolarisation der Resonanzfluoreszenz in gleicher Stärke auf, wenn nur die Änderung der Amplitude des Feldes langsam erfolgt im Vergleich zur Umlaufszeit des Oszillators. Die Lamorfrequenz und damit die Umlaufsgeschwindigkeit des Oszillators ist direkt proportional der jeweiligen Amplitude des Wechselfeldes. In einem magnetischen Wechselfeld beschreibt der Oszillator dann ebenfalls eine Rosettenbewegung, deren Umlaufsgeschwindigkeit sich nur zeitlich ändert und wechselnd positive und negative Werte im Takte der Schwingungen des Wechselfeldes annimmt. Erfolgt die Änderung genügend langsam, so hat der Oszillator schon eine vollständige Rosette beschrieben, ehe er seinen Umlaufssinn umkehrt. Dann ist die Ausstrahlung immer noch unpolarisiert. Wächst nun die Frequenz des Wechselfeldes, so daß sie vergleichbar wird mit dem mittleren Betrag der Lamorfrequenz, so kehrt der Oszillator auf seiner Rosettenbewegung um, noch ehe er eine vollständige Rosette in einem Umlaufssinn beschrieben hat. Wird die Frequenz des Wechselfeldes noch größer, so pendelt die Schwingungsrichtung des Oszillators nur mit kleiner Amplitude um die ursprüngliche Lage. Die Ausstrahlung eines solchen Oszillators ist wieder stärker in alter Richtung polarisiert. Auf diese Weise wird durch allmähliche Steigerung der Frequenz des Wechselfeldes das Fluoreszenzlicht allmählich wieder linear polarisiert. Die Frequenz des Wechselfeldes, bei der dieser Polarisationseffekt zuerst merkbar wird, ist vergleichbar mit der Lamorfrequenz. Aus einer Bestimmung des Polarisationsgrades bei bekannter Frequenz und Amplitude des Wechselfeldes ergibt sich die Lamorfrequenz. Auf diese Weise haben FERMI und ROSETTI die Größe der Lamorfrequenz bei der Quecksilberresonanzlinie bestimmt und gefunden, daß sie $^3/_2$ mal so groß ist wie die aus der LORENTZschen Theorie für den normalen Zeemaneffekt berechneten. Dies steht in Einklang mit der Messung der Aufspaltung der Linie 2536,7 bei großen Feldern.

Weitere Versuche (*13*) über dieses Gebiet behandeln die Beeinflussung der Depolarisation und Drehung der Polarisationsebene im Magnetfeld bei künstlicher Veränderung der Dämpfung. Dies läßt sich durch Zusatz von fremden Gasen vornehmen, die durch ihren Zusammenstoß mit fluoreszierenden *Hg*-Atomen zu der LORENTZschen Stoßdämpfung Veranlassung geben. Wir behandeln dieselbe sofort vom Standpunkt der Quantentheorie aus. Nach ihr kann bei einem Zusammenstoß die quantenhaft aufgenommene Energie des angeregten Atoms umgesetzt werden in Wärmebewegung. Dann wird durch den Stoß die Fluoreszenz geschwächt, bzw. ausgelöscht (Stoß zweiter Art). Ferner kann es vorkommen, daß das Atom durch den Zusammenstoß zwar in seiner Ausstrahlung nicht gestört wird, aber seine Achsenrichtung verändert. Für die Polarisation der Resonanzfluoreszenz verursachen diese Effekte folgende Wirkung. Durch einen Stoß zweiter Art wird die Intensität der Fluoreszenz, durch einen richtungsändernden Stoß wird der Polarisationsgrad der Fluoreszenz geschwächt. Die verschiedenen Zusatzgase verhalten sich nun ganz verschieden. Wasserstoff z. B. löscht die *Hg*-Fluoreszenz sehr stark aus; anscheinend fast bei jedem Zusammenstoß wird die Strahlung des Atoms unterbunden (STUART [*22*]). Die Edelgase dagegen löschen sehr wenig aus, wirken aber stark richtungsändernd. Daher wird die Fluoreszenz von *Hg* durch Zusatz von einigen Millimetern H_2 auf einen kleinen Bruchteil geschwächt, welcher aber noch polarisiert ist, durch Zusatz von *A* von einigen Millimetern Druck bleibt die Intensität der Fluoreszenzstrahlung erhalten (bzw. wird infolge Druckverbreiterung die Absorption und damit die Fluoreszenz stärker), dagegen die Polarisation sehr geschwächt. Bei der magnetischen Beeinflussung der Resonanzfluoreszenz kann durch Stöße sowohl eine Polarisationsverminderung wie Polarisationsvermehrung verursacht werden. Nehmen wir wieder das Beispiel, an welchem wir die Drehung der Polarisationsebene und die Depolarisation durch schwache Magnetfelder studiert haben. In einem Magnetfeld von 1,5 Gauß beträgt die Drehung der Polarisationsebene etwa 35°, der Polarisationsgrad 20 vH. Setzt man nun einige Millimeter H_2 zu, so wird fast bei jedem Zusammenstoß die Fluoreszenz ausgelöscht. Dies bedeutet klassisch gesprochen eine Verstärkung der Dämpfung der Resonatoren, quantentheoretisch eine Verkürzung der Verweilzeit. Daher wird die Drehung der Polarisationsebene kleiner und die Polarisation wieder größer. Auf diese Weise kann man also eine Vergrößerung des Polarisationsgrades durch Gaszusatz erreichen. Setzt man hingegen *A* von einigen Millimetern Druck zu, so erfahren die angeregten Atome bei einem Zusammenstoß nur eine Richtungsänderung ohne Auslöschung der Anregungsenergie. Richtungsänderung aber bedeutet Depolarisation. Also wird in diesem Fall die Fluoreszenzstrahlung nur noch stärker depolarisiert.

Ergänzend sei noch bemerkt, daß auch Versuche mit Anregung der Quecksilberfluoreszenz vermittels elliptisch polarisierten Lichtes vom Verfasser (*13*) gemacht wurden. Das Fluoreszenzlicht war dann wiederum elliptisch polarisiert, wenn in einer Richtung beobachtet wurde, welche nahezu mit der Richtung des eingestrahlten Lichtes zusammenfiel. Durch ein Magnetfeld von 2 Gauß in derselben Richtung wurde das elliptische Licht in zum Teil zirkular polarisiertes, zum Teil depolarisiertes Licht verwandelt. Diese Erscheinung folgt auch ohne weiteres aus dem Zeemaneffekt. Man kann übrigens mit dieser Versuchsanordnung erreichen, daß nur eine der beiden zirkularen Aufspaltungskomponenten im Magnetfeld allein angeregt wird. Strahlt man nämlich links oder rechts zirkular polarisiertes Licht ein, so wird nur die eine der zirkularen Komponenten im Magnetfeld angeregt. Es zeigt sich, daß das Fluoreszenzlicht dann wieder vollständig zirkular polarisiert ist. Das bedeutet aber, daß in der Fluoreszenzstrahlung von Quecksilber nur diejenige Komponente erscheint, die eingestrahlt wurde, wie ja auch aus dem Termschema des *Hg* zu erwarten war, im Gegensatz zu der Resonanzfluoreszenz des Natriums, wo π- und σ-Komponenten vom gleichen Term ausgehen.

Wie wir gesehen haben, ist die magnetische Beeinflussung der Resonanzfluoreszenz geeignet, uns über den Leuchtvorgang wichtige Aufschlüsse zu geben. Sie kann aber noch in einer anderen Weise eine Bedeutung erlangen, wenn man sich überlegt, wie groß die Verstimmungen der Frequenzen von Spektrallinien sind, die man mit dieser Methode noch messen kann. Nehmen wir wieder als Beispiel den Fall der *Hg*-Fluoreszenz, so ergibt sich, daß zu einer Drehung der Polarisationsebene von 10° eine Feldstärke von 0,15 Gauß nötig ist, das entspricht einer Frequenzverstimmung von 10^{-6} Å. Durch einen weiteren Ausbau dieser Methode wird man leicht noch eine Zehnerpotenz weiter kommen können. Die Aufspaltung, welche man interferometrisch, durch ein Gitter oder eine Lummerplatte, noch nachweisen kann, betragen etwa 10^{-2} Å. Dies legt den Gedanken nahe, zu versuchen, mit dieser Methode auch andere kleine Frequenzverstimmungen zu untersuchen, etwa solche, die durch elektrische Felder verursacht werden (Starkeffekt). Bekanntlich geben die elektrischen Felder bei allen Atomen mit Ausnahme von Wasserstoff verhältnismäßig kleine Aufspaltungen. Dies gilt insbesondere für die *Hg*-Linie 2536,7. Hier haben PASCHEN und GERLACH (*23*) vergebens versucht, eine Verbreiterung durch elektrische Felder zu erhalten mit der gleichen Methode, mit welcher MALINOWSKI kleine Magnetfelder nachweisen konnte (siehe oben S. 4). Neue Untersuchungen des Verfassers (*24*) haben nun ergeben, daß der Polarisationsgrad der Resonanzfluoreszenz von *Hg* durch elektrische Felder von über 40 000 Volt pro Zentimeter beeinflußt wird. Die bei Anregung mit linear polarisiertem Licht ebenfalls polarisierte Fluoreszenzstrahlung wird durch ein geeignet gerichtetes elektrisches Feld von über 40 000 Volt pro Zentimeter elliptisch und gleichzeitig depolarisiert. Die durch den Starkeffekt hervorgerufene Elliptizität bildet genau das Analogon zu dem durch Zeemaneffekt verursachten Dreheffekt. Die Verstimmung, die aus dem in einem elektrischen Feld von 80 000 Volt pro Zentimeter eintretenden Elliptizitätseffekt berechnet werden kann, beträgt nach vorläufigen Versuchen einige 10^{-6} Å. Da die Aufspaltung mit dem Quadrat der elektrischen Feldstärke geht, würde sie in einem Feld von 200 000 Volt pro Zentimeter einige 10^{-5} Å betragen. Dies ist aber das Höchstmaß der Feldstärke, das man in verdünnten Gasen zur Zeit erreichen kann. Diese Aufspaltung ist nun so klein, daß sie auf keine andere Weise gemessen werden kann. Somit bildet die Beeinflussung der Polarisation der Resonanzfluoreszenz zur Zeit überhaupt die einzige Möglichkeit, den Starkeffekt bei der Quecksilberresonanzlinie nachzuweisen.

Literaturverzeichnis.

1. WOOD, R. W. und ELLET, A.: Proc. of the roy. soc. **103**, 396. 1923.
2. WOOD, R. W.: Physikal. Zeitschr. **9**, 590. 1908.
3. — Philosoph mag. **6**, 27, 524. 1914.
4. HALE: Astron. Journ. **38**, 27. 1913.
5. MALINOWSKI: Ann. d. Physik **44**, 935. 1914.
6. HANLE, W.: Naturwissenschaften **11**, 690. 1923.
7. PRINGSHEIM, P.: Ebenda **12**, 247. 1924. — Zeitschr. f. Physik **23**, 324. 1924.
8. JOOS, G.: Physik. Zeitschr. **25**, 130. 1924.
9. BREIT, G.: Philosoph mag. **47**, 832. 1924.

10. GAVIOLA, E. und PRINGSHEIM: Zeitschr. f. Physik **25**, 367. 1924.
11. RUARK, A. E., FOOTE, P. und MOHLER, F. L.: Journ. opt. soc. Amerika **7**, 415. 1923.
12. WEIGERT, F.: Naturwissenschaften **12**, 38. 1924.
13. HANLE, W.: Zeitschr. f. Physik **30**, 93. 1924.
14. WOOD, R. W. und ELLET, A.: Physikal. review. **24**, 243. 1924.
15. ELDRIGE: Ebenda **24**, 234. 1924.
16. BREIT, G.: Journ. of opt. soc. **10**, 439. 1925.
17. ELLET, A.: Nature **114**, 431. 1924. — Journ. of opt. soc. **10**, 590. 1924.
18. BOHR: Naturwissenschaften **12**, 115. 1924.
19. HEISENBERG, W.: Zeitschr. f. Physik **31**, 617. 1925.
20. FERMI, E. und ROSETTI, F.: Nature **115**, 764. 1925.
21. BREIT, G. und ELLET, A.: Physikal. review. **25**, 888. 1925.
22. STUART, H.: Zeitschr. f. Physik **32**, 262. 1925.
23. PASCHEN und GERLACH: Physikal. Zeitschr. **15**, 489. 1914.
24. HANLE, W.: Erscheint demnächst in der Zeitschrift für Physik.

Unsere Kenntnisse über die Bewegungsformen im Dreikörperproblem.

Von **Elis Strömgren**, Kopenhagen.

Mit einer großen Tafel.

Im März dieses Jahres erhielt der Verfasser von der Direktion des Deutschen Museums in München eine Aufforderung, für das Museum zeichnerische Darstellungen seiner Arbeiten über das Dreikörperproblem und über das Kometenproblem anfertigen zu lassen. Ganz abgesehen von der Freude, mit der ich überhaupt die Gelegenheit begrüßte, die erwähnten Arbeiten in diesem wundervollen Heim für Darstellungen kultureller Errungenschaften vertreten zu sehen, kam mir besonders der erstgenannte Vorschlag auch aus anderen Gründen sehr gelegen.

Mit dem Dreikörperproblem fast ununterbrochen seit 12 Jahren, zeitweise seit 25 Jahren, beschäftigt, hatte ich, in stetiger Zusammenarbeit mit verschiedenen jüngeren Kollegen, ein Gebäude aufführen können, dessen Einzelheiten in einer Reihe von Abhandlungen (siehe Literaturverzeichnis am Schluß dieses Artikels) zahlenmäßig und in Zeichnungen wiedergegeben sind. Aber eins fehlte: eine *zusammenfassende* zeichnerische Darstellung sämtlicher Hauptresultate.

Es ist schon lange mein Wunsch gewesen, eine solche zusammenfassende Darstellung zu machen, und ein erster Entwurf lag auch seit einigen Jahren vor. Zu der Zeit, als dieser Entwurf gezeichnet wurde, waren doch die Kopenhagener Arbeiten über das Dreikörperproblem — namentlich das sogenannte „problème restreint" — noch nicht so weit gediehen, daß die Darstellung eine solche Vollständigkeit hätte erhalten können, wie es jetzt möglich ist. Zwar sind unsere Arbeiten über diese Probleme auch jetzt noch nicht ganz abgeschlossen; es fehlt aber doch verhältnismäßig wenig, und ich hielt deshalb den Augenblick für gekommen, an dem es sich lohnen würde, die Übersicht über unsere Hauptresultate auszuarbeiten. Die Zeichnung wurde von dem Ingenieur Herrn Otto Christensen, Kopenhagen, mit großer Sorgfalt, in vier Farben und in einem Format von etwa 120 × 120 cm, ausgeführt und ist jetzt dem Deutschen Museum übergeben worden.

Als die Redaktion der „Ergebnisse der exakten Naturwissenschaften" mich seinerzeit aufforderte, ein Referat über die Fortschritte auf dem

Gebiete des Dreikörperproblems zu verfassen, war es mir sofort klar, daß ich dies Referat in zwei Teile teilen müßte, von denen der eine die Darstellung der Hauptresultate der Kopenhagener Untersuchungen wiedergeben und der andere sich den Arbeiten anderer widmen sollte. Die Aufforderung, die das Deutsche Museum an mich gerichtet hatte, drängte nun die erstere Aufgabe in den Vordergrund, und so kommt es, daß dieser erste Artikel über das Dreikörperproblem sich so gut wie ausschließlich mit den Kopenhagener Arbeiten abgibt und in der Hauptsache als eine Erläuterung zu der Münchener Zeichnung zu betrachten ist.

Die verkleinerte Reproduktion der großen Münchener Zeichnung, die dem vorliegenden Artikel beigegeben ist, hat der Verlag mit dankenswerter Bereitwilligkeit ausführen lassen. Die Reproduktion gibt alle wesentlichen Details der Originalzeichnung und darf überhaupt als sehr gelungen bezeichnet werden.

Der Schwerpunkt der Kopenhagener Untersuchungen fällt innerhalb des folgenden Problems: Zwei gleichgroße Massen, m_1 und m_2, bewegen sich nach den Gesetzen des Zweikörperproblems um den gemeinsamen Schwerpunkt, und zwar sind die Verhältnisse so gewählt, daß die zwei Massenpunkte in *Kreisbahnen* mit *konstanter Geschwindigkeit* wandern. Durch die kleine Abb. *1* unten in der Mitte auf unserer Tafel ist die Definition dieses Problems erläutert. Es soll jetzt die Bewegung einer dritten, unendlich kleinen, Masse (μ), die nach dem NEWTONschen Gesetz von den beiden endlichen Massen angezogen wird und in derselben Ebene wie diese sich bewegt, untersucht werden. Wegen ihrer verschwindend kleinen Masse wirkt μ selbst nicht auf m_1 und m_2 ein.

Dieses Problem, das wir ein „problème restreint im erweiterten Sinne" nennen können, ist nicht dasselbe wie das allgemeine Dreikörperproblem. Die Definition eines „problème restreint" ist zuerst von POINCARÉ zu praktischen Zwecken aufgestellt worden, damit man überhaupt imstande sein sollte, das Dreikörperproblem anzugreifen, und zwar unterscheidet sich das von ihm definierte problème restreint von dem unsrigen dadurch, daß POINCARÉ voraussetzte, die eine der zwei endlichen Massen solle im Verhältnis zu der anderen sehr klein sein. Durch diese Einschränkung war das Problem prinzipiell einfacher, analog den Problemen der Bewegungen der Planeten, wo wir immer mit einer überragenden Masse (der Sonne) zu tun haben.

In den Kopenhagener Untersuchungen haben wir also zwei endliche Massen von derselben Größenordnung gewählt. Unsere spezielle Untersuchungsmethode machte eine ganz bestimmte numerische Wahl in bezug auf das Massenverhältnis notwendig, und wir haben, wie oben erwähnt, ein für allemal das Verhältnis $m_1 = m_2$ gewählt, um uns so weit wie möglich von den in unserem Sonnensystem auftretenden Störungsproblemen zu entfernen.

Die in unseren Untersuchungen angewandte Methode ist die Methode der numerischen Integration der Differentialgleichungen des Problems. Diese Methode verlangt numerisch festgelegtes Massenverhältnis und numerisch gegebenen Anfangszustand der Bewegung der dritten Masse μ. In der ganzen Untersuchung halten wir an dem einmal gewählten Massenverhältnis fest, und wir variieren den Anfangszustand der Bewegung, bis das Gebiet des ganzen Problemes nach allen erwünschten Richtungen durchmustert ist.

Unsere Tafel stellt die bis zum heutigen Tage erlangten Hauptresultate dar. In den kleineren Abb. *2* bis *12* und *14* werden die verschiedenen Klassen von Bahnen in verschiedenen Maßstäben wiedergegeben, in vier verschiedenen Farben und mit Pfeilen versehen, die für jede bestimmte Bahn die Bewegungsrichtung angeben. In der großen Hauptzeichnung sind alle Bahnklassen *in einem für alle Klassen gemeinsamen Maßstabe* eingezeichnet, und zwar jede Klasse in derselben Farbe wie in den *kleinen* Figuren.

In seinem monumentalen Werke „Méthodes nouvelles de la Mécanique céleste" hatte POINCARÉ im letzten Jahrzehnt des vorigen Jahrhunderts das Dreikörperproblem nach verschiedenen Richtungen hin mathematisch behandelt und neue Resultate erzielt: So, unter den oben angedeuteten vereinfachenden Voraussetzungen über die Massenverhältnisse, die Existenz von *rein periodischen* und von *asymptotischen* Lösungen nachgewiesen.

Unmittelbar anschaulich waren die POINCARÉschen Resultate im allgemeinen nicht, aber hier setzen gerade die numerischen Untersuchungen ein. Sie haben den abstrakten POINCARÉschen Sätzen einen lebendigen, konkreten Inhalt verliehen und außerdem die Existenz periodischer und asymptotischer Lösungen auch unter ganz allgemeinen Voraussetzungen über die Massenverhältnisse dargelegt.

Diese Untersuchungen fingen in den 90er Jahren des vorigen Jahrhunderts an, zunächst durch die von THIELE angeregten Arbeiten, dann durch G. H. DARWINS große Abhandlung „Periodic orbits". DARWIN hatte ein anderes Massenverhältnis: $m_1 = 10\, m_2$ gewählt als THIELE ($m_1 = m_2$). Den späteren Kopenhagener Arbeiten liegt, wie schon oben erwähnt, das THIELEsche Massenverhältnis zugrunde.

Die *systematische* Untersuchung der einfacheren periodischen und asymptotischen Bewegungsmöglichkeiten fing erst im Jahre 1913 auf der Kopenhagener Sternwarte an.

Für die historische Entwicklung der Arbeitsmethode und für die näheren Details muß ich auf die unten zusammengestellte Literatur (besonders die unter den Nummern 18, 25, 30 und 34 aufgeführten Arbeiten) verweisen. Hier soll nur eine kurze Übersicht über die Hauptresultate gegeben werden.

Die Ausgangspunkte für die systematische Untersuchung der Bewegungsformen im problème restreint können in folgender Weise angedeutet werden.

A. Zunächst muß es für die unendlich kleine Masse μ periodische Bahnen um die eine oder die andere der zwei endlichen Massen geben.

Abb. *1* gab eine Erläuterung der Definition unseres Problems, und zwar geben die zwei roten Pfeile die Bewegungsrichtung der zwei endlichen Massen m_1 und m_2 an. Wir nennen diese Bewegungsrichtung (die in unserer Zeichnung umgekehrt wie die Bewegung der Uhrzeiger verläuft) *direkt,* die entgegengesetzte *retrograd.*

In dem ganzen Problem wählen wir von jetzt an ein Koordinatensystem, das nicht fest ist, sondern sich mit den zwei Massen m_1 und m_2 in einer solchen Weise dreht, daß die Verbindungslinie $m_1 m_2$ die x-Achse darstellt. In diesem beweglichen Koordinatensysteme sind alle die anderen Zeichnungen unserer Tafel, die sich auf das problème restreint beziehen, d. h. die große zentrale Zeichnung und die kleinen Abb. *2* bis *12* und *14,* gezeichnet (über die Abb. *13* werden wir später sprechen).

Von periodischen Bahnen um m_1 oder m_2 gibt es nun (in unserem beweglichen Koordinatensysteme) *direkte* und *retrograde.*

B. Ferner gibt es direkte und retrograde Bahnen um *beide* Massen.

C. Nach LAGRANGE wissen wir, daß es fünf sogenannte Librationspunkte L_1, L_2, L_3, L_4, L_5 (siehe Abb. *1*) gibt, die jeder für sich die Eigenschaft besitzen, daß die dritte Masse μ, wenn sie in einen dieser Librationspunkte mit der Geschwindigkeit Null hineingebracht wird, dann dieselbe Konstellation mit den zwei endlichen Massen für immer bilden wird; d. h. μ wird immer im betreffenden Librationspunkte liegen bleiben.

Es hat sich nun gezeigt, daß diese Ruhelage der Masse μ in einem Librationspunkt, entweder immer oder unter gewissen Voraussetzungen, als ein Grenzfall einer periodischen Bewegung um den betreffenden Librationspunkt oder einer asymptotischen Bewegung in diesen Librationspunkt hinein oder von ihm aus aufzufassen ist.

D. Außer den periodischen und asymptotischen Bahnen, die unter A, B, und C angedeutet sind, haben wir eine Reihe interessanter Bahnen zu verzeichnen, deren Existenz nicht a priori hätte erwartet werden können und auch von niemandem vermutet worden war.

Die mühevolle Durchmusterung nach periodischen und asymptotischen Bahnen, die mit pekuniärer Unterstützung seitens des *Carlsbergfonds* und seitens einiger Freunde unserer Sternwarte in Kopenhagen ausgeführt ist, und an der über 50 Rechner im Laufe der Jahre teilgenommen haben, hat sich ursprünglich naturgemäß auf einfach periodische Bahnen (Bahnen, die nach *einem* Umlauf periodisch sind) und später auch auf Bahnen, die gegen *Librationspunkte* asymptotisch verlaufen, gerichtet.

Von *asymptotischen* Bahnen gibt es nach POINCARÉ auch eine allgemeinere Klasse: Bahnen, die gegen *periodische Bahnen* asymptotisch verlaufen (mit diesen Bahnen haben wir uns nicht befaßt). Als ein Hauptresultat der Untersuchungen der *periodischen* Bahnen aus den letzten Jahren kann das folgende hervorgehoben werden: In einer ganzen Reihe von Fällen hat es sich herausgestellt, daß eine Klasse einfach periodischer Bahnen, die im Laufe ihrer Entwicklung komplizierter wurde, von selbst wieder in einfach periodische Bahnen zurückkehrt, und zwar so, daß die ganze Klasse ein abgeschlossenes System für sich bildet. Ob dies mit *allen* bis jetzt untersuchten Bahnklassen der Fall ist, läßt sich noch nicht mit Bestimmtheit sagen. Jedenfalls ist eine solche Entwicklung für die meisten Klassen sicher, ein Resultat, das außerordentlich zur Schönheit und Abgeschlossenheit des Problems beiträgt.

Nach diesen einleitenden Bemerkungen stellen wir im folgenden die Hauptresultate für die verschiedenen Bahnklassen kurz zusammen. Wir bleiben in dieser Zusammenstellung bei der in früheren Publikationen angewandten Buchstabenbezeichnung für die verschiedenen Klassen.

Klasse a. Retrograde periodische Bahnen um den Librationspunkt L_2. Abb. *2*. Die alten THIELE-BURRAUschen Bahnen. Die Klasse fängt mit dem Librationspunkt L_2 selbst an, setzt mit infinitesimalen (1), dann mit endlichen periodischen Bahnen (2) um L_2 fort. Vorläufiger Abschluß: Die Ejektionsbahn in die Masse m_2 (Bahn 3) mit unendlich großer Geschwindigkeit von m_2 aus und in m_2 hinein. BURRAU hatte hier die Untersuchung unterbrochen, weil er meinte, daß die Klasse sich jetzt in kompliziertere Bahnen verlieren würde. In den letzten Jahren haben wir diese Untersuchung fortgesetzt, und zwar mit dem folgenden Resultate: Nach der Ejektionsbahn kommt eine Bahn mit einer Schleife (Bahn 4); diese Schleife erweitert sich bei der weiteren Verfolgung der Entwicklung, während die Bahn selbst kleiner wird; wir kommen allmählich zu einer Bahn (5), wo die Bahn und die Schleife beinahe gleich groß sind, und schließlich fallen die Bahn und die Schleife zusammen. Von jetzt an geht die Entwicklung so vor sich: Die Bahn wird zur Schleife und die Schleife geht in die Bahn über; das Ganze vollzieht sich jetzt in umgekehrter Reihenfolge und die Entwicklung endet wieder im Librationspunkt L_2, wo sie einst angefangen hatte. Wir erhalten also als Resultat *eine in sich abgeschlossene Bahnklasse.*

Klasse b. Retrograde periodische Bahnen um L_3. Der Klasse a vollständig analog.

Klasse c. Retrograde periodische Bahnen um L_1. Abb. *3*. Es fängt mit dem Librationspunkt L_1 an. Dann folgen infinitesimale (1), dann endliche Librationen, die in einer Doppelejektionsbahn (2) einen vorläufigen Abschluß finden. Die Klasse kann als Bahnen mit Schleifen um m_1 und m_2 fortgesetzt werden. Die weitere Entwicklung und der wahrscheinliche Abschluß dieser Klasse werden zusammen mit den asymptotischen Bahnen besprochen werden (S. 239 des vorliegenden Artikels).

Klasse d. Retrograde periodische Bahnen um L_4. Existieren für besondere Massenverhältnisse $m_1 : m_2$, für das in den Kopenhagener Arbeiten angewandte Massenverhältnis ($m_1 = m_2$) aber nicht.

Klasse e. Retrograde periodische Bahnen um L_5. Wie bei Klasse d.

Klasse f. Retrograde periodische Bahnen um m_2. Abb. *5*. Die Klasse fängt mit infinitesimalen zirkulären Bahnen mit unendlicher Bahngeschwindigkeit um m_2 an. Die Entwicklung bis zur Ejektionsbahn in m_1 geht aus der Abb. *5* hervor. Weitere Entwicklung bis jetzt unbekannt, wenn auch gewisse Vermutungen vorliegen.

Klasse g. Direkte periodische Bahnen um m_2. Abb. *4*. Die Entwicklung von infinitesimalen Kreisbahnen mit unendlicher Bahngeschwindigkeit bis zu einer Ejektionsbahn in m_2 geht aus der Abb. *4* hervor. Die Weiterentwicklung der Klasse ist noch ein weites Stück verfolgt worden, ohne daß bis jetzt ein Abschluß gefunden wurde. Im übrigen gilt dieselbe Bemerkung wie bei Klasse f.

Klasse h. Retrograde periodische Bahnen um m_1. Wie bei Klasse f.

Klasse i. Direkte periodische Bahnen um m_1. Wie bei Klasse g.

Klasse k. Direkte periodische Bahnen um *beide* Massen m_1 und m_2. Abb. *6*, *7* und *12*. Wir können von der Doppelejektionsbahn (1) Abb. *6* ausgehen. Wenn wir die Bahnklasse *außerhalb* der Massen m_1 und m_2 verfolgen (Unterklasse k_1), finden wir die Bahnen (2), (3) und (4) in Abb. *6*, dann Bahn (6) in Abb. *7* links. Die Klasse endet mit einer spiralförmigen Bewegung, die in die Librationspunkte L_4 und L_5 asymptotisch (mit unendlich kleiner Geschwindigkeit) hinein- bzw. von diesen Punkten ausgeht (Abb. *7* links und die eine blaue Bahn auf Abb. *12*). Wir kehren jetzt zur Ejektionsbahn in Abb. *6* zurück und verfolgen die Klasse als Bahnen mit *Schleifen* um die Massen m_1 und m_2 (Unterklasse k_2, Abb. *7* rechts). Diese Unterklasse endet ganz wie k_1 asymptotisch in L_4 und L_5 (Abb. *7* rechts und die zweite blaue Bahn auf Abb. *12*). Also: die ganze Klasse k bildet eine in sich geschlossene Klasse.

Klasse l. Retrograde periodische Bahnen um beide Massen m_1 und m_2, und zwar mit im *absoluten* Koordinatensystem *direkter* Bewegung. Abb. *8*. Im Unendlichen gibt es kreisförmige Bahnen um beide Massen (unendlich kleine Bahngeschwindigkeit). Wenn wir gegen m_1 und m_2 hineinrücken, platten sich die Bahnen ab. Die Entwicklung sieht man aus der Abb. *8*: Bahnen (1), (2), (3), (4), wovon die letzte wieder eine zu L_4 und L_5 asymptotische Bewegung darstellt (vgl. auch die grüne Bahn auf Abb. *12*). Resultat also: wieder eine in sich geschlossene Bahnklasse.

Abb. *9* gibt an, wie die Entwicklung einer Bahn durch eine Reihe von Schleifen in eine asymptotische übergeht (Klasse k und l).

Klasse m. Retrograde periodische Bahnen um beide Massen m_1 und m_2, mit in *absoluten* Koordinatensystem *retrograder* Bewegung. Die Entwicklung dieser Klasse geht aus der Abb. *10* hervor: Im Unendlichen Kreisbahnen mit unendlich langsamer Bewegung, dann Abplattung der Bahnen unter stetig zunehmender Bahngeschwindigkeit. Abschluß: Zwischen m_1 und m_2 hin- und herpendelnde geradlinige Bewegung mit unendlich großer Geschwindigkeit in jedem Punkte der Bahn. Also wieder: eine in sich abgeschlossene Bahnklasse.

Klasse n. Retrograde, librations*ähnliche* periodische Bahnen, unsymmetrisch in bezug auf die y-Achse. Abb. *11*. Wenn wir von der Bahn (1) in der Abb. *11* ausgehen und durch die Ejektionsbahn in m_1 gehen, erhalten wir eine Entwicklung, die an Klasse a erinnert. Wenn wir in der entgegengesetzten Richtung gehen, kommen wir durch eine Ejektionsbahn in der anderen Masse (m_2) schließlich zu denselben Bahnen zurück. Resultat: nochmals eine in sich geschlossene Klasse.

Klasse o. Eine zweite Klasse retrograder, librationsähnlicher periodischer Bahnen. Abb. *14*. Diese Klasse hat *vielleicht* die zwei rot gezeichneten asymptotischen Bahnen in Abb. *12* als Begrenzungsbahnen.

Klasse p. Periodische Bahnen, die abwechselnd um eine der Massen m_1 oder m_2 und um L_1 wandern. Diese Klasse ist von Darwin entdeckt worden; sie fällt eigentlich außerhalb unseres Programmes, wird jedoch zur Zeit auf der Kopenhagener Sternwarte studiert.

Abb. *12* stellt das System existierender periodischer Bahnen dar, die gleichzeig asymptotisch zu L_4 und L_5 verlaufen, und die teilweise schon (unter den Klassen k, l und o) besprochen sind. Außer den in Abb. *12* eingezeichneten Bahnen gibt es aller Voraussicht nach zwischen der äußeren roten und der grünen Bahn eine zu L_4 und L_5 asymptotische Bahn, die um m_1 und m_2 Schleifen bildet, den Abschluß der Klasse c darstellt und dadurch auch diese Klasse zu einer in sich geschlossenen Klasse macht. Dieses Problem ist zur Zeit in Arbeit.

Es wäre noch zu bemerken, daß es in unserem Problem, bei dem $m_1 = m_2$ gesetzt ist, wohl Bahnen gibt, die zu den Librationspunkten L_1, L_2 und L_3 asymptotisch sind, aber keine, die gleichzeitig *periodisch* sind. Diese Probleme sind deshalb nur von verhältnismäßig geringem Interesse.

Die durch unsere Tafel dargestellte und durch die oben gegebenen Erläuterungen näher skizzierte Übersicht über die einfach periodischen und die einfacheren asymptotischen Bewegungen im problème restreint für das gewählte Massenverhältnis dürfte als nahezu vollständig bezeichnet werden können. Und diese Übersicht gibt uns die Triangulation eines wissenschaftlichen Gebietes, in dem unsere Kenntnisse vor etwa drei Jahrzehnten den Kenntnissen über das Innere Afrikas vor 100 Jahren gleichgestellt werden können.

Die Annahme eines anderen Massenverhältnisses im Problem bedingt innerhalb weiter Grenzen nur eine *quantitative* Abänderung der Bewegungsformen, und daß unsere Resultate sich auch auf die allgemeineren Fälle des Dreikörperproblems übertragen lassen, bei denen alle drei Massen endliche Werte besitzen, geht aus Untersuchungen hervor, von denen die Abb. *13* ein Beispiel gibt: Drei endliche Massen im Verhältnis 1 : 2 : 1, die sich in Bahnen bewegen, die den drei Librationen um L_3, L_1, L_2 genau entsprechen, und die sich auch bis zu Ejektionsbahnen verfolgen lassen.

Es ist die Absicht des Verfassers, in nicht zu ferner Zeit ein zusammenfassendes großes Werk über das problème restreint auszuarbeiten. Es sollen dort alle wichtigeren Details und alle Hilfsmittel angegeben werden, auf denen unsere Untersuchungen fußen. Ich hoffe, daß dann die Mathematiker dem Beispiel von VIETORIS folgen werden (siehe unten die Abhandlung unter Nr. 28), der das vorliegende konkrete Material für abstrakte mathematische Untersuchungen über das Dreikörperproblem verwertet hat. Anregungen zu einer solchen Verwertung liegen von den verschiedensten Gesichtspunkten in unserem Zahlenmaterial in einem solchen Umfange vor, daß dies Material wohl nicht bald wird erschöpft werden können.

Literaturverzeichnis.

1. BURRAU, CARL (1894): Recherches numériques concernant des solutions périodiques d'un cas spécial du problème des trois corps. Astr. Nachr. 3230.

2. — (1894): Recherches numériques concernant des solutions périodiques d'un cas spécial du problème des trois corps. (Deuxième mémoire.) Ebenda 3251.

3. THIELE, T. N. (1895): Recherches numériques concernant des solutions périodiques d'un cas spécial du problème des trois corps. (Troisième mémoire.) Ebenda 3289.

4. STRÖMGREN, ELIS (1900): Über mechanische Integration und deren Verwendung für numerische Rechnungen auf dem Gebiete des Dreikörperproblems. Meddel. från Lunds astr. observat. Nr. 13.

5. — (1905): Ein asymptotischer Fall im Dreikörperproblem. Astr. Nachr. 4015.

6. — (1906): Über Spitzen und Schleifen im problème restreint. Ebenda 4155.

7. — (1909): Ein numerisch gerechneter Spezialfall des Dreikörperproblems mit Massen und Distanzen von derselben Größenordnung. Ebenda 4356.

8. BURRAU, C. (1913): Numerische Berechnung eines Spezialfalles des Dreikörperproblems. Publ. og mindre Meddel. fra Københavns observat. Nr. 13 (Astr. Nachr. 4662).
9. STRÖMGREN, ELIS (1913): Über Librationen und Ejektionsbahnen. Ebenda 14 (V. J. S. Jg. 48, H. 3).
10. BURRAU, CARL u. STRÖMGREN, ELIS (1913): Über Librationen und Ejektionsbahnen. Ebenda 18 (Astr. Nachr. 4721).
11. — — (1915): Numerische Untersuchungen über eine Klasse periodischer Bahnen im problème restreint. Ebenda 21 (Astr. Nachr. 4795).
12. FISCHER-PETERSEN, J. (1915): Über unendlich kleine periodische Bahnen um die Massenpunkte im problème restreint. Ebenda 22 (Astr. Nachr. 4799).
13. BURRAU, CARL u. STRÖMGREN, ELIS (1916): Numerische Untersuchungen über eine Klasse einfach periodischer, retrograder Bahnen im problème restreint, nebst der diese Klasse abschließenden, periodischen Ejektionsbahn (Massenverhältnis $m_1 = m_2$). Ebenda 23 (Astr. Nachr. 4836).
14. FISCHER-PETERSEN, J. (1916): Über unendlich kleine retrograde, periodische Bahnen um die Massenpunkte im problème restreint. Ebenda 23 (Astr. Nachr. 4837).
15. BURRAU, C. u. STRÖMGREN, E. (1916): Über ein System von Ejektionsbahnen im problème restreint. Ebenda 24 (Astr. Nachr. 4842).
16. — — (1916): Über eine Klasse periodischer Bahnen um die beiden endlichen Massen im problème restreint. Ebenda 26 (Astr. Nachr. 4865).
17. STRÖMGREN, E. u. FISCHER-PETERSEN, J. (1916): Über eine neue Art Librationen im problème restreint. Ebenda 26 (Astr. Nachr. 4872).
18. FISCHER-PETERSEN, J. (1917): Die auf der Kopenhagener Sternwarte ausgeführten numerischen Untersuchungen über das Dreikörperproblem. Ebenda 27 (Sirius 1917, H. 10—11).
19. STRÖMGREN, E. u. FISCHER-PETERSEN, J. (1918): Über eine Klasse einfach periodischer, retrograder Bahnen um die beiden endlichen Massen im problème restreint. Ebenda 30 (Astr. Nachr. 4968).
20. PEDERSEN, P. (1918): Periodische Bahnen in großer Entfernung von den beiden endlichen Massen im problème restreint. Ebenda 30 (Astr. Nachr. 4968).
21. LOUS, K. (1919): A certain class of periodic orbits around the two finite masses in the restricted problem of three bodies. Ebenda 32 (Astr. Nachr. 5008).
22. STRÖMGREN, ELIS (1919): A new class of periodic solutions in the general problem of three bodies, viz. in the problem of three bodies with all masses and all distances of the same order of magnitude. Ebenda 34 (M. N. 80, Nr. 1).
23. PEDERSEN, P. (1920): Die Erweiterung der LAGRANGEschen Dreieckslösungen im allgemeinen Dreikörperproblem. Ebenda 35 (Astr. Nachr. 5043).
24. STRÖMGREN, E. (1921): Librationen und periodische Ejektionsbahnen im allgemeinen Dreikörperproblem, nebst einem Beispiel periodischer Bahnen im Vierkörperproblem. Ebenda 38 (Astr. Nachr., Jubiläumsnummer).
25. — (1922): Forms of periodic motion in the restricted problem and in the general problem of three bodies, according to researches executed at the observatory of Copenhagen. Ebenda 39 (A lecture delivered at the Interscandinavian Congress of Mathematicians, Helsingfors).
26. LINDOW, M. (1921): Ein Nomogramm zur THIELEschen Transformation. Ebenda 40 (Astr. Nachr. 5128).

27. LINDOW, M. (1921): Ein Spezialfall des Vierkörperproblems. Ebenda 40 (Astr. Nachr. 5181/82).
28. VIETORIS, L. (1923): Zur Geometrie ebener Massenanziehungsprobleme. Ebenda 42 (Mathem. Zeitschr.).
29. LINDOW, M. (1923): Eine Transformation für das Problem der $n + 1$ Körper. Ebenda 43 (Astr. Nachr. 5241).
30. STRÖMGREN, ELIS (1923): Tre Aaartier Celest Mekanik paa Københavns Observatorium (Jahresfestschr. d. Univ. Kopenhagen, Nov.).
31. SAMTER, H. (1924): Über eine Gruppe von Bahnen im problème restreint. Publ. etc. Nr. 44 (Astr. Nachr., 5267).
32. — (1924): Über eine Klasse von Bahnen im problème restreint. Ebenda 45 (Astr. Nachr. 5276).
33. LINDOW, M. (1924): Der Kreisfall im Problem der 3 + 1 Körper. Ebenda 46 (Astr. Nachr. 5279).
34. STRÖMGREN, E. (1924): Zur Durchmusterung des problème restreint. Ebenda 47 (SEELIGER-Festschr.).
35. MØLLER, J. P. (1924): Die einfach periodischen retrograden Bahnen um die beiden Massen im problème restreint, mit retrograder absoluter Bewegung. Ebenda 48 (Astr. Nachr. 5286).

GPSR Compliance

The European Union's (EU) General Product Safety Regulation (GPSR) is a set of rules that requires consumer products to be safe and our obligations to ensure this.

If you have any concerns about our products, you can contact us on ProductSafety@springernature.com

In case Publisher is established outside the EU, the EU authorized representative is:

Springer Nature Customer Service Center GmbH
Europaplatz 3
69115 Heidelberg, Germany

Batch number: 10682323

Printed by Printforce, the Netherlands